对偶三角模-三角余模逻辑及推理

张兴芳 著

国家自然科学基金资助出版

科学出版社

北 京

内 容 简 介

  非经典逻辑及推理的种类和成果颇多, 限于篇幅, 本书总结作者 2005 年以来关于概率论、Lawry 的适当测度理论、刘宝碇的不确定理论、模糊集理论与数理逻辑理论的结合研究成果. 根据非经典命题和谓词的不确定性的各种特征, 作者分别提出了相应的逻辑和推理方法, 概括其本质分别称为随机命题的概率逻辑、Vague 命题的 Lawry 对偶三角模–三角余模逻辑, 不确定命题和一阶不确定谓词的对偶下–上确界逻辑、模糊命题的三角模–蕴涵逻辑和三角模–蕴涵概率逻辑、随机模糊命题的三角模–蕴涵概率逻辑和一阶随机模糊谓词的三角模–蕴涵概率逻辑.

  本书可作为非经典逻辑、推理及应用研究的学者的参考资料, 也可以作为数学、计算机、智能控制、不确定信息处理等相关专业的硕士研究生和博士研究生的教学参考书.

图书在版编目 (CIP) 数据

对偶三角模–三角余模逻辑及推理/张兴芳著. —北京: 科学出版社, 2015.2
ISBN 978–7–03–043280–3

Ⅰ. ①对… Ⅱ. ①张… Ⅲ. ①数理逻辑—研究 Ⅳ. ①O141

中国版本图书馆 CIP 数据核字 (2015) 第 025887 号

责任编辑: 赵彦超 李静科 / 责任校对: 邹慧卿
责任印制: 赵德静 / 封面设计: 陈 敬

科学出版社 出版
北京东黄城根北街 16 号
邮政编码: 100717
http://www.sciencep.com

北京厚诚则铭印刷科技有限公司 印刷
科学出版社发行 各地新华书店经销

*

2015 年 2 月第 一 版 开本: 720 × 1000 1/16
2015 年 2 月第一次印刷 印张: 16 1/2
字数: 352 000
定价: 88.00 元
(如有印装质量问题, 我社负责调换)

前　言

在经典逻辑中, 一个命题非真即假, 通常用 1 表示真, 0 表示假, 因此这种逻辑也称为二值逻辑[1-7]. 二值逻辑是判断、推理论证和实际决策的根基, 是计算机科学和机器自动证明的必不可少的工具. 然而, 在现实生活中, 由于各种各样的不确定性, 命题的真假常常是不确定的. 这就是所谓的非经典命题. 下述命题都是非经典命题.

(i) ξ_1: 掷一枚硬币将会出现正面.

(ii) ξ_2: 小张明年 10 月 1 日将在天津.

(iii) $\xi_3 = (\forall x)\gamma(x), x \in \{x_1, x_2, \cdots, x_n\}$: 系统 H 的每个子系统都正常, 这里 $\gamma(x_i)(i = 1, 2, \cdots, n)$ 分别表示系统 H 的第 $i(i = 1, 2, \cdots, n)$ 个子系统正常.

(iv) ξ_4: 身高 170cm 的人属于高个子.

(v) ξ_5: 身高 168cm 的人属于中等个子.

(vi) $\xi_6 = (\forall x)\eta(x), x \in [165, 175]$: 身高在区间 $[165, 175]$ 内的人都是高个子, 这里 $\eta(x), x \in [165, 175]$ 表示身高为 x 的人是高个子.

(vii) ξ_7: 明天将下小雨.

(viii) ξ_8: (猜测) 目前小张在天津.

命题 ξ_1 是非经典命题, 因为它描述的事件发生的结果具有不确定性 (人们称这种不确定性为随机性或客观不确定性). 命题 ξ_2, ξ_3 是非经典命题, 因为它们所描述的事件皆具有不确定性 (人们称这种不确定性为主观不确定性). 命题 ξ_4, ξ_5, ξ_6 是非经典命题, 因为在这些命题中分别包含不清晰概念 "高个子" "中等个子" 和 "高个子". 人们称这种概念为模糊 (Fuzzy) 或含糊 (Vague) 概念. ξ_7 是非经典命题, 因为它既包含主观不确定性, 也包含模糊概念 "小雨". ξ_8 是非经典命题, 因为它具有信息不完全性.

经典逻辑演算的语义理论的主要贡献在于以下三点:

(i) 科学地定义了命题连接词关于真值的演算法则;

(ii) 基于 (i) 提供了命题真值恒为 1 和恒为 0 的规律 (即重言式和矛盾式);

(iii) 科学地建立了命题真值的推理规则.

显然, 基于经典逻辑演算理论无法判断上述命题的真值是 1 还是 0, 从而也就无法知道它们复合的非重言式和非矛盾式的真值是 1 还是 0. 我们只能知道重言式的真值是 1, 矛盾式的真值是 0(比如, 重言式 $\xi_1 \vee \neg \xi_1$ 和矛盾式 $\xi_1 \wedge \neg \xi_1$ 的真值是 1 和 0). 因此, 现实生活需要建立度量非经典命题是真的可能程度 (或信任程度) 的理论.

　　针对命题真假的不确定性, 首先, 在 1920 年, Lukasiewicz 基于非经典命题, 将命题的真值集由 $\{0,1\}$ 扩充到 $\{0,0.5,1\}$, 通过模拟经典逻辑演算理论的思想方法, 提出了三值逻辑. 接着, 人们推广到几种多值逻辑, 如 Gödel 逻辑和乘积逻辑. 在 1965 年, Zadeh 提出了模糊集理论. 人们又基于模糊集理论和从蕴涵推理的科学角度, 提出了各种多值逻辑, 如 R_0 逻辑[53]、连续 t-模基础逻辑 BL[57]、左连续三角模 (记作 t-模) 基础逻辑 MTL[58]、左连续 t-模 NM 逻辑, 其中 R_0 逻辑和 NM 逻辑是等价的[54,56], Lukasiewicz 逻辑、Gödel 逻辑和乘积逻辑都是 BL 的扩张[57], BL 是 MTL 的扩张, NM 是 MTL 的扩张[58].

　　作者的科学研究始于 1987 年, 首先接触的是邓聚龙创立的 "灰色数学", 研究的第一个课题是 "区间线性方程组的解法". 1990 年, 作者在中英合办的杂志 *The Journal of Grey System* 上发表了第一篇论文 *A kind of systend grey linear equations and the solution of it matrix*[86], 它激发了作者科学研究的兴趣. 后来作者转向模糊数学的研究. 在模糊评价、模糊模式识别、模糊聚类分析、模糊数理论、区间值理论、区间值模糊集及模糊数模糊集 (国外学者称型 2 模糊集) 理论及应用方面作者又发表了 30 余篇论文. 作者于 2002 年 3~6 月, 在陕西师范大学做王国俊教授的访问学者, 至此开始了多值逻辑的研究, 并发表了 100 余篇论文[66,73,75,80−82]. 特别是最近, 鉴于目前多值逻辑的种类繁多, 有着各自的长处和短处, 从采多家之建议和尽量减少风险的思想的角度, 基于连续 t-模基本逻辑 BL, 提出了模糊命题的多维三层逻辑[84].

　　目前, 以 Lukasiewicz 逻辑为代表的多值逻辑的内容已经非常丰富, 理论比较完善[49,98−105], 而且也得到一些应用. 但是, 它们对于某些包含随机性的命题 (简称随机命题) 的赋值具有不合理性. 例如, 从客观上随机命题 $\xi_1 \vee \neg\xi_1$ 应当是永真的, 而在多值逻辑下, 它不是真的 (作者在文献 [35] 中验证了这一点). Dubois 和 Prade 早在 1988 年就证明了任何一种命题连接词的固定演算法则都不能使对应的多值逻辑系统和谐于经典逻辑[52]. 这正是某些学者对多值逻辑的科学性产生质疑的原因[62,63]. 然而, 这仅说明它们不适应处理随机命题, 但不能完全否定它们的价值. 它们可以处理包含 Fuzzy 概念的命题 (简称 Fuzzy 命题). 所以多值逻辑学者又称连续值逻辑为 Fuzzy 逻辑. Fuzzy 逻辑的重要意义在于蕴涵推理, 这正是 Fuzzy 逻辑学者研究的热点[96−100,120,130,131].

　　针对 Lukasiewicz 逻辑处理随机性的不适应性, 早在 1933 年, A.N.Kolmogoroff 依据随机事件发生的频率的性质, 就提出了概率测度, 由此产生了概率论[8,9,13]. 自然地,　某些学者将概率论引入到逻辑中,　提出了处理随机命题的概率逻辑[10−12,14−16,44−47,60,61].

在王国俊关于多值逻辑的研究中, 公式的真度理论是一个主要分支. 作者在做王国俊的访问学者期间, 仅具有命题逻辑公式的真度理论[17], 还没有建立谓词逻辑公式的真度理论. 所以, 作者开始致力于谓词逻辑公式的真度理论的研究. 在此方面发表了一些成果[64-72]. 但是直到 2009 年也没有建立谓词逻辑公式真度的一般理论. 其实, 王国俊的真度理论的实质就是概率逻辑. 如今它已硕果累累, 发展为一门数学分支, 称为计量逻辑学[18,89-95,118,119].

概率逻辑也不尽善尽美. 一方面, 概率逻辑依赖客观的或历史的统计数据, 而我们往往无法得到客观的或历史的统计数据. 那么, 我们不得不依靠专家经验智能评价命题的真实程度. 人们往往高估不可能发生的事件, 如果仍然采用概率计算, 所得结果往往不可信服. 例如, 对于命题 ξ_7, 当 n 较大时, 由 $\gamma(x_i)(i = 1, 2, \cdots, n)$ 的真的概率 0.99, 通过概率乘积计算得到 $\xi_7 = (\forall x)\gamma(x), x \in \{x_1, x_2, \cdots, x_n\}$ 真的概率 0.99^n 很小. 就此小小的数, 按理应该决策它是假的, 然而, 在实际中人们往往不接受它假, 而决策它真. 另一方面, 概率逻辑不适应含有 Fuzzy 概念的命题. 例如, 对于命题 $\xi_6 = (\forall x)\eta(x), x \in [165, 175]$, 运用概率的乘积算法既不可信也无法实现. 其理由是: 对任何两个 $x_1, x_2 \in [165, 175], x_1 \neq x_2$, 命题 $\eta(x_1)$ 和 $\eta(x_2)$ 既有相关性又有独立性. 例如, 命题 $\eta(70)$ 和 $\eta(67)$, 我们说它们相关是因为它们的真值的大小有相对关系; 我们说它们独立是因为它们可以同时真, 同时假. 况且我们也无法实现非有限或可数的无限次的概率乘积运算. 正是上述原因, 在 1965 年, Zadeh 才针对 Fuzzy 概念提出了 Fuzzy 集理论[48]. 从而, 人们才基于 Fuzzy 集理论, 模仿经典逻辑真值演算的方式, 提出了多种多值逻辑. 在多值逻辑下, 命题 $\xi_6 = (\forall x)\eta(x), x \in [165, 175]$ 的真值, 使用下确界运算不仅解决了命题 $\xi_6 = (\forall x)\eta(x), x \in [165, 175]$ 无法实现乘积运算的难题, 而且也是合理的. 这正是至今一般性的概率谓词逻辑没有建立而 Fuzzy 谓词逻辑早已有之的原因[59].

固然 Fuzzy 逻辑能够处理 Fuzzy 命题, 其长处是推理能力较强和相对概率逻辑简便. 但是它无法克服和经典逻辑的排中律和矛盾律的不和谐性. 鉴于此, 2004 年, Lawry 基于随机集和概率统计的思想提出了处理 Fuzzy 概念的一种新方法[19-24]. 比如, 按照逻辑 BL 和逻辑 MTL, 如果赋予命题 ξ_4 和 ξ_5 的真值分别是 $v(\xi_4) = 0.5$ 和 $v(\xi_5) = 0.5$, 则命题 $\xi_4 \vee \xi_5$ 的真值是 $\min\{0.5, 0.5\} = 0.5$. 按照 Lawry 提供的模型 (其实是概率逻辑), 如果邀请 10 个专家, 有 6 个专家说身高 168cm 属于高个子或属于中等个子, 则 $\xi_4 \vee \xi_5$ 的适当测度为 0.6. 我们可认为它是命题 $\xi_4 \vee \xi_5$ 真的可能程度. 尽管对于同一命题, Lawry 的逻辑给出了与逻辑 MTL 不同的赋值, 但是按照其自身的解释也有其科学意义. 于是, 作者将 Lawry 的不确定模型移植到逻辑中, 提出了 Vague(或 Fuzzy) 命题的 Lawry 逻辑[83]. 虽然 Lawry 的模型有其意义, 但是其应用范围较窄 (仅限制在同主语上). 为了扩充其应用范围, 我们通过对连接词 "∧" 和 "∨" 使用两对算子: 乘积三角模和对偶余模–加法、下确界三角模和对偶三角余模–上确界, 分别提出了两种新的非经典逻辑, 称为 Vague 命题的 Lawry 乘–加逻辑和 Lawry 下–上确界逻辑[85].

鉴于概率计算具有和谐于经典逻辑的长处, 概率乘积运算不能实现无限数据的乘积算法的短处, Fuzzy 逻辑提供的确界运算具有处理主观数据的长处, 不和谐于经典逻辑的短处, 刘宝碇在 2007 年又基于正规性公理、对偶性公理、次可加性公理和乘积公理提出了一种智能处理不确定性的新的数学理论, 称为不确定理论[25-27]. 它已广泛应用到各种实际问题中[30-43]. 特别是, 李想和刘宝碇基于不确定理论初步提出了不确定命题逻辑[28], 陈孝伟提出了带有独立性不确定命题的公式的真值 (本项目称真度) 计算的一般方法[29].

作者于 2009 年又到清华大学做刘宝碇的访问学者, 开始了不确定理论及其应用 (特别是不确定逻辑) 的研究. 最近, 作者基于李想和刘宝碇的不确定命题逻辑提出了不确定推理模型[38], 并且初步建立了一阶不确定谓词逻辑的语义理论[39].

任何一种理论的存在必然有它的价值. 任何理论不可能包络万象, 十全十美. 多值演算逻辑、概率逻辑和不确定逻辑来自不同的角度和认识, 从自身的系统都有着各自的意义. 因此它们都有待于进一步完善和发展.

本书主要介绍作者自己关于非经典逻辑的研究成果, 其结构、基本内容安排和说明如下.

第 1 章介绍后续几章用到的经典逻辑、概率论和不确定理论的基础知识.

第 2 章鉴于带随机性的命题 (称之为随机命题), 基于概率论推广二值逻辑的语义, 这是数学理论发展的必然. 因此, 目前这种研究成果 (特别是追随王国俊教授的这种研究 (称为计量逻辑)) 很多, 内容也非常丰富. 但其描述方式不一. 不过究其本质, 都是上述思想的体现. 据其共性, 可统称它们为概率逻辑. 作者以前曾写过这方面的论文, 随着研究的深入, 一直没有定稿. 本书的内容是作者借鉴一些专家的成果和思想, 基于最近的思想体系, 重新编写的.

第 3 章由作者发表的两篇论文[83,85] 和一篇没有发表的论文构成. 这种逻辑研究的对象是带有含糊 (或模糊) 概念的命题 (称为 Vague(或 Fuzzy) 命题). 究其实质对于相关 Vague 命题采用了专家数据概率统计的思想, 对于独立 Vague 命题使用了乘积三角模和对偶三角余模–加法及下确界三角模和对偶三角余模–上确界两对算法. 考虑处理模糊概念的专家数据的概率统计法是 Lawry 提出的, 为了突出概率测度的对偶性、三角模算子和对偶三角余模算子, 所以统称这类逻辑为 Vague 命题的 Lawry 对偶三角模–三角余模逻辑.

第 4 章介绍不确定命题的对偶下–上确界逻辑与推理. 这种逻辑的研究对象是非经典命题. 因为它建立在二值命题的真假不确定的思想之上, 所以在这章中称非经典命题为不确定命题. 这种逻辑来自于刘宝碇的不确定测度, 而不确定测度与概率测度一样具有对偶性, 且其乘积测度采用了下确界三角模和对偶三角余模上确界, 因此本书称这种逻辑为不确定命题的对偶下-上确界逻辑 (简称不确定命题逻辑). 其内容吸收了李想和刘宝碇的不确定逻辑[28] 和陈孝伟等的真值定理[29] 的成果. 其主要内容是按照作者的思想体系重新编写的.

第 5 章的一阶不确定谓词的下-上确界逻辑是一阶经典谓词逻辑的延伸. 它来自于作者和李想的论文[39]. 这种研究刚刚开始, 其理论有待完善和发展.

在第 6 章中, 因为多值逻辑的基本思想是连接词 "并且" 和 "蕴涵" 分别使用了三角模和伴随蕴涵算子, 所以本书又称 Hajek 提出的 BL 逻辑和 Esteva 等提出的 MTL 三角模逻辑为三角模-蕴涵逻辑. 这种研究在非经典逻辑界占主流, 成果最多, 内容最丰富. 限于篇幅本书不介绍他人的成果, 仅介绍自己及研究生李成允和张安英别具特色的成果 (部分成果还没有发表).

在第 7 章中, 由于某些命题不仅具有随机性也包含模糊概念, 所以基于概率论推广多值逻辑是数学理论发展的必然. 显然, 这种理论可称为随机模糊命题的多值概率逻辑.

作者关于本章课题的研究颇多. 特别是作者建立的模糊逻辑系统的相容度理论比较王国俊教授等学者建立的这种理论, 具有鲜明的特色, 其内容较系统和丰富, 且曾得到王国俊教授的认可和高度评价. 此外, 本章还介绍作者最近在多值逻辑 MTL 下建立的概率真度理论 (目前还没有发表).

基于概率论推广一阶模糊谓词逻辑是数学理论发展的必然. 第 8 章的内容是作者早期发表的成果[64,65,67,71,72]. 目前这种研究较少. 限于本书的篇幅, 本书不介绍他人的成果.

关于书名的说明: 从第 2 章随机命题的概率逻辑与推理、第 3 章 Vague 命题的 Lawry 对偶三角模-三角余模逻辑、第 4 章不确定命题的对偶下-上确界逻辑与推理和第 5 章一阶不确定谓词的对偶下-上确界逻辑的说明可以看出它们都应用了具有对偶性的测度, 连接词 "交" 和 "并", 都使用了三角模和对偶三角余模, 所以可统称它们为对偶三角模-三角余模逻辑.

鉴于概率测度和不确定测度分别使用了三角模乘积、三角模下确界和对偶三角余模概率和、上确界两对算子, 作者已经推广它们为对偶三角模-三角余模测度, 并基于此, 建立更广义的逻辑-对偶三角模-三角模余模逻辑. 由于这方面的内容还不很成熟, 本书没有介绍, 以后再版时再补加.

虽然本书的后几章的随机模糊命题的多值概率逻辑与前几章的二值不确定命题的对偶三角模-三角余模逻辑有一定的差别. 但考虑书名的简洁性和特色性, 本书命名为对偶三角模-三角余模逻辑及推理.

作者能够将自己 10 余年关于非经典逻辑的辛勤研究的独具特色的成果形成此书和读者商榷, 首先感谢王国俊教授、刘宝碇教授的培养和指导, 还要感谢同行专家和同事的鼓励和支持, 2013 年国家自然科学基金 (项目编号: 61273044) 和 2015

年国家自然科学基金 (项目编号: 11471152) 的资助. 其次更要感谢科学出版社编校人员为本书的出版做了许多细致的工作.

作者从 2003 年研究各种非经典逻辑至今, 成果数量颇多, 观点比较新颖, 有独到的见解. 正因如此, 书中会有某些提法读者可能不易理解和接受. 限于作者的水平, 也可能会出现某些不妥之处, 望读者见谅, 并提出宝贵意见.

张兴芳

2014 年 9 月 1 日

符号说明

第 1 章

ξ_i	命题变量
或 $\left.\begin{array}{l} X,Y,Z,\cdots \\ X_1,X_2,\cdots \end{array}\right\}$	命题变量公式
$X(\xi_1,\xi_2,\cdots,\xi_n)$	包含 $\xi_1,\xi_2,\cdots,\xi_n$ 的公式
$F(S)$	命题变量公式之集
$v(X)$	X 的赋值或 X 的真值
Ω	$F(S)$ 上的全体赋值之集
$f_{\xi_i}(x_i)$	ξ_i 的真 (或 Boole) 函数
$f_X(x_1,x_2,\cdots,x_n)$	X 的真 (或 Boole) 函数
$\vDash X$	X 为重言式
$\vDash \neg X$	X 为矛盾式
$X \approx Y$	X 与 Y 语义逻辑等价
$Q_1 \wedge Q_2 \wedge \cdots \wedge Q_n$	$\xi_1,\xi_2,\cdots,\xi_n$ 产生的合取公式
$W[\xi_1,\xi_2,\cdots,\xi_n]$	$\xi_1,\xi_2,\cdots,\xi_n$ 产生的所有合取公式
$\Gamma \vdash X$	从 Γ 到 X 的证明
$\mathcal{L}$	一阶语言
$\mathrm{Var}(L)$	全体变元之集
$\mathrm{Const}(L)$	全体个体常元之集
$\mathrm{Tem}(\mathcal{L})$	全体项之集
$\xi(t_1,t_2,\cdots,t_n)$	n 元谓词命题
$X(x_1,x_2,\cdots,x_n)$	包含变元 $x_1,x_2,\cdots,x_n$ 的谓词公式 X
D_I	解释 I 的论域
$\Omega_I(\mathcal{L})$	$\mathcal{L}$ 在 I 中的赋值的全体
$I \vDash \neg X$	X 是关于 I 的假公式
$\mathrm{Cl}X$	X 的闭包
$X \approx Y$	X 与 Y 逻辑等价
(Ω,L,P)	概率空间
$E[\xi]$	ξ 的数学期望
(Γ,L,M)	不确定空间
ξ	不确定变量
Φ	ξ 的不确定分布

Φ^{-1} $\qquad\qquad\qquad\qquad\qquad\qquad\qquad\qquad$ ξ 的逆不确定分布

第 2 章

RProPL	随机命题的概率逻辑
$X(\xi_1, \xi_2, \cdots, \xi_n)$	包含 $\xi_1, \xi_2, \cdots, \xi_n$ 的公式
S	随机变量之集
$F(S)$	随机变量公式之集
$\Phi_{\{\xi_1,\xi_2,\cdots,\xi_n\}}$	随机变量 $\xi_1, \xi_2, \cdots, \xi_n$ 的一个联合概率分布
G(X)	X 的析取范式
$T(X)$	X 的真度
$M = (\Sigma, v)$	$F(S)$ 的一个模型
$X^{(k)} = X(\xi_1, \xi_2, \cdots, \xi_n, \xi_{n+1}, \cdots, \xi_{n+k})$	$X(\xi_1, \xi_2, \cdots, \xi_n)$ 的 k 元扩张
$S(X, Y)$	X 与 Y 的相似度
$\rho(X, Y)$	X 与 Y 的距离
$T(\psi\|\phi)$	ψ 相对 φ 的概率真度
$T_{\min}(X)$	最小概率真度
$T_{\max}(X)$	最大概率真度
$T_E(X)$	期望概率真度
$T_H(X)$	H 概率真度

第 3 章

$L_1, L_2, \cdots, L_n$	论域皆为 Ω 的一类 (相关的)Vague 概念
LA $= \{L_1, L_2, \cdots, L_n\}$	标签
$\varphi, \phi, \cdots$	标签表达式
LE	由 LA 产生的 $(\neg, \wedge, \vee)$ 型自由代数
$\mu_\theta(x)$	事件 $\lambda(\theta)$ 的适当测度或发生的概率
Val	LA 上所有赋值的全体
φ 推出 ψ	$\varphi\| = \psi$
$\varphi \equiv \psi$	φ 逻辑等价 ψ
$[\theta]$	θ 的析取范式
f_{θ^*}	θ 的扩张 θ^* 的真函数
LE(x)	LA$(x) = \{L(x)\|L \in \text{LA}\}$ 产生的 $(\sim, \cap, \cup)$ 型自由代数
$t_{\text{La}}(\theta(x))$	同主语含糊命题 $\theta(x)$ 的 Lawry 真度
$F(S) - S = \text{LA}(x_1) \cup \text{LA}(x_2) \cup \cdots \cup \text{LA}(x_n) \cup \cdots$	产生的 $(\sim \cap, \cup)$ 型自由代数
$T^{\text{II}}(\varphi)$	φ 的 Lawry 乘—加真度
$T^t(\varphi)$	Lawry t-s 真度
$\Omega_L \subset \Omega$	$L \in \text{LA}$
$D(\Omega_L)$	由 Ω_L 产生的 $(c, \cap, \cup)$ 型自由代数

$\{P_{L_i}|L_i \in \mathrm{LA}\}$	(LA, Ω) 的有限群函数
$\mathrm{Val}(\Omega_L)$	Ω_L 上所有赋值的全体
$F(L(\Omega_L))$	由 $L(\Omega_L) = \{L(z)|z \in \Omega_L\} \subset L(\Omega)$ 产生的 $(\sim, \cap, \cup)$ 型自由代数
$t(A(L))$	同 Vague 谓词命题 $A(L)$ 真的概率, 简称 $A(L)$ 的概率真度

第 4 章

S	不确定命题 (不确定变量) 之集
$F(S)$	不确定命题 (不确定变量) 公式之集
UProL	不确定逻辑
$T(X)$	不确定命题公式 X 的真度
$[X]$	事件 $\{X = 1\}$

第 5 章

UPreL	一阶不确定谓词逻辑
ULa	UPreL 的语言
UI	ULa 的一个不确定解释
$\Sigma = (\mathrm{ULa}, F(\mathrm{ULa}), \mathrm{UI})$	UPreL 中的一个结构
$T(X) = M\{X = 1\}$	不确定谓词公式 X 的真度

第 6 章

$*$	三角模
$R_{(q,p)}$-LGN	模糊蕴涵算子族 $R_{(q,p)}$-LGN $((q,p) \in [-1,1] \times (-\infty, 0))$
$T_{(q,p)}$-LGN	左连续三角模族 $T_{(q,p)}$-LGN $((q,p) \in [-1,1] \times (-\infty, 0))$
R_p-LⅡG	模糊蕴涵算子族 R_p-LⅡG $(p \in [0, \infty) \cup (-\infty, 0) \cup \{-\infty\})$
T_p-LⅡG	左连续三角模族 T_p-LⅡG $(p \in [0, \infty) \cup (-\infty, 0) \cup \{-\infty\}$
$R_{(q,p)}$-LⅡ GN 模糊蕴涵算子族 $R_{((q,p)} - \mathrm{LⅡGN}((q,p) \in [-1,1] \times (-\infty, 0) \cup (0, \infty) \cup (1, 0))$
$T_{(q,p)}$ -LⅡGN	左连续三角模族 LⅡGN$((q,p) \in [-1,1] \times (-\infty, 0) \cup (0, \infty) \cup (1, 0))$

第 7 章

$\underline{\tau}(\Gamma)$	理论 Γ 的下真度
$\mathrm{Consist}_R(\Gamma)$	理论 Γ 的相容度
$\mathrm{Inconsist}(\Gamma)$	理论 Γ 的不相容度
$\mathrm{div}_R(\Gamma)$	理论 Γ 的发散度
$\rho_R(A, B)$	公式 A 与 B 距离
$\overline{A}$	A 的诱导函数
$\mathrm{Ker}(A)$	A 的核
$0\mathrm{Ker}(A)$	A 的零核
$m(\mathrm{Ker}(A))$	$\mathrm{Ker}(A)$ 的 Lebesgue 测度

$m(0\mathrm{Ker}(A))$ $0\mathrm{Ker}(A)$ 的 Lebesgue 测度

$D(\Gamma) = \{A \in F(S) | \Gamma \vdash A\}$ Γ 的推论之集

$A \backsim B$ A 与 B 是可证等价

$A \approx B$ A 与 B 是逻辑等价

$\rho(\Gamma_1, \Gamma_2)$ 公式集 Γ_1 与 Γ_2 的距离

$\eta(\Gamma)$ 理论 Γ 的弱相容度

$\Omega(X)$ X 上的全体赋值之集

$\mathrm{Var}(\varphi)$ φ 的命题变元集

$\Omega(\mathrm{Var}(\varphi))$ $\mathrm{Var}(\varphi)$ 上全体赋值之集

$|\Omega(\varphi)|$ $\Omega(\varphi)$ 的势

$\tau_R(\varphi)$ φ 的 R-真度

$\Gamma \vdash \varphi_n$ Γ 推出 φ_n

$\tau_{\Gamma\alpha}(\phi)$ 公式 φ 在 Γ 下的模糊条件 α-真度

$\mathrm{Pr\,ov}(\Gamma)$ 公式 B 的理论 Γ 可证度

$f_\phi | C$ f_ϕ 在 $[0,1]^n$ 上的限制

$*_{\mathrm{MTL}}$ 一个左连续 t-模

$*_{\mathrm{BL}}$ 一个连续 t-模

$f_{\mathrm{var}(\varphi)}$ $\mathrm{Var}(\varphi)$ 上的一个联合赋值分布 (密度) 函数

$T(\varphi | \psi).$ φ 在给定的 ψ 下的条件概率真度

$S(\varphi, \psi)$ φ 与 ψ 的相似度

第 8 章

f_i^n 函数符号

A_i^n 谓词符号

$\mathrm{Var}(\phi)$ ϕ 的全体变元之集

$\mathrm{Const}(\phi)$ 全体个体常元之集

$\mathrm{Term}(\phi)$ 全体项之集

$F(\phi)$ 全体公式之集

$(\exists x_i)A$ $\neg(\forall x_i)\neg A$

$A \wedge B$ $\neg(\neg A \vee \neg B)$

D_I 解释 I 的论域

$\Omega_A(I)$ 全体 I-赋值之集, 其中 $\Omega_A(I)$ 为幂集

$v(A) = ||A||_{I,v}^M$ A 关于 v 的真值

$\tau_I(A)$ A 的解释 I 真度

$\{I_m\}$ 解释模型 $\{I_m\}_{m=1}^n$ 或 $\{I_m\}_{m=1}^\infty$

$\bar{\tau}(A)$ 解释模型 $\{I_m\}_{m=1}^n$ 的上真度

$\bar{\tau}(A)$ 解释模型 $\{I_m\}_{m=1}^n$ 的下真度

$\displaystyle\int_{[a,b]^n} f\,\mathrm{d}w$ $\displaystyle\int_{[a,b]^n} f(x_1, x_2, \cdots, x_n)\,\mathrm{d}w$

目　　录

第1章 预备知识

1.1 二值命题演算的基础知识

1.1.1 命题变量及其公式

用符号 $\xi_1, \xi_2, \cdots$ 表示简单陈述句, 并且用符号 $\neg, \wedge, \vee$ 和 $\rightarrow$ 分别表示连接词 "非" "并且" "或者" 和 "蕴涵". 符号 ( ) 表示括号. 这样任何非简单陈述句都可以使用上述符号表示. 例如, 如果用符号 ξ_1, ξ_2, ξ_3 和 ξ_4 分别表示 "小王明天在北京" "小张明天在北京" "小王明天去天安门" 和 "小张明天去天安门", 则符号 $\xi_1 \wedge \xi_2 \rightarrow \xi_3 \wedge \xi_4$ 表示非简单陈述句 "若小王明天在北京且小张明天在北京, 则他们两个明天都去天安门". 类似地, 如果 ξ_1, ξ_2, ξ_3 和 ξ_4 分别表示简单陈述句 "小王是一个大个子" "小张是一个大个子" "小王爱打篮球" 和 "小张爱打篮球", 则符号 $\neg\xi_1$ 表示陈述句 "并非小王是一个大个子", 符号 $(\xi_1 \rightarrow \xi_3) \wedge (\xi_2 \rightarrow \xi_4)$ 表示陈述句 "若小王是一个大个子则小王爱打篮球且若小张是一个大个子则小张爱打篮球".

符号 $\xi_1, \xi_2, \cdots$ 分别可以表示任何命题, 因此可以说它们是命题变量.

定义 1.1.1 设 $S = \{\xi_1, \xi_2, \cdots\}$ 是有限或可数个命题变量集, $F(S)$ 是由 S 产生的 $(\neg, \rightarrow)$ 型自由代数, 即

(i) 若 $\xi_i \in S$, 则 $\xi_i \in F(S)$;

(ii) 若 $X, Y \in F(S)$, 则 $\neg X, X \rightarrow Y \in F(S)$;

(iii) $F(S)$ 中的元素都能由 S 中的元素通过 (i) 和 (ii) 的方式产生.

称 $F(S)$ 中的元素为命题变量公式.

一般用大写英文字母 $X, Y, Z, \cdots$ 或 $X_1, X_2, \cdots$ 表示命题变量公式. 若命题变量公式包含命题变量 $\xi_1, \xi_2, \cdots, \xi_n$, 则它可记作 $X(\xi_1, \xi_2, \cdots, \xi_n)$.

例如, $\xi_1, \neg\xi_1, \neg\xi_1 \rightarrow \xi_2, \neg(\xi_1 \rightarrow \xi_2)$ 都是命题变量公式. 注意运算顺序是先括号, 再 $\neg$, 然后是 $\rightarrow$.

以上没有用到连接词 $\wedge$ 和 $\vee$, 其实它们都可以用 $\neg, \rightarrow$ 表达. 规定 $X \vee Y$ 是 $\neg X \rightarrow Y$ 的简写, $X \wedge Y$ 是 $\neg(X \rightarrow \neg Y)$ 的简写.

1.1.2 语义理论

定义 1.1.2 设映射 $v : F(S) \rightarrow \{0, 1\}$. 如果 v 满足条件:

(i) 对于任一公式 $X \in F(S), v(\neg X) = 1 - v(X)$;

(ii) 对于任二公式 $X, Y \in F(S), v(X \to Y) = 0$ 当且仅当 $v(X) = 1$ 且 $v(Y) = 0$, 则称 v 为 $F(S)$ 上的一个赋值, 简称赋值, 记 $F(S)$ 上的全体赋值之集为 Ω.

注 1.1.1   为了表达方便, 也称 $v(X)$ 为 X 的赋值, 或称它为 X 的真值.

注 1.1.2   为了表达方便, 在 $\{0, 1\}$ 中规定

$$\neg 0 = 1, \quad \neg 1 = 0, \quad 0 \to 0 = 0 \to 1 = 1 \to 1 = 1, \quad 1 \to 0 = 0,$$

则 $\{0, 1\}$ 也称为 $(\neg, \to)$ 型自由代数, 于是 v 是赋值当且仅当 $v : F(S) \to \{0, 1\}$ 是同态.

注 1.1.3   既然 $F(S)$ 是由 S 产生的 $(\neg, \to)$ 型自由代数, 则任何映射 $v_0 : S \to \{0, 1\}$ 都可以扩张为 $F(S)$ 上的一个赋值, 即

(i) 对于任一公式 $X \in F(S), v(\neg X) = \neg v(X)$;

(ii) 对于任二公式 $X, Y \in F(S), v(X \to Y) = v(X) \to v(Y)$.

例如, 若 $v(\xi_1) = 1, v(\xi_2) = 0, v(\xi_3) = 0, \cdots$, 则

$$v((\neg \xi_1 \to \xi_2) \to \xi_3) = (\neg v(\xi_1) \to v(\xi_2)) \to v(\xi_3) = (\neg 1 \to 0) \to 0 = 0.$$

那么对于任何包含命题变量 $\xi_1, \xi_2, \cdots, \xi_n$ 的公式 $X, v(X(\xi_1, \xi_2, \cdots, \xi_n)), v \in \Omega$ 是一个 n 元函数 $f_X : \{0, 1\}^n \to \{0, 1\}$, 称为 X 的 Boole 函数, 或真值函数.

注 1.1.4   由 $X \vee Y = \neg X \to Y, X \wedge Y = \neg(X \to \neg Y)$ 可知

$$v(X \vee Y) = \max\{v(X), v(Y)\}, \quad v(X \wedge Y) = \min\{v(X), v(Y)\}.$$

定义 1.1.3   若对任意 $v \in \Omega$, 有 $v(X(\xi_1, \xi_2, \cdots, \xi_n)) = 1$, 即

$$f_X(x_1, x_2, \cdots, x_n) \equiv 1, \quad (x_1, x_2, \cdots, x_n) \in \{0, 1\}^n,$$

则称 X 为重言式, 记作 $\vDash X$. 若对任意 $v \in \Omega, v(X(\xi_1, \xi_2, \cdots, \xi_n)) = 0$, 则称 X 为矛盾式.

显然 $v(X) = 0$ 当且仅当 $v(\neg X) = 1$, 所以, 若 X 为矛盾式, 则 $\neg X$ 为重言式. 因此若 X 为矛盾式, 则记作 $\vDash \neg X$.

例 1.1.1   下述三类公式都是重言式.

(1) $X \to (Y \to X)$;

(2) $(X \to (Y \to Z)) \to ((X \to Y) \to (X \to Z))$;

(3) $(\neg Y \to \neg X) \to (X \to Y)$.

证明   (1) 对于任意赋值 v, 如果 $v(X) = 1$, 显然

$$v(X \to (Y \to X)) = v(X) \to (v(Y) \to v(X))$$
$$= 1 \to (v(Y) \to 1)) = 1 \to 1 = 1.$$

如果 $v(X) = 0$, 当 $v(Y) = 1$ 时, 则

$$v(X \to (Y \to X)) = 0 \to (1 \to 0) = 0 \to 0 = 1$$
$$= 1 \to (v(Y) \to 1)) = 1 \to 1 = 1;$$

当 $v(Y) = 0$ 时, 则

$$v(X \to (Y \to X)) = 0 \to (0 \to 0) = 0 \to 1 = 1$$
$$= 1 \to (v(Y) \to 1)) = 1 \to 1 = 1.$$

类似地, 可证明 (2) 和 (3).

定义 1.1.4 设 $X, Y \in F(S)$, 若对任意 $v \in \Omega$, 有 $v(X) = v(Y)$, 则称 X 与 Y 语义逻辑等价, 记作 $X \approx Y$.

定义 1.1.5 设 $\xi_1, \xi_2, \cdots, \xi_n \in F(S)$, 则称 $Q_1 \wedge Q_2 \wedge \cdots \wedge Q_n$ 为 $\xi_1, \xi_2, \cdots, \xi_n$ 产生的合取公式, 这里 $Q_i \in \{\xi_i, \neg\xi_i\}, i = 1, 2, \cdots, n$. 记 $\xi_1, \xi_2, \cdots, \xi_n$ 产生的所有合取公式为 $W[\xi_1, \xi_2, \cdots, \xi_n]$. $W[\xi_1, \xi_2, \cdots, \xi_n]$ 中某些元素通过析取连接词 $\vee$ 连接起来的式子称为析取范式.

例如, $W[\xi_1, \xi_2] = \{\xi_1 \wedge \xi_2, \neg\xi_1 \wedge \xi_2, \xi_1 \wedge \neg\xi_2, \neg\xi_1 \wedge \neg\xi_2\}$,

$$(\xi_1 \wedge \xi_2) \vee (\neg\xi_1 \wedge \xi_2), \quad (\xi_1 \wedge \xi_2) \vee (\neg\xi_1 \wedge \xi_2) \vee (\xi_1 \wedge \neg\xi_2)$$

和

$$(\xi_1 \wedge \xi_2) \vee (\neg\xi_1 \wedge \xi_2) \vee (\xi_1 \wedge \neg\xi_2) \vee (\neg\xi_1 \wedge \neg\xi_2)$$

都是析取范式.

定理 1.1.1 任一包含命题变量 $\xi_1, \xi_2, \cdots, \xi_n$ 的非矛盾式都逻辑等价于一个析取范式

$$\bigvee_{v(X)=f_X(v(\xi_1), v(\xi_2), \cdots, v(\xi_n))=1, v \in \Omega} (Q_{x1} \wedge Q_{x2} \wedge \cdots \wedge Q_{xn})$$
$$= \bigvee_{f_X(x_1, x_2, \cdots, x_n)=1, x=(x_1, x_2, \cdots, x_n) \in \{0,1\}^n} (Q_{x1} \wedge Q_{x2} \wedge \cdots \wedge Q_{xn}).$$

这里对于任一满足 $f_X(x_1, x_2, \cdots, x_n) = 1$ 的 $x = (x_1, x_2, \cdots, x_n)$, 若 $x_i = 1$, 则 $Q_{xi} = \xi_i$; 若 $x_i = 0$, 则 $Q_{xi} = \neg\xi_i$.

证明 设赋值 v: $v(\xi_i) = x_i, i = 1, 2, \cdots, n$ 满足

$$v(X) = f_X(v(\xi_1), v(\xi_2), \cdots, v(\xi_n)) = f_X(x_1, x_2, \cdots, x_n) = 1.$$

因为若 $v(\xi_i) = x_i = 1$, 则 $v(Q_{xi}) = v(\xi_i) = 1$; 若 $v(\xi_i) = x_i = 0$, 则 $v(Q_{xi}) = 1 - v(\xi_i) = 1$. 从而 $v(Q_{x1} \wedge Q_{x2} \wedge \cdots \wedge Q_{xn}) = 1$, 所以

$$v\left(\bigvee_{v(X) = f_X(v(\xi_1), v(\xi_2), \cdots, v(\xi_n)) = 1, v \in \Omega} (Q_{x1} \wedge Q_{x2} \wedge \cdots \wedge Q_{xn})\right)$$
$$= v\left(\bigvee_{f_X(x_1, x_2, \cdots, x_n) = 1, x = (x_1, x_2, \cdots, x_n) \in \{0,1\}^n} (Q_{x1} \wedge Q_{x2} \wedge \cdots \wedge Q_{xn})\right) = 1.$$

反之, 若赋值 v: $v(\xi_i) = x_i, i = 1, 2, \cdots, n$ 满足

$$v(X) = f_X(v(\xi_1), v(\xi_2), \cdots, v(\xi_n)) = f_X(x_1, x_2, \cdots, x_n) = 0,$$

则对于满足 $f_X(y_1, y_2, \cdots, y_n) = 1$ 的任何 $y = (y_1, y_2, \cdots, y_n)$ 使得 $v(Q_{y1} \wedge Q_{y2} \wedge \cdots \wedge Q_{yn}) = 0$. 事实上, 若 $f_X(x_1, x_2, \cdots, x_n) = 0$, $f_X(y_1, y_2, \cdots, y_n) = 1$, 则

$$(x_1, x_2, \cdots, x_n) \neq (y_1, y_2, \cdots, y_n), \quad f_X(y_1, y_2, \cdots, y_n) = 0.$$

设 $x_i \neq y_i$, 当 $x_i = v(\xi_i) = 1$, 则 $y_i = 0$, 那么

$$v(Q_{yi}) = v(\neg \xi_i) = 1 - v(\xi_i) = 1 - 1 = 0;$$

当 $x_i = v(\xi_i) = 0$, 则 $y_i = 1$, 那么 $v(Q_{yi}) = v(\xi_i) = 0$, 从而

$$v(Q_{y1} \wedge Q_{y2} \wedge \cdots \wedge Q_{yn}) = 0.$$

于是

$$v\left(\bigvee_{v(X) = f_X(v(\xi_1), v(\xi_2), \cdots, v(\xi_n)) = 1, v \in \Omega} (Q_{x1} \wedge Q_{x2} \wedge \cdots \wedge Q_{xn})\right)$$
$$= v\left(\bigvee_{f_X(x_1, x_2, \cdots, x_n) = 1, (x_1, x_2, \cdots, x_n) \in \{0,1\}^n} (Q_{x1} \wedge Q_{x2} \wedge \cdots \wedge Q_{xn})\right) = 0.$$

这说明 X 逻辑等价于一个析取范式

$$\bigvee_{v(X) = f_X(v(\xi_1), v(\xi_2), \cdots, v(\xi_n)) = 1, v \in \Omega} (Q_{x1} \wedge Q_{x2} \wedge \cdots \wedge Q_{xn})$$
$$= \bigvee_{f_X(x_1, x_2, \cdots, x_n) = 1, (x_1, x_2, \cdots, x_n) \in \{0,1\}^n} (Q_{x1} \wedge Q_{x2} \wedge \cdots \wedge Q_{xn}).$$

记 X 的析取范式为 $G(X)$, 即 $X \approx G(X)$.

例 1.1.2 设 $X = \xi_1 \wedge \xi_2 \to \xi_3 = \neg(\xi_1 \wedge \xi_2) \vee \xi_3$, 则

$$\{(x_1, x_2, x_3) | f_X(x_1, x_2, x_3) = 1, (x_1, x_2, x_3) \in \{0,1\}^3\}$$

$$= \{(0,1,1), (11,1), (0,0,1), (1,0,1), (0,1,0), (0,0,0), (1,0,0)\}.$$

所以由定理 1.1.1 知

$$X \approx G(X) = (\neg\xi_1 \wedge \xi_2 \wedge \xi_3) \vee (\xi_1 \wedge \xi_2 \wedge \xi_3) \vee (\neg\xi_1 \wedge \neg\xi_2 \wedge \xi_3) \vee (\xi_1 \wedge \neg\xi_2 \wedge \xi_3)$$
$$\vee (\neg\xi_1 \wedge \xi_2 \wedge \neg\xi_3) \vee (\neg\xi_1 \wedge \neg\xi_2 \wedge \neg\xi_3) \vee (\xi_1 \wedge \neg\xi_2 \wedge \neg\xi_3).$$

1.1.3 语构理论

1.1.2 节说明, 可以通过验证公式 X 是否是重言式, 断定它是否为真. 其实, 也可以通过确定 $F(S)$ 中的某些重言式, 定义几条推理规则和证明将 $F(S)$ 中的所有重言式都推出来. 为此引入公理、推理规则及证明的概念.

定义 1.1.6 $F(S)$ 中的下述重言式称为公理:

(i) $X \to (Y \to X)$;

(ii) $(X \to (Y \to Z)) \to ((X \to Y) \to (X \to Z))$;

(iii) $(\neg Y \to \neg X) \to (X \to Y)$.

定义 1.1.7 (分离规则) 由公式 $X \to Y$ 与 X 可推得 Y.

分离规则也称为 modus ponens, 简称 MP.

定义 1.1.8 一个证明是一个公式序列

$$X_1, X_2, \cdots, X_n,$$

这里对每个 $i \leqslant n$, X_i 是公理, 或者有 $j < i, k < i$, 使 X_i 是由 X_j 与 X_k 运用 MP 而得到的公式, 这时 X_n 称为定理, 上述证明称为 X_n 的证明, 记作 $\vdash X_n$.

定义 1.1.9 设 $\Gamma \subset F(S), X \in F(S)$. 从 Γ 到 X 的证明是一个公式序列

$$X_1, X_2, \cdots, X_n,$$

这里 $X_n = X$, 且对每个 $i \leqslant n$, X_i 是公理或 $X_i \in \Gamma$, 或者有 $j < i, k < i$, 使 X_i 是由 X_j 与 X_k 运用 MP 而得到的公式, 存在从 Γ 到 X 的证明, 记作 $\Gamma \vdash X$.

定理 1.1.2 (演绎定理) 设 $\Gamma \subset F(S)$, $X, Y \in F(S)$. 如果 $\Gamma \cup \{X\} \vdash Y$, 则 $\Gamma \vDash X \to Y$.

证明 略 (参见文献 [1]).

定理 1.1.3 (三段论 (hypothetical syllogism) 规则, HS) $\{X \to Y, Y \to Z\} \vdash X \to Z$.

证明 略 (参见文献 [1]).

定义 1.1.10 设 $X, Y \in F(S)$. 如果 $\vdash X \to Y$ 且 $\vdash Y \to X$, 则称 X 与 Y 可证等价.

1.1.4 可靠性定理与完备性定理

1.1.3 节中所列的定义、公理、推理规则和证明目的是把所有的重言式都推出来. 事实上, 这种目的是可以实现的.

定理 1.1.4 (可靠性定理)　凡定理都是重言式, 即若 $\vdash X$, 则 $\vDash X$.

证明　例 1.1.1 已经证明定义 1.1.6 中的所有公理都是重言式. 只需证明推理规则保持重言式. 若 X 与 $X \to Y$ 都是重言式, 即任意赋值 $v(X) = v(X \to Y) = v(X) \to v(Y) = 1$, 显然 $v(Y) = 1$. 则 Y 是重言式.

我们还关心任一重言式 X 是否都能推理规则证明出来, 即若 $\vDash X$, 则 $\vdash X$ 是否成立.

定理 1.1.5 (完备性定理)　凡重言式都是定理, 即若 $\vDash X$, 则 $\vdash X$.

证明　略 (参见文献 [1]).

定理 1.1.6　设 $X, Y \in F(S).X$ 与 Y 可证等价当且仅当 X 与 Y 逻辑等价.

由定理 1.1.5 知可证等价的性质类同逻辑等价.

1.2　二值谓词演算的基础知识

命题演算理论提供了哪些命题公式, 无论它代表什么实际的复合命题, 它总是真的; 哪些命题公式, 无论它代表什么实际的复合命题, 它总是假的. 再就是它提供了命题公式真的推理方法. 然而它却不能满足实际的需要. 例如, 命题的演算理论无法实现下述推理:

(i) 每个人都会死的;

(ii) 欧拉是人;

(iii) 所以欧拉会死的.

可能读者会想, 分别用 X, Y 和 Z 表示 "每个人" "会死" 和 "欧拉", 那么上面的 (i), (ii) 和 (iii) 可以形式化为

(i) $X \to Y$;

(ii) $Z \to X$;

(iii) $Z \to Y$.

这里是由 (ii) 和 (i) 运用 HS 规则得到. 然而以上的 X, Y 和 Z 都不是命题. 因为 X 和 Z 分别是命题 "每个人都会死的" 和 "欧拉是人" 的主语, Y 是命题 "每个人都会死的" 和 "所以欧拉会死的" 的谓语, 所以, 它不属于命题演算理论的范畴. 因此, 为了实现上述推理, 命题演算理论推广为本章的二值谓词演算理论. 在二值谓词演算理论中, 用希腊字母表示谓语, 把主语用小写英文字母放在主语的括号中, 即用 $\xi(x)$ 表示 "x 具有性质 ξ", 并用符号 $\forall$ 表示 "对于每一个", 则 (i)~(iii) 可以形式化为

(i) $(\forall x)(\xi(x) \to \eta(x))$;

(ii) $\xi(u)$;

(iii) 所以 $\eta(u)$.

这里 ξ 和 η 分别表示 "是人" 和 "会死" 这两个性质, u 表示欧拉. 以后会看到这是谓词演算中的正确的推理. $\xi(u)$ 和 $\eta(u)$ 都是不可再分割的命题, $(\forall x)(\xi(x) \to \eta(x))$ 是复合命题, 如果分别用 X, Y, Z 表示上述三个命题, 则 (i)~(iii) 就称为

$$X, Y, \text{ 所以 } Z.$$

显然命题演算无法完成这种推断. 因此命题演算的语言具有局限性, 谓词演算增强了语言的表达能力. 谓词演算的内容也主要包括语义和语构两方面.

1.2.1 一阶语言

一阶谓词演算系统使用的语言称为一阶语言 $\mathcal{L}$.

定义 1.2.1 一阶语言 $\mathcal{L}$ 包括下述符号:

(i) 变元符号: $x, y, z, \cdots$ 或 $x_1, x_2, x_3, \cdots$;

(ii) 某些个体常元符号 $a, b, c, \cdots$ 或 $a_1, a_2, a_3, \cdots$;

(iii) 某些谓词符号 $\xi, \eta, \cdots$ 或 $\xi_1, \xi_2, \cdots$, 某些函数符号 $f, g, \cdots$ 或 $f_1, f_2, \cdots$;

(iv) 连接词: $\neg$, $\to$;

(v) 量词符号: $\forall$ (全称量词).

记全体变元之集为 $\text{Var}(\mathcal{L})$, 全体个体常元之集为 $\text{Const}(\mathcal{L})$.

定义 1.2.2 一阶语言 $\mathcal{L}$ 的项 (term) 定义如下:

(i) 变元和个体常元是项;

(ii) 设 f 是 $\mathcal{L}$ 中的 n 元函数符号, $t_1, t_2, \cdots, t_n$ 是 $\mathcal{L}$ 的项, 则 $f(t_1, t_2, \cdots, t_n)$ 是项;

(iii) $\mathcal{L}$ 的项均由 (i) 和 (ii) 的方式生成, 其全体项之集记为 $\text{Tem}(\mathcal{L})$.

定义 1.2.3 设 $\mathcal{L}$ 是一阶语言, ξ 是 $\mathcal{L}$ 中的 n 元谓词, $t_1, t_2, \cdots, t_n$ 是 $\mathcal{L}$ 的项, 则称 $\xi(t_1, t_2, \cdots, t_n)$ 是 n 元谓词命题 (predicate proposition), 简称谓词命题. $\mathcal{L}$ 中的谓词命题公式定义如下:

(i) 谓词命题是谓词命题公式;

(ii) 如果 X, Y 是谓词命题公式, 则 $\neg X, X \to Y$ 与 $(\forall x)X$ 还是谓词命题公式;

(iii) 谓词命题公式均由 (i) 和 (ii) 生成.

记全体谓词命题公式之集为 $F(\mathcal{L})$.

谓词命题公式简称公式, 它们用符号 X, Y, Z 或 $X_1, X_2, \cdots$ 表示. 如果公式 X 中包含变元 $x_1, x_2, \cdots, x_n$, 可记作 $X(x_1, x_2, \cdots, x_n)$. 类似地, 如果它包含个体常元 u, v, 可表示为 $X(u, v)$.

引进存在量词 $\exists$ 使得 $(\exists x_i)X = \neg(\forall x_i)\neg X$, 连接词 $\vee$ 和 $\wedge$ 使得

$$X \vee Y = \neg X \to Y \text{ 和 } X \wedge Y = \neg(\neg X \vee \neg Y).$$

定义 1.2.4   在公式 $(\forall x)X$ 中, X 称为 $(\forall x)$ 的辖域. 若 X 中有变元 x, 则 x 称为约束变元. 不是约束变元的变元称为自由变元.

例 1.2.1 $(\forall x)\xi(x) \to (\exists y)\eta(y) \vee \eta(z)$ 是谓词命题公式, x 和 y 都是约束变元, z 是自由变元.

1.2.2 语义理论

1. 解释

定义 1.2.5   设 $\mathcal{L}$ 是一阶语言, $\mathcal{L}$ 的解释 I 组成如下:

(i) 一个非空集 D_I 称为解释 I 的论域;

(ii) D_I 上一组与 $\mathcal{L}$ 中的个体常元相对应的特定元 $\bar{a}_1, \bar{a}_2, \cdots, \bar{a}_n, \cdots$;

(iii) D_I 上一组与 $\mathcal{L}$ 中的 n 元谓词符号 $\{\xi_i\}$ 相对应的关系 $\bar{\xi}_i \subset D_I^n$, 即 $\bar{\xi}_i$ 是 D_I 上的 n 元关系;

(iv) D_I 上一组与 $\mathcal{L}$ 中的 n 元函数符号 $\{f_i\}$ 相对应的 n 元函数 $\{\bar{f}_i\}$, 这里 $\bar{f}_i : D_I^n \to D_I$ 是 D_I 上的 n 元函数.

例 1.2.2   设 $\mathcal{L}$ 是一阶语言, 给出 $\mathcal{L}$ 的一个解释 $I : D_I = \{0, 1, 2, \cdots\}$, $\bar{a} = 0$, $\bar{\xi}$ 解释为相等关系, $\overline{f(x, z)} = x + z, x, z \in D_I$, 那么在解释 I 下, 谓词命题公式

$$(\forall x)(\forall y)(\neg(\forall z)(\neg\xi(f(x, z), y)))$$

可以解释为 "对于任意自然数 x, y, 并非对所有自然数 z 都有 $x + z = y$".

2. 赋值与满足

设 $\mathcal{L}$ 是一阶语言, 给定 $\mathcal{L}$ 的一个解释 I, 则个体常元、函数符号、项、谓词符号等在解释 I 下就有了在 D_I 中的含义. 例如, $\xi(x, f(y, z))$ 在解释 I 下 $\bar{\xi}(x, \bar{f}(y, z))$ 有了明确的含义. 然而它的真与假取决于变元 x, y, z 的具体取值.

定义 1.2.6   设 $\mathcal{L}$ 是一阶语言, I 是 $\mathcal{L}$ 的一个解释. $\mathcal{L}$ 在 I 中的赋值 v 是从 $\mathcal{L}$ 的项集 $\text{Tem}(\mathcal{L})$ 到 D_I 的一个映射 $v : \text{Tem}(\mathcal{L}) \to D_I$ 满足条件:

(i) $v(a_i) = \overline{a_i}$;

(ii) $v(f(t_1, t_2, \cdots, t_n)) = \bar{f}(v(t_1), v(t_2), \cdots, v(t_n))$, 这里 f 是 $\mathcal{L}$ 中的 n 元函数符号.

$\mathcal{L}$ 在 I 中的赋值的全体记作 $\Omega_I(\mathcal{L})$.

定义 1.2.7   设 $\mathcal{L}$ 是一阶语言, I 是 $\mathcal{L}$ 的一个解释, $v, v'' \in \Omega_I(\mathcal{L})$. 若满足

$$v(x_j) = v(x_j), \quad j = 1, 2, \cdots, i-1, i+1, \cdots,$$

则称 v 与 v' 是 i-等价的.

定义 1.2.8 设 $\mathcal{L}$ 是一阶语言, I 是 $\mathcal{L}$ 的一个解释, $v \in \Omega_I(\mathcal{L})$, $X \in F(\mathcal{L})$. v 满足 X 可归纳地定义如下:

(i) 若 $X(t_1, t_2, \cdots, t_n)$ 是谓词命题公式, 则 v 满足 X 指 $\overline{X}(v(t_1), v(t_2), \cdots, v(t_n))$, 在 D_I 为真的 n 元关系, 记作 $v(X) = 1$; 否则 v 满足 X, 记作 $v(X) = 0$.

(ii) 若 $X = \neg Y$, 则 v 满足 X 指 v 不满足 Y, 即 $v(Y) = 0$.

(iii) 若 $X = Y \to Z$, 则 v 满足 X 指 v 满足 Z 或不满足 Y, 即 $v(Z) = 1$ 或 $v(Y) = 0$.

(iv) 若 $X = (\forall x_i)Y(x_i)$, 则 v 满足 X 指每个与 $v\,i$-等价的赋值 v' 都满足 Y, 即 $v((\forall x_i)Y(x_i)) = \wedge\{v'(Y)|v'$ 与 $v\,i$-等价$\}$.

例 1.2.3 设 $\mathcal{L}$ 是一阶语言, 谓词命题公式 $X = (\forall x_2)\xi(f(x_1), x_2, a)$. 我们给出 $\mathcal{L}$ 的一个解释 $I : D_I = \{0, 1, 2, \cdots\}$, $\bar{a} = 0$, $\bar{\xi}$ 解释为

$$E = \{(x_1, x_2, a)|ax_2 = f(x_1), x_1, x_2, a \in D\} \subseteq D^3, \quad \overline{f(x_1)} = x_1^2, \quad x_1 \in D_I,$$

$v(x_1) = 0, v(x_2) = 3, v(a) = \bar{a} = 0$ 是 $\mathcal{L}$ 在解释 I 下的一个赋值. 因为每个与 $v\,2$-等价的赋值 $v' : v'(x_1) = 0, v'(x_2) \in D_I, v'(a) = \bar{a} = 0$, 都有

$$v'(f(x_1)) = 0^2 = 0 = v'(x_2) \cdot 0 = v'(x_2) \cdot \bar{a} = v'(x_2) \cdot v'(a),$$

即 v' 都满足 $\xi(f(x_1), x_2, a)$, 所以 v 满足 $X = (\forall x_2)\xi(f(x_1), x_2, a)$, 即

$$v(X) = v((\forall x_2)\xi(f(x_1), x_2, a)) = 1.$$

定理 1.2.1 设 $\mathcal{L}$ 是一阶语言, I 是 $\mathcal{L}$ 的一个解释, $v \in \Omega_I(\mathcal{L})$, $X \in F(\mathcal{L})$.

(i) 若 v 满足 X, 即 $v(X) = 1$, 则 v 也满足 $(\exists x_i)X$, 即 $v((\exists x_i)X) = 1$.

(ii) v 满足 $(\exists x_i)X$ 当且仅当有与 $v\,i$-等价的赋值 v' 满足 X, 即 $v((\exists x_i)X) = 1$ 当且仅当有与 $v\,i$-等价的赋值 v' 使得 $v'(X) = 1$.

(iii) 当 $X(x_i)$ 是含有自由变元 x_i 的公式时, 若 v 满足 $(\exists x_i)X(x_i)$, 则在 $\mathcal{L}$ 中有个体常元 c 使 v 满足 $X(c)$, 即 $v(X(c)) = 1$.

(iv) v 满足 $X(c),c$ 是 $\mathcal{L}$ 中有个体常元, 则 v 满足 $(\exists x_i)X(x_i)$, 即 $v((\exists x_i)X) = 1$.

3. 真公式、假公式、可满足的公式与逻辑有效公式

定义 1.2.9 设 $\mathcal{L}$ 是一阶语言, I 是 $\mathcal{L}$ 的一个解释, $X \in F(\mathcal{L})$.

(i) 如果对任意 $v \in \Omega_I(\mathcal{L})$, 都有 $v(X) = 1$, 则称 X 是关于 I 真公式, 记作 $I \models X$. 这时称 I 是 X 的模型.

(ii) 如果对任意 $v \in \Omega_I(\mathcal{L})$, 都有 $v(X) = 0$, 则称 X 是关于 I 假公式, 记作 $I \models \neg X$.

(iii) 如果对于 $\mathcal{L}$ 的任意解释 I 使得 X 是关于 I 的真公式, 则称 X 是逻辑有效公式.

(iv) 如果对于 $\mathcal{L}$ 的任意解释 I 使得 X 是关于 I 的假公式, 则称 X 是矛盾式.

定理 1.2.2　设 I 是一阶语言 $\mathcal{L}$ 的解释, $X, Y, Z \in F(\mathcal{L})$.

(i) 若 $I \models X \to Y$ 且 $I \models X$, 则 $I \models Y$.

(ii) 若 $I \models X \to Y$ 且 $I \models Y \to Z$, 则 $I \models X \to Z$.

(iii) 若 $I \models X$, 则 $I \models (\exists x))X$.

(iv) 若 $I \models X$, 则 $I \models (\forall x)X$ 且反之亦然.

(v) 若 $I \models X$, 则 $I \models (\forall x_1)(\forall x_2)\cdots(\forall x_n)X$ 且反之亦然.

定义 1.2.10　一阶语言 $\mathcal{L}$ 中不含自由变元的公式称为闭公式. 设 $X(x_1, x_2, \cdots, x_n) \in F(\mathcal{L})$ 且 $x_1, x_2, \cdots, x_n$ 是 X 包含的全部自由变元, 则称

$$(\forall x_1)(\forall x_2)\cdots(\forall x_n)X(x_1, x_2, \cdots, x_n)$$

为 X 的闭包, 记作 $\mathrm{Cl}X$.

定理 1.2.3　设 I 是一阶语言 $\mathcal{L}$ 的解释, $X, Y, Z \in F(\mathcal{L})$.

(i) 若 $X \to Y$ 与 X 是逻辑有效公式, 则 Y 是逻辑有效公式.

(ii) 若 $X \to Y$ 与 $Y \to Z$ 是逻辑有效公式, 则 $X \to Z$ 是逻辑有效公式.

(iii) 若 X 是逻辑有效公式, 则 $(\exists x)X$ 是逻辑有效公式.

(iv) 若 X 是逻辑有效公式, 则 $(\forall x)X$ 是逻辑有效公式, 且反之亦然.

(v) 若 X 是逻辑有效公式, 则 $(\forall x_1)(\forall x_2)\cdots(\forall x_n)X$ 是逻辑有效公式, 且反之亦然.

(vi) $\mathrm{Cl}X$ 是逻辑有效公式且反之亦然.

定理 1.2.4　设 $\mathcal{L}$ 是一阶语言, I 是 $\mathcal{L}$ 的一个解释, $v, w \in \Omega_I(\mathcal{L})$, $X \in F(\mathcal{L})$. 若对 X 中的每个自由变元 x_i, 都有 $v(x_i) = w(x_i)$, 则 $v(X) = 1$ 当且仅当 $w(X) = 1$.

定义 1.2.11　设 $X(\eta_1, \eta_2, \cdots, \eta_n)$ 是二值命题演算系统中的命题公式. 如果命题 $\eta_1, \eta_2, \cdots, \eta_3$ 分别用一阶语言 $\mathcal{L}$ 中的谓词 $\xi_1, \xi_2, \cdots, \xi_n$ 代替, 得到 $\mathcal{L}$ 中的谓词公式 $X(\xi_1, \xi_2, \cdots, \xi_n)$, 则称 $X(\xi_1, \xi_2, \cdots, \xi_n)$ 是 $X(\eta_1, \eta_2, \cdots, \eta_n)$ 的代换实例.

定义 1.2.12　称 $\mathcal{L}$ 中的谓词公式为重言式, 如果它是命题演算系统中某一重言式的代换实例.

定理 1.2.5　若 X 是 $\mathcal{L}$ 中的重言式, 则它是 $\mathcal{L}$ 中的逻辑有效公式.

上述定理的证明参见文献 [1].

4. 逻辑等价

定义 1.2.13　设 $X, Y \in F(\mathcal{L})$. 若 $X \to Y$ 与 $Y \to X$ 都是逻辑有效公式, 则称 X 与 Y 逻辑等价, 记作 $X \approx Y$.

定理 1.2.6 设 $\approx$ 是 $\mathcal{L}$ 上的等价关系, $X, Y, Z, W \in F(\mathcal{L})$, 则

(i) $X \approx Y$ 当且仅当对于 $\mathcal{L}$ 中的任意解释 I, I 中任意赋值 v 有 $v(X) = v(Y)$;

(ii) $(\forall x_i)(\forall x_j)X \approx (\forall x_j)(\forall x_i)Y$;

(iii) $X \approx Y$ 当且仅当 $\neg X \approx \neg Y$;

(iv) 当 $X \approx Z, Y \approx W$, 有 $X \to Y \approx Z \to W$;

(v) 当 $X \approx Y$, 有 $(\forall x_i)X \approx (\forall x_i)Y, (\exists x_i)X \approx (\exists x_i)Y$.

证明参见文献 [1].

1.2.3 语构理论

定义 1.2.14 一阶系统 $\forall$CL 的公理集与推理规则如下:

(i) $\forall$CL 的公理集由以下形式的公式组成:

($\forall$CL1) $X \to (Y \to X)$;

($\forall$CL2) $X \to (Y \to Z) \to ((X \to Y) \to (X \to Z))$;

($\forall$CL3) $(\neg X \to \neg Y) \to (Y \to X)$;

($\forall$CL4) $(\forall x_i)X \to X$;

($\forall$CL5) $(\forall x_i)X(x_i) \to X(t)$($x_i$ 是 $X(x_i)$ 的自由变元, 且项 t 代入 $X(x_i)$ 中使得 t 中的 x_i 没有失去自由性).

(ii) ($\forall$CL6) $(\forall x_i)(X \to Y) \to (X \to (\forall x_i)Y)$($x_i$ 不在 X 中自由出现).

(iii) $\forall$CL 含两条推理规则.

MP 规则: 从 $X \to Y$ 与 X 可得 Y.

推广规则 Gen(generalization 的缩写): 从 X 可得 $(\forall x_i)X$.

定义 1.2.15 $\forall$CL 中的证明是一个公式序列

$$X_1, X_2, \cdots, X_n,$$

这里对每个 $i \leqslant n$, X_i 是公理, 或者有 $j < i, k < i$, 使 X_i 是由 X_j 与 X_k 运用 MP 和 Gen 而得到的公式, 这时 X_n 称为定理, 上述证明称为 X_n 的证明, 记作 $\vdash X_n$.

定义 1.2.16 设 $\Gamma \subset F(\mathcal{L}), X \in F(\mathcal{L})$, 从 Γ 到 X 的推演是一个公式序列

$$X_1, X_2, \cdots, X_n,$$

这里 $X_n = X$, 且对每个 $i \leqslant n$, X_i 是公理或 $X_i \in \Gamma$, 或者有 $j < i, k < i$, 使 X_i 是由 X_j 与 X_k 运用 MP 和 Gen 而得到的公式, 存在从 Γ 到 X 的证明, 记作 $\Gamma \vdash X$.

定理 1.2.7 (演绎定理) 设 $\Gamma \subset F(\mathcal{L}), X, Y \in F(\mathcal{L})$. 如果 $\Gamma \cup \{X\} \vdash Y$, 且对每个在 X 中出现的自由变元 x, 在从 $\Gamma \cup \{X\}$ 到 Y 的推演中没有使用过 $(\forall x)$ 的推演规则, 则 $\Gamma \vdash X \to Y$.

证明 略 (参见文献 [1]).

定义 1.2.17　设 $\Gamma \subset F(\mathcal{L}), X, Y \in F(\mathcal{L})$. 如果 $\vdash X \to Y$ 且 $\vdash Y \to X$, 则称 X 与 Y 可证等价, 记作 $X \approx Y$.

定理 1.2.8 (变元代换定理)　设 $X(x_i) \in F(\mathcal{L}).x_i$ 是 $\mathcal{L}$ 中的自由变元, 且 $X(x_i)$ 不含变元 x_j, 则 $(\forall x_i)X(x_i)$ 与 $(\forall x_j)X(x_j)$ 可证等价.

1.2.4　可靠性定理与完备性定理

定理 1.2.9 (可靠性定理)　凡定理都是逻辑有效公式, 即若 $\vdash X$, 则 $\vDash X$.

定理 1.2.10 (完备性定理)　凡逻辑有效公式都是定理, 即若 $\vDash X$, 则 $\vdash X$.

证明　略 (参见文献 [1]).

定理 1.2.11　设 $X, Y \in F(\mathcal{L})$. X 与 Y 可证等价当且仅当 X 与 Y 逻辑等价. 由上述定理知可证等价的性质类同逻辑等价.

1.2.5　前束范式

定理 1.2.12　设变元 x_i 不在 X 中自由出现, 则

(i) $(\forall x_i)(X \to Y) \approx (X \to (\forall x_i)Y)$;

(ii) $(\exists x_i)(X \to Y) \approx (X \to (\exists x_i)Y)$;

(iii) $(\exists x_i)(X \to Y) \approx ((\forall x_i)X \to Y)$;

(iv) $(\forall x_i)(X \to Y) \approx ((\exists x_i)X \to Y)$.

定义 1.2.18　设 $X \in F(\mathcal{L})$. 如果 X 具有如下形式

$$(Q_1 x_{i_1})(Q_2 x_{i_2}) \cdots (Q_n x_{i_n})Y, \quad n \geqslant 0,$$

这里 Q_j 表示 $\forall$ 或 $\exists$, 且 Y 中不含量词, 则称 X 为前束范式.

定理 1.2.13　设 $X \in F(\mathcal{L})$, 则它可等价于一个前束范式.

例 1.2.4　化 $X = (\exists x_1)\xi(x_1) \to (\forall x_2)\eta(x_2, x_3)$ 为与之等价的前束范式.

解　由于 x_2 不在 $(\exists x_1)\xi(x_1)$ 中自由出现, 则由定理 1.2.12(i) 知

$$(\exists x_1)\xi(x_1) \to (\forall x_2)\eta(x_2, x_3) \approx (\forall x_2)((\exists x_1)\xi(x_1) \to \eta(x_2, x_3)).$$

又 x_1 不在 $\eta(x_2, x_3)$ 中自由出现, 则由定理 1.2.12(iv) 知

$$(\forall x_2)((\exists x_1)\xi(x_1) \to \eta(x_2, x_3)) \approx (\forall x_2)(\forall x_1)(\xi(x_1) \to \eta(x_2, x_3)) .$$

所以 X 等价于前束范式 $(\forall x_2)(\forall x_1)(\xi(x_1) \to \eta(x_2, x_3))$.

1.3 概率论的基础知识

在前言中已经论述: 一个命题的真假常常是不确定的, 命题的二值演算理论对于这种命题无能为力. 于是, 人们针对一类不确定现象, 提出了事件发生频率的概念. 基于此, 人们通过引入随机试验、随机事件、样本空间、概率测度、概率空间、随机变量、随机变量的概率密度、概率分布、期望、方差等概念, 建立了概率论.

本节仅介绍概率论的最基础的概念和知识.

首先引入随机试验的概念.

定义 1.3.1 (随机试验) 如果一个实验能够以同样的条件无限次地重复进行, 且存在一个非空集合 Ω 满足下列条件:

(i) 每次实验以后的结果作为 Ω 中的一个元素;

(ii) 对于任意 $e \in \Omega$, 至少存在一次实验的结果是它;

(iii) 在每次实验以前, 出现的结果作为 Ω 中的哪一个元素不能预先知道,

则称这种实验为随机试验, 不妨记作 E. 称 Ω 为 E 的样本空间, 任意 $e \in \Omega$ 为 E 的样本点, 任何子集 $A \subset \Omega$ 为该 E 的一个随机事件, 简称事件.

如果一个命题它描述的是一个随机事件, 则称它为随机命题. 例如, ξ_1: 小王从盛有 3 个红球 2 个蓝球的箱子里摸出红球是随机命题.

定义 1.3.2 设有一个随机试验 E, 非空集合 Ω 是它的样本点, L 是 Ω 上的 σ-代数. 并称三元组 (Ω, L, P) 为概率空间. 集函数 $P: L \to [0,1]$ 如果满足以下三条公理, 则称 P 是 Ω 上的概率测度.

公理 1 (非负性) 对于任意一个事件 $A, 0 \leqslant P(A) \leqslant 1$.

公理 2 (规范性) $P(\Omega) = 1$.

公理 3 (可列可加性) 对于两两互不相容的事件 $A_1, A_2, \cdots$, 有

$$P\left(\bigcup_{i=1}^{\infty} A_i\right) = \sum_{i=1}^{\infty} P(A_i).$$

定义 1.3.3 设事件 A, B, 若有

$$P(AB) = P(A)P(B),$$

则称 A 与 B 相互独立.

定义 1.3.4 设 ξ 是从概率空间 (Ω, L, P) 到实数集 $\mathbf{R}$ 的可测函数, 即对任意一个 Borel 集 $\{\xi \in B\} = \{\gamma \in \Omega | \xi(\gamma) \in B\}$ 是一个事件, 则称 ξ 为 (Ω, L, P) 上的随机变量.

定义 1.3.5   设 ξ 是 (Ω, L, P) 上的随机变量, 若对 $\forall x \in \mathbf{R}$ 满足

$$\Phi(x) = P\{\xi \leqslant x\},$$

则称 Φ 是 ξ 的概率分布.

定义 1.3.6   设 $X_i(\omega), i = 1, 2, \cdots, n$ 定义在同一个样本空间 $\Omega = \{\omega\}$ 上, 则称 $X(\omega) = (X_1(\omega), X_2(\omega), \cdots, X_n(\omega))$ 为一个 n 维随机变量.

定义 1.3.7   设 $X(\omega) = (X_1(\omega), X_2(\omega), \cdots, X_n(\omega))$ 为一个 n 维随机变量, 任意 n 个实数 $x_1, x_2, \cdots, x_n$ 构成的 n 个事件 "$X_1 \leqslant x_1$" "$X_2 \leqslant x_2$" $\cdots$ "$X_n \leqslant x_n$" 同时发生的概率

$$F(x_1, x_2, \cdots, x_n) = P\{X_1 \leqslant x_1, X_2 \leqslant x_2, \cdots, X_n \leqslant x_n\}$$

称为 n 维随机变量的联合分布函数.

定义 1.3.8   设 $X_1, X_2, \cdots, X_n$ 为一个 n 维随机变量, 若对任意 n 个实数 $x_1, x_2, \cdots, x_n$ 构成的 n 个事件 "$X_1 \leqslant x_1$" "$X_2 \leqslant x_2$" $\cdots$ "$X_n \leqslant x_n$" 同时发生的概率

$$P\{X_1 \leqslant x_1, X_2 \leqslant x_2, \cdots, X_n \leqslant x_n\} = P\{X_1 \leqslant x_1\}P\{X_2 \leqslant x_2\} \cdots \{X_n \leqslant x_n\},$$

则称 n 个随机变量 $X_1, X_2, \cdots, X_n$ 相互独立.

定义 1.3.9   (i) 若随机变量 ξ 可能取到的值是有限个或可列无限多个, 则称它是离散型随机变量, 且称 $P\{\xi = x_i\}, i = 1, 2, \cdots$ 为 ξ 的分布律.

(ii) 如果随机变量 ξ 的分布函数 $\Phi(x) = \displaystyle\int_{-\infty}^{x} f(x)\mathrm{d}x$, 则称 ξ 是连续型随机变量, 且称 $f(x), x \in \mathbf{R}$ 为随机变量 ξ 的概率密度.

定义 1.3.10   设离散型随机变量 ξ 分布律是

$$P\{\xi = x_i\} = p_i, \quad i = 1, 2, \cdots, n,$$

则称 $E[\xi] = \displaystyle\sum_{i=1}^{n} x_i.p_i$ 为 ξ 的数学期望. 当 ξ 取可列个值, 无穷级数 $\displaystyle\sum_{i=1}^{\infty} x_i.p_i$ 绝对收敛, 则称它的和为 ξ 的数学期望, 记为 $E[\xi] = \displaystyle\sum_{i=1}^{\infty} x_i.p_i$.

定义 1.3.11   设连续型随机变量 ξ 的概率密度为 $f(x)$, 且 $\displaystyle\int_{-\infty}^{+\infty} xf(x)\mathrm{d}x$ 绝对收敛, 则称它为 ξ 的数学期望, 记为

$$E[\xi] = \int_{-\infty}^{+\infty} xf(x)\mathrm{d}x.$$

定义 1.3.12 设 Z 是二维离散型随机变量 (X,Y) 函数 $g(X,Y)$, 其联合分布为

$$P\{X = x_i, Y = y_j\} = p_{ij}, \quad i,j = 1,2,\cdots.$$

若 $\sum\limits_{i=1}^{\infty}\sum\limits_{j=1}^{\infty} g(x_i,y_j)p_{ij}$ 绝对收敛, 有

$$E[Z] = \sum_{i=1}^{\infty}\sum_{j=1}^{\infty} g(x_i,y_j)p_{ij}.$$

设 Z 是二维连续型随机变量 (X,Y) 函数 $g(X,Y)$, 其联合密度函数为 $f(x,y)$. 若 $\int_{-\infty}^{+\infty}\int_{-\infty}^{+\infty} f(x,y)g(x,y)\mathrm{d}x\mathrm{d}y$ 绝对收敛, 则

$$E[Z] = \int_{-\infty}^{+\infty}\int_{-\infty}^{+\infty} f(x,y)g(x,y)\mathrm{d}x\mathrm{d}y.$$

定义 1.3.13 设 ξ 是一个随机变量, 称 $E[(\xi - E[\xi])^2]$ 为 ξ 的方差, 记作 $D[\xi]$.

随着概率论的研究深入, 人们发现许多不确定问题不符合随机试验的条件: 能够以同样的条件无限次地重复进行. 比如, 2017 年 10 月 1 日小王将在哪里? 于是, 为了扩充概率论的适应范围, 某些学者的论著中不再提及随机试验, 且称为主观概率, 并且还推广了随机变量的概念, 引入了随机集的概念.

定义 1.3.14 设 ξ 是从概率空间 (Ω, L, P) 到 $2^{\mathbf{R}}$ 的可测函数, 即对任意一个 Borel 集

$$\{\xi \in B \subseteq 2^{\mathbf{R}}\} = \{\gamma \in \Omega | \xi(\gamma) \in B\}$$

是一个事件, 则称 ξ 为 (Ω, L, P) 上的随机集.

作者认为, 基于随机集的概念可以引入随机集试验的概念.

定义 1.3.15 (随机集试验) 如果一个试验能够以同样的条件无限次地重复进行, 且存在一个集合 Ω 满足下列条件:

(i) 每次试验以后的结果作为 Ω 中的一个子集;

(ii) 在每次试验以前, 出现的结果作为 2^{Ω} 中的哪一个元素不能预先知道;

(iii) 任何 $e \in \Omega$, 至少一次试验的结果包含它,

则称这种试验为随机集试验. 称任何 $A \subset W$ 为一个随机集事件.

随机集试验有它的实际背景. 比如, 对于身高 160cm 的男性是属于高个子、中等个子和矮个子问题, 我们邀请 10 个专家发表意见. 令 $\Omega = \{$ 高个子, 中等个子, 矮个子 $\}$, 要求他们分别指出 Ω 的一个子集. 显然这种试验满足 (ii) 和 (iii).

1.4 不确定理论的基础知识

本节仅介绍不确定理论的基础概念和知识.

前言中已经说明, 刘宝碇发现概率论有时不适于主观处理某些问题. 例如: 2017 年 10 月 1 日小王将在哪里? 于是, 2007 年他提出了不确定测度. 作者认为, 在定义不确定测度之前可以模仿概率论首先引进下述概念.

定义 1.4.1 (不确定评判)   如果一种评判能够以同样的条件无限次的重复进行, 且存在一个集合 Γ 满足下列条件:

(i) 每次评判以后的结果作为 Γ 中的一个子集;

(ii) 任何 $e \in \Gamma$, 至少一次评判的结果是它;

(iii) 在每次评判以前, 出现的结果作为 Γ 中的哪一个元素不能预先知道, 则称这种评判为不确定评判. 称任何子集 $A \subset \Gamma$ 为一个不确定事件.

问题 "2017 年 10 月 1 日小王将在哪里?" 属于不确定评判问题. 假设小王 2017 年 10 月 1 日所在的可能地方为 Γ, 对于任意 $e \in \Gamma$, 至少存在一次评判的结果是它. 显然在每次评判以前, 出现的结果作为 Γ 中的哪一个元素不能预先知道.

定义 1.4.2   设有非空集合 Γ 上的一个不确定评判, L 是 Γ 上的 σ-代数. 称三元组 (Γ, L, M) 为不确定空间. 集函数 $M: L \to [0,1]$ 如果满足以下四条公理, 则称 M 是 Γ 上的不确定测度:

公理 1 (规范性) $M\{\Gamma\} = 1$.

公理 2 (自对偶性)   对 $\forall \Lambda \in L$, 有 $M\{\Lambda\} + M\{\Lambda^c\} = 1$.

公理 3 (可数次可加性)   对任意可数事件列 $\{\Lambda_i\}$, 有

$$M\left\{ \bigcup_{i=1}^{\infty} \Lambda_i \right\} \leqslant \sum_{i=1}^{\infty} M\{\Lambda_i\}.$$

公理 4 (乘积测度公理)   设 M_k 是非空集 Γ_k 的不确定测度, $k = 1, 2, \cdots, n$. 乘积测度 M 是在 σ-代数 $L = L_1 \times L_2 \times \cdots \times L_n$ 上的不确定测度, 满足: 对于任何 $\Lambda_k \in L_k, k = 1, 2, \cdots, n$, 有

$$M\left\{ \prod_{k=1}^{n} \Lambda_k \right\} = \min_{1 \leqslant k \leqslant n} M\{\Lambda_k\},$$

那么, 对任意 $\Lambda \in L$, 有

$$M\{\Lambda\} = \begin{cases} \sup\limits_{\Lambda_1 \times \Lambda_2 \times \cdots \times \Lambda_n \in \Lambda} \min\limits_{1 \leqslant k \leqslant n} M_k\{\Lambda_k\}, & \sup\limits_{\Lambda_1 \times \Lambda_2 \times \cdots \times \Lambda_n \in \Lambda} \min\limits_{1 \leqslant k \leqslant n} M_k\{\Lambda_k\} > 0.5, \\ 1 - \sup\limits_{\Lambda_1 \times \Lambda_2 \times \cdots \times \Lambda_n \in \Lambda^c} \min\limits_{1 \leqslant k \leqslant n} M_k\{\Lambda_k\}, & \sup\limits_{\Lambda_1 \times \Lambda_2 \times \cdots \times \Lambda_n \in \Lambda^c} \min\limits_{1 \leqslant k \leqslant n} M_k\{\Lambda_k\} > 0.5, \\ 0.5, & \text{其他}. \end{cases}$$

定义 1.4.3   设 ξ 是从不确定空间 (Γ, L, M) 到实数集 $\mathbf{R}$ 的可测函数, 即对任意一个 Borel 集

$$\{\xi \in B\} = \{\gamma \in \Gamma | \xi(\gamma) \in B\}$$

是一个事件, 则称 ξ 为 (Γ, L, M) 上的不确定变量.

定义 1.4.4 设 ξ 是 (Γ, L, M) 上的不确定变量, 若对 $\forall x \in \mathbf{R}$ 满足

$$\Phi(x) = M\{\xi \leqslant x\},$$

则称 Φ 是 ξ 的不确定分布.

如果 Φ 是 $\mathbf{R}$ 上的严格单增函数, 则 Φ 的反函数 Φ^{-1} 存在, 且称 Φ^{-1} 为 ξ 的逆不确定分布.

定义 1.4.5 如果不确定变量 ξ 服从分布

$$\Phi(x) = L(a, b) = \begin{cases} 0, & x < a, \\ \dfrac{x-a}{b-a}, & a \leqslant x < b, \\ 1, & x > b, \end{cases}$$

则称 ξ 服从线性不确定分布, 其逆不确定分布为

$$L^{-1}(\alpha) = (1-\alpha)a + \alpha b, \quad \forall \alpha \in [0,1].$$

定义 1.4.6 设 ξ 为不确定变量. 若其分布函数为

$$\Phi(x) = \begin{cases} 0, & x < x_1, \\ \alpha_i + \dfrac{(\alpha_{i+1} - \alpha_i)(x - x_i)}{x_{i+1} - x_i}, & x_i \leqslant x \leqslant x_{i+1}, 1 \leqslant i < n, \\ 1, & x > x_n, \end{cases}$$

其中, $x_1 < x_2 < \cdots < x_n$ 并且 $0 \leqslant \alpha_1 \leqslant \alpha_2 \leqslant \cdots \leqslant \alpha_n \leqslant 1$, 则称不确定变量 ξ 服从经验不确定分布, 记作 $\varepsilon(x_1, \alpha_1, x_2, \alpha_2, \cdots, x_n, \alpha_n)$, 并且它的逆不确定分布为

$$\Phi^{-1}(\alpha) = \begin{cases} x_1, & \alpha < \alpha_1, \\ x_i + \dfrac{(\alpha - \alpha_i)(x_{i+1} - x_i)}{\alpha_{i+1} - \alpha_i}, & \alpha_i \leqslant \alpha \leqslant \alpha_{i+1}, 1 \leqslant i \leqslant n, \\ x_n, & \alpha_n < \alpha. \end{cases}$$

定义 1.4.7 设 $\xi_1, \xi_2, \cdots, \xi_m$ 是不确定变量, 如果对任意的 Borel 集 $B_1, B_2, \cdots, B_m$ 满足

$$M\left\{\bigcap_{i=1}^{m}(\xi_i \in B_i)\right\} = \min_{1 \leqslant i \leqslant m} M\{\xi_i \in B_i\},$$

则称 $\xi_1, \xi_2, \cdots, \xi_m$ 是相互独立的.

定理 1.4.1 设 $\xi_1, \xi_2, \cdots, \xi_m$ 是相互独立的不确定变量, 则对任意的 Borel 集 $B_1, B_2, \cdots, B_m$ 满足 $M\left\{\bigcup_{i=1}^{m}(\xi_i \in B_i)\right\} = \max_{1 \leqslant i \leqslant m} M\{\xi_i \in B_i\}$.

证明 略.

类似于随机集可以引入不确定集的概念.

定义 1.4.8 (不确定集评判)　　如果存在一个集合 Γ 满足下列条件:

(i) 每次评判以后的结果作为 Γ 中的一个子集;

(ii) 在每次评判以前, 出现的结果作为 Γ 中的哪一个子集不能预先知道;

(iii) 任何 $e \in \Gamma$, 至少一次评判的结果包含它,

则称这种评判为不确定集评判, 称任何子集 $A \subset 2^{\Gamma}$ 为一个不确定集事件.

对于高个子的年龄评判问题可以认为是不确定集评判问题, 这里可假设 $\Gamma = [150, 210]$, 它满足定义 1.4.7 中的 (i)~(iii).

1.5　概率逻辑、不确定逻辑与模糊逻辑的比较

概率论和不确定理论的思想有共同点也有不同点. 其共同点是客观上都承认一个命题不是真就是假, 即建立在经典逻辑之上, 或分明集之上, 且它们度量命题真的可能程度使用同一个区间 $[0,1]$. 其不同点是, 概率论来自统计频率, 所以它满足可列可加性; 而不确定理论来自人的智能评价, 它不要求可列可加性, 但要求次可列可加性.

模糊集理论与概率论 (不确定理论) 除使用同一个区间 $[0,1]$ 度量命题真的可能程度外, 没有共同点. 它们有本质的差异. 模糊集概念来自不清晰的概念的处理, 以下为其定义.

定义 1.5.1 (模糊集与模糊概念)　　设不清晰概念 Q 的论域是 D, 函数 $\mu : D \to [0,1]$, 则称 Q 为模糊概念或模糊集, 并称 μ 是模糊集 Q 的隶属函数, 记作 μ_Q.

例如, 高个子、年轻人等都是模糊概念.

模糊集关于连接词的运算类似于经典命题真值的演算法则. 多值逻辑类同模糊集理论, 它们都类似于经典命题真值的演算法则, 且皆认为: 命题除真、假外, 还有第三者. 例如, 三值逻辑的真值 0.5 代表不真不假或既真又假.

因为本书的宗旨是介绍作者关于概率逻辑、不确定逻辑和多值逻辑理论的成果, 所以关于模糊集的有关知识不再赘述.

概率论、不确定理论和模糊集理论 (或多值逻辑) 研究的对象其实质都涉及一个不确定的集合. 例如, 在概率论中, 虽有随机变量和随机集之分, 但随机变量可以看成随机集的特例; 在不确定理论中, 虽有不确定变量和不确定集之分, 但不确定变量是不确定集的特例. 因为概率逻辑建立在概率论之上, 不确定逻辑建立在不确定理论之上, 所以概率逻辑和不确定逻辑皆可以处理任何不确定问题.

模糊逻辑来自于模糊集理论. 似乎它也涉及一个不确定的集合, 但是由于它不满足排中律和对偶律, 所以它不适应客观上仅包含一个元素的不确定的集合, 即仅适应至少包含两个以上元素的不确定的集合.

第 2 章　随机命题的概率逻辑与推理

前言已经详细论述了建立随机命题的概率逻辑 (记作 RProPL) 的背景和意义, 这里不再赘述.

本章的主要内容如下: 首先, 通过实例引入随机命题变量及随机命题变量公式的概念. 基于此, 通过概率论引入随机命题变量公式的概率真度的概念; 然后, 讨论概率真度的规律; 接着, 通过引入随机命题变量公式的距离、相似度及相容度概念, 建立 RProPL 度量空间; 再次, 给出随机命题的的概率逻辑的公理化方法; 最后, 基于这种公理化方法提供一些概率逻辑推理模型.

2.1　RProPL 的语言与概率真度

日常生活中说的命题指简单陈述句或复合陈述句. 本书以下部分为了区分它们, 将简单陈述句称为命题, 复合陈述句称为命题公式. 例如, "小王是一个中学生" 及 "小王的期末数学成绩第一名" 都是简单陈述句, 称它们为命题. 而 "小王是一个中学生并且小王的期末数学成绩第一名" 是复合陈述句, 称它为命题公式.

在实际中, 对于一个简单句, 往往从客观上能够判断它的真或假, 但是由于信息的不清楚, 导致它的真假具有随机性. 例如, 下述简单句的的真假具有随机性.

(1) 掷一枚硬币将出现正面;

(2) 从一个具有 2 个白球、3 个黑球和 6 个蓝球的箱子中将摸出一个白球;

(3) 老李明天将离开人间;

(4) 小王明天将在北京;

(5) 今天将下雨;

(6) 目前小王正在北京 (猜测).

这些简单句分别描述了一个事件. 从客观上, 我们说它们所描述的事件要么发生, 要么不发生. 因此首先认为上述原子命题不是真就是假. 又因为这些简单句所描述的事件是将来发生的事情或者信息不清楚, 我们说它们的真假具有随机性. 因此, 本书称这种简单句为随机命题. 如果一个命题公式包括随机命题, 称它为随机命题公式. 比如, "小王明天将在北京且小张明天也将在北京" 和 "今天下雨或者今天不刮风" 都是随机命题公式.

一般用符号 $\xi_1, \xi_2, \cdots$ 表示随机命题. 符号 $\neg, \wedge, \vee$ 分别表示连接词 "否定" "并且" 和 "或者". 用符号 $X, Y, Z, \cdots$ 或 $X_1, X_2, \cdots$ 表示随机命题公式.

定义 2.1.1　设 S 是由有限个或可数个随机命题组成的集合, $F(S)$ 是一个由 S 产生的 $(\neg, \wedge, \vee)$ 型自由代数, 即

(i) S 中的所有元素都属于 $F(S)$;

(ii) 若 $X, Y \in F(S)$, 则 $\neg X, X \wedge Y, X \vee Y \in F(S)$;

(iii) $F(S)$ 中的元素仅通过 (i) 和 (ii) 的方式产生.

显然, $F(S)$ 中的每个元素为随机命题公式.

规定蕴涵连接词 "$\rightarrow$" 的意义为 $X \rightarrow Y = \neg X \vee Y$.

例如, 如果 ξ_1, ξ_2, ξ_3 分别表示随机命题 "老李明天将离开人间""小王这一学期的期末数学成绩会大于等于 70 分" 和 "小王明天将在北京", 则 $X = \neg\xi_1, Y = (\xi_1 \wedge \xi_2) \vee \xi_3, Z = \neg\xi_1 \vee \xi_2$ 分别表示随机命题公式 "老李明天不离开人间""老李明天离开人间并且小王这一学期的期末数学成绩会大于等于 70 分或者小王明天将在北京""老李明天不离开人间或小王这一学期的期末数学成绩会大于等于 70 分".

显然, 我们关心随机命题公式真的可能程度. 对于 "老李明天将离开人间""小王明天将在北京" 等这些随机命题的真或假的程度, 利用概率论都可以作出回答. 如果有老李的病情数据和该病情以往存活时间的数据, 利用统计的方法能赋予它一个 $[0,1]$ 中的数, 作为随机命题 ξ_1"老李明天将离开人间" 是真的程度. 对于随机命题 ξ_2"小王明天将在北京" 也可以根据往年的信息, 利用统计的方法赋予它一个 $[0,1]$ 中的数, 作为它真的程度. 事实上, 即使没有客观的或统计的数据, 凭专家的经验或人的知识也能赋予它们满足概率性质的 $[0,1]$ 中的数, 作为它们是真的程度. 总而言之, 概率论提供了度量随机命题公式是真或假的可能程度的方法. 现在将概率论移植到经典逻辑系统中. 首先看一个具体的例子.

例 2.1.1　假设 ξ_1, ξ_2 和 ξ_3 分别表示 "小王明天在北京""小王明天在天津" 和 "小张明天在北京". 现在使用概率统计法度量随机命题公式

$$\neg\xi_1, \xi_1 \wedge \xi_2, \xi_1 \vee \xi_2, \xi_1 \wedge \xi_3, \xi_1 \wedge \xi_2 \wedge \xi_3, (\neg\xi_1 \wedge \xi_2) \wedge \xi_3$$

是真的可能程度.

解　令 $\Gamma_1 = \{$ 北京, 天津, 其他地方 $\}$, $A = \{$ 北京 $\}$, $B = \{$ 天津 $\}$, A^c, B^c 是关于 Γ_1 的补集. 为了表述方便, 引进随机命题变量 $\eta : \Gamma_1 \rightarrow \{1,2,3\}$, 这里 $\eta($北京$)=1, \eta($天津$)=2, \eta($其他地方$)=3$. 对于该问题, 首先赋予 Γ_1 上一个概率分布, 假设为 P, 则 $P\{$ 北京 $\} = P(1)$ 和 $P\{$ 天津 $\} = P(2)$.

事实上, 可以认为通过上面的方法得到两个概率空间 $(\{A, A^c\}, L_1, P)$ 和 $(\{B, B^c\}, L_2, P)$, 从而, 可以定义两个新的随机命题变量 $\xi_1 : \{A, A^c\} \rightarrow \{0,1\}$ 和 $\xi_2 : \{B, B^c\} \rightarrow \{0,1\}$, 这里, $\xi_1(A) = 1, \xi_1(A^c) = 0, \xi_2(B) = 1, \xi_2(B^c) = 0$. 因此, 有

$$\{\xi_1 = 1\} = \{北京\}, \quad \{\xi_2 = 1\} = \{天津\},$$

从而
$$P\{\xi_1 = 1\} = P\{北京\}, \quad P\{\xi_2 = 1\} = P\{天津\}.$$

这说明随机命题变量可以看成取值 1 或 0 的随机变量. 因此下面分别称随机命题变量和随机命题变量公式为随机命题变量 (简称随机变量) 和随机命题变量公式 (简称随机公式).

类似地, 令 $\Gamma_2 = \{北京, 上海, 其他地方\}$, 则 ξ_3 是概率空间 $(\{C, C^c\}, L_3, P)$ 的随机变量, 这里 $\{\xi_3 = 1\} = \{北京\}$, 从而事件 $\{\xi_1 = 1\}, \{\xi_2 = 1\}, \{\xi_3 = 1\}$ 的概率可以分别理解为随机变量 ξ_1, ξ_2, ξ_3 是真的可能程度.

$$\{\xi_1 = 0\} = \{\neg\xi_1 = 1\}, \quad \{\xi_2 = 0\} = \{\neg\xi_2 = 1\}, \quad \{\xi_3 = 0\} = \{\neg\xi_3 = 1\}$$

的概率可以分别理解为随机变量 ξ_1, ξ_2, ξ_3 是假的可能程度. 注意, $P\{\neg\xi_1 = 1\}$ 可以理解为随机公式 $\neg\xi_1$ 是真的可能程度.

如果约定

$$\{\xi_1 \wedge \xi_2 = 1\} = \{\xi_1 = 1\} \cap \{\xi_2 = 1\}, \quad \{\xi_1 \vee \xi_2 = 1\} = \{\xi_1 = 1\} \cup \{\xi_2 = 1\},$$

则
$$P\{\xi_1 \wedge \xi_2 = 1\} = P\{\{\xi_1 = 1\} \cap \{\xi_2 = 1\}\} = P\{\varnothing\} = 0,$$
$$P\{\xi_1 \vee \xi_2 = 1\} = P\{\xi_1 = 1\} + P\{\xi_2 = 1\}.$$

注意 ξ_1 和 ξ_2 涉及两个不同的问题, 则 $\{\xi_1 \wedge \xi_3 = 1\} = \{\xi_1 = 1\} \cap \{\xi_3 = 1\} = \{(北京, 北京)\} \in L$ 应认为在 $\Gamma = \Gamma_1 \times \Gamma_2$ 上乘积概率空间 (Γ, L, P) 的事件. 那么

$$P\{\xi_1 \wedge \xi_3 = 1\} = P\{\xi_1 = 1\} \times P\{\xi_3 = 1\}.$$

注意 $\{\xi_1 \wedge \xi_2 \wedge \xi_3 = 1\}$ 和 $\{(\neg\xi_1 \wedge \xi_2) \wedge \xi_3 = 1\}$ 也都是 $\Gamma = \Gamma_1 \times \Gamma_2$ 上乘积概率空间 (Γ, L, P) 的事件, 这里 $\{\xi_1 \wedge \xi_2 = 1\}$ 和 $\{(\neg\xi_1 \wedge \xi_2) = 1\}$ 都是概率空间 (Γ_1, L, P) 的事件, 也可以理解为 $\Gamma = \Gamma_1 \times \Gamma_2$ 上乘积概率空间 (Γ, L, P) 的事件, $\{\xi_3 = 1\}$ 是概率空间 (Γ_2, L, P) 的事件, 也可以理解为 $\Gamma = \Gamma_1 \times \Gamma_2$ 上乘积概率空间 (Γ, L, P) 的事件, 那么 $P\{(\neg\xi_1 \wedge \xi_2) \wedge \xi_3 = 1\} = P\{(\neg\xi_1 \wedge \xi_2) = 1\} \times P\{\xi_3 = 1\}$.

事实上, $\{\xi_1 \wedge \xi_2 \wedge \xi_3 = 1\}$ 和 $\{(\neg\xi_1 \wedge \xi_2) \wedge \xi_3 = 1\}$ 也都可以看成通过概率空间 (Γ_1, L, P) 和 (Γ_2, L, P) 确定的一个新的三维概率空间 (Γ^*, L, P) 的事件, 这里

$$\Gamma^* = \{\{A, A^c\}, \{B, B^c\}, \{C, C^c\}\},$$
$$C = \{\xi_3 = 1\}, \quad C^c = \{\xi_3 = 1\}^c.$$
$$A = \{\xi_1 = 1\}, \quad A^c = \{\xi_1 = 1\}^c, \quad B = \{\xi_2 = 1\}, \quad B^c = \{\xi_2 = 1\}^c,$$

事实上, 由定理 1.2.1 知任何一个包含随机变量 $\xi_1, \xi_2, \cdots, \xi_n$ 的随机公式 $X(\xi_1, \xi_2, \cdots, \xi_n)$ 等价于一个析取范式 $G(X)$ 如下:

$$\bigvee_{f_X(x)=1, x=(x_1, x_2, \cdots, x_n) \in \{0,1\}^n} Q_{x1} \wedge Q_{x2} \wedge \cdots \wedge Q_{xn},$$

这里, 如果 $x_i = 1$, 则 $Q_{xi} = \xi_i$; 否则 $Q_{xi} = \neg \xi_i$. 所以 $\{X = 1\}$ 都表示一个一维概率空间或多维概率空间 (Γ, L, P) 的事件

$$\bigcup_{f_X(x)=1, x=(x_1, x_2, \cdots, x_n) \in \{0,1\}^n} \{Q_{x1} = 1\} \cap \{Q_{x2} = 1\} \cap \cdots \cap \{Q_{xn} = 1\}.$$

从而, 得到包含两个元素的集合 $\{\{X = 1\}, \{X = 0\}\}$ 上的概率空间 $(\{\{X = 1\}, \{X = 0\}\}, L, P)$. 于是引入下述定义.

定义 2.1.2　设 Σ 是一个有限或可数个概率空间的集, $\Sigma_\Gamma = \{\Gamma | (\Gamma, L, P) \in \Sigma\}$. 如果映射 $v : S \to \bigcup_{\Gamma \in \Sigma_\Gamma} \Gamma$ 满足

$$v(\xi) = \{\xi = 1\} \in \Gamma \in \Sigma_\Gamma, \quad \xi \in S,$$

则称 $M = (\Sigma, v)$ 为 $F(S)$ 的一个概率模型.

例 2.1.2　假设 $S = \{\xi_1, \xi_2, \xi_3\}$. 如果用 ξ_1, ξ_2 和 ξ_3 分别表示 "小王明天在北京" "小王明天在天津" 和 "小张明天在北京", 针对小王和小张在哪里分别赋予一个概率空间 (Γ_1, L, P) 和 (Γ_2, L, P), 这里 $\Gamma_1 = \{北京, 天津, 其他地方\}$, $\Gamma_2 = \{北京, 上海, 其他地方\}$, 则它相当于赋予了 $F(S)$ 一个概率模型 $\Sigma = \{(\Gamma_1, L, P), (\Gamma_2, L, P)\}$, 这里

$$\Sigma_\Gamma = \{\Gamma_1, \Gamma_2\}, \quad \Gamma_1 = \{北京, 天津, 其他地方\}, \quad \Gamma_2 = \{北京, 上海, 其他地方\},$$
$$v(\xi_1) = \{\xi_1 = 1\} = \{北京\} \in \Gamma_1 \in \Sigma_\Gamma, \quad v(\xi_2) = \{\xi_2 = 1\} = \{天津\} \in \Gamma_1 \in \Sigma_\Gamma,$$
$$v(\xi_3) = \{\xi_3 = 1\} = \{北京\} \in \Gamma_2 \in \Sigma_\Gamma.$$

那么 $\{\xi_1 \wedge \xi_2 \wedge \xi_3 = 1\}$ 是乘积 $\Gamma = \Gamma_1 \times \Gamma_2$ 上的概率空间 (Γ, L, P) 的事件, 从而 $\{\xi_1 \wedge \xi_2 \wedge \xi_3 = 1\}$ 具有概率 P. 事实上, 它产生了一个三维概率空间 (Γ^*, L, P), 这里

$$\Gamma^* = \{\{A, A^c\}, \{B, B^c\}, \{C, C^c\}\}, \quad A = \{\xi_1 = 1\} \in \Gamma_1, \quad A^c \cup A = \Gamma_1,$$

$$B = \{\xi_2 = 1\} \in \Gamma_1, \quad B \cup B^c = \Gamma_1 C = \{\xi_3 = 1\} \in \Gamma_2, \quad C \cup C^c = \Gamma_2.$$

从而

$$\{\xi_1 \wedge \xi_2 \wedge \xi_3 = 1\} = \{\xi_1 = 1\} \cap \{\xi_2 = 1\} \cap \{\xi_3 = 1\} \in \Gamma^*,$$

也有

$$\{\xi_1 = 1\}, \{\xi_2 = 1\}, \{\xi_3 = 1\} \in \Gamma^*.$$

注意

$$P\{\xi_1 \wedge \xi_2 \wedge \xi_3 = 1\} = P\{\xi_1 \wedge \xi_2 = 1\} \times P\{\xi_3 = 1\},$$

但

$$P\{\xi_1 \wedge \xi_2 = 1\} \neq P\{\xi_1 = 1\} \times P\{\xi_2 = 1\}.$$

定理 2.1.1 设 $M = (\Sigma, v)$ 是 $F(S)$ 的一个概率模型, 对于给定的任何有限个随机变量 $\xi_1, \xi_2, \cdots, \xi_n$, 则在 $M = (\Sigma, v)$ 下, $\{\xi_1 \wedge \xi \wedge \cdots \wedge \xi_n = 1\}$ 是一个概率空间的事件. 从而确定了随机变量 $\xi_1, \xi_2, \cdots, \xi_n$ 的一个联合概率分布 $\Phi_{\{\xi_1, \xi_2, \cdots, \xi_n\}}$ 满足

$$\Phi_{\{\xi_1, \xi_2, \cdots, \xi_n\}}(x_1, x_2, \cdots, x_n) = T(Q_1 \wedge Q_2 \wedge \ldots \wedge Q_n)$$
$$= P\{\xi_1 = x_1, \xi_2 = x_2, \cdots, \xi_n = x_n\}, \quad (x_1, x_2, \cdots, x_n) \in \{0, 1\}^n,$$

这里, 如果 $x_i = 1$, 则 $Q_i = \xi_i$; 如果 $x_i = 0$, 则 $Q_i = \neg\xi_i$.

证明 在 $F(S)$ 的概率模型 $M = (\Sigma, v)$ 下, 则

$$\{\xi_1 = 1\}, \{\xi_2 = 1\}, \cdots, \{\xi_n = 1\}$$

分别对应一个概率空间的事件. 如果 $\{\xi_1 = 1\}, \{\xi_2 = 1\}, \cdots, \{\xi_n = 1\}$ 对应一个概率空间的事件, 则 $\{\xi_1 \wedge \xi \wedge \cdots \wedge \xi_n = 1\}$ 是一个概率空间的事件. 如果 $\{\xi_1 = 1\}, \{\xi_2 = 1\}, \cdots, \{\xi_n = 1\}$ 对应两个以上概率空间的事件, 则 $\{\xi_1 \wedge \xi \wedge \cdots \wedge \xi_n = 1\}$ 是某一个乘积概率空间的事件. 总而言之, $\{\xi_1 \wedge \xi \wedge \cdots \wedge \xi_n = 1\}$ 是一个概率空间的事件. 假设此概率空间为 (Γ, L, P), 则 $A_i = \{\xi_i = 1\}, i = 1, 2, \cdots, n$ 皆能看成 (Γ, L, P) 中的事件. 从而确定了一个 $\Gamma^* = \{A_1, A_1^c\} \times \{A_2, A_2^c\} \times \cdots \times \{A_n, A_n^c\}$ 上的乘积空间 (Γ^*, L, P), $\xi_1, \xi_2, \cdots, \xi_n$ 是 (Γ^*, L, P) 的 n 个取值 1 或 0 的随机变量, 从而它们有一个联合分布

$$\Phi_{\{\xi_1, \xi_2, \cdots, \xi_n\}}(x_1, x_2, \cdots, x_n)$$
$$= P\{\xi_1 = x_1, \xi_2 = x_2, \cdots, \xi_n = x_n\}, \quad (x_1, x_2, \cdots, x_n) \in \{0, 1\}^n.$$

例 2.1.2 告诉我们随机变量 ξ_1, ξ_2, ξ_3 的联合分布 $\Phi_{\{\xi_1, \xi_2, \xi_3\}}$ 满足

$$\Phi_{\{\xi_1, \xi_2, \xi_3\}}(x_1, x_2, x_3) = \Phi_{\{\xi_1, \xi_2\}}(x_1, x_2) \times \Phi_{\xi_3}(x_3), \quad (x_1, x_2, x_3) \in \{0, 1\}^3.$$

例 2.1.2 告诉我们随机变量 ξ_1, ξ_2, ξ_3 的联合分布 $\Phi_{\{\xi_1, \xi_2, \xi_3\}}$ 满足

$$\Phi_{\{\xi_1, \xi_2, \xi_3\}}(x_1, x_2, x_3) = \Phi_{\xi_1}(x_1) \times \Phi_{\xi_2}(x_2) \times \Phi_{\xi_3}(x_3), \quad (x_1, x_2, x_3) \in \{0, 1\}^3.$$

给定 $F(S)$ 的一个模型, 相当于 $\xi_1, \xi_2, \cdots$ 被赋予具体的简单陈述句, 并且根据实际意义给定了相应的概率空间 $(\Gamma_1, L, P), (\Gamma_2, L, P), \cdots$, 这里 $\{\xi_i = 1\} \in \Gamma_i, i = 1, 2, \cdots$. 注意当 $i \neq j$ 时, $\{\xi_i = 1\}$ 与 $\{\xi_j = 1\}$ 可以是同一个概率空间的不同事件. 那么对每个随机公式 $X(\xi_1, \xi_2, \cdots, \xi_n)$, 因为它等价于一个析取范式

$$G(X) = \bigvee_{f_X(x_1, x_2, \cdots, x_n) = 1, x = (x_1, x_2, \cdots, x_n) \in \{0, 1\}^n} Q_{x1} \wedge Q_{x2} \wedge \cdots \wedge Q_{xn},$$

(这里如果 $x = (x_1, x_2, \cdots, x_n) \in \{0,1\}^n$ 使得 $f_X(x_1, x_2, \cdots, x_n) = 1$, 所以当 $x_i = 1$ 时 $Q_{xi} = \xi_i$; 当 $x_i = 0$ 时 $Q_{xi} = \neg \xi_i$, $i = 1, 2, \cdots, n$) 因此, $\{X(\xi_1, \xi_2, \cdots, \xi_n) = 1\} = \{G(X) = 1\}$ 是由 $(\Gamma_1, L, P), (\Gamma_2, L, P), \cdots$ 产生的一个概率空间 (Γ_X, L, P) 的事件. 它也可以看成概率空间 (Γ_X^*, L, P) 的事件, 这里

$$\Gamma_X^* = \{\{\xi_1 = 1\}, \{\xi_1 = 1\}^c\} \times \{\{\xi_2 = 1\}, \{\xi_2 = 1\}^c\} \times \cdots \times \{\{\xi_n = 1\}, \{\xi_n = 1\}^c\}.$$

称这里的 Γ_X 为 X 关于 M 的原样本集, Γ_x^* 为 X 关于 M 的 n 维样本集.

定义 2.1.3　设 $M = (\Sigma, v)$ 是 $F(S)$ 的一个概率模型, X 是一个随机公式, 则事件 $\{X = 1\}$ 的概率 (即 $P\{X = 1\}$) 称为 X 基于概率模型 M 的概率真度, 记作 $T_M(X)$, 简单地, 称 X 的真度, 简记作 $T(X)$.

例如, 在例 2.1.1 给定的概率模型下,

$$T(\neg \xi_1 \wedge \xi_2) \wedge \xi_3) = P\{\neg \xi_1 \wedge \xi_2) \wedge \xi_3 = 1\}$$
$$= P\{(\neg \xi_1 \wedge \xi_2) = 1\} \times P\{\xi_3 = 1\} = T(\neg \xi_1 \wedge \xi_2) \times T(\xi_3).$$

在例 2.1.1 给定的概率模型下,

$$T((\neg \xi_1 \wedge \xi_2) \wedge \xi_3) = (1 - f^1(35)) \times f^2(35) \times g(172).$$

定义 2.1.4　设 $M = (\Sigma, v)$ 是 $F(S)$ 的一个概率模型, $H = \{X_1, X_2, \cdots, X_n\} \subseteq F(S)$ 是一个有限的随机变量的集. 如果

$$T(X_1 \wedge X_2 \wedge \cdots \wedge X_n) = T(X_1) \times T(X_2) \times \cdots \times T(X_n),$$

则称随机公式 $X_1, X_2, \cdots, X_n$ 关于 M 是独立的.

在定义 2.1.4 下, 特别地, $E = \{\xi_1, \xi_2, \cdots, \xi_n\} \subseteq S$ 是一个有限的随机公式集. 如果

$$T(\xi_1 \wedge \xi_2 \wedge \cdots \wedge \xi_n) = T(\xi_1) \times T(\xi_2) \times \cdots \times T(\xi_n),$$

则称随机变量 $\xi_1, \xi_2, \cdots, \xi_n$ 关于 M 是独立的.

例如, 在例 2.1.1 的模型下, 随机变量 ξ_1, ξ_3 是独立的, 而 ξ_1, ξ_2 是非独立的.

在例 2.1.2 的模型下, ξ_1, ξ_2, ξ_3 是独立的.

根据概率的性质, 显然有下述定理.

定理 2.1.2　设 $M = (\Sigma, v)$ 是 $F(S)$ 的一个概率模型, 若随机变量 $\xi_1, \xi_2, \cdots, \xi_n$ 关于 M 是独立的, 则任何 $Q_1, Q_2, \cdots, Q_n$ 关于 M 是独立的, 这里 Q_i 是 ξ_1 或 $\neg \xi_i$.

定理 2.1.3 (概率真度的基本定理)　设 $M = (\Sigma, v)$ 是 $F(S)$ 的一个概率模型, X 是一个包含随机变量 $\xi_1, \xi_2, \cdots, \xi_n$ 的随机公式, $\Phi_{\{\xi_1, \xi_2, \cdots, \xi_n\}}$ 是 $\xi_1, \xi_2, \cdots, \xi_n$ 的

概率分布, 则

$$T(X) = \sum_{\substack{f_X(x_1,x_2,\cdots,x_n)=1, \\ (x_1,x_2,\cdots,x_n)\in\{0,1\}^n}} T(Q_{x1} \wedge Q_{x2} \wedge \cdots \wedge Q_{xn})$$

$$= \sum_{\substack{f_X(x_1,x_2,\cdots,x_n)=1, \\ (x_1,x_2,\cdots,x_n)\in\{0,1\}^n}} \Phi_{\{\xi_1,\xi_2,\cdots,\xi_n\}}(x_1,x_2,\cdots,x_n).$$

证明 因为 X 包含随机变量 $\xi_1, \xi_2, \cdots, \xi_n$, 来自于经典逻辑, 它等价于一个析取范式

$$G(X) = \bigvee_{\substack{f_X(x_1,x_2,\cdots,x_n)=1, \\ x=(x_1,x_2,\cdots,x_n)\in\{0,1\}^n}} Q_{x1} \wedge Q_{x2} \wedge \cdots \wedge Q_{xn},$$

这里如果 $x = (x_1, x_2, \cdots, x_n) \in \{0,1\}^n$ 使得 $f_X(x_1, x_2, \cdots, x_n) = 1$, 则当 $x_i = 1$ 时 $Q_{xi} = \xi_i$; 当 $x_i = 0$ 时 $Q_{xi} = \neg\xi_i$, $i = 1, 2, \cdots, n$. 那么 $\{X = 1\}$ 和 $\{G(X) = 1\}$ 是 X 的 n 维样本集上的 σ-代数的同一个事件

$$\bigcup_{\substack{f_X(x_1,x_2,\cdots,x_n)=1, \\ x=(x_1,x_2,\cdots,x_n)\in\{0,1\}^n}} \{Q_{x1} = 1\} \cap \{Q_{x2} = 1\} \cap \cdots \cap \{Q_{xn} = 1\}.$$

因此

$$T(X) = \sum_{\substack{f_X(x_1,x_2,\cdots,x_n)=1, \\ (x_1,x_2,\cdots,x_n)\in\{0,1\}^n}} P\{\{Q_{x1} = 1\} \cap \{Q_{x2} = 1\} \cap \cdots \cap \{Q_{xn} = 1\}\}$$

$$= \sum_{\substack{f_X(x_1,x_2,\cdots,x_n)=1, \\ (x_1,x_2,\cdots,x_n)\in\{0,1\}^n}} T(Q_{x1} \wedge Q_{x2} \wedge \cdots \wedge Q_{xn})$$

$$= \sum_{\substack{f_X(x_1,x_2,\cdots,x_n)=1, \\ (x_1,x_2,\cdots,x_n)\in\{0,1\}^n}} \Phi_{\{\xi_1,\xi_2,\cdots,\xi_n\}}(x_1,x_2,\cdots,x_n).$$

例 2.1.3 来自于例 1.1.2,

$$X = \xi_1 \wedge \xi_2 \rightarrow \xi_3 = \neg(\xi_1 \wedge \xi_2) \vee \xi_3$$

等价于析取范式

$$X \approx G(X) = (\neg\xi_1 \wedge \xi_2 \wedge \xi_3) \vee (\xi_1 \wedge \xi_2 \wedge \xi_3)$$

$$\vee(\neg\xi_1 \wedge \neg\xi_2 \wedge \xi_3) \vee (\xi_1 \wedge \neg\xi_2 \wedge \xi_3)$$

$$\vee(\neg\xi_1 \wedge \xi_2 \wedge \neg\xi_3) \vee (\neg\xi_1 \wedge \neg\xi_2 \wedge \neg\xi_3)$$

$$\vee(\xi_1 \wedge \neg\xi_2 \wedge \neg\xi_3).$$

所以

$$T(X) = T(\neg\xi_1 \wedge \xi_2 \wedge \xi_3) + T(\xi_1 \wedge \xi_2 \wedge \xi_3)$$

$$+T(\neg\xi_1 \wedge \neg\xi_2 \wedge \xi_3) + T(\xi_1 \wedge \neg\xi_2 \wedge \xi_3)$$

$$+T(\neg\xi_1 \wedge \xi_2 \wedge \neg\xi_3) + T(\neg\xi_1 \wedge \neg\xi_2 \wedge \neg\xi_3)$$

$$+T(\xi_1 \wedge \neg\xi_2 \wedge \neg\xi_3)$$

$$= \Phi_{\{\xi_1,\xi_2,\xi_3\}}(0,1,1) + \Phi_{\{\xi_1,\xi_2,\xi_3\}}(1,1,1) + \Phi_{\{\xi_1,\xi_2,\xi_3\}}(1,0,1)$$

$$+\Phi_{\{\xi_1,\xi_2,\xi_3\}}(0,0,1) + \Phi_{\{\xi_1,\xi_2,\xi_3\}}(0,1,0)$$

$$+\Phi_{\{\xi_1,\xi_2,\xi_3\}}(1,0,0) + \Phi_{\{\xi_1,\xi_2,\xi_3\}}(0,0,0).$$

设 $X(\xi_1, \xi_2, \cdots, \xi_n) \in F(S)$, k 是一个正整数, 称

$$X(\xi_1, \xi_2, \cdots, \xi_n, \xi_{n+1}, \cdots, \xi_{n+k}) = X(\xi_1, \xi_2, \cdots, \xi_n) \in F(S)$$

为 $X(\xi_1, \xi_2, \cdots, \xi_n)$ 的 k 元扩张, 记 $X(\xi_1, \xi_2, \cdots, \xi_n, \xi_{n+1}, \cdots, \xi_{n+k})$ 为 $X^{(k)}$. 显然, 对于任意给定的 $(x_1, x_2, \cdots, x_n) \in \{0,1\}^n$, 有

$$f_{X^{(k)}}(x_1, x_2, \cdots, x_n, x_{n+1}, \cdots, x_{n+k})$$

$$= f_{X^{(k)}}(x_1, x_2, \cdots, x_n), \quad (x_{n+1}, \cdots, x_{n+k}) \in \{0,1\}^k.$$

由定义 2.1.5 立得下述推论.

推论 2.1.1　设 $M = (\Sigma, v)$ 是 $F(S)$ 的一个概率模型, 如果 X 是一个包含独立随机变量 $\xi_1, \xi_2, \cdots, \xi_n$ 的随机公式, $\Phi_{\xi_i}, i = 1, 2, \cdots, n$ 分别是 $\xi_1, \xi_2, \cdots, \xi_n$ 的概率分布, 则

$$T(X) = \sum_{\substack{f_X(x_1,x_2,\cdots,x_n)=1, \\ (x_1,x_2,\cdots,x_n)\in\{0,1\}^n}} T(Q_{x1} \wedge Q_{x2} \wedge \cdots \wedge Q_{xn})$$

$$= \sum_{\substack{f_X(x_1,x_2,\cdots,x_n)=1, \\ (x_1,x_2,\cdots,x_n)\in\{0,1\}^n}} \Phi_{\xi_1}(x_1) \times \Phi_{\xi_2}(x_2) \times \cdots \times \Phi_{\xi_n}(x_n).$$

定理 2.1.4 (概率真度不变性定理)　设 $X(\xi_1, \xi_2, \cdots, \xi_n) \in F(S)$. 对于 $F(S)$ 的任意概率模型 $M = (\Sigma, v)$, 任意正整数 k, 有 $T(X^{(k)}) = T(X)$.

证明　根据定理 2.1.3, 有

$$T(X(\xi_1, \xi_2, \cdots, \xi_n, \xi_{n+1}, \cdots, \xi_{n+K}))$$

$$= \sum_{f_X(x)=1, x=(x_1,x_2,\cdots,x_n,x_{n+1},\cdots,x_n)\in\{0,1\}^{n+k}} P\left\{ \bigcap_{l=1,2,\cdots,n,n+1,\cdots,n+k} \{Q_{xl} = 1\} \right\}.$$

因为对于任意给定的 $(x_1, x_2, \cdots, x_n) \in \{0,1\}^n$, 有

$$f_{X^{(k)}}(x_1, x_2, \cdots, x_n, x_{n+1}, \cdots, x_{n+k})$$
$$= f_{X^{(k)}}(x_1, x_2, \cdots, x_n), \quad (x_{n+1}, \cdots, x_{n+k}) \in \{0,1\}^k,$$

所以, 对于任意满足 $f_X(x_1, x_2, \cdots, x_n) = 1$ 的 $(x_1, x_2, \cdots, x_n) \in \{0,1\}^n$, 有

$$\sum_{\substack{f_{X^k}(x_1, \cdots, x_n, x_{n+1}, \cdots, x_{n+k})=1, \\ (x_{n+1}, \cdots, x_{n+k}) \in \{0,1\}^k}} P\{\bigcap_{l=1,2,\cdots,n,n+1,\cdots,n+k} \{Q_{xl}=1\}\}$$
$$= P\left\{\bigcap_{l=1,2,\cdots,n} \{Q_{xl}=1\}\right\},$$

这里 I 是 k 维全集. 于是

$$T(X^{(K)}) = \sum_{\substack{f_X(x_1, x_2, \cdots, x_n)=1, \\ (x_1, x_2, \cdots, x_n) \in \{0,1\}^n}} P\left\{\bigcap_{l=1,2,\cdots,n} \{Q_{x1}=1\}\right\} = T(X).$$

2.2 概率真度的规律

在概率论中, 对于任何事件 A, B, 有

$$P(A \cup B) = P(A) + P(B) - P(A \cap B),$$

且

$$P(A \cap B) = P(A) + P(B) - P(A \cup B).$$

那么对于随机公式 X 和 Y, $F(S)$ 的任何概率模型, 有

$$P\{X \vee Y = 1\} + P\{X \wedge Y = 1\} = P\{X = 1\} + P\{Y = 1\}.$$

于是有下述定理.

定理 2.2.1 设 X 和 Y 是两个随机公式. 对于 $F(S)$ 的任何概率模型, 有

$$T(X \vee Y) + T(X \wedge Y) = T(X) + T(Y).$$

定义 2.2.1 设 X 是一个随机公式. 如果对于 $F(S)$ 的任何概率模型有 $T(X) = 1$, 则称 X 是随机重言式; 如果对于 $F(S)$ 的任何概率模型有 $T(X) = 0$, 则称 X 是随机矛盾式.

推论 2.2.1 设 $M = (\Sigma, v)$ 是 $F(S)$ 的一个概率模型, X 和 Y 是两个随机公式. 如果 $X \wedge Y$ 是矛盾式, 则

$$T(X \vee Y) = T(X) + T(Y).$$

推论 2.2.2　设 $M = (\Sigma, v)$ 是 $F(S)$ 的一个概率模型, X 和 Y 是两个随机公式, 则

$$T(\neg Y \wedge X) + T(Y \wedge X) = T(X).$$

证明　由定理 2.2.1 知

$$T(\neg Y \wedge X) + T(Y \wedge X) = T((\neg Y \wedge X) \vee (Y \wedge X)) + T((\neg Y \wedge X) \wedge (Y \wedge X)),$$

因为 $X \wedge (\neg Y \vee Y) \approx X$, 所以

$$T((\neg Y \wedge X) \vee (Y \wedge X)) = T(X \wedge (\neg Y \vee Y)) = T(X).$$

因为

$$(\neg Y \wedge X) \wedge (Y \wedge X) \approx \neg Y \wedge Y \wedge X = \neg Y \wedge Y,$$

又 $\neg Y \wedge Y$ 是随机矛盾式, 所以

$$T((\neg Y \wedge X) \wedge (Y \wedge X)) = T((\neg Y \wedge Y \wedge X)) = T(\neg Y \wedge Y) = 0.$$

那么

$$T(\neg Y \wedge X) + T(Y \wedge X) = T(X) + 0 = T(X).$$

定理 2.2.2　(i) X 是经典重言式当且仅当 X 是随机重言式;

(ii) X 是经典矛盾式当且仅当 X 是随机矛盾式.

证明　(i) 设随机公式 X 包含原子随机变元 $\xi_1, \xi_2, \cdots, \xi_n$. 来自于经典逻辑, X 是经典重言式当且仅当

$$\bigvee_{f_X(x)=1, x=(x_1, x_2, \cdots, x_n) \in \{0,1\}^n} Q_{x1} \wedge Q_{x2} \wedge \cdots \wedge Q_{xn} \equiv 1.$$

又

$$\bigvee_{f_X(x)=1, x=(x_1, x_2, \cdots, x_n) \in \{0,1\}^n} Q_{x1} \wedge Q_{x2} \wedge \cdots \wedge Q_{xn} \equiv 1$$

当且仅当

$$\bigcup_{f_X(x)=1, x=(x_1, x_2, \cdots, x_n) \in \{0,1\}^n} \{Q_{x1} = 1\} \cap \{Q_{x2} = 1\} \cap \cdots \cap \{Q_{xn} = 1\}$$

是一个全集. 又因为全集的概率等于 1, 所以, X 是经典重言式当且仅当 X 是随机重言式.

(ii) 设随机公式 X 包含随机变量 $\xi_1, \xi_2, \cdots, \xi_n$. 来自于经典逻辑, X 是经典矛盾式当且仅当

$$\bigvee_{f_X(x)=1, x=(x_1, x_2, \cdots, x_n) \in \{0,1\}^n} Q_{x1} \wedge Q_{x2} \wedge \cdots \wedge Q_{xn} \equiv 0.$$

又

$$\bigvee_{f_X(x)=1, x=(x_1,x_2,\cdots,x_n)\in\{0,1\}^n} Q_{x1} \wedge Q_{x2} \wedge \cdots \wedge Q_{xn} \equiv 0$$

当且仅当

$$\bigcup_{f_X(x)=1, x=(x_1,x_2,\cdots,x_n)\in\{0,1\}^n} \{Q_{x1}=1\} \cap \{Q_{x2}=1\} \cap \cdots \cap \{Q_{xn}=1\} = \varnothing.$$

又空集的概率等于 0, 所以 X 是经典矛盾式当且仅当 X 是随机矛盾式.

定理 2.2.3 设 X 和 Y 是两个随机公式, 则对 $F(S)$ 的任何模型有以下结论成立.

(i) $T(X \vee \neg X) = 1, T(X \wedge \neg X) = 0, T(X) + T(\neg X) = 1$;

(ii) $T(X) \vee T(Y) \leqslant T(X \vee Y), T(X \wedge Y) \leqslant T(X) \wedge T(Y)$;

(iii) $T(X) + T(Y) - 1 \leqslant T(X \wedge Y) \leqslant T(X \vee Y) \leqslant T(X) + T(Y)$;

(iv) $T(X \to Y) \leqslant 1 - T(X) + T(Y)$.

证明 (i) 因为 $f_X(x_1, x_2, \cdots, x_n) = 1$ 当且仅当 $f_{\neg X}(x_1, x_2, \cdots, x_n) = 0$, 所以

$$\left(\bigcup_{f_X(x)=1, x=(x_1,x_2,\cdots,x_n)\in\{0,1\}^n} \{Q_{x1}=1\} \cap \{Q_{x2}=1\} \cap \cdots \cap \{Q_{xn}=1\} \right)$$

$$\cup \left(\bigcup_{f_{\neg X}(x)=1, x=(x_1,x_2,\cdots,x_n)\in\{0,1\}^n} \{Q_{x1}=1\} \cap \{Q_{x2}=1\} \cap \cdots \cap \{Q_{xn}=1\} \right)$$

是一个全集, 且

$$\left(\bigcup_{f_X(x)=1, x=(x_1,x_2,\cdots,x_n)\in\{0,1\}^n} \{Q_{x1}=1\} \cap \{Q_{x2}=1\} \cap \cdots \cap \{Q_{xn}=1\} \right)$$

$$\cap \left(\bigcup_{f_{\neg X}(x)=1, x=(x_1,x_2,\cdots,x_n)\in\{0,1\}^n} \{Q_{x1}=1\} \cap \{Q_{x2}=1\} \cap \cdots \cap \{Q_{xn}=1\} \right) = \varnothing,$$

因此

$$T(X \vee \neg X) = 1, \quad T(X \wedge \neg X) = 0, \quad T(X) + T(\neg X) = 1.$$

(ii) 因为若 $f_X(x_1, x_2, \cdots, x_n) = 1$, 则 $f_{X \vee Y}(x_1, x_2, \cdots, x_n) = 1$, 所以

$$\{X = 1\} \subseteq \{X \vee Y = 1\},$$

则 $P\{X = 1\} \leqslant P\{X \vee Y = 1\}$, 即

$$T(X) \leqslant T(X \cup Y).$$

类似地, 有

$$T(Y) \leqslant T(X \cup Y).$$

从而

$$T(X) \vee T(Y) \leqslant T(X \cup Y).$$

因为若 $f_{X \wedge Y}(x_1, x_2, \cdots, x_n) = 1$, 则 $f_X(x_1, x_2, \cdots, x_n) = 1$, 所以

$$\{X \wedge Y = 1\} \subseteq \{X = 1\}.$$

从而

$$P\{X \wedge Y = 1\} \leqslant P\{X = 1\}.$$

因此

$$T(X \wedge Y) \leqslant T(X) \wedge T(Y).$$

(iii) 因为 $\{X \wedge Y = 1\} \subseteq \{X \vee Y = 1\}$, 所以 $T(X \wedge Y) \leqslant T(X \vee Y)$. 由定理 2.2.1 知

$$T(X \vee Y) = T(X) + T(Y) - T(X \wedge Y).$$

又

$$0 \leqslant T(X \wedge Y) \leqslant 1,$$

所以

$$T(X \vee Y) \leqslant T(X) + T(Y),$$

$$T(X \wedge Y) \geqslant T(X) + T(Y) - 1.$$

(iv) $T(X \rightarrow Y) = T(\neg X \vee Y) \leqslant T(\neg X) + T(Y) = 1 - T(X) + T(Y).$

2.3   RProPL 度量空间

本节在 $F(S)$ 上引进随机公式的概率相似度和概率伪距离的概念, 从而建立 $F(S)$ 上的一种度量空间.

定义 2.3.1   设 $M = (\Sigma, v)$ 是 $F(S)$ 的一个概率模型. 对任何 $X, Y \in F(S)$, 称 $T((X \rightarrow Y) \wedge (Y \rightarrow X))$ 为 X 与 Y 在 M 下的概率相似度 (简称相似度), 记作 $S(X, Y)$.

定理 2.3.1   设 $M = (\Sigma, v)$ 是 $F(S)$ 的一个概率模型, 则 $S(X, Y), X, Y \in F(S)$ 满足下列性质: 对任何 $X, Y, Z \in F(S)$,

(i) $S(X, Y) \geqslant 0$;

(ii) $S(X, Y) = S(Y, X)$;

(iii) $S(X, Y) \geqslant S(X, Z) + S(Z, Y) - 1$.

证明 (i) 是显然的.

(ii) 因为 $(X \to Y) \wedge (Y \to X) \approx (Y \to X) \wedge (X \to Y)$, 所以

$$S(X, Y) = T((X \to Y) \wedge (Y \to X))$$
$$= T((Y \to X) \wedge (X \to Y)) = S(Y, X).$$

(iii) 因为

$$\vdash (X \to Z) \wedge (Z \to Y) \to (X \to Y)$$

且

$$\vdash (Y \to Z) \wedge (Z \to X) \to (Y \to X),$$

所以

$$\vdash (X \to Z) \wedge (Z \to Y) \wedge (Y \to Z) \wedge (Z \to X) \to (X \to Y) \wedge (Y \to X).$$

又

$$(X \to Z) \wedge (Z \to Y) \wedge (Y \to Z) \wedge (Z \to X)$$
$$\approx ((X \to Z) \wedge (Z \to X)) \wedge ((Y \to Z) \wedge (Z \to Y)),$$

则

$$\vdash ((X \to Z) \wedge (Z \to X)) \wedge ((Y \to Z) \wedge (Z \to Y)) \to ((X \to Y) \wedge (Y \to X)).$$

从而

$$\vdash ((X \to Y) \wedge (Y \to X)) \wedge ((Y \to Z) \wedge (Z \to Y)) \to (X \to Z) \wedge (Z \to X),$$

$$T(((X \to Y) \wedge (Y \to X)) \wedge ((Y \to Z) \wedge (Z \to Y))) \leqslant T((X \to Z) \wedge (Z \to X)).$$

根据定理 2.2.3 (iii),

$$T((X \to Y) \wedge (Y \to X)) + T((Y \to Z) \wedge (Z \to Y)) - 1$$
$$\leqslant T((X \to Y) \wedge (Y \to X) \wedge (Y \to Z) \wedge (Z \to Y)).$$

所以由定义 2.3.1 知

$$S(X, Y) \geqslant S(X, Z) + S(Z, Y) - 1.$$

定义 2.3.2 设 $M = (\Sigma, v)$ 是 $F(S)$ 的一个概率模型. 对任何 $X, Y \in F(S)$, 称 $1 - S(X, Y)$ 为 X 与 Y 在 M 下的概率距离 (简称距离), 记作 $\rho(X, Y)$.

定理 2.3.2   设 $M = (\Sigma, v)$ 是 $F(S)$ 的一个概率模型. 则 $\rho(X, Y), X, Y \in F(S)$ 满足下列性质: 对任何 $X, Y, Z \in F(S)$,

(i) $\rho(X, Y) \geqslant 0$;

(ii) $\rho(X, Y) = \rho(Y, X)$;

(iii) $\rho(X, Y) \leqslant \rho(X, Z) + \rho(Z, Y)$.

证明   (i) 与 (ii) 是显然的.

(iii) 由定理 2.3.1 知 $S(X, Y) \geqslant S(X, Z) + S(Z, Y) - 1$, 从而

$$1 + S(X, Y) \geqslant 1 + S(X, Z) + S(Z, Y) - 1,$$

即

$$1 - S(X, Z) + 1 - S(Z, Y) \geqslant 1 - S(X, Y).$$

所以

$$\rho(X, Y) \leqslant \rho(X, Z) + \rho(Z, Y).$$

定义 2.3.3   称 $(F(S), M, \rho)$ 为一 RProPL 度量空间.

2.4   RProAPL 的公理化方法

根据随机公式的真度规律, 有下述事实.

定理 2.4.1 $F(S)$ 上的映射 $v : F(S) \to [0, 1]$ 满足下述条件:

(i) 对于任何 $X \in F(S)$, 如果 $\vDash X$, 则 $v(X) = 1$;

(ii) 对于任何 $X \in F(S)$, 有 $v(X) = 1 - v(\neg X)$;

(iii) 对于任何 $X, Y \in F(S)$, 有 $v(X \vee Y) + v(X \wedge Y) = v(X) + v(Y)$ 当且仅当 $F(S)$ 上映射 $v : F(S) \to [0, 1]$ 满足下述条件

(iv) 对于任何 $X \in F(S)$, 如果 $\vDash X$, 则 $v(X) = 1$;

(v) 对于任何 $X \in F(S)$,

$$v(X(\xi_1), \xi_2, \cdots, \xi_n) = \sum_{\substack{f_X(x_1, x_2, \cdots, x_n) = 1, \\ (x_1, x_2, \cdots, x_n) \in \{0,1\}^n}} v(Q_{x1} \wedge Q_{x2} \wedge \cdots \wedge Q_{xn}),$$

这里对于每个满足 $f_X(x_1, x_2, \cdots, x_n) = 1$ 的 $x = (x_1, x_2, \cdots, x_n) \in \{0, 1\}^n$, 如果 $x_i = 1$, 则 $Q_{x_i} = \xi_i$; 如果 $x_i = 0$, 则 $Q_{x_i} = \neg \xi_i$, $i = 1, 2, \cdots, n$.

证明   设 $F(S)$ 上的映射 $v : F(S) \to [0, 1]$ 满足下述条件

(i) 对于任何 $X \in F(S)$, 如果 $\vDash X$, 则 $v(X) = 1$;

(ii) 对于任何 $X \in F(S)$, 有 $v(X) = 1 - v(\neg X)$;

(iii) 对于任何 $X, Y \in F(S)$, 有 $v(X \vee Y) + v(X \wedge Y) = v(X) + v(Y)$.

下证它满足:

(iv) 对于任何 $X \in F(S)$, 如果 $\vDash X$, 则 $v(X) = 1$;

(v) 对于任何 $X \in F(S)$,

$$v(X(\xi_1), \xi_2, \cdots, \xi_n) = \sum_{\substack{f_X(x_1, x_2, \cdots, x_n)=1, \\ (x_1, x_2, \cdots, x_n) \in \{0,1\}^n}} v(Q_{x1} \wedge Q_{x2} \wedge \cdots \wedge Q_{xn}),$$

这里对于每个满足 $f_X(x_1, x_2, \cdots, x_n) = 1$ 的 $x = (x_1, x_2, \cdots, x_n) \in \{0,1\}^n$, 如果 $x_i = 1$, 则 $Q_{xi} = \xi_i$; 如果 $x_i = 0$, 则 $Q_{xi} = \neg\xi_i$, $i = 1, 2, \cdots, n$.

显然只要证明 (v) 即可.

首先由 (i) 及 (ii) 知如果 $\vDash \neg X$, 则 $v(X) = 0$. 从而 $v(X \wedge \neg X) = 0$, $v(X \vee \neg X) = 1$. 设 $X \approx Y$, 则 $\vDash X \vee \neg X, \vdash Y \vee \neg X$, 于是

$$v(X \vee \neg X) = 1, \quad v(Y \vee \neg X) = 1, \quad v(X \wedge \neg X) = 0, \quad v(\wedge \neg X) = 0.$$

由 (iii) 知 $v(X \vee \neg X) = v(X) + v(\neg X) - v(X \wedge \neg X) = v(X) + v(\neg X) = 1$, 且

$$v(Y \vee \neg X) = v(Y) + v(\neg X) - v(Y \wedge \neg X) = v(Y) + v(\neg X) = 1,$$

即

$$v(X) + v(\neg X) = 1 \tag{2.1}$$

$$v(Y) + v(\neg X) = 1 \tag{2.2}$$

由式 (2.1)~(2.2) 得 $v(X) = v(Y)$.

因为 $X \approx G(X) = \displaystyle\sum_{\substack{f_X(x_1, x_2, \cdots, x_n), \\ x=(x_1, x_2, \cdots, x_n) \in \{0,1\}^n}} Q_{x1} \wedge Q_{x2} \wedge \cdots \wedge Q_{xn}$, 这里对于每个满足

$f_X(x_1, x_2, \cdots, x_n) = 1$ 的 $x = (x_1, x_2, \cdots, x_n) \in \{0,1\}^n$, 如果 $x_i = 1$, 则 $Q_{xi} = \xi_i$; 如果 $x_i = 0$, 则 $Q_{xi} = \neg\xi_i$, $i = 1, 2, \cdots, n$, 所以 $v(X) = v(G(X))$. 因为对于每个满足 $f_X(x_1, x_2, \cdots, x_n) = 1$ 的不同的 $x = (x_1, x_2, \cdots, x_n), y = (y_1, y_2, \cdots, y_n) \in \{0,1\}^n$, 有

$$\vdash \neg((Q_{x1} \wedge Q_{x2} \wedge \cdots \wedge Q_{xn}) \wedge (Q_{y1} \wedge Q_{y2} \wedge \cdots \wedge Q_{yn})),$$

所以

$$v((Q_{x1} \wedge Q_{x2} \wedge \cdots \wedge Q_{xn}) \wedge (Q_{y1} \wedge Q_{y2} \wedge \cdots \wedge Q_{yn})) = 0.$$

从而由 (iii) 知

$$v(X) = v(G(X)) = \sum_{\substack{f_X(x_1, x_2, \cdots, x_n), \\ x=(x_1, x_2, \cdots, x_n) \in \{0,1\}^n}} v(Q_{x1} \wedge Q_{x2} \wedge \cdots \wedge Q_{xn}).$$

反之, 设 $F(S)$ 上映射 $v : F(S) \to [0,1]$ 满足下述条件

(iv) 对于任何 $X \in F(S)$, 如果 $\vDash X$, 则 $I(X) = 1$;

(v) 对于任何 $X \in F(S)$,

$$v(X(\xi_1, \xi_2, \cdots, \xi_n)) = \sum_{\substack{f_X(x_1,x_2,\cdots,x_n)=1, \\ x=(x_1,x_2,\cdots,x_n)\in\{0,1\}^n}} v(Q_{x1} \wedge Q_{x2} \wedge \cdots \wedge Q_{xn}),$$

这里对于每个满足 $f_X(x_1, x_2, \cdots, x_n) = 1$ 的 $x = (x_1, x_2, \cdots, x_n) \in \{0,1\}^n$, 如果 $x_i = 1$, 则 $Q_{xi} = \xi_i$; 如果 $x_i = 0$, 则 $Q_{xi} = \neg\xi_i$, $i = 1, 2, \cdots, n$. 下证它满足

(i) 对于任何 $X \in F(S)$, 如果 $\vDash X$, 则 $v(X) = 1$;

(ii) 对于任何 $X \in F(S)$, 有 $v(X) = 1 - v(\neg X)$;

(iii) 对于任何 $X, Y \in F(S)$, 有 $v(X \vee Y) + v(X \wedge Y) = v(X) + v(Y)$.

显然只要证明 (ii) 与 (iii) 成立即可.

首先, 由 (iv) 和 (v) 知

$$v(X \vee \neg X) = \sum_{\substack{f_X(x_1,x_2,\cdots,x_n)=1, \\ x=(x_1,x_2,\cdots,x_n)\in\{0,1\}^n}} v(Q_{x_1} \wedge Q_{x2} \wedge \cdots \wedge Q_{xn})$$

$$+ \sum_{\substack{f_{\neg X}(x_1,x_2,\cdots,x_n)=1, \\ x=(x_1,x_2,\cdots,x_n)\in\{0,1\}^n}} v(Q_{x1} \wedge Q_{x2} \wedge \cdots \wedge Q_{xn})$$

$$= v(X) + v(\neg X) = 1,$$

即 (ii) 成立.

若 $\vDash \neg X$, 则由 $v(X) + v(\neg X) = 1$ 知 $I(X) = 0$.

因为

$$\{(x_1, x_2, \cdots, x_n) | f_{X\vee Y}(x_1, x_2, \cdots, x_n) = 1, (x_1, x_2, \cdots, x_n) \in \{0,1\}^n\}$$

$$= \{(x_1, x_2, \cdots, x_n) | f_X(x_1, x_2, \cdots, x_n) = 1, (x_1, x_2, \cdots, x_n) \in \{0,1\}^n\}$$

$$\bigcup \{(x_1, x_2, \cdots, x_n) | f_Y(x_1, x_2, \cdots, x_n) = 1, (x_1, x_2, \cdots, x_n) \in \{0,1\}^n\}$$

$$- \{(x_1, x_2, \cdots, x_n) | f_{X\wedge Y}(x_1, x_2, \cdots, x_n) = 1, (x_1, x_2, \cdots, x_n) \in \{0,1\}^n\},$$

所以

$$v(Y \vee X) = \sum_{\substack{f_X(x_1,x_2,\cdots,x_n), \\ x=(x_1,x_2,\cdots,x_n)\in\{0,1\}^n}} v(Q_{x1} \wedge Q_{x2} \wedge \cdots \wedge Q_{xn})$$

$$+ \sum_{\substack{f_Y(x_1,x_2,\cdots,x_n), \\ x=(x_1,x_2,\cdots,x_n)\in\{0,1\}^n}} v(Q_{x1} \wedge Q_{x2} \wedge \cdots \wedge Q_{xn})$$

$$- \sum_{\substack{f_{X\wedge Y}(x_1,x_2,\cdots,x_n), \\ x=(x_1,x_2,\cdots,x_n)\in\{0,1\}^n}} v(Q_{x1} \wedge Q_{x2} \wedge \cdots \wedge Q_{xn})$$

$$= v(X) + v(Y) - v(X \wedge Y).$$

定义 2.4.1 若映射 $v : F(S) \to [0,1]$ 满足, 对于任何 $X \in F(S)$, 当 $\vDash X$ 时, 有 $v(X) = 1$; 否则

$$v(X(\xi_1, \xi_2, \cdots, \xi_n)) = \sum_{\substack{f_X(x_1, x_2, \cdots, x_n)=1, \\ x=(x_1, x_2, \cdots, x_n) \in \{0,1\}^n}} v(Q_{x_1} \wedge Q_{x_2} \wedge \cdots \wedge Q_{x_n})$$

这里对于每个满足 $f_X(x_1, x_2, \cdots, x_n) = 1$ 的 $x = (x_1, x_2, \cdots, x_n) \in \{0,1\}^n$, 如果 $x_i = 1$, 则 $Q_{xi} = \xi_i$; 如果 $x_i = 0$, 则 $Q_{xi} = \neg \xi_i, i = 1, 2, \cdots, n$), 则称它为 $F(S)$ 上的一个概率赋值.

定理 2.4.2 若映射 $v : F(S) \to [0,1]$ 满足, 对于任何 $\xi_i \in S$, $v(\neg \xi_i) = 1 - v(\xi_i)$, 且任何 $X \in F(S)$, 有

$$\begin{aligned} &v(X(\xi_1, \xi_2, \cdots, \xi_n)) \\ &= \sum_{\substack{f_X(x_1, x_2, \cdots, x_n)=1, \\ x=(x_1, x_2, \cdots, x_n) \in \{0,1\}^n}} v(Q_{x1}) \times v(Q_{x2}) \times \cdots \times v(Q_{xn}) \end{aligned} \tag{2.3}$$

这里对于每个满足 $f_X(x_1, x_2, \cdots, x_n) = 1$ 的 $x = (x_1, x_2, \cdots, x_n) \in \{0,1\}^n$, 如果 $x_i = 1$, 则 $Q_{xi} = \xi_i$; 如果 $x_i = 0$, 则 $Q_{xi} = \neg \xi_i, i = 1, 2, \cdots, n$), 则 $v : F(S) \to [0,1]$ 是 $F(S)$ 上的一个概率赋值, 且称它为 $F(S)$ 上的一个独立概率赋值.

证明 式 (2.3) 说明对任何 $Q_{x_i} \in \{\xi_i, \neg \xi_i\}, i = 1, 2, \cdots, n$, 有

$$v(Q_{x1} \wedge Q_{x2} \wedge \cdots \wedge Q_{xn}) = v(Q_{x1}) \times v(Q_{x2}) \times \cdots \times v(Q_{xn}),$$

$$v(X(\xi_1, \xi_2, \cdots, \xi_n)) = \sum_{\substack{f_X(x_1, x_2, \cdots, x_n)=1, \\ x=(x_1, x_2, \cdots, x_n) \in \{0,1\}^n}} v(Q_{x1}) \times v(Q_{x2}) \times \cdots \times v(Q_{xn}).$$

又对于任何 $\xi_i \in S$, $v(\neg \xi_i) = 1 - v(\xi_i)$, 根据概率分布的性质, 则有

$$\Phi_{\{\xi_1, \xi_2, \cdots, \xi_n\}}(x_1, x_2, \cdots, x_n) = \Phi_{\xi_1}(x_1) \times \Phi_{\xi_2}(x_2) \times \cdots \times \Phi_{\xi_n}(x_n),$$

$$(x_1, x_2, \cdots, x_n) \in \{0,1\}^n \text{ (其中 } \Phi_{\xi_i}(x_i) = v(Q_i), x_i \in \{0,1\})$$

是 $\{\xi_1, \xi_2, \cdots, \xi_n\}$ 的一个概率分布. 因此 $v : F(S) \to [0,1]$ 是 $F(S)$ 上的一个概率赋值.

2.5　基于 RProPL 的推理

本节基于 $F(S)$ 的概率赋值讨论随机公式的概率逻辑的推理.

2.5.1　条件概率真度

定义 2.5.1 设 $X, Y \in F(S)$, v 是 $F(S)$ 上的一个概率赋值. 如果 $v(\varphi) > 0$, 则称 $T(\psi|\varphi) = \dfrac{v(\varphi \wedge \psi)}{v(\varphi)}$ 为 ψ 相对 φ 的概率真度.

定理 2.5.1   设 $\varphi, \psi \in F(S)$, v 是 $F(S)$ 上的一个概率赋值. 如果 $v(\varphi) = 1$, 则

$$T(\psi|\varphi) = v(\psi).$$

证明   一方面由 $v(\varphi) = 1$ 和 $T(\psi|\varphi) = \dfrac{v(\varphi \wedge \psi)}{v(\varphi)}$ 知 $T(\psi|\varphi) = v(\varphi \wedge \psi)$. 另一方面, 根据定理 2.2.3, 有 $1 \geqslant v(\psi \vee \varphi) \geqslant v(\psi) \vee v(\varphi) = v(\psi) \vee 1 = 1$, 所以 $v(\psi \vee \varphi) = 1$. 又根据定理 2.2.1, 有

$$v(\varphi \vee \psi) + v(\varphi \wedge \psi) = v(\varphi) + v(\psi),$$

所以由 $v(\varphi) = 1$ 知

$$v(\varphi \wedge \psi) = v(\psi).$$

综合上述两方面可得 $T(\psi|\varphi) = v(\psi)$.

定理 2.5.2   设 $\varphi, \psi, \phi \in F(S)$, v 是 $F(S)$ 上的一个概率赋值. 如果 $\vdash \varphi \to \psi$, 并且 $v(\phi) > 0$, 则 $T(\varphi|\phi) \leqslant T(\psi|\phi)$.

证明   因为 $\vdash \varphi \to \psi$, 所以 $\vdash \varphi \wedge \phi \to \psi \wedge \phi$, 从而 $v(\varphi \wedge \phi) \leqslant v(\psi \wedge \phi)$. 那么

$$T(\varphi|\phi) = \frac{v(\varphi \wedge \phi)}{v(\phi)} \leqslant \frac{v(\psi \wedge \phi)}{v(\phi)} = T(\psi|\phi).$$

定理 2.5.3   设 $\varphi, \phi \in F(S)$, v 是 $F(S)$ 上的一个概率赋值, 如果 $v(\phi) > 0$, 则 $T(\varphi|\phi) + T(\neg\varphi|\phi) = 1$.

证明   根据定义 2.5.1, 有

$$T(\varphi|\phi) + T(\neg\varphi|\phi) = \frac{v(\varphi \wedge \phi)}{v(\phi)} + \frac{v(\neg\varphi \wedge \phi)}{v(\phi)} = \frac{v(\varphi \wedge \phi) + v(\neg\varphi \wedge \phi)}{v(\phi)},$$

使用推论 2.2.2 , $v(\varphi \wedge \phi) + v(\neg\varphi \wedge \phi) = v(X)$. 于是有

$$T(\varphi|\phi) + T(\neg\varphi|\phi) = 1.$$

2.5.2 推理模型

定义 2.5.2 $F(S)$ 的任何子集 E 称为 $F(S)$ 的一个理论. 对于映射 $T^* : E \to [0,1]$, 如果存在 $F(S)$ 上的一个概率赋值 T 使得任何 $X \in E$, 有 $T(X) = T^*(X)$, 则称 E 关于 T^* 是相容的, 否则称 E 关于 T^* 不相容. 并称 T 是 E 关于 T^* 的扩张, T^* 是 E 关于 T 的收缩.

显然在定义 2.5.2 下的 T^* 的扩张有无穷多. 而对于给定的 T, E 关于 T 的收缩是唯一的.

定义 2.5.3   设 $E \subset G \subset F(S)$, 如果 E 和 G 分别关于 T^1 和 T^2 是相容的, 且对于任何 $X \in E$ 有 $T^1(X) = T^2(X)$, 则称 T^2 是 E 在 G 上关于 T^1 的扩张, T^1 是 G 在 E 上关于 T^2 的收缩.

定理 2.5.4 设 $E = \{X_1(\xi_1, \xi_2, \cdots, \xi_n), X_2(\xi_1, \xi_2, \cdots, \xi_n), \cdots, X_m(\xi_1, \xi_2, \cdots, \xi_n)\} \subset F(S)$ 且它关于 T^* 是相容的, $X = X(\xi_1, \xi_2, \cdots, \xi_n) \in F(S)$, 则 X 的最小概率真度 $T_{\min}(X)$、最大概率真度 $T_{\max}(X)$、期望概率真度 $T_E(X)$ 和 H 概率真度 $T_H(X)$ 分别通过解下述的模型 (2.4)~(2.7) 分别得到.

(i) 称模型

$$T_{\min}(X) = \min_v \sum_{f_X(x_1,x_2,\cdots,x_n)=1, x=(x_1,x_2,\cdots,x_n)\in\{0,1\}^n} v(Q_{x1} \wedge Q_{x2} \wedge \cdots \wedge Q_{xn})$$

$$\text{s.t.} \begin{cases} \sum_{f_{X_1}(x_1,x_2,\cdots,x_n)=1, x=(x_1,x_2,\cdots,x_n)\in\{0,1\}^n} v(Q_{x1} \wedge Q_{x2} \wedge \cdots \wedge Q_{xn}) = T^*(X_1), \\ \sum_{f_{X_2}(x_1,x_2,\cdots,x_n)=1, x=(x_1,x_2,\cdots,x_n)\in\{0,1\}^n} v(Q_{x1} \wedge Q_{x2} \wedge \cdots \wedge Q_{xn}) = T^*(X_2), \\ \qquad\qquad\qquad \cdots\cdots \\ \sum_{f_{X_m}(x_1,x_2,\cdots,x_n)=1, x=(x_1,x_2,\cdots,x_n)\in\{0,1\}^n} v(Q_{x1} \wedge Q_{x2} \wedge \cdots \wedge Q_{xn}) = T^*(X_m) \end{cases}$$

$$(2.4)$$

为最小概率推理模型.

(ii) 称模型

$$T_{\max}(X) = \max_v \sum_{f_X(x_1,x_2,\cdots,x_n)=1, x=(x_1,x_2,\cdots,x_n)\in\{0,1\}^n} v(Q_{x1} \wedge Q_{x2} \wedge \cdots \wedge Q_{xn})$$

$$\text{s.t.} \begin{cases} \sum_{f_{X_1}(x_1,x_2,\cdots,x_n)=1, x=(x_1,x_2,\cdots,x_n)\in\{0,1\}^n} v(Q_{x1} \wedge Q_{x2} \wedge \cdots \wedge Q_{xn}) = T^*(X_1), \\ \sum_{f_{X_2}(x_1,x_2,\cdots,x_n)=1, x=(x_1,x_2,\cdots,x_n)\in\{0,1\}^n} v(Q_{x1} \wedge Q_{x2} \wedge \cdots \wedge Q_{xn}) = T^*(X_2), \\ \qquad\qquad\qquad \cdots\cdots \\ \sum_{f_{X_m}(x_1,x_2,\cdots,x_n)=1, x=(x_1,x_2,\cdots,x_n)\in\{0,1\}^n} v(Q_{x1} \wedge Q_{x2} \wedge \cdots \wedge Q_{xn}) = T^*(X_m) \end{cases}$$

$$(2.5)$$

为最大概率推理模型.

(iii) 称模型

$$T_E(X) = \frac{1}{2}(T_{\min}(X) + T_{\max}(X))$$

$$\text{s.t.} \begin{cases} \sum_{f_{X_1}(x_1,x_2,\cdots,x_n)=1, x=(x_1,x_2,\cdots,x_n)\in\{0,1\}^n} v(Q_{x1} \wedge Q_{x2} \wedge \cdots \wedge Q_{xn}) = T^*(X_1), \\ \sum_{f_{X_2}(x_1,x_2,\cdots,x_n)=1, x=(x_1,x_2,\cdots,x_n)\in\{0,1\}^n} v(Q_{x1} \wedge Q_{x2} \wedge \cdots \wedge Q_{xn}) = T^*(X_2), \\ \qquad\qquad\qquad \cdots\cdots \\ \sum_{f_{X_m}(x_1,x_2,\cdots,x_n)=1, x=(x_1,x_2,\cdots,x_n)\in\{0,1\}^n} v(Q_{x1} \wedge Q_{x2} \wedge \cdots \wedge Q_{xn}) = T^*(X_m) \end{cases}$$

$$(2.6)$$

为期望概率推理模型

(iv) 称模型

$$T_H(X) = \min_v \left| \sum_{f_X(x_1,x_2,\cdots,x_n)=1, x=(x_1,x_2,\cdots,x_n)\in\{0,1\}^n} v(Q_{x1} \wedge Q_{x2} \wedge \cdots \wedge Q_{xn}) - 0.5 \right|$$

$$\text{s.t.} \begin{cases} \sum_{f_{X_1}(x_1,x_2,\cdots,x_n)=1, x=(x_1,x_2,\cdots,x_n)\in\{0,1\}^n} v(Q_{x1} \wedge Q_{x2} \wedge \cdots \wedge Q_{xn}) = T^*(X_1), \\ \sum_{f_{X_2}(x_1,x_2,\cdots,x_n)=1, x=(x_1,x_2,\cdots,x_n)\in\{0,1\}^n} v(Q_{x1} \wedge Q_{x2} \wedge \cdots \wedge Q_{xn}) = T^*(X_2), \\ \cdots\cdots \\ \sum_{f_{X_m}(x_1,x_2,\cdots,x_n)=1, x=(x_1,x_2,\cdots,x_n)\in\{0,1\}^n} v(Q_{x1} \wedge Q_{x2} \wedge \cdots \wedge Q_{xn}) = T^*(X_m) \end{cases}$$

$$(2.7)$$

为 H 概率推理模型.

在模型(i)~(iv)中, 如果 $x=(x_1,x_2,\cdots,x_n) \in \{0,1\}^n$ 使得 $f_X(x_1,x_2,\cdots,x_n)=1$ (或 $f_{X_i}(x_1,x_2,\cdots,x_n)=1, i=1,2,\cdots,m$), 则当 $x_i=1$ 时 $Q_{xi}=\xi_i$, 当 $x_i=0$ 时 $Q_{xi}=\neg\xi_i, i=1,2,\cdots,n$.

推论 2.5.1   设 $E = \{X(\xi_1,\cdots,\xi_n), X(\xi_1,\cdots,\xi_n) \to Y(\xi_1,\cdots,\xi_n)\} \subset F(S)$ 且它关于 T^* 是相容的, 又 $Y(\xi_1,\cdots,\xi_n) \in F(S)$, 则 Y 的最小概率真度 $T_{\min}(X)$、最大概率真度、最大概率真度 $T_{\max}(X)$ 和期望概率真度 $T_E(X)$ 可通过解下述的模型 $(2.4)^*$~$(2.7)^*$ 分别得到.

$$T_{\min}(Y) = \min_v \sum_{f_Y(x_1,x_2,\cdots,x_n)=1, x=(x_1,x_2,\cdots,x_n)\in\{0,1\}^n} v(Q_{x1} \wedge Q_{x2} \wedge \cdots \wedge Q_{xn})$$

$$\text{s.t.} \begin{cases} \sum_{f_X(x_1,x_2,\cdots,x_n)=1, x=(x_1,x_2,\cdots,x_n)\in\{0,1\}^n} v(Q_{x1} \wedge Q_{x2} \wedge \cdots \wedge Q_{xn}) = T^*(X), \\ \sum_{f_{X\to Y}(x_1,x_2,\cdots,x_n)=1, x=(x_1,x_2,\cdots,x_n)\in\{0,1\}^n} v(Q_{x1} \wedge Q_{x2} \wedge \cdots \wedge Q_{xn}) \\ = T^*(X \to Y), \end{cases}$$

$$(2.4)^*$$

$$T_{\min}(Y) = \max_v \sum_{f_Y(x_1,x_2,\cdots,x_n)=1, x=(x_1,x_2,\cdots,x_n)\in\{0,1\}^n} v(Q_{x1} \wedge Q_{x2} \wedge \cdots \wedge Q_{xn})$$

$$\text{s.t.} \begin{cases} \sum_{f_X(x_1,x_2,\cdots,x_n)=1, x=(x_1,x_2,\cdots,x_n)\in\{0,1\}^n} v(Q_{x1} \wedge Q_{x2} \wedge \cdots \wedge Q_{xn}) = T^*(X), \\ \sum_{f_{X\to Y}(x_1,x_2,\cdots,x_n)=1, x=(x_1,x_2,\cdots,x_n)\in\{0,1\}^n} v(Q_{x1} \wedge Q_{x2} \wedge \cdots \wedge Q_{xn}) \\ = T^*(X \to Y), \end{cases}$$

$$(2.5)^*$$

$$T_E(X) = \frac{1}{2}(T_{\min}(X) + T_{\max}(X))$$

$$\text{s.t.} \begin{cases} \sum_{f_X(x_1,x_2,\cdots,x_n)=1,x=(x_1,x_2,\cdots,x_n)\in\{0,1\}^n} v(Q_{x1} \wedge Q_{x2} \wedge \cdots \wedge Q_{xn}) = T^*(X), \\ \sum_{f_{X\to Y}(x_1,x_2,\cdots,x_n)=1,x=(x_1,x_2,\cdots,x_n)\in\{0,1\}^n} v(Q_{x1} \wedge Q_{x2} \wedge \cdots \wedge Q_{xn}) \\ = T^*(X \to Y), \end{cases}$$

$$(2.6)^*$$

和

$$T_H(Y) = \min_v \left| \sum_{f_Y(x_1,x_2,\cdots,x_n)=1,x=(x_1,x_2,\cdots,x_n)\in\{0,1\}^n} v(Q_{x1} \wedge Q_{x2} \wedge \cdots \wedge Q_{xn}) - 0.5 \right|$$

$$\text{s.t.} \begin{cases} \sum_{f_X(x_1,x_2,\cdots,x_n)=1,x=(x_1,x_2,\cdots,x_n)\in\{0,1\}^n} v(Q_{x1} \wedge Q_{x2} \wedge \cdots \wedge Q_{xn}) = T^*(X), \\ \sum_{f_{X\to Y}(x_1,x_2,\cdots,x_n)=1,x=(x_1,x_2,\cdots,x_n)\in\{0,1\}^n} v(Q_{x1} \wedge Q_{x2} \wedge \cdots \wedge Q_{xn}) \\ = T^*(X \to Y). \end{cases}$$

$$(2.7)^*$$

定理 2.5.5 设 $W \subset G \subset F(S)$,

$$W = \{X_1(\xi_1,\cdots,\xi_n), X_2(\xi_1,\cdots,\xi_n), \cdots, X_m(\xi_1,\cdots,\xi_n)\},$$

$$G = \{X_1(\xi_1,\cdots,\xi_n), \cdots, X_m(\xi_1,\cdots,\xi_n), X_{m+1}(\xi_1,\cdots,\xi_n), \cdots, X_k(\xi_1,\cdots,\xi_n)\},$$

且 E 关于 T^* 是相容的. 如果 v 是 E 在 G 上关于 T^* 的扩张, 则对任何 $X \in G - H$, X 的最小概率真度 $T_{\min}(X)$、最大概率真度 $T_{\max}(X)$、期望概率真度 $T_E(X)$ 和 H 概率真度 $T_H(X)$ 可分别通过解下述的模型 (2.8)~(2.11) 分别得到.

$$T_{\min}(X) = \min_v \sum_{f_Y(x_1,x_2,\cdots,x_n)=1,x=(x_1,x_2,\cdots,x_n)\in\{0,1\}^n} v(Q_{x1} \wedge Q_{x2} \wedge \cdots \wedge Q_{xn})$$

$$\text{s.t.} \begin{cases} \sum_{f_{X_1}(x_1,x_2,\cdots,x_n)=1,x=(x_1,x_2,\cdots,x_n)\in\{0,1\}^n} v(Q_{x1} \wedge Q_{x2} \wedge \cdots \wedge Q_{xn}) = T^*(X_1), \\ \sum_{f_{X_2}(x_1,x_2,\cdots,x_n)=1,x=(x_1,x_2,\cdots,x_n)\in\{0,1\}^n} v(Q_{x1} \wedge Q_{x2} \wedge \cdots \wedge Q_{xn}) = T^*(X_2), \\ \qquad\qquad \cdots\cdots \\ \sum_{f_{X_m}(x_1,x_2,\cdots,x_n)=1,x=(x_1,x_2,\cdots,x_n)\in\{0,1\}^n} v(Q_{x1} \wedge Q_{x2} \wedge \cdots \wedge Q_{xn}) = T^*(X_m) \end{cases}$$

$$(2.8)$$

$$T_{\max}(X) = \max_v \sum_{f_Y(x_1,x_2,\cdots,x_n)=1, x=(x_1,x_2,\cdots,x_n)\in\{0,1\}^n} v(Q_{x1} \wedge Q_{x2} \wedge \cdots \wedge Q_{xn})$$

$$\text{s.t.} \begin{cases} \sum_{f_{X_1}(x_1,x_2,\cdots,x_n)=1, x=(x_1,x_2,\cdots,x_n)\in\{0,1\}^n} v(Q_{x1} \wedge Q_{x2} \wedge \cdots \wedge Q_{xn}) = T^*(X_1), \\ \sum_{f_{X_2}(x_1,x_2,\cdots,x_n)=1, x=(x_1,x_2,\cdots,x_n)\in\{0,1\}^n} v(Q_{x1} \wedge Q_{x2} \wedge \cdots \wedge Q_{xn}) = T^*(X_2), \\ \qquad\qquad\qquad \cdots\cdots \\ \sum_{f_{X_m}(x_1,x_2,\cdots,x_n)=1, x=(x_1,x_2,\cdots,x_n)\in\{0,1\}^n} v(Q_{x1} \wedge Q_{x2} \wedge \cdots \wedge Q_{xn}) = T^*(X_m). \end{cases}$$

$$\tag{2.9}$$

$$T_E(X) = \frac{1}{2}(T_{\max}(X) + T_{\max}(X))$$

$$\text{s.t.} \begin{cases} \sum_{f_{X_1}(x_1,x_2,\cdots,x_n)=1, x=(x_1,x_2,\cdots,x_n)\in\{0,1\}^n} v(Q_{x1} \wedge Q_{x2} \wedge \cdots \wedge Q_{xn}) = T^*(X_1), \\ \sum_{f_{X_2}(x_1,x_2,\cdots,x_n)=1, x=(x_1,x_2,\cdots,x_n)\in\{0,1\}^n} v(Q_{x1} \wedge Q_{x2} \wedge \cdots \wedge Q_{xn}) = T^*(X_2), \\ \qquad\qquad\qquad \cdots\cdots \\ \sum_{f_{X_m}(x_1,x_2,\cdots,x_n)=1, x=(x_1,x_2,\cdots,x_n)\in\{0,1\}^n} v(Q_{x1} \wedge Q_{x2} \wedge \cdots \wedge Q_{xn}) = T^*(X_m) \end{cases}$$

$$\tag{2.10}$$

和

$$T_H(X) = \min_v \left| \sum_{f_Y(x_1,x_2,\cdots,x_n)=1, x=(x_1,x_2,\cdots,x_n)\in\{0,1\}^n} v(Q_{x1} \wedge Q_{x2} \wedge \cdots \wedge Q_{xn}) - 0.5 \right|$$

$$\text{s.t.} \begin{cases} \sum_{f_{X_1}(x_1,x_2,\cdots,x_n)=1, x=(x_1,x_2,\cdots,x_n)\in\{0,1\}^n} v(Q_{x1} \wedge Q_{x2} \wedge \cdots \wedge Q_{xn}) = T^*(X_1), \\ \sum_{f_{X_2}(x_1,x_2,\cdots,x_n)=1, x=(x_1,x_2,\cdots,x_n)\in\{0,1\}^n} v(Q_{x1} \wedge Q_{x2} \wedge \cdots \wedge Q_{xn}) = T^*(X_2), \\ \qquad\qquad\qquad \cdots\cdots \\ \sum_{f_{X_m}(x_1,x_2,\cdots,x_n)=1, x=(x_1,x_2,\cdots,x_n)\in\{0,1\}^n} v(Q_{x1} \wedge Q_{x2} \wedge \cdots \wedge Q_{xn}) = T^*(X_m). \end{cases}$$

$$\tag{2.11}$$

注意, 当 $\xi_1, \xi_2, \cdots, \xi_n$ 关于映射 T^* 独立时, 则对于 $X = X(\xi_1, \xi_2, \cdots, \xi_n) \in F(S)$, 有

$$\sum_{f_X(x_1,x_2,\cdots,x_n)=1,x=(x_1,x_2,\cdots,x_n)\in\{0,1\}^n} v(Q_{x1}\wedge Q_{x2}\wedge\cdots\wedge Q_{xn})$$

$$=\sum_{f_X(x_1,x_2,\cdots,x_n)=1,x=(x_1,x_2,\cdots,x_n)\in\{0,1\}^n} v(Q_{x1})\times v(Q_{x2})\times\cdots\times v(Q_{xn})$$

$$=\sum_{f_X(x_1,x_2,\cdots,x_n)=1,x=(x_1,x_2,\cdots,x_n)\in\{0,1\}^n} y_{x1}\times y_{x2}\times\cdots\times y_{xn}=T^*(X),$$

这里如果 $x=(x_1,x_2,\cdots,x_n)\in\{0,1\}^n$ 使得 $f_X(x_1,x_2,\cdots,x_n)=1$(或 $f_{X_i}(x_1,x_2,\cdots,x_n)=1,i=1,2,\cdots,m$),则当 $x_i=1$ 时 $y_{xi}=y_i$;当 $x_i=0$ 时 $y_{xi}=1-y_i$,$i=1,2,\cdots,n$.

定理 2.5.6 设 $E=\{X_1(\xi_1,\xi_2,\cdots,\xi_n),X_2(\xi_1,\xi_2,\cdots,\xi_n),\cdots,X_m(\xi_1,\xi_2,\cdots,\xi_n)\}\subset F(S)$,且它关于 T^* 是相容的,$X=X(\xi_1,\xi_2,\cdots,\xi_n)\in F(S)$,则 X 的最小独立概率真度 $T_{\min}(X)$、最大独立概率真度 $T_{\max}(X)$、期望独立概率真度 $T_E(X)$ 和 H 独立概率真度 $T_H(X)$ 可分别通过解下述的模型 (2.12)~(2.15) 分别得到.

(i) 称模型

$$T_{\min}(X)=\min_{(y_1,y_2,\cdots,y_n)\in[0,1]^n}\sum_{\substack{f_X(x_1,x_2,\cdots,x_n)=1,\\x=(x_1,x_2,\cdots,x_n)\in\{0,1\}^n}} y_{x1}\times y_{x2}\times\cdots\times y_{xn}$$

$$\text{s.t.}\begin{cases}\sum_{f_{X_1}(x_1,x_2,\cdots,x_n)=1,x=(x_1,x_2,\cdots,x_n)\in\{0,1\}^n} y_{x1}\times y_{x2}\times\cdots\times y_{xn}=T^*(X_1)\\[2mm]\sum_{f_{X_2}(x_1,x_2,\cdots,x_n)=1,x=(x_1,x_2,\cdots,x_n)\in\{0,1\}^n} y_{x1}\times y_{x2}\times\cdots\times y_{xn}=T^*(X_2),\\[2mm]\qquad\qquad\cdots\cdots\\[2mm]\sum_{f_{X_m}(x_1,x_2,\cdots,x_n)=1,x=(x_1,x_2,\cdots,x_n)\in\{0,1\}^n} y_{x1}\times y_{x2}\times\cdots\times y_{xn}=T^*(X_m)\end{cases}$$
$$(2.12)$$

为最小独立概率推理模型.

(ii) 称模型

$$T_{\max}(X)=\max_{(y_1,y_2,\cdots,y_n)\in[0,1]^n}\sum_{\substack{f_X(x_1,x_2,\cdots,x_n)=1,\\x=(x_1,x_2,\cdots,x_n)\in\{0,1\}^n}} y_{x1}\times y_{x2}\times\cdots\times y_{xn}$$

$$\text{s.t.}\begin{cases}\sum_{f_{X_1}(x_1,x_2,\cdots,x_n)=1,x=(x_1,x_2,\cdots,x_n)\in\{0,1\}^n} y_{x1}\times y_{x2}\times\cdots\times y_{xn}=T^*(X_1),\\[2mm]\sum_{f_{X_2}(x_1,x_2,\cdots,x_n)=1,x=(x_1,x_2,\cdots,x_n)\in\{0,1\}^n} y_{x1}\times y_{x2}\times\cdots\times y_{xn}=T^*(X_2),\\[2mm]\qquad\qquad\cdots\cdots\\[2mm]\sum_{f_{X_m}(x_1,x_2,\cdots,x_n)=1,x=(x_1,x_2,\cdots,x_n)\in\{0,1\}^n} y_{x1}\times y_{x2}\times\cdots\times y_{xn}=T^*(X_m)\end{cases}$$
$$(2.13)$$

为最大独立概率推理模型.

(iii) 称模型

$$T_E(X) = \frac{1}{2}(T_{\min}(X) + T_{\max}(X))$$

$$\text{s.t.} \begin{cases} \sum\limits_{f_{X_1}(x_1,x_2,\cdots,x_n)=1, x=(x_1,x_2,\cdots,x_n)\in\{0,1\}^n} y_{x1} \times y_{x2} \times \cdots \times y_{xn} = T^*(X_1), \\ \sum\limits_{f_{X_2}(x_1,x_2,\cdots,x_n)=1, x=(x_1,x_2,\cdots,x_n)\in\{0,1\}^n} y_{x1} \times y_{x2} \times \cdots \times y_{xn} = T^*(X_2), \\ \quad\quad\cdots\cdots \\ \sum\limits_{f_{X_m}(x_1,x_2,\cdots,x_n)=1, x=(x_1,x_2,\cdots,x_n)\in\{0,1\}^n} y_{x1} \times y_{x2} \times \cdots \times y_{xn} = T^*(X_m) \end{cases}$$

$$(2.14)$$

为期望独立概率推理模型.

(iv) 称模型

$$T_H(X) = \min_{(y_1,y_2,\cdots,y_n)\in[0,1]^n} \left| \sum_{f_Y(x_1,x_2,\cdots,x_n)=1, x=(x_1,x_2,\cdots,x_n)\in\{0,1\}^n} y_{x1} \times y_{x2} \times \cdots \times y_{xn} \right.$$

$$\left. -0.5 \right|, Y \in G - W$$

$$\text{s.t.} \begin{cases} \sum\limits_{f_{X_1}(x_1,x_2,\cdots,x_n)=1, x=(x_1,x_2,\cdots,x_n)\in\{0,1\}^n} y_{x1} \times y_{x2} \times \cdots \times y_{xn} = T^*(X_1), \\ \sum\limits_{f_{X_2}(x_1,x_2,\cdots,x_n)=1, x=(x_1,x_2,\cdots,x_n)\in\{0,1\}^n} y_{x1} \times y_{x2} \times \cdots \times y_{xn} = T^*(X_2), \\ \quad\quad\cdots\cdots \\ \sum\limits_{f_{X_m}(x_1,x_2,\cdots,x_n)=1, x=(x_1,x_2,\cdots,x_n)\in\{0,1\}^n} y_{x1} \times y_{x2} \times \cdots \times y_{xn} = T^*(X_m) \end{cases}$$

$$(2.15)$$

为 H 独立概率推理模型.

第 3 章　Vague 命题的 Lawry 对偶三角模－三角余模逻辑

3.1　引　　言

最早人们视任何命题不是真就是假 (即二值 (或经典) 逻辑), 但在实际中命题的真假常常是不确定的 (称这种命题为非经典命题). 例如, 下述命题都是非经典命题.

(1) ξ_1: 10 摄氏度属于低温度;

(2) ξ_2: 10 摄氏度属于中等温度;

(3) ξ_3: 10 摄氏度属于高温度;

(4) ξ_4: (估计) 明天 12 点 10 摄氏度;

(5) ξ_5: (猜测) 此刻 10 摄氏度;

(6) ξ_6: 明天 12 点 10 摄氏度属于低温度.

非经典命题真的不确定性的特征具有各种类型. 作者认为主要有三类. 一类是在命题中包含的概念清晰的前提下, 由于命题描述的事件是将来发生的事件或者信息不完全, 导致事件发生的结果具有不确定性, 如命题 ξ_4 与 ξ_5. 另一类是命题中包含模糊 (Fuzzy)(或 Vague) 概念, 如 ξ_1, ξ_2, ξ_3 中分别包含 Vague 概念低等、中等、高等 (分别记作 L_1, L_2, L_3). 本章称这类命题为 Fuzzy 命题, 也称 Vague 命题. 当然, 一个命题也可能既有随机性又有 Vague 性, 如命题 ξ_6.

首先, 1920 年, Lukasiewicz 基于所有非经典命题, 模仿经典逻辑真值演算的思想, 提出了三值逻辑, 后来推广到多值逻辑. 基于类似于赌博的问题 (称为随机问题), 1933 年, A.N.Kolmogoroff 提出了概率测度, 由此产生了概率论和概率逻辑. 1965 年, Zadeh 针对模糊概念, 通过取值于区间 [0,1] 的函数 (称为隶属函数) 提出了 Fuzzy 集理论. 如今人们基于 Fuzzy 集理论, 模仿 Lukasiewicz 的多值演算方法提出了多种多值逻辑, 如 Gödel 逻辑[5]、乘积逻辑、R_0 逻辑、可能性逻辑、BL 逻辑、MTL 逻辑、NM 逻辑等, 其中 R_0 逻辑和 NM 逻辑是等价的, Lukasiewicz 逻辑, Gödel 逻辑和乘积逻辑都是 BL 逻辑的扩张, BL 逻辑是 MTL 逻辑的扩张, NM 逻辑是 MTL 逻辑的扩张.

迄今, Fuzzy 逻辑不仅有多种, 而且内容非常丰富. 然而, 某些学者怀疑它们的科学性. 其原因是它们不满足排中律和矛盾律, 本书作者也验证了这个事实. 在实际应用中必须使用经典决策, 而经典逻辑满足排中律和矛盾律. 因此, 多值逻辑学者在多值逻辑系统中添加投射连接词 Δ 以消除上述弊病.

概率逻辑满足排中律和矛盾律, 并且人们公认它处理带随机性的命题是科学的. 事实上, 它也能处理 Fuzzy 命题. 2004 年, Lawry 基于随机集、概率论和标签语义, 提出了一种度量一类 Vague 命题真的程度的方法, 称它为不确定模型. 作者认为多值逻辑只是基于对模糊概念的一种认知, Lawry 的不确定模型实际上是对 Vague 概念所提出的另一种新的认知, 其实质就是一种概率逻辑.

Lawry 的逻辑与 Fuzzy 逻辑有本质的差别. 下面通过实例分析比较.

注意在命题 ξ_1, ξ_2 中分别包含 Fuzzy 概念低等与中等. 按照 Zadeh 的观点, 温度低与中等涉及的集合的边界不清楚, 根据人们的 Fuzzy 认知可以用一个取值于 $[0,1]$ 定义在 $\Omega = \{x \vdash 15 \leqslant x \leqslant 30\}$ 上的函数 $L_1(x)$ 与 $L_2(x)$ 表达它们. 那么, ξ_1 与 ξ_2 的真值分别是 $L_1(10), L_2(10)$. 假设 $L_1(10) = 0.5, L_2(10) = 0.5$. 如果 $\xi_1 \vee \xi_2$ 中的连接词 $\vee$ 解释为 "最大", 则 $\xi_1 \vee \xi_2$ 的真值是 $L_1(10) \vee L_2(10) = 0.5 < 1$, 如果 $\xi_1 \vee \xi_2$ 中的连接词 $\vee$ 解释为 Lukasiewicz 和 $\oplus$, 则 $\xi_1 \oplus \xi_2$ 的真值为 1.

现在用 Lawry 提供的方法度量 $\xi_1 \vee \xi_2$ 的真的可能程度.

令 $LA = \{L_1, L_2, L_3\}$, 称它为标签. 假设它的论域 $\Omega = \{x \vdash 15 \leqslant x \leqslant 30\}$. 请 6 个专家 (记专家集为 $v = \{v_1, v_2, v_3, v_4, v_5, v_6\}$) 对每个固定的 $x \in \Omega$ 评判隶属 $LA = \{L_1, L_2, L_3\}$ 的某个子集, 如对 $x = 10$ 的评判结果如下:

$$D_{10}^{v_1} = \{L_1\}, \quad D_{10}^{v_2} = \{L_1\}, \quad D_{10}^{v_3} = \{L_1\},$$
$$D_{10}^{v_4} = \{L_1\}, \quad D_{10}^{v_5} = \{L_1, L_2\}, \quad D_{10}^{v_6} = \{L_1, L_2\},$$

基于上面的信息对于 $x = 10$ 得到一个 2^{LA} 上的概率分布 m_{10}:

$$m_{10}(\{L_1\}) = \frac{4}{6}, \quad m_{10}(\{L_1, L_2\}) = \frac{2}{6}, \quad m_{10}(\{L_i\}) = 0, \quad i = 2, 3,$$

$$m_{10}(\varnothing) = m_{10}(\{L_1, L_3\}) = m_{10}(\{L_3, L_2\}) = m_{10}(\{L_1, L_2, L_3\}) = 0.$$

注意 $m_{10}(2^{LA}) = 1$. 于是分别定义标签表达式 L_1, L_2, L_3 和 $L_1 \vee L_2$ 的适当测度为

$$\begin{aligned} u_{L_1}(10) &= \sum_{L_1 \in F \in 2^{LA}} m_{10}(F) \\ &= m_{10}(\{L_1\}) + m_{10}(\{L_1, L_2\}) + m_{10}(\{L_1, L_3\}) + m_{10}(\{L_1, L_2, L_3\}) \\ &= \frac{4}{6} + \frac{2}{6} + 0 + 0 = 1, \end{aligned}$$

$$
\begin{aligned}
u_{L_2}(10) &= \sum_{L_2 \in F \in 2^{\mathrm{LA}}} m_{10}(F) \\
&= m_{10}(\{L_2\}) + m_{10}(\{L_1, L_2\}) + m_{10}(\{L_2, L_3\}) + m_{10}(\{L_1, L_2, L_3\}) \\
&= 0 + \frac{2}{6} + 0 + 0 = \frac{1}{3}, \\
u_{L_3}(10) &= \sum_{L_3 \in F \in 2^{\mathrm{LA}}} m_{10}(F) = 0,
\end{aligned}
$$

$$
\begin{aligned}
u_{L_1 \vee L_2}(10) &= \sum_{L_1 \in F \subset 2^{\mathrm{LA}} \text{ 或 } L_2 \in F \subset 2^{\mathrm{LA}}} m_{10}(F) \\
&= m_{10}(\{L_1\}) + m_{10}(\{L_2\}) + m_{10}(\{L_1, L_2\}) + m_{10}(\{L_1, L_2, L_3\}) \\
&= \frac{4}{6} + 0 + \frac{2}{6} + 0 = 1
\end{aligned}
$$

虽然在 Lawry 的一系列论文[19-24] 中没有提到命题和逻辑, 但究其实质, $u_{L_1}(10)$, $u_{L_2}(10), u_{L_3}(10), u_{L_1 \vee L_2}(10)$ 可以分别看成 Vague 命题 ξ_1, ξ_2, ξ_3 和 $\xi_1 \vee \xi_2$ 真的可能程度 (简称 Lawry 真度).

考虑客观实际, 显然赋予 $\xi_1 \vee \xi_2$ 真的可能程度 1 是合理的, 那么 Lawry 逻辑是科学的. 在多值逻辑中, $\xi_1 \vee \xi_2$ 中的 $\vee$ 不能解释为最大, 而应解释为 Lukasiewicz 和 $\oplus$. 由此看出, Lawry 逻辑具有应用背景明确、计算复杂的特点. 而多值逻辑恰恰相反, 具有应用背景不明确、计算简单便于推理的特点. 事实上, 多值逻辑采用真值固定的演算方式致使计算简单便于推理的优点只能适应某类问题. 因此, 在后续的几节里, 基于 Lawry 的不确定模型, 对于同标签上的 Vague 命题建立三种新的非经典逻辑. 3.2 节介绍 Lawry 的不确定模型. 3.3 节基于同主语同标签的 Vague 命题和 Lawry 的不确定模型, 提出同主语同标签 Vague 命题的 Lawry 逻辑 (简称 Lawry 逻). 3.4 节基于同标签的 Vague 命题和 Lawry 的不确定模型, 利用乘积和加法、下上确界和上确界两对算子, 分别提出同标签 Vague 命题的 Lawry-乘–加逻辑和同标签 Vague 命题的 Lawry 下–上确界逻辑. 3.5 节基于同 Vague 谓词的命题, 模拟 Lawry 的不确定模型提出同 Vague 谓词的概率逻辑, 它们统称为 Vague 命题的 Lawry 对偶三角模–余模逻辑.

3.2 Lawry 的不确定模型

在引言中已经说明, 某些概念是不确定的, 如青年人, 中年人, 老年人. Zadeh 称这种概念为 Fuzzy 概念, Lawry 称这种概念为 Vague 概念. 对于某些 Vague 概念的论域常常是相同的, 如青年人, 中年人, 老年人. 为此, Lawry 提出了标签、标签表达式及其适当测度的概念. 本节将介绍这些内容.

3.2.1　标签表达式及其适当测度

设 $L_1, L_2, \cdots, L_n$ 是论域皆为 Ω 的一类 (相关的)Vague 概念, 记 LA = $\{L_1, L_2, \cdots, L_n\}$, 称它为一个标签. 文献 [19–24] 引入了标签表达式的概念, 本书给出它的一个等价定义.

定义 3.2.1 (标签表达式)　设 LA = $\{L_1, L_2, \cdots, L_n\}$ 是一个论域 Ω 上的标签.LE 是一个由 LA 产生的 $(\neg, \wedge, \vee)$ 型自由代数, 即

(1) $L_1, L_2, \cdots, L_n \in$ LE;

(2) 若 $\varphi, \psi \in$ LE, 则 $\neg\varphi, \varphi \wedge \psi, \varphi \vee \psi \in$ LE;

(3) LE 中没有其他元素.

称 LE 中的元素为标签表达式.

定义 3.2.2 $((\Omega, \text{LA})$ 上的群函数)　若对每个 $x \in \Omega$, 存在一个映射 $m_x : 2^{\text{LA}} \to [0, 1]$ 使得 $\sum\limits_{F \subset \text{LA}} m_x(F) = 1$, 则称这种映射的全体 $\{m_x | x \in \Omega\}$ 为 (Ω, LA) 的群函数.

注意 m_x 可以看成集合 2^{LA} 上的概率分布.

定义 3.2.3 (λ-映射)　一个集映射称为 λ-映射 $\lambda : \text{LE} \to 2^{2^{\text{LA}}}$, 如果它满足

(1) $\forall L \in \text{LA}, \lambda(L) = \{F|, L \in F, F \subset \text{LA}\}$;

(2) 若 $\varphi, \psi \in \text{LE}, \lambda(\neg\varphi) = (\lambda(\varphi))^c = 2^{\text{LA}} - \lambda(\varphi)$,

$$\lambda(\varphi \wedge \psi) = \lambda(\varphi) \cap \lambda(\psi), \quad \lambda(\varphi \vee \psi) = \lambda(\varphi) \cup \lambda(\psi).$$

定义 3.2.4 (适当测度)　设 $\{m_x | x \in \Omega\}$ 为 (Ω, LA) 的群函数, 适当测度 $\mu : \text{LE} \times \Omega \to [0, 1]$ 定义如下, $\forall x \in \Omega, \forall \theta \in \text{LE}$, 有

$$\mu_\theta(x) = \sum_{F \in \lambda(\theta)} m_x(F).$$

从上面的定义可以看出, $\mu_\theta(x)$ 可以认为是事件 $\lambda(\theta)$ 发生的概率.

定义 3.2.5 (赋值)　映射 $v : \text{LA} \to \{0, 1\}$ 称为 LA 上的一个赋值.

$$v(\neg\varphi) = 1 - v(\varphi), \quad v(\varphi \wedge \psi) = \min\{v(\varphi), v(\psi)\}, \quad v(\varphi \vee \psi) = \max\{v(\varphi), v(\psi)\}$$

推广到 LE 上每个公式的赋值. 记 LA 上所有赋值的全体为 Val.

定义 3.2.6　设 $\varphi, \psi \in \text{LE}$.

(1) 如果 $\forall v \in \text{Val}$, 有 $v(\varphi) \leqslant v(\psi)$, 则称 φ 推出 ψ, 记作 $\varphi \vDash \psi$;

(2) 如果 $\forall v \in \text{Val}$, 有 $v(\varphi) = v(\psi)$, 则称 φ 逻辑等价 ψ, 记作 $\varphi \equiv \psi$;

(3) 如果 $\forall v \in \text{Val}$, 有 $v(\varphi) = 1$, 则称 φ 是重言式;

(4) 如果 $\forall v \in \text{Val}$, 有 $v(\varphi) = 0$, 则称 φ 是矛盾式.

定理 3.2.1 对于 (Ω, LA) 的任意群函数 $\{m_x | x \in \Omega\}$, $\forall \varphi, \psi \in \mathrm{LE}$, 满足:

(1) 若 $\varphi| = \psi$, 则 $\forall x \in \Omega$, $u_\varphi(x) \leqslant u_\psi(x)$;

(2) 若 $\varphi \equiv \psi$, 则 $\forall x \in \Omega$, $u_\varphi(x) = u_\psi(x)$;

若 φ 是重言式, 则 $\forall x \in \Omega$, $u_\varphi(x) = 1$;

(3) 若 φ 是矛盾式, 则 $\forall x \in \Omega$, $u_\varphi(x) = 0$;

(4) $\forall x \in \Omega$, $u_{\neg\varphi}(x) = 1 - u_\varphi(x)$;

(5) 若 $\varphi \wedge \psi$ 是矛盾式, 则 $\forall x \in \Omega$, $u_{\varphi \vee \psi}(x) = u_\varphi(x) + u_\psi(x)$;

(6) $\forall F \subseteq \mathrm{LA}$, 若 $\varphi_F = \left(\bigwedge_{L_i \in F} L_i \right) \wedge \left(\bigwedge_{L_i \notin F} \neg L_i \right)$, 则

$$u_{\varphi_F}(x) = m_x(F).$$

3.2.2 适当测度的新的性质

本节进一步讨论标签表达式适当测度的性质.

定理 3.2.2 对于 (Ω, LA) 的任意群函数 $\{m_x | x \in \Omega\}$, $\forall \varphi, \psi \in \mathrm{LE}$, $\forall x \in \Omega$ 有

$$\mu_\varphi(x) \vee \mu_\psi(x) \leqslant \mu_{\varphi \vee \psi}(x) \leqslant \mu_\varphi(x) + \mu_\psi(x),$$

$$\mu_\varphi(x) + \mu_\psi(x) - 1 \leqslant \mu_{\varphi \wedge \psi}(x) \leqslant \mu_\varphi(x) \wedge \mu_\psi(x).$$

证明 因为

$$\lambda(\varphi) \subset \lambda(\varphi \vee \psi), \quad \lambda(\psi) \subset \lambda(\varphi \vee \psi),$$

所以, 由概率的性质知 $\mu_\psi(x) \leqslant \mu_{\varphi \vee \psi}(x)$, $\mu_\varphi(x) \leqslant \mu_{\varphi \vee \psi}(x)$. 那么

$$\mu_\varphi(x) \vee \mu_\psi(x) \leqslant \mu_{\varphi \vee \psi}(x).$$

因为

$$\lambda(\varphi \vee \psi) = \lambda(\varphi) \cup \lambda(\psi),$$

所以由概率测度的性质知

$$\mu_{\varphi \vee \psi}(x) \leqslant \mu_\varphi(x) + \mu_\psi(x).$$

总之

$$\mu_\varphi(x) \vee \mu_\psi(x) \leqslant \mu_{\varphi \vee \psi}(x) \leqslant \mu_\varphi(x) + \mu_\psi(x).$$

因为

$$\lambda(\varphi) \supseteq \lambda(\varphi \wedge \psi), \quad \lambda(\psi) \supseteq \lambda(\varphi \wedge \psi),$$

所以由概率的性质知

$$\mu_{\varphi \wedge \psi}(x) \leqslant \mu_\varphi(x), \quad \mu_{\varphi \wedge \psi}(x) \leqslant \mu_\psi(x),$$

那么

$$\mu_{\varphi \wedge \psi}(x) \leqslant \mu_{\varphi}(x) \wedge \mu_{\psi}(x).$$

注意

$$\lambda(\varphi \wedge \psi) = 2^{\mathrm{LA}} - (\lambda(\varphi \wedge \psi))^{\mathrm{c}} = 2^{\mathrm{LA}} - \lambda(\varphi)^{\mathrm{c}} \cup \lambda(\psi)^{\mathrm{c}},$$

由根据概率的性质, 有

$$\mu_{\varphi \wedge \psi}(x) = 1 - m_x\{\lambda(\varphi)^{\mathrm{c}} \cup \lambda(\psi)^{\mathrm{c}}\} \geqslant 1 - (m_x\{\lambda(\varphi)^{\mathrm{c}}\} + m_x\{\lambda(\psi)^{\mathrm{c}}\})$$

$$= 1 - (1 - m_x\{\lambda(\varphi)\}) - (1 - m_x\{\lambda(\psi)\}) = \mu_{\varphi}(x) + \mu_{\psi}(x) - 1.$$

证毕.

如果 $\theta \in \mathrm{LE}$ 包含 $L_{i_1}, L_{i_2}, \cdots, L_{i_k} \in \mathrm{LA}(k < n)$, 则可记 $\theta = \theta(L_{i_1}, L_{i_2}, \cdots, L_{i_k})$. 由经典逻辑[18] 知, 若

$$\{L_{i_1}, L_{i_2}, \cdots, L_{i_k}\} \cup \{L_{i_{k+1}}, \cdots, L_{i_n}\} = \mathrm{LA},$$

则

$$\theta^* = \theta \wedge (L_{i_{k+1}} \vee \neg L_{i_{k+1}}) \vee (L_{i_{k+2}} \vee \neg L_{i_{k+2}}) \vee \cdots \vee (L_{i_n} \vee \neg L_{i_n})$$

与 $\theta = \theta(L_{i_1}, L_{i_2}, \cdots, L_{i_k})$ 可证等价, 记作 $\theta \approx \theta^*$. 称 $\theta^*(L_{i_1}, L_{i_2}, \cdots, L_{i_k}, L_{i_{k+1}}, \cdots, L_{i_n})$ 是 $\theta = \theta(L_{i_1}, L_{i_2}, \cdots, L_{i_k})$ 的扩张.

例如, 如果 $\mathrm{LA} = \{L_1, L_2, L_3, L_4\}, \theta(L_1, L_2) = \neg(L_1 \vee L_2) \in \mathrm{LE}$, 则

$$\theta^*(L_1, L_2, L_3, L_4) = (\neg(L_1 \vee L_2) \wedge (L_3 \vee \neg L_3) \wedge (L_4 \vee \neg L_4)$$

是 $\theta(L_1, L_2)$ 的扩张.

下面给出计算标签表达式适当测度的一般方法. 首先引入下面的概念.

定义 3.2.7　设 $E \subseteq F(\mathrm{LA})$, 称标签表达式 $\bigvee\limits_{w \in E \subset F(\mathrm{LA})} w$ 为析取范式, 这里,

$$F(\mathrm{LA}) = \{w_i = Q_{i1} \wedge \cdots \wedge Q_{ij} \wedge \cdots \wedge Q_{in} | \quad Q_{ij} \in \{L_j, \neg L_j\},$$

$$j = 1, 2, \cdots, n, i = 1, 2, \cdots, 2^n\}.$$

由经典逻辑知, 通过赋值集 Val, 任何一个标签表达式 $\theta(L_1, L_2, \cdots, L_k) \in \mathrm{LE}$ 对应一个函数 $v(\theta), v \in \mathrm{Val}$, 记它为 $f_\theta: \{0,1\}^n \to \{0,1\}$, 称它为标签表达式 θ 的真函数, 并且任何一个非矛盾式 $\theta(L_{i_1}, L_{i_2}, \cdots, L_{i_k}) \in \mathrm{LE}$ 等价于一个析取范式

$$\bigvee\limits_{f_{\theta^*}(v)=1, v=(y_1, y_2, \cdots, y_n) \in \{0,1\}^n} w_v,$$

即

$$\theta \equiv \bigvee_{f_{\theta^*}(v)=1,\, v=(y_1,y_2,\cdots,y_n)\in\{0,1\}^n} w_v,$$

记它为 $[\theta]$, 并称它是 θ 的析取范式, 这里 f_{θ^*} 是 θ 的扩张 θ^* 的真函数.

例 3.2.1 设 $\text{LA} = \{L_1, L_2, L_3, L_4\}, \theta(L_1, L_2, L_3) = \neg(L_1 \vee L_2) \vee L_3 \in \text{LE}$, 则

$$\theta^*(L_1, L_2, L_3, L_4) = (\neg(L_1 \vee L_2) \vee L_3) \wedge (L_4 \vee \neg L_4)$$

是 θ 的扩张. θ^* 的真函数是

$$f_{\theta^*}(y_1, y_2, y_3, y_4) = (1 - (y_1 \vee y_2) \vee y_3) \wedge (y_4 \vee (1 - y_4)), (y_1, y_2, y_3, y_4) \in \{0,1\}^4.$$

因为

$$\{(y_1, y_2, y_3, y_4) | f_{\theta^*}(y_1, y_2, y_3, y_4) = 1\}$$
$$= \{(0,1,1,0), (0,1,1,1), (1,1,1,0), (1,1,1,1), (0,0,1,0), (0,0,1,1),$$
$$(1,0,1,0), (1,0,1,1), (0,0,0,0), (0,0,0,1)\},$$

所以 $\theta^*(L_1, L_2, L_3, L_4)$ 的析取范式是

$$(\neg L_1 \wedge L_2 \wedge L_3 \wedge L_4) \vee (\neg L_1 \wedge L_2 \wedge L_3 \wedge \neg L_4)$$
$$\vee (L_1 \wedge L_2 \wedge L_3 \wedge L_4) \vee (L_1 \wedge L_2 \wedge L_3 \wedge \neg L_4)$$
$$\vee (\neg L_1 \wedge \neg L_2 \wedge L_3 \wedge L_4) \vee (\neg L_1 \wedge \neg L_2 \wedge L_3 \wedge \neg L_4)$$
$$\vee (L_1 \wedge \neg L_2 \wedge L_3 \wedge L_4) \vee (L_1 \wedge \neg L_2 \wedge L_3 \wedge \neg L_4)$$
$$\vee (\neg L_1 \wedge \neg L_2 \wedge \neg L_3 \wedge L_4) \vee (\neg L_1 \wedge \neg L_2 \wedge \neg L_3 \wedge \neg L_4).$$

定理 3.2.3 若非矛盾式 $\theta(L_1, L_2, \cdots, L_n) \in \text{LE}$ 的析取范式是

$$\bigvee_{f_\theta(v)=1,\, v=(y_1,y_2,\cdots,y_n)\in\{0,1\}^n} (Q_{1v} \wedge Q_{2v} \wedge \cdots \wedge Q_{nv}),$$

则 $\forall x \in \Omega$, 有

$$\mu_\theta(x) = \sum_{f_\theta(v)=1,\, v=(y_1,y_2,\cdots,y_n)\in\{0,1\}^n} \mu_{Q_{1v} \wedge Q_{2v} \wedge \cdots \wedge Q_{nv}}(x)$$
$$= \sum_{f_\theta(v)=1,\, v=(y_1,y_2,\cdots,y_n)\in\{0,1\}^n} m_x(\{L_{i_j} \in \text{LA} | y_j = 1\}),$$

这里, 对每个

$$v = (y_1, y_2, \cdots, y_n) \in \{0,1\}^n, \quad f_\theta(v) = 1, \quad w_v = Q_{1v} \wedge Q_{2v} \wedge \cdots \wedge Q_{nv}$$

满足: 如果 $y_j = 1$, 则 Q_{jv} 是 L_j, 如果 $y_j = 0$, 则 Q_{jv} 是 $\neg L_j, 1, 2, \cdots, n$.

证明 因为 $\theta \equiv [\theta]$, 由定理 3.2.1(2) 知 $\mu_\theta = \mu_{[\theta]}$, 这里

$$[\theta] = \bigvee_{f_\theta(v)=1,\, v=(y_1,y_2,\cdots,y_n)\in\{0,1\}^n} (Q_{1v} \wedge Q_{2v} \wedge \cdots \wedge Q_{nv}).$$

又由定理 3.2.1(7) 知, 对每个 $v = (y_1, y_2, \cdots, y_n) \in \{0,1\}^n, f_\theta(v) = 1,$

$$\lambda(w_v) = \lambda(Q_{1v} \wedge Q_{2v} \wedge \cdots \wedge Q_{nv}) = \{L_{i_j} \in \mathrm{LA} | y_j = 1\}.$$

显然, 若 $v_1, v_2 \in \{0,1\}^n, f_\theta(v_1) = f_\theta(v_2) = 1, v_1 \neq v_2,$ 则

$$\lambda(Q_{1v_1} \wedge Q_{2v_1} \wedge \cdots \wedge Q_{nv_1}) \neq \lambda(Q_{1v_2} \wedge Q_{2v_2} \wedge \cdots \wedge Q_{nv_2}).$$

那么,

$$\mu_\theta = \mu_{[\theta]} = \sum_{f_\theta(v)=1, v=(y_1, y_2, \cdots, y_n) \in \{0,1\}^n} \mu_{Q_{1v} \wedge Q_{2v} \wedge \cdots \wedge Q_{nv}}(x).$$
$$= \sum_{f_\theta(v)=1, v=(y_1, y_2, \cdots, y_n) \in \{0,1\}^n} m_x(\{L_{i_j} \in \mathrm{LA} | y_j = 1\}).$$

前面已经说明 $\theta^*(L_{i_1}, L_{i_2}, \cdots, L_{i_k}, L_{i_{k+1}}, \cdots, L_{i_n})$ 与 $\theta(L_{i_1}, L_{i_2}, \cdots, L_{i_k})$ 等价, 因此它们的析取范式相同, 于是有下述推论.

推论 3.2.1　设 $\theta(L_{i_1}, L_{i_2}, \cdots, L_{i_k}) \in \mathrm{LE}$, 并且

$$\theta^*(L_{i_1}, L_{i_2}, \cdots, L_{i_k}, L_{i_{k+1}}, \cdots, L_{i_n})$$

是 $\theta(L_{i_1}, L_{i_2}, \cdots, L_{i_k})$ 的扩张. 则对于 (Ω, LA) 的任意群函数 $\{m_x | x \in \Omega\}$, 有

$$\mu_\theta = \mu_{\theta*} = \sum_{f_{\theta*}(v)=1, v=(y_1, y_2, \cdots, y_n) \in \{0,1\}^n} \mu_{Q_{1v} \wedge Q_{2v} \wedge \cdots \wedge Q_{nv}}(x)$$
$$= \sum_{f_{\theta*}(v)=1, v=(y_1, y_2, \cdots, y_n) \in \{0,1\}^n} m_x(\{Q_{jv} = L_{i_j} \in \mathrm{LA} | y_j = 1\}).$$

根据推论 3.2.1, 对例 3.2.1 中的 θ 有, $\forall x \in \Omega,$

$$
\begin{aligned}
\mu_\theta(x) = {} & m_x(\{L_2, L_3, L_4\}) + m_x(\{L_2, L_3\}) \\
& + m_x(\{L_1, L_2, L_3, L_4\}) + m_x(\{L_1, L_2, L_3\}) \\
& + m_x(\{L_3, L_4\}) + m_x(\{L_3\}) \\
& + m_x(\{L_1, L_3, L_4\}) + m_x(\{L_1, L_3\}) \\
& + m_x(\{L_4\}) + m_x(\varnothing).
\end{aligned}
$$

3.3　同主语同标签 Vague 命题的 Lawry 逻辑

本节将基于 Lawry 的思想建立一种处理含糊命题的概率逻辑. 本节先讨论简单的情况: 所有含糊命题的主语相同, 含糊命题包含的含糊概念同属于一个标签. 为了区分 Lawry 逻辑连接词与模糊逻辑连接词, 约定 $\neg, \wedge, \vee$ 分别表示多值逻辑连接词非, 最小, 最大, $\sim, \cap, \cup$ 分别表示 Lawry 逻辑连接词否定, 并且和或者.

以下内容均来自文献 [83].

定义 3.3.1　设 $LA = \{L_1, L_2, \cdots, L_n\}$ 是论域 Ω 上的标签. 任意 $x \in \Omega$, 记 $LA(x) = \{L(x) | L \in LA\}$, 称 $LA(x)$ 中的元素为同主语 x 的 Vague 命题. $LE(x)$ 是一个由 $LA(x)$ 产生的 $(\sim, \cap, \cup)$ 型自由代数, 即

(1) $\forall L \in LA, L(x) \in LE(x)$;

(2) 若 $\varphi(x), \psi(x) \in LE(x)$, 则

$$\sim \varphi(x), \varphi(x) \cap \psi(x), \varphi(x) \cup \psi(x) \in LE(x);$$

(3) $LE(x)$ 中没有其他元素.

称 $LE(x)$ 中的元素为同主语 x 的 Vague 命题公式.

可以看出, 对于给定的 $x \in \Omega$, 任给一个主语 x 的含糊命题 $\theta(x) \in LE$, 只要用 $\neg, \wedge, \vee, L_1, L_2, \cdots, L_n$ 分别代替 $\theta(x)$ 中的 $\sim, \cap, \cup, L_1(x), L_2(x), \cdots, L_n(x)$ 即可得到 LE 中的唯一元素, 记为 θ, 称它为 $\theta(x)$ 的伴随表达式; 反之也成立. 因此, $LE(x)$ 的元素和 LE 中的元素是一一对应的. 例如, $(\neg L_1 \vee L_2) \wedge L_3 \in LE$ 是 $(\sim L_1(x) \cup L_2(x)) \cap L_3(x) \in LE(x)$ 的伴随表达式.

定义 3.3.2　设 $\{m_x | x \in \Omega\}$ 是 (Ω, LA) 的群函数, $\forall \theta(x) \in LE(x)$, 称

$$t_{La}(\theta(x)) = \mu_\theta(x)$$

为同主语含糊命题公式 $\theta(x)$ 的 Lawry 真度, 这里, $\mu_\theta(x)$ 是标签表达式 θ 的适当测度.

注意如果 L_1 表示中等温度, 10 代表 10 摄氏度, 则在 Lawry 的不确定模型中 $\mu_{L_1}(10) = \frac{1}{3}$ 解释为命题 "10 摄氏度属于低温度" 的适当测度为 $\frac{1}{3}$". 符号 $L_1(10)$ 表示命题 "10 摄氏度属于低温度", 符号 $t_{La}(L_1(10))$ 解释为 "10 摄氏度属于低温度" 真的可能程度 (简称 Lawry 真度)".

显然, 标签表达式中赋值、逻辑推出 $\models$、等价、重言式、矛盾式、真函数、析取范式等概念都可以移植到 $LE(x)$ 中来. 由此, 标签表达式的适当测度的性质也完全可以移植到同主语同标签 Vague 命题公式中.

定理 3.3.1　对于 (Ω, LA) 的任意群函数 $\{m_x | x \in \Omega\}$, $\forall x \in \Omega$, $\forall \varphi(x), \psi(x) \in LE(x)$, 有以下结论:

(1) 若 $\varphi(x) | = \psi(x)$, 则 $t_{La}(\varphi(x)) \leqslant t_{La}(\psi(x))$;

(2) 若 $\varphi(x) \equiv \psi(x)$, 则 $t_{La}(\varphi(x)) = t_{La}(\psi(x))$;

(3) 若 $\varphi(x)$ 是重言式, 则 $t_{La}(\varphi(x)) = 1$;

(4) 若 $\varphi(x)$ 是矛盾式, 则 $t_{La}(\varphi(x)) = 0$;

(5) $t_{La}(\sim \varphi(x)) = 1 - \varphi(x))$;

(6) 若 $\varphi(x) \cap \psi(x)$ 是矛盾式, 则

$$t_{\mathrm{La}}(\varphi(x) \cap \psi(x)) = t_{\mathrm{La}}(\varphi(x)) + t_{\mathrm{La}}(\psi(x));$$

(7) $\forall F \subseteq \mathrm{LA}(x)$, 若 $\varphi_F(x) = \left(\bigcap_{L_i \in F} L_i(x) \right) \cap \left(\bigcap_{L_i \notin F} (\sim L_i(x)) \right)$, 则

$$t_{\mathrm{La}}(\varphi_F(x)) = m_x(F);$$

(8) 若非矛盾式 $\theta(L_1(x), L_2(x), \cdots, L_n(x)) \in \mathrm{LE}(x)$ 的析取范式是

$$\bigcup_{f_\theta(v)=1, v=(y_1,y_2,\cdots,y_n) \in \{0,1\}^n} (Q_{1v}(x) \cap Q_{2v}(x) \cap \cdots \cap Q_{nv}(x)),$$

则

$$\begin{aligned}
t_{\mathrm{La}}(\theta(x)) &= \sum_{f_\theta(v)=1, v=(y_1,y_2,\cdots,y_n) \in \{0,1\}^n} \mu_{Q_{1v} \cap Q_{2v} \cap \cdots \cap Q_{nv}}(x) \\
&= \sum_{f_\theta(v)=1, v=(y_1,y_2,\cdots,y_n) \in \{0,1\}^n} m_x(\{L_{i_j} \in \mathrm{LA} | y_j = 1\}),
\end{aligned}$$

这里, 对每个 $v = (y_1, y_2, \cdots, y_n) \in \{0,1\}^n, f_\theta(v) = 1, w_v = Q_{1v} \cap Q_{2v} \cap \cdots \cap Q_{nv}$ 满足:

如果 $y_j = 1$, 则 Q_{jv} 是 L_j, 如果 $y_j = 0$, 则 Q_{jv} 是 $\sim L_j, 1, 2, \cdots, n$;

(9) $t_{\mathrm{La}}(\varphi(x)) \vee t_{\mathrm{La}}(\psi(x)) \leqslant t_{\mathrm{La}}(\varphi(x) \cup \psi(x)) \leqslant t_{\mathrm{La}}(\varphi(x)) + t_{\mathrm{La}}(\psi(x))$,

$$t_{\mathrm{La}}(\varphi(x)) + t_{\mathrm{La}}(\psi(x)) - 1 \leqslant t_{\mathrm{La}}(\varphi(x) \cap \psi(x)) \leqslant t_{\mathrm{La}}(\varphi(x)) \wedge t_{\mathrm{La}}(\psi(x)).$$

定理 3.3.2　φ 是重言式 (矛盾式) 的充要条件是对于 (Ω, LA) 的任意群函数 $\{m_x | x \in \Omega\} \varphi$ 的 Lawry 真度等于 1(0).

注意该定理的必要性是定理 3.3.1(3) 和 (4), 其充分性是显然的.

称上述逻辑为同主语同标签 Vague 命题的 Lawry 逻辑, 简称 Lawry 逻辑. 定理 3.3.1 和定理 3.3.2 表明 Lawry 逻辑与经典逻辑具有优良的和谐性.

3.4　Vague 命题的 Lawry 乘-加逻辑和 Lawry 下-上确界逻辑

3.3 节基于 Lawry 的不确定模型, 提出了一种新的非经典命题逻辑, 称为同主语同标签 Vague 命题的 Lawry 逻辑. 注意 Lawry 逻辑的适应对象仅是包含同主语同标签的原子 Vague 命题的命题. 自然地, 我们需要考虑如何处理包含不同主语的同标签的 Vague 命题的命题公式. 例如, 如何以 Lawry 的思想为基础, 度量命题 "10 摄氏度是低温度或 12 摄氏度是中等温度" 真的可能程度呢? 显然, 直接以 Lawry 的标签表达式的适当测度的表达形式, 难以扩张 Lawry 的思想. 然而, 以 Lawry 逻辑为基础, 可以较方便地实现扩张 Lawry 的思想.

本节将扩充它的研究对象, 利用乘积和加法算子 (下确界和上确界算子) 引入同标签 Vague 命题的 Lawry 乘–加 (Lawry 下–上确界) 真度的概念, 并给出它们的逻辑规律. 由此, 本节又提出新的非经典命题逻辑, 称为同标签 Vague 命题的 Lawry 乘–加 (Lawry 下–上确界) 逻辑. 这两种非经典逻辑不仅新颖, 而且比 Lawry 的不确定模型适应面更广; 相比于模糊逻辑, 具有应用对象明确, 和谐于经典逻辑的长处.

以下内容均来自文献 [85].

定义 3.4.1 设 LA 是论域 Ω 上的标签, $\{x_1, x_2, \cdots, x_n, \cdots\} \subset \Omega$,

$$S = \mathrm{LA}(x_1) \cup \mathrm{LA}(x_2) \cup \cdots \cup \mathrm{LA}(x_n) \cup \cdots.$$

$F(S)$ 是一个由 S 产生的型 $-(\sim \cap, \cup)$ 自由代数, 即

(1) $\forall L(x) \in S, L(x) \in F(S)$;

(2) 若 $\varphi, \psi \in F(S)$, 则 $\sim \varphi, \varphi \cap \psi, \varphi \cup \psi \in F(S)$;

(3) $F(S)$ 中没有其他元素.

称 S 中的元素为同标签 Vague 命题, $F(S)$ 中的元素为同标签 Vague 命题公式.

定义新的连接词 $\to$ 如下: $\forall \varphi, \psi \in F(S), \varphi \to \psi = \sim \varphi \cup \psi$. 连接词的运算顺序是先 $\sim$ 然后 $\cap, \cup$ 再 $\to$.

例 3.4.1 设 $\mathrm{LA} = \{L_1, L_2, L_3, L_4\}$ 是论域 $\Omega = [1, 100]$ 上的标签,

$$\{x_1, x_2, \cdots, x_n, \cdots\} \subset \Omega,$$
$$S = \mathrm{LA}(x_1) \cup \mathrm{LA}(x_2) \cup \cdots \cup \mathrm{LA}(x_n) \cup \cdots,$$
$$\varphi = \varphi(L_1(x_1), L_2(x_1), L_2(x_2), L_3(x_3))$$
$$= (\sim L_1(x_1) \cap L_2(x_1)) \cup L_2(x_2) \to L_3(x_3) \in F(S).$$

如果记

$$P_{x_1} = \{L_1(x_1), L_2(x_1)\} \subset LA(x_1),$$
$$P_{x_2} = \{L_2(x_2)\} \subset LA(x_2),$$
$$P_{x_3} = \{L_3(x_3)\} \subset LA(x_3),$$

则 $\varphi = \varphi(L_1(x_1), L_2(x_1), L_2(x_2), L_3(x_3))$, 可以记作

$$\varphi(L_1(x_1), L_2(x_1), L_2(x_2), L_3(x_3)) = \varphi(P_{x_1}, P_{x_2}, P_{x_3}).$$

因为 $\varphi = \varphi(L_1(x_1), L_2(x_1), L_2(x_2), L_3(x_3)) = (\sim L_1(x_1) \cap L_2(x_1)) \cup L_2(x_2) \to L_3(x_3)$ 的真函数是

$$f_\varphi(y_1, y_2, y_3, y_4) = ((1 - y_1) \wedge y_2) \vee y_3 \to y_4, y_1, y_2, y_3, y_4 \in \{0, 1\},$$
$$\{(y_1, y_2, y_3, y_4) | f_\varphi(y_1, y_2, y_3, y_4) = 1\}$$
$$= \{(0, 0, 0, 0), (1, 0, 0, 0), (1, 1, 0, 0)\} \cup \{(y_1, y_2, y_3, 1) | y_1, y_2, y_3 \in \{0, 1\}\},$$

所以 φ 的析取范式是

$$(\sim L_1(x_1)\cap \sim L_2(x_1)\cap \sim L_2(x_2)\cap \sim L_3(x_3))$$
$$\cup(L_1(x_1)\cap \sim L_2(x_1)\cap \sim L_2(x_2)\cap \sim L_3(x_3))$$
$$\cup(L_1(x_1)\cap L_2(x_1)\cap \sim L_2(x_2)\cap \sim L_3(x_3))$$
$$\cup(L_1(x_1)\cap L_2(x_1)\cap \sim L_2(x_2)\cap L_3(x_3))$$
$$\cup(L_1(x_1)\cap L_2(x_1)\cap L_2(x_2)\cap L_3(x_3))$$
$$\cup(L_1(x_1)\cap \sim L_2(x_1)\cap \sim L_2(x_2)\cap L_3(x_3))$$
$$\cup(L_1(x_1)\cap \sim L_2(x_1)\cap L_2(x_2)\cap L_3(x_3))$$
$$\cup(\sim L_1(x_1)\cap L_2(x_1)\cap \sim L_2(x_2)\cap L_3(x_3))$$
$$\cup(\sim L_1(x_1)\cap L_2(x_1)\cap L_2(x_2)\cap L_3(x_3))$$
$$\cup(\sim L_1(x_1)\cap \sim L_2(x_1)\cap \sim L_2(x_2)\cap L_3(x_3))$$
$$\cup(\sim L_1(x_1)\cap \sim L_2(x_1)\cap L_2(x_2)\cap L_3(x_3)).$$

这里注意,

$$P_{x_1} = \{L_1(x_1)L_2(x_1)\} \subset LA(x_1),$$
$$P_{x_2} = \{L_2(x_2)\} \subset \mathrm{LA}(x_2),$$
$$P_{x_3} = \{L_3(x_3)\} \subset \mathrm{LA}(x_3).$$

为了便于后面的表述, 一般地, 若 $P_{x_1} \subset \mathrm{LA}(x_1), P_{x_2} \subset \mathrm{LA}(x_2), \cdots, P_{x_n} \subset \mathrm{LA}(x_n)$,则 $\varphi(P_{x_1}, P_{x_2}, \cdots, P_{x_n})$ 表示包含 $P = p_{x_1} \cup p_{x_2} \cup \cdots \cup p_{x_n}$ 中所有元素的同标签 Vague 命题.

定义 3.4.2　设 $\varphi = \varphi(P_{x_1}, P_{x_2}, \cdots, P_{x_n}) \in F(S)$, $P = P_{x_1} \cup P_{x_2} \cup \cdots \cup P_{x_n}$ 的基数是 $k(k \geqslant n)$. $\{m_x | x \in \Omega\}$ 是 (Ω, LA) 的任意群函数. 如果

$$\varphi = \varphi(P_{x_1}, P_{x_2}, \cdots, P_{x_n})$$

的析取范式

$$\bigcup_{f_\varphi(v)=1, v=(x_1,x_2,\cdots,x_k)\in\{0,1\}^k} (Q_{1v} \cap Q_{2v} \cap \cdots \cap Q_{kv})$$
$$= \bigcup_{f_\varphi(v)=1, v=(x_1,x_2,\cdots,x_k)\in\{0,1\}^k} (P_{x_1v} \cap P_{x_2v} \cap \cdots \cap P_{x_nv}),$$

则称

$$T^\Pi(\varphi) = \sum_{f_\varphi(v)=1, v=(y_1,y_2,\cdots,y_k)\in\{0,1\}^k} t_{\mathrm{La}}(P_{x_1v}) \times t_{\mathrm{La}}(P_{x_2v}) \times \cdots \times t_{\mathrm{La}}(P_{x_nv})$$

为 φ 的 Lawry 乘–加真度, 这里,$P_{x_1} \subset \mathrm{LA}(x_1), P_{x_2} \subset \mathrm{LA}(x_2), \cdots, P_{x_n} \subset \mathrm{LA}(x_n)$, $P_{x_j v}, j = 1, 2, \cdots, n$. 按照下列原则定义: 对于每个 $v = (y_1, y_2, \cdots, y_k) \in \{0, 1\}^k$, 若 在 $Q_{1v} \cap Q_{2v} \cap \cdots \cap Q_{kv}$ 中包含 P_{x_j} 的合取式是 $Q_{lv} \cap Q_{(l+1)v} \cap \cdots \cap Q_{(l+m)v}$, 则 $P_{x_j v} = Q_{lv} \cap Q_{(l+1)v} \cap \cdots \cap Q_{(l+m)v}$.

例如, 例 3.4.1 中 φ 的析取范式是

$$(\sim L_1(x_1) \cap \sim L_2(x_1) \cap \sim L_2(x_2) \cap \sim L_3(x_3))$$
$$\cup (L_1(x_1) \cap \sim L_2(x_1) \cap \sim L_2(x_2) \cap \sim L_3(x_3))$$
$$\cup (L_1(x_1) \cap L_2(x_1) \cap \sim L_2(x_2) \cap \sim L_3(x_3))$$
$$\cup (L_1(x_1) \cap L_2(x_1) \cap \sim L_2(x_2) \cap L_3(x_3))$$
$$\cup (L_1(x_1) \cap L_2(x_1) \cap L_2(x_2) \cap L_3(x_3))$$
$$\cup (L_1(x_1) \cap \sim L_2(x_1) \cap \sim L_2(x_2) \cap L_3(x_3))$$
$$\cup (L_1(x_1) \cap \sim L_2(x_1) \cap L_2(x_2) \cap L_3(x_3))$$
$$\cup (\sim L_1(x_1) \cap L_2(x_1) \cap \sim L_2(x_2) \cap L_3(x_3))$$
$$\cup (\sim L_1(x_1) \cap L_2(x_1) \cap L_2(x_2) \cap L_3(x_3))$$
$$\cup (\sim L_1(x_1) \cap \sim L_2(x_1) \cap \sim L_2(x_2) \cap L_3(x_3))$$
$$\cup (\sim L_1(x_1) \cap \sim L_2(x_1) \cap L_2(x_2) \cap L_3(x_3)).$$

它等价于

$$((\sim L_1(x_1) \cap \sim L_2(x_1)) \cap \sim L_2(x_2) \cap \sim L_3(x_3))$$
$$\cup ((L_1(x_1) \cap \sim L_2(x_1)) \cap \sim L_2(x_2) \cap \sim L_3(x_3))$$
$$\cup ((L_1(x_1) \cap (L_2(x_1)) \cap \sim L_2(x_2) \cap \sim L_3(x_3))$$
$$\cup ((L_1(x_1) \cap (L_2(x_1)) \cap \sim L_2(x_2) \cap L_3(x_3))$$
$$\cup ((L_1(x_1) \cap (L_2(x_1)) \cap L_2(x_2) \cap L_3(x_3))$$
$$\cup ((L_1(x_1) \cap (\sim L_2(x_1)) \cap \sim L_2(x_2) \cap L_3(x_3))$$
$$\cup ((L_1(x_1) \cap (\sim L_2(x_1)) \cap L_2(x_2) \cap L_3(x_3))$$
$$\cup ((\sim L_1(x_1) \cap (L_2(x_1)) \cap \sim L_2(x_2) \cap L_3(x_3))$$
$$\cup ((\sim L_1(x_1) \cap (L_2(x_1)) \cap L_2(x_2) \cap L_3(x_3))$$
$$\cup ((\sim L_1(x_1) \cap \sim L_2(x_1)) \cap \sim L_2(x_2) \cap L_3(x_3))$$
$$\cup ((\sim L_1(x_1) \cap \sim L_2(x_1)) \cap L_2(x_2) \cap L_3(x_3)).$$

对于

$$v = (0, 0, 0, 0), \quad P_{x_1 v} = \sim L_1(x_1) \cap \sim L_2(x_1), \quad P_{x_2 v} = \sim L_2(x_2), \quad P_{x_3 v} = \sim L_3(x_3).$$

显然, 经典逻辑或标签表达式中赋值、逻辑推出 $\vDash$、等价、重言式、矛盾式、Boolean 函数、析取范式等概念都可以移植到 $F(S)$ 中来.

定理 3.4.1　设 $\varphi, \psi \in F(S)$.

(1) 若 $\varphi| = \psi$, 则 $T^{\Pi}(\varphi) \leqslant T^{\Pi}(\psi)$;

(2) 若 φ 是重言式 (矛盾式), 则 $T^{\Pi}(\varphi) = 1(0)$;

(3) $T^{\Pi}(\sim \varphi) = 1 - T^{\Pi}(\varphi)$;

(4) $T^{\Pi}(\varphi) \vee T^{\Pi}(\psi) \leqslant T^{\Pi}(\varphi \cup \psi) \leqslant T^{\Pi}(\varphi) + T^{\Pi}(\psi)$;

(5) $T^{\Pi}(\varphi) + T^{\Pi}(\psi) - 1 \leqslant T^{\Pi}(\varphi \cap \psi) \leqslant T^{\Pi}(\varphi) \wedge T^{\Pi}(\psi)$.

证明　(1)$\sim$(3) 是显然的.

(4) 设 φ 与 ψ 包含的所有 Vague 命题集为 $Q = P_{x_1} \cup P_{x_2} \cup \cdots \cup P_{x_n}$, 且

$$\varphi = \varphi(P_{x_1}, P_{x_2}, \cdots, P_{x_n}) \equiv \bigcup_{f_\varphi(v)=1} (Q_{1v} \cap Q_{2v} \cap \cdots \cap Q_{nv}) = \bigcup_{f_\varphi(v)=1} W_v$$

$$\psi = \psi(P_{x_1}, P_{x_2}, \cdots, P_{x_n}) \equiv \bigcup_{f_\psi(v)=1} (Q_{1v} \cap Q_{2v} \cap \cdots \cap Q_{nv}) = \bigcup_{f_{\psi^*}(v)=1} w_v.$$

显然

$$\{w_v | f_\varphi(v) = 1, v \in \{0,1\}^{|n}\} \subset \{w_v | f_{\varphi \cup \psi}(v) = 1, v \in \{0,1\}^n\},$$

$$\{w_v | f_\psi(v) = 1, v \in \{0,1\}^n\} \subset \{w_v | f_{\varphi \cup \psi}(v) = 1, v \in \{0,1\}^n\},$$

所以

$$T^{\Pi}(\varphi) \vee T^{\Pi}(\psi) \leqslant T^{\Pi}(\varphi \cup \psi).$$

因为

$$\{w_v | f_{\varphi \cup \psi}(v) = 1, v \in \{0,1\}^n\}$$
$$= \{w_v | f_\varphi(v) = 1, v \in \{0,1\}^n\} \cup \{w_v | f_\psi(v), = 1, v \in \{0,1\}^n\}$$
$$- \{w_v | f_{\varphi \cap \psi}(v) = 1, v \in \{0,1\}^n\},$$

所以

$$T^{\Pi}(\varphi \cup \psi) \leqslant T^{\Pi}(\varphi) + T^{\Pi}(\psi).$$

因此

$$T^{\Pi}(\varphi) \vee T^{\Pi}(\psi) \leqslant T^{\Pi}(\varphi \cup \psi) \leqslant T^{\Pi}(\varphi) + T^{\Pi}(\psi).$$

因为

$$\{w_v | f_\varphi(v) = 1, v \in \{0,1\}^n\} \supset \{w_v | f_{\varphi \cap \psi}(v) = 1, v \in \{0,1\}^n\},$$

$$\{w_v | f_\psi(v) = 1, v \in \{0,1\}^{n|}\} \supset \{w_v | f_{\varphi \cap \psi}(v) = 1, v \in \{0,1\}^{n|}\},$$

所以

$$T^{\Pi}(\varphi \cap \psi) \leqslant T^{\Pi}(\varphi) \wedge T^{\Pi}(\psi).$$

注意

$$\sim (\varphi \cap \psi) \equiv \sim \varphi \cup \sim \psi,$$

则由 (3) 知

$$T^{\Pi}(\varphi \cap \psi) = 1 - T^{\Pi}(\sim \varphi \cup \sim \psi).$$

又由 (5) 知

$$T^{\Pi}(\varphi \cup \psi) \leqslant T^{\Pi}(\varphi) + T^{\Pi}(\psi).$$

所以

$$T^{\Pi}(\varphi) + T^{\Pi}(\psi) - 1 = 1 - (1 - T^{\Pi}(\varphi) + 1 - T^{\Pi}(\psi)) \leqslant T^{\Pi}(\varphi \cap \psi).$$

因此

$$T^{\Pi}(\varphi) + T^{\Pi}(\psi) - 1 \leqslant T^{\Pi}(\varphi \cap \psi) \leqslant T^{\Pi}(\varphi) \wedge T^{\Pi}(\psi).$$

定理 3.4.2 φ 是重言式 (矛盾式) 的充要条件是 (Ω, LA) 的任意群函数 $\{m_x | x \in \Omega\}\varphi$ 的 Lawry 乘–加真度等于 1(0).

该定理的必要性是定理 3.4.1(2), 其充分性是显然的.

定义 3.4.3 设 $\varphi = \varphi(P_{x_1}, P_{x_2}, \cdots, P_{x_n}) \in F(S), P = P_{x_1} \cup P_{x_2} \cup \cdots \cup P_{x_n}$ 的基数是 $k.\{m_x | x \in \Omega\}$ 是 (Ω, LA) 的任意群函数. 如果 $\varphi = \varphi(P_{x_1}, P_{x_2}, \cdots, P_{x_n})$ 的析取范式

$$
\begin{aligned}
&\bigcup_{f_\varphi(v)=1, v=(y_1, y_2, \cdots, y_k) \in \{0,1\}^k} (Q_{1v} \cap Q_{2v} \cap \cdots \cap Q_{kv}) \\
= &\bigcup_{f_\varphi(v)=1, v=(y_1, y_2, \cdots, y_k) \in \{0,1\}^k} (P_{x_1 v} \cap P_{x_2 v} \cap \cdots \cap P_{x_n v}),
\end{aligned}
$$

则称

$$
T^{(\varphi)} = \begin{cases}
\displaystyle\bigvee_{f_\varphi(v)=1, v=(y_1, y_2, \cdots, y_k) \in \{0,1\}^k} \bigwedge_{1 \leqslant i \leqslant n} t_{\mathrm{La}}(P_{x_i v}), \\
\displaystyle\bigvee_{f_\varphi(v)=1, v=(y_1, y_2, \cdots, y_k) \in \{0,1\}^k} \bigwedge_{1 \leqslant i \leqslant n} t_{\mathrm{La}}(P_{x_i v}) < 0.5, \\
1 - \displaystyle\bigvee_{f_\varphi(v)=0, v=(y_1, y_2, \cdots, y_k) \in \{0,1\}^k} \bigwedge_{1 \leqslant i \leqslant n} t_{\mathrm{La}}(P_{x_i v}), \\
\displaystyle\bigvee_{f_\varphi(v)=1, v=(y_1, y_2, \cdots, y_k) \in \{0,1\}^k} \bigwedge_{1 \leqslant i \leqslant n} t_{\mathrm{La}}(P_{x_i v}) \geqslant 0.5
\end{cases}
$$

为 φ 的 Lawry 下–上确界真度, 这里,

$$P_{x_1} \subset \mathrm{LA}(x_1), P_{x_2} \subset \mathrm{LA}(x_2), \cdots, P_{x_n} \subset \mathrm{LA}(x_n), \quad P_{x_j v}, j = 1, 2, \cdots, n.$$

按照下列原则定义: 对于每个 $v = (y_1, y_2, \cdots, y_n) \in \{0,1\}^n$, 在 $Q_{1v} \cap Q_{2v} \cap \cdots \cap Q_{kv}$ 中包含 P_{x_j} 的合取式是 $Q_{lv} \cap Q_{(l+1)v} \cap \cdots \cap Q_{(l+m)v}$.

同标签 Vague 命题的 Lawry 下–上确界真度的性质与 Lawry 乘–加真度类似, 略.

3.5　Vague 命题的 Lawry 三角模–三角余模逻辑

前面基于同标签上的 Vague 命题, 建立了 Lawry 逻辑、Lawry 乘–加逻辑和 Lawry 下–上确界逻辑. 然而这些逻辑还不能满足实际的需要. 因为在实际中, 常常会遇到一个语句中包含多个标签或多个 Vague 谓词的原子命题. 因此, 本节将其研究对象推广到更一般的情况 —— 多标签上, 并且将乘积和加法、下确界和上确界两对算子推广到三角模和伴随余模的范畴, 从而, 建立一种处理 Vague 命题的更广义的逻辑, 称为 Vague 命题的 Lawry 三角模–三角余模逻辑.

首先, 为了明确本节研究的对象, 我们给出下述定义.

定义 3.5.1　设 $\mathrm{LA}_i = \{L_{i1}, L_{i2}, \cdots, L_{ii_n}\}, i = 1, 2, \cdots, m$, 分别是论域 $\Omega_i, i = 1, 2, \cdots, m$ 上的标签. 任意 $i \in \{1, 2, \cdots, m, \}$, $x_i \in \Omega_i$, $\mathrm{LA}_i(x_i) = \{L(x_i) | L \in \mathrm{LA}_i\}$ 是所有同主语 x_i 的 Vague 命题. 又, $S = \mathrm{LA}_1(x_1) \cup \mathrm{LA}_2(x_2) \cup \cdots \cup \mathrm{LA}_m(x_m) \cup \cdots$ 是有限个或可数个原子 Vague 命题的集. $F(S)$ 是一个由 S 产生的 $(\sim, \cap, \cup)$ 型自由代数, 即

(1) $\forall L_{ik}(x_i) \in F(S)$;

(2) 若 $\varphi, \psi \in F(S)$, 则 $\sim \varphi, \varphi \cap \psi, \varphi \cup \psi \in F(S)$;

(3) $F(S)$ 中没有其他元素.

称 S 中的元素为 Vague 命题, $F(S)$ 中的元素为 Vague 命题公式.

定义新的连接词 $\to$ 如下: $\forall \varphi, \psi \in F(S), \varphi \to \psi = \sim \varphi \cup \psi$. 连接词的运算顺序是先 $\sim$ 然后 $\cap, \cup$ 再 $\to$.

例 3.5.1　设 $\mathrm{LA}_1 = \{L_{11}, L_{12}, L_{13}, L_{14}\}$ 和 $\mathrm{LA}_2 = \{L_{21}, L_{22}, L_{23}\}$ 分别是论域 $\Omega = [1, 100]$ 和 $\Omega = [101, 1000]$ 上的标签.

$$\varphi = \varphi(L_{11}(x_1), L_{12}(x_2), L_{21}(x_3), L_{23}(x_3))$$
$$= (\sim L_{11}(x_1) \cap L_{21}(x_3)) \cup L_{12}(x_2) \to L_{23}(x_3) \in F(S).$$

如果记

$$P_{x_1} = \{L_1(x_1)\} \subset \mathrm{LA}_1(x_1), P_{x_2} = \{L_{12}(x_2)\} \subset \mathrm{LA}_1(x_2),$$
$$P_{x_3} = \{L_{21}(x_3), L_{23}(x_3)\} \subset \mathrm{LA}_2(x_3),$$

则 $\varphi = \varphi(L_{11}(x_1), L_{12}(x_2), L_{21}(x_3), L_{23}(x_3))$, 可以记作

$$\varphi(L_{11}(x_1), L_{12}(x_2), L_{21}(x_3), L_{23}(x_3)) = \varphi(P_{x_1}, P_{x_2}, P_{x_3}).$$

因为

$$\varphi = \varphi(L_{11}(x_1), L_{12}(x_2), L_{21}(x_3), L_{23}(x_3)) = (\sim L_{11}(x_1) \cap L_{21}(x_3)) \cup L_{12}(x_2) \to L_{23}(x_3)$$

的真函数是

$$f_\varphi(y_1, y_2, y_3, y_4) = ((1 - y_1) \wedge y_2) \vee y_3 \rightarrow y_4, y_1, y_2, y_3, y_4 \in \{0, 1\},$$
$$\{(y_1, y_2, y_3, y_4) | f_\varphi(y_1, y_2, y_3, y_4) = 1\}$$
$$= \{(0, 0, 0, 0), (1, 0, 0, 0), (1, 1, 0, 0)\} \cup \{(y_1, y_2, y_3, 1) | y_1, y_2, y_3 \in \{0, 1\}\},$$

所以 φ 的析取范式是

$$(\sim L_{11}(x_1) \cap \sim L_{21}(x_3) \cap \sim L_{12}(x_2) \cap \sim L_{23}(x_3))$$
$$\cup (L_{11}(x_1) \cap \sim L_{21}(x_3) \cap \sim L_{12}(x_2) \cap \sim L_{23}(x_3))$$
$$\cup (L_{11}(x_1) \cap L_{21}(x_3) \cap \sim L_{12}(x_2) \cap \sim L_{23}(x_3))$$
$$\cup (L_1(x_1) \cap L_{21}(x_3) \cap \sim L_{12}(x_2) \cap L_{23}(x_3))$$
$$\cup (L_{11}(x_1) \cap L_{21}(x_3) \cap L_{12}(x_2) \cap L_{23}(x_3))$$
$$\cup (L_{11}(x_1) \cap \sim L_{21}(x_3) \cap \sim L_{12}(x_2) \cap L_{23}(x_3))$$
$$\cup (L_{11}(x_1) \cap \sim L_{21}(x_3) \cap L_{12}(x_2) \cap L_{23}(x_3))$$
$$\cup (\sim L_{11}(x_1) \cap L_{21}(x_3) \cap \sim L_{12}(x_2) \cap L_3(x_{23}))$$
$$\cup (\sim L_{11}(x_1) \cap L_{21}(x_3) \cap L_{12}(x_2) \cap L_{23}(x_3))$$
$$\cup (\sim L_{11}(x_1) \cap \sim L_{21}(x_3) \cap \sim L_{12}(x_2) \cap L_{23}(x_3))$$
$$\cup (\sim L_{11}(x_1) \cap \sim L_{21}(x_3) \cap L_{12}(x_2) \cap L_{23}(x_3)),$$

它等价于

$$(\sim L_{11}(x_1) \cap \sim L_{12}(x_2) \cap \sim L_{21}(x_3) \cap \sim L_{23}(x_3))$$
$$\cup (L_{11}(x_1) \cap \sim L_{12}(x_2) \cap \sim L_{21}(x_3) \cap \sim L_{23}(x_3))$$
$$\cup (L_{11}(x_1) \cap \sim L_{12}(x_2) \cap L_{21}(x_3) \cap \sim L_{23}(x_3))$$
$$\cup (L_1(x_1) \cap \sim L_{12}(x_2) \cap L_{21}(x_3) \cap L_{23}(x_3))$$
$$\cup (L_{11}(x_1) \cap L_{12}(x_2) \cap L_{21}(x_3) \cap L_{23}(x_3))$$
$$\cup (L_{11}(x_1) \cap \sim L_{12}(x_2) \cap \sim L_{21}(x_3) \cap L_{23}(x_3))$$
$$\cup (L_{11}(x_1) \cap L_{12}(x_2) \cap \sim L_{21}(x_3) \cap L_{23}(x_3))$$
$$\cup (\sim L_{11}(x_1) \cap \sim L_{12}(x_2) \cap L_{21}(x_3) \cap L_3(x_{23}))$$
$$\cup (\sim L_{11}(x_1) \cap L_{12}(x_2) \cap L_{21}(x_3) \cap L_{23}(x_3))$$
$$\cup (\sim L_{11}(x_1) \cap \sim L_{12}(x_2) \cap \sim L_{21}(x_3) \cap L_{23}(x_3))$$
$$\cup (\sim L_{11}(x_1) \cap L_{12}(x_2) \cap \sim L_{21}(x_3) \cap L_{23}(x_3)).$$

这里注意,

$$P_{x_1} = \{L_{11}(x_1)\} \subset LA_1(x_1), P_{x_2} = \{L_{12}(x_2)\} \subset LA_1(x_2),$$
$$P_{x_3} = \{L_{21}(x_3), L_{23}(x_3)\} \subset LA_2(x_3).$$

为了便于后面的表述, 一般地, 若

$$P_{x_1} \subset LA_1(x_1), P_{x_2} \subset LA_2(x_2), \cdots, P_{x_n} \subset LA_n(x_n),$$

则 $\varphi(P_{x_1}, P_{x_2}, \cdots, P_{x_n})$ 表示包含 $P = p_{x_1} \cup p_{x_2} \cup \cdots \cup p_{x_n}$ 中所有元素的同标签 Vague 命题.

定义 3.5.2 设 $\varphi = \varphi(P_{x_1}, P_{x_2}, \cdots, P_{x_n}) \in F(S)$, $P = P_{x_1} \cup P_{x_2} \cup \cdots \cup P_{x_n}$ 的基数是 $k.\{m_x | x \in \Omega\}$ 是 (Ω, LA) 的任意群函数. 又 $\wedge_t$ 和 $\vee_s$ 表示一对偶三角模 (记作 t-模) 和三角余模 (记作 s-模) 算子. 如果 $\varphi = \varphi(P_{x_1}, P_{x_2}, \cdots, P_{x_n})$ 的析取范式

$$\bigcup_{f_\varphi(v)=1, v=(y_1,y_2,\cdots,y_k) \in \{0,1\}^k} (Q_{1v} \cap Q_{2v} \cap \cdots \cap Q_{kv})$$
$$= \bigcup_{f_\varphi(v)=1, v=(y_1,y_2,\ldots,y_k) \in \{0,1\}^k} (P_{x_1v} \cap P_{x_2v} \cap \cdots \cap P_{x_nv}),$$

则称

$$T^t(\varphi) = \begin{cases} \displaystyle\bigvee_{s}_{f_\varphi(v)=1, v=(y_1,y_2,\cdots,y_k) \in \{0,1\}^k} \bigwedge_{t}_{1 \leqslant i \leqslant n} t_{La}(P_{x_iv}), \\ \quad \displaystyle\bigvee_{s}_{f_\varphi(v)=1, v=(y_1,y_2,\cdots,y_k) \in \{0,1\}^k} \bigwedge_{t}_{1 \leqslant i \leqslant n} t_{La}(P_{x_iv}) < 0.5, \\ 1 - \displaystyle\bigvee_{s}_{f_\varphi(v)=0, v=(y_1,y_2,\cdots,y_k) \in \{0,1\}^k} \bigwedge_{t}_{1 \leqslant i \leqslant n} t_{La}(P_{x_iv}), \\ \quad \displaystyle\bigvee_{s}_{f_\varphi(v)=1, v=(y_1,y_2,\cdots,y_k) \in \{0,1\}^k} \bigwedge_{t}_{1 \leqslant i \leqslant n} t_{La}(P_{x_iv}) \geqslant 0.5 \end{cases}$$

为 φ 的 Lawry t-s 真度, 这里满足:

(1) $P_{x_1} \subset LA_1(x_1), P_{x_2} \subset LA_2(x_2), \cdots, P_{x_n} \subset LA_n(x_n), P_{x_jv}, j = 1, 2, \cdots, n.$ 按照下列原则定义: 对于每个 $v = (y_1, y_2, \cdots, y_n) \in \{0,1\}^n$, 在 $Q_{1v} \cap Q_{2v} \cap \cdots \cap Q_{kv}$ 中包含 P_{x_j} 的合取式是 $Q_{lv} \cap Q_{(l+1)v} \cap \cdots \cap Q_{(l+m)v}$.

(2) $t_{La}(P_{x_iv})$ 表示命题 P_{x_iv} 的 Lawry 真度.

注意, 由定义 3.5.1(2), 对于 $v = (0,0,0,0)$, 则

$$P_{x_1v} =\sim L_{11}(x_1), \quad P_{x_2v} =\sim L_{12}(x_2), \quad P_{x_3v} =\sim L_{21}(x_3) \cap \sim L_{23}(x_3).$$

根据三角模的性质, 容易得到下述 Lawry t-s 真度的规律:

定理 3.5.1 设 $\varphi, \psi \in F(S)$.

(1) 若 $\varphi| = \psi$, 则 $T^t(\varphi) \leqslant T^t(\psi)$;

(2) 若 φ 是重言式 (矛盾式), 则 $T^t(\varphi) = 1(0)$;

(3) $T^t(\sim \varphi) = 1 - T^t(\varphi)$;

(4) $T^t(\varphi) \vee T^t(\psi) \leqslant T^t(\varphi \cup \psi) \leqslant T^t(\varphi) + T^t(\psi)$;

(5) $T^t(\varphi) + T^t(\psi) - 1 \leqslant T^t(\varphi \cap \psi) \leqslant T^t(\varphi) \wedge T^t(\psi)$.

基于定义 3.5.2 度量 Vague 命题真的程度的方法称为 Lawry 三角模–三角余模逻辑, 其中 Lawry 乘–加逻辑和 Lawry 下–上确界逻辑是两种特殊的 Lawry 三角模–三角余模逻辑.

3.6　同 Vague 谓词命题的概率逻辑

读者注意, 在引言中 Lawry 确定 10 隶属模糊概念的方法是: 通过让每个专家决策 10 隶属标签 LA 的一个子集, 得到 LA 的每个子集出现的频率. 从而, 由它刻画 10 隶属 LA 的子集的程度. 类似地, 也可以从另一角度给出度量每个子集 $J \subset I$ 隶属每个 $L \in \mathrm{LA}$ 的程度如下:

假设我们邀请该领域的 6 个专家 (记专家集为 $v = \{v_1, v_2, v_3, v_4, v_5, v_6\}$) 分别对 Fuzzy 概念年轻人指定论域 Ω 的一个子集. 假设 6 个专家对 L_1 指定结果分别如下:

$$D_{L_1}^{v_1} = \{n | 15 \leqslant n \leqslant 29, n \in \Omega\}, \quad D_{L_1}^{v_2} = \{n | 16 \leqslant n \leqslant 28, n \in \Omega\},$$

$$D_{L_1}^{v_3} = \{n | 15 \leqslant n \leqslant 29, n \in \Omega\}, \quad D_{L_1}^{v_4} = \{n | 16 \leqslant n \leqslant 30, n \in \Omega\},$$

$$D_{L_1}^{v_5} = \{n | 15 \leqslant n \leqslant 29, n \in \Omega\}, \quad D_{L_1}^{v_6} = \{n | 17 \leqslant n \leqslant 27, n \in \Omega\}.$$

基于上面的信息得到一个 2^Ω 上的概率测度或 $W_{L_1} = \{D_{L_1}^{v_1}, D_{L_1}^{v_2} D_{L_1}^{v_3} D_{L_1}^{v_4} D_{L_1}^{v_5} D_{L_1}^{v_6}\} \subset 2^\Omega$ 上的概率分布 P_{L_1}:

$$P_{L_1}(\{n | 15 \leqslant n \leqslant 29, n \in \Omega\}) = \frac{3}{6} = \frac{1}{2}, \quad P_{L_1}(\{n | 16 \leqslant n \leqslant 28, n \in \Omega\}) = \frac{1}{6},$$

$$P_{L_1}(\{n | 15 \leqslant n \leqslant 29, n \in \Omega\}) = \frac{1}{6}, \quad P_{L_1}(\{n | 16 \leqslant n \leqslant 30, n \in \Omega\}) = \frac{1}{6},$$

$$P_{L_1}(\{n | 15 \leqslant n \leqslant 29, n \in \Omega\}) = \frac{1}{6}, \quad P_{L_1}(\{n | 17 \leqslant n \leqslant 27, n \in \Omega\}) = \frac{1}{6}.$$

注意这里的 $W_{L_1} \subset 2^\Omega$ 是一个有限集. 由此, 对于 $\forall x \in \Omega$, 可以定义命题 "x 岁的人是年轻人" 真的可能程度为

$$t_{L_1}(x) = \sum_{x \in F, F \in W_{L_1}}^{P_{L_1}} (F).$$

例如,

$$t_{L_1}(15) = \sum_{x \in F, F \in W_{L_1},} P_{L_1}(F) = P_{L_1}\{D_{L_1}^{v_1}\} + P_{L_1}\{D_{L_1}^{v_3}\} + P_{L_1}\{D_{L_1}^{v_5}\}$$

$$= 3 \times \frac{1}{6} = \frac{1}{2} = 0.5,$$

$$t_{L_1}(16) = \sum_{x \in F, F \in W_{L_1},} P_{L_1}(F) = P_{L_1}\{D_{L_1}^{v_1}\} + P_{L_1}\{D_{L_1}^{v_2}\} + P_{L_1}\{D_{L_1}^{v_3}\}$$

$$+ P_{L_1}\{D_{L_1}^{v_4}\} + P_{L_1}\{D_{L_1}^{v_5}\} + P_{L_1}\{D_{L_1}^{v_6}\} = 6 \times \frac{1}{6} = 1.$$

基于上述思想, 本节将提出一种新的不确定模型, 并基此建立一种处理 Vague 命题的新的非经典逻辑, 称为同 Vague 谓词命题的概率逻辑.

本节的组织结构如下: 首先, 引入论域表达式及其适当测度的概念, 并讨论其性质. 然后, 引入同 Vague 谓词命题及其概率真度的概念, 并研究其逻辑规律. 接着, 比较 Vague 谓词命题的概率逻辑与 Fuzzy 逻辑的长处与不足. 最后概括本节的结论, 并说明今后研究的思路.

3.6.1　论域表达式及其适当测度

设 $L_1, L_2, \cdots, L_n$ 是论域皆为 Ω 的一类 (相关的)Vague 概念, 记

$$\mathrm{LA} = \{L_1, L_2, \cdots, L_n\},$$

称它为一个标签.

定义 3.6.1 (论域表达式)　设 $\mathrm{LA} = \{L_1, L_2, \cdots, L_n\}$ 是一个论域 Ω 上的标签. 又设 $L \in \mathrm{LA}$, 有限或可数集 $\Omega_L \subset \Omega$. $D(\Omega_L)$ 是一个由 Ω_L 产生的 $(\mathrm{c}, \cap, \cup)$ 型自由代数, 即

(1) $\forall z \in \Omega_L, z \in D(\Omega_L)$;

(2) 若 $A, B \in D(\Omega_L)$, 则 $A^{\mathrm{c}}, A \cap B, A \cup B \in D(\Omega_L)$;

(3) $D(\Omega_L)$ 中没有其他元素.

称 Ω_L 中的元素为论域表达式, $D(\Omega_L)$ 中的元素为论域表达式公式.

注意: $\mathrm{c}, \cap, \cup$ 的运算顺序是先 c 再 $\cap$ 或 $\cup$.

例如, $z_1, z_2, z_3 \in \Omega_L$, 则 $(z_1 \cup z_2)^{\mathrm{c}} \cap z_3 \in D(\Omega_L)$ 是论域表达式公式. 一个论域表达式公式 A 如果包含论域表达式 $z_1, z_2, \cdots, z_n$, 则它可记作 $A = A(z_1, z_2, \cdots, z_n)$.

定义 3.6.2 (论域上的有限群函数)　设 $\mathrm{LA} = \{L_1, L_2, \cdots, L_n\}$ 是一个论域 Ω 上的标签. 若对任意 Vague 概念 $L \in \mathrm{LA}$, 存在一个有限集合 $W_L \subset 2^{\Omega}$ 和相应的映射 $P_L : W_L \to [0,1]$ 使得 $\sum\limits_{F \in W_L} P_L(F) = 1$, 则称这种映射的全体 $\{P_L | L \in \mathrm{LA}\}$(简记作 $\{P_L\}$) 为 (LA, Ω) 的有限群函数.

例 3.6.1 假设 L_1, L_2, L_3 分别表示年轻人, 中年人, 老年人, $\Omega = [0, +\infty)$ 是它们的论域, $\mathrm{LA} = \{L_1, L_2, L_3\}$ 是一个标签, $\Omega = [0, +\infty)$ 是 LA 的论域. 如果对于 $L_1 \in \mathrm{LA}$, 有概率分布 P_{L_1} 满足:

$$P_{L_1}([17, 19]) = \frac{1}{5}, \quad P_{L_1}([18, 23]) = \frac{2}{5}, \quad P_{L_1}([17, 25]) = \frac{2}{5},$$

这里,

$$P_{L_1}([17, 19]) + P_{L_1}([18, 23]) + P_{L_1}([17, 25]) = 1,$$
$$W_{L_1} = \{[17, 19], [18, 23], [17, 25]\};$$

对于 $L_2 \in \mathrm{LA}$, 有概率分布 P_{L_2} 满足:

$$P_{L_2}([40, 55]) = \frac{1}{5}, \quad P_{L_2}([45, 55]) = \frac{2}{5}, \quad P_{L_2}([43, 53]) = \frac{2}{5},$$

这里

$$P_{L_2}([40, 55]) + P_{L_2}([45, 55]) + P_{L_2}([43, 53]) = 1, W_{L_2} = \{[40, 55], [45, 55], [43, 53]\};$$

对于 $L_3 \in \mathrm{LA}$, 有概率分布 P_{L_3} 满足:

$$P_{L_3}([60, 130]) = \frac{1}{5}, \quad P_{L_3}([65, 130]) = \frac{2}{5}, \quad P_{L_3}([65, 130]) = \frac{1}{5}, \quad P_{L_3}([70, 130]) = \frac{1}{5},$$

这里

$$P_{L_3}([60, 130]) + P_{L_3}([65, 130]) + P_{L_3}([65, 130]) + P_{L_3}([70, 130]) = 1,$$

$$W_{L_3} = \{[60, 130], [65, 130], [65, 130], [70, 130]\},$$

则 $\{P_{L_i} | L_i \in \mathrm{LA}\}$ 是 (LA, Ω) 的有限群函数.

定义 3.6.3 (η-映射) 设集合 Ω, 有限集或可数集 $\Omega_L = \{z_1, z_2, \cdots\} \subset \Omega$, $D(\Omega_L)$ 是一个由 Ω_L 产生的 $(c, \cap, \cup)$ 型自由代数, 有限集 $W_L \subset 2^\Omega$. 一个集映射称为 η-映射 $\eta : D(\Omega_L) \to 2^{W_L}$, 如果它满足:

(1) $\forall z \in \Omega_L \subset D(\Omega_L), \eta(z) = \{E |, z \in E, E \in W_L\}$;

(2) 若 $A, B \in D(\Omega_L)$, $\eta(A^c) = (\eta(A))^c = W_L - \eta(A)$, $\eta(A \cup B) = \eta(A) \cap \eta(B), \eta(\cup B) = \eta(A) \cup \eta(B)$.

定义 3.6.4 (论域表达式的概率测度) 设 $\{P_L\}$ 是 (LA, Ω) 的有限群函数. 论域表达式的适当测度 $\mu : L \times D(\Omega_L) \to [0, 1]$ 定义如下, $\forall A \in D(\Omega_L)$, 有

$$\mu_L(A) = P_L(\eta(A)) = \sum_{E \in \eta(A)} P_L(E).$$

例 3.6.2　假设 LA, Ω, $\{P_{L_i}|L_i \in \text{LA}\}$ 的意义同例 3.6.1. 又设 $\Omega_{L_1} = \{1, 2, 3, \cdots, n, \cdots\} \subset \Omega$. 则

$$16, 18, 17 \in \Omega_{L_1} \subset D(\Omega_{L_1}),$$

$$\eta(16) = \varnothing, \quad \eta(18) = \{[17, 19], [18, 23], [17, 25]\},$$

$$\eta(17) = \{[17, 19], [17, 25]\}, \quad \eta(17^c) = W_L - \eta(17) = \{[18, 23]\},$$

$$\eta(17^c \cap 18) = \{[18, 23]\}.$$

那么

$$\mu_{L_1}(17) = P_{L_1}(\eta(17)) = \sum_{E \in \eta(17)} P_{L_1}(E)$$

$$= P_{L_1}\{[17, 19]\} + P_{L_1}\{[17, 25]\} = \frac{1}{5} + \frac{2}{5} = \frac{3}{5},$$

$$\mu_{L_1}(17^c \cap 18) = P_{L_1}(\eta(17^c \cup 18)) = P_{L_1}\{[18, 23]\} = \frac{2}{5}.$$

定理 3.6.1　对于任意 (LA, Ω) 的有限群函数 $\{P_L\}$, 任意 $A, B \in D(\Omega_L)$, 满足:

$$u_L(A) \vee u_L(B) \leqslant u_L(A \cup B) \leqslant u_L(A) + u_L(B),$$

$$u_L(A) + u_L(B) - 1 \leqslant u_L(A \cap B) \leqslant u_L(A) \wedge u_L(B).$$

证明　因为 $\eta(A \cup B) = \eta(A) \cup \eta(B)$, 所以

$$\eta(A) \subset \eta(A \cup B), \eta(B) \subset \eta(A \cup B).$$

从而, 由概率的性质知 $\mu_L(A) \leqslant \mu_L(A \cup B), \mu_L(B) \leqslant \mu_L(A \cup B)$, 那么

$$\mu_L(A) \vee \mu_L(B) \leqslant \mu_L(A \cup B).$$

因为

$$\eta(A \cup B) = \eta(A) \cup \eta(B),$$

所以由概率测度的性质知

$$\mu_L(A \cup B)) \leqslant \mu_L(A) + \mu_L(B).$$

总之

$$u_L(A) \vee u_L(B) \leqslant u_L(A \cup B) \leqslant u_L(A) + u_L(B).$$

因为

$$\eta(A) \supseteq \eta(A \cap B), \quad \eta(B) \supseteq \eta(A \cap B),$$

所以由概率的性质知

$$\mu_L(A \cap B) \leqslant \mu_L(A), \quad \mu_L(A \cap B) \leqslant \mu_L(B),$$

那么

$$\mu_L(A \cap B) \leqslant \mu_L(A) \wedge \mu_L(B).$$

注意

$$\eta(A \cap B) = W_L - (\eta(A \cap B))^c = W_L - \eta(A)^c \cup \eta(B)^c,$$

那么由根据概率的性质知

$$\mu_L(A \cap B) = 1 - P_L\{\eta(A)^c \cup \mu(B)^c\} \geqslant 1 - (P_L\{\eta(A)^c\} + P_L\{\eta(B)^c\})$$
$$= 1 - (1 - P_L\{\eta(A)\}) - (1 - P_L\{\eta(B)\}) = \mu_L(A) + \mu_L(B) - 1.$$

定义 3.6.5 (赋值)　设 $L \in \mathrm{LA}$, 映射 $v : \Omega_L \to \{0,1\}$ 称为 Ω_L 上的一个赋值. 它通过定义

$$v(A^c) = 1 - v(A), \quad v(A \cap B) = \min\{v(A), v(B)\},$$
$$v(A \cup B) = \max\{v(A), v(B)\}$$

推广到 $D(\Omega_L)$ 上每个公式的赋值. 记 Ω_L 上所有赋值的全体为 $\mathrm{Val}(\Omega_L)$.

定义 3.6.6　设 $A, B \in D(\Omega_L)$.

(1) 如果 $\forall v \in \mathrm{Val}(\Omega_L)$, 有 $v(A) \leqslant v(B)$, 则称 A 推出 B, 记作 $A| = B$;

(2) 如果 $\forall v \in \mathrm{Val}(\Omega_L)$, 有 $v(A) = v(B)$, 则称 A 与 B 等价, 记作 $A \equiv B$;

(3) 如果 $\forall v \in \mathrm{Val}(\Omega_L)$, 有 $v(A) = 1$, 则称 A 是重言式;

(4) 如果 $\forall v \in \mathrm{Val}(\Omega_L)$, 有 $v(A) = 0$, 则称 A 是矛盾式.

由定义 3.6.5 与定义 3.6.6 可以看出, 经典逻辑的所有规律对于 $D(\Omega_L)$ 都成立. 那么由定理 3.6.1 容易得到下述定理.

定理 3.6.2　任何一个非矛盾式 $A(z_1, z_2, \cdots, z_k) \in D(\Omega_L)$ 等价于一个析取范式

$$\bigcup_{f_A(v)=1, v=(x_1,x_2,\cdots,x_k)\in\{0,1\}^k} w_v$$

即

$$A \equiv \bigcup_{f_A(v)=1, v=(x_1,x_2,\cdots,x_k)\in\{0,1\}^k} w_v,$$

这里对每个

$$v = (x_1, x_2, \cdots, x_k) \in \{0,1\}^k, \quad w_v = Q_{1v} \cap Q_{2v} \cap \cdots \cap Q_{kv}$$

满足如果 $x_j = 1$, 则 Q_{jv} 是 z_j, 如果 $x_j = 0$, 则 Q_{jv} 是 $z_j^c, j = 1, 2, \cdots, k$.

注意上述的 z_i, x_i 的意义是不同的. z_i 表示论域表达式, $x_i \in \{0, 1\}$. 称定理 3.6.2 中的论域表达式 $w_v = Q_{1v} \cap Q_{2v} \cap \cdots \cap Q_{kv}$ 为原子. 比如, $z_1^c \cap z_2 \cap z_3^c \cap \cdots \cap z_k$ 是原子. 原子的概率真度有下述规律.

定理 3.6.3　设 $\{P_L\}$ 是 (LA, Ω) 的有限群函数, 则对任意 $L \in \mathrm{LA}$, 若 $E \cup F \subset \Omega_L$, 原子 $A_{E \cup F} = \left(\bigcap\limits_{z_i \in E} z_i \right) \bigcap \left(p \bigcap\limits_{z_i \in F} z_i^c \right)$, 则

$$u_L(A_{E \cup F}) = \sum_{E \subset G \in W_L, F \cap G = \varnothing} P_L(G).$$

证明　因为

$$\eta(A_{E \cup F}) = \eta\left(\left(\bigcap\limits_{z_i \in E} z_i \right) \cap \left(\bigcap\limits_{z_i \in F} z_i^c \right) \right) = \bigcap\limits_{z_i \in E} \eta(z_i) \cap \left(\bigcap\limits_{z_i \in F} \eta(z_i^c) \right)$$
$$= \bigcap\limits_{z_i \in E} \eta(z_i) \cap \left(\bigcap\limits_{z_i \in F} (W_L - \eta(z_i)) \right) = \{G \mid E \subset G, G \cap F = \varnothing, G \in W_L\},$$

所以

$$u_L(A_{E \cup F}) = \sum_{E \subset G \in W_L, F \cap G = \varnothing} P_L(G).$$

注意, 在定理 3.6.3 中的 $A_{E \cup F} = \left(\bigcap\limits_{z_i \in E} z_i \right) \cap \left(\bigcap\limits_{z_i \in F} z_i^c \right)$ 的真函数

$$f_{A_{E \cup F}}(x_1, x_2, \cdots, x_k, x_{k+1}, \cdots, x_n) = 1$$

当且仅当 $x_1 = x_2 = \cdots = x_k = 1, x_{k+1} = \cdots = x_n = 0$. 因此有下述推论.

推论 3.6.1　设 $\{P_L\}$ 是 (LA, Ω) 的有限群函数, 则对任意 $L \in \mathrm{LA}$, 若

$$E = \{z_1, z_2, \cdots, z_k\} \subset \Omega_L, \quad F = \{z_{k+1}, \cdots, z_n\} \subset \Omega_L,$$

原子

$$A_{E \cup F} = \left(\bigcap\limits_{z_i \in E} z_i \right) \bigcap \left(\bigcap\limits_{z_i \in F} z_i^c \right).$$

则

$$u_L(A_{E \cup F}) = \sum_{\substack{f_{A_{E \cup F}}(x_1, x_2, \cdots, x_k, x_{k+1}, \cdots, x_n) = 1, \\ G \in W_L, z_i \in G, x_i = 1, i = 1, 2, \cdots, k, z_i \notin G, x_i = 0, i = k+1, \cdots, n}} P_L(G).$$

定理 3.6.4 设 $\{P_L\}$ 是 (LA, Ω) 上的一个有限群函数, 则对任意 $\Omega_L \subset \Omega$, $A = A(z_1, z_2, \cdots, z_k) \in D(\Omega_L)$, 有

$$
\mu_L(A) = \sum_{f_A(v)=1, v=(x_1, x_2, \cdots, x_k) \in \{0,1\}^k} \mu_L(w_v)
$$
$$
= \sum_{f_A(v)=1, v=(x_1, x_2, \cdots, x_k) \in \{0,1\}^k} \sum_{G \in W_L, z_i \in G, x_i=1, z_i \notin G, x_i=0} P_L(G).
$$

这里 $\displaystyle\bigcup_{f_A(v)=1, v, v=(x_1, x_2, \cdots, x_n) \in \{0,1\}^n} (Q_{1v} \cap Q_{2v} \cap \cdots \cap Q_{kv})$ 是非矛盾式 A 的析取范式.

例 3.6.3 设 $\Omega = \{z_1, z_2, \cdots, z_{10}\}$ 是 Vague 概念 $L_1 \in \mathrm{LA}$ 的论域, $\{P_L\}$ 是 (LA, Ω) 的有限群函数,

$$
\Omega_{L_1} = \{z_1, z_2, z_3, z_4\}, A(z_1, z_2, z_3) = (z_1 \cup z_2)^c \vee z_3 \in D(\Omega_{L_1}),
$$

其中映射

$$
P_{L_1} : \{\{z_1, z_2, z_3\}, \{z_2, z_3, z_4\}, \{z_1, z_2\}, \{z_2\}\} \to [0, 1]
$$

满足

$$
P_{L_1}(\{z_1, z_2, z_3\}) = \frac{1}{6}, \quad P_{L_1}(\{z_1, z_2\}) = \frac{1}{3},
$$
$$
P_{L_1}(\{z_2, z_3, z_4\}) = \frac{1}{6}, \quad P_{L_1}(\{z_2\}) = \frac{1}{3}.
$$

显然这里 $W_{L_1} = \{\{z_1, z_2, z_3\}, \{z_2, z_3, z_4\}, \{z_1, z_2\}, \{z_2\}\}$,

$$
\{(x_1, x_2, x_3) | f_A(x_1, x_2, x_3) = 1\}
$$
$$
= \{(0, 1, 1), (1, 0, 1), (0, 0, 1), (1, 1, 1), (0, 0, 0)\}.
$$

所以 A 的析取范式是

$$
(-z_1 \cap z_2 \cap z_3) \cup (z_1 \cap z_2^c \wedge z_3) \cup (z_1^c \cap z_2^c \cap z_3) \cup (z_1 \cap z_2 \cap z_3) \cup (z_1^c \cap z_2^c \cap z_3^c).
$$

那么

$$
\mu_{L_1}(z_1^c \cap z_2 \cap z_3) = \sum_{z_2, z_3 \in E \in W_{L_1}, z_1 \notin E \in W_{L_1}} P_{L_1}\{E\}
$$
$$
= P_{L_1}(\{z_2, z_3, z_4\}) = \frac{1}{6}.
$$

类似地, 可以得到

$$
\mu_{L_1}(z_1 \cap z_2^c \cap z_3) = 0, \quad \mu_{L_1}(z_1^c \cap z_2^c \cap z_3) = 0,
$$
$$
\mu_{L_1}(z_1 \cap z_2 \cap z_3) = \frac{1}{6}, \quad \mu_{L_1}(z_1^c \cap z_2^c \cap z_3^c) = 0.
$$

那么

$$\mu_{L_1}(A) = \mu_{L_1}(z_1^c \cap z_2 \cap z_3) + \mu_{L_1}(z_1 \cap z_2^c \cap z_3) + \mu_{L_1}(z_1^c \cap z_2^c \cap z_3)$$
$$+ \mu_{L_1}(z_1 \cap z_2 \cap z_3) + \mu_{L_1}(z_1^c \cap z_2^c \cap z_3^c) = \frac{1}{6} + 0 + 0 + \frac{1}{6} + 0 = \frac{1}{3}.$$

定理 3.6.5　对于任意 (LA, Ω) 的有限群函数, $\{P_L\}$, $\forall A, B \in D(\Omega_L)$, 满足:

(1) 若 $A \vDash B$, 则 $\forall L \in \mathrm{LA}$, $u_L(A) \leqslant u_L(B)$;

(2) 若 $A \equiv B$, 则 $\forall L \in \mathrm{LA}$, $u_L(A) = u_L(B)$;

(3) 若 A 是重言式, 则 $\forall L \in \mathrm{LA}$, $u_L(A) = 1$;

(4) 若 A 是矛盾式, 则 $\forall L \in \mathrm{LA}$, $u_L(A) = 0$;

(5) $\forall L \in \mathrm{LA}$, $u_{\neg A}(x) = 1 - u_A(x)$;

(6) 若 $\varphi \cap \psi$ 是矛盾式, 则 $\forall L \in \mathrm{LA}$, $u_L(A \cup B) = u_L(A) + u_L(B)$.

证明　(1) 若 $A \vDash B$, 则对任意 $v \in \mathrm{Val}(\Omega_L)$, 有 $f_A(v) \leqslant f_B(v)$. 于是根据定理 3.6.4 知 $u_L(A) \leqslant u_L(B)$.

(2) 若 $A \equiv B$, 则对任意 $v \in \mathrm{Val}(\Omega_L)$, 有 $f_A(v) = f_B(v)$. 于是根据定理 3.6.4 知 $u_L(A) \leqslant u_L(B)$.

(3) 若 A 是重言式, 则对任意 $v \in \mathrm{Val}(\Omega_L)$, 有 $f_A(v) = 1$. 这说明对 A 包含的任意 $z_i \in \Omega_L$, 任意 $G \in W_L$, 有 $z_i \in G$, 因此 $\mu_L(A) = P_L(W_L) = 1$.

类似于上面的方法可以证明 (4) 和 (5).

3.6.2　同 Vague 谓词命题的概率逻辑

本节将基于上述思想建立一种处理 Vague 命题的概率逻辑. 我们仅讨论简单的情况: 所有 Vague 命题包含的 Vague 概念相同, 即同 Vague 谓词, 且它们的主语同属于一个论域, 我们称这类命题为同 Vague 谓词命题, 并称将建立的逻辑为同 Vague 谓词命题的概率逻辑. 为了区分这种逻辑连接词与模糊逻辑连接词, 约定 $\neg, \wedge, \vee$ 分别表示模糊逻辑连接词非, 最小, 最大, $\sim, \cap$ 和 $\cup$ 分别表示这种逻辑连接词否定, 并且和或者.

定义 3.6.7　设 LA 是论域 Ω 上的标签. 任意 $L \in \mathrm{LA}$, 记 $L(\Omega) = \{L(z) | z \in \Omega\}$. 称 $L(\Omega)$ 中的元素为同 Vague 谓词命题.

任取 $L \in \mathrm{LA}$, 对任意有限或可数集 $\Omega_L \subset \Omega$, 记 $L(\Omega_L) = \{L(z) | z \in \Omega_L\} \subset L(\Omega)$. $F(L(\Omega_L))$ 是一个由 $L(\Omega_L)$ 产生的 $(\sim, \cap, \cup)$ 型自由代数, 即

(1) $\forall z \in \Omega_L, L(z) \in F(L(\Omega_L))$;

(2) 若

$$A(L) = A(L(z_1), L(z_2), \cdots, L(z_k)),$$

$$B(L) = B(L(z_1), L(z_2), \cdots, L(z_n)) \in F(L(\Omega_L)),$$

则 $\sim A(L), A(L) \cap B(L), A(L) \cup B(L) \in F(L(\Omega_L))$;

(3) $F(L(\Omega_L))$ 中没有其他元素.

称 $F(L(\Omega_L))$ 中的元素为同 Vague 谓词命题公式.

可以看出, 取定 $L \in \mathrm{LA}$, 对于任意含糊 Vague 谓词 L 的命题 $A(L) \in F(L(\Omega_L))$, 若它包含符号 $\sim, \cap, \cup, L(z_1), L(z_2), \cdots, L(z_n)$, 则只要用 $c, \cap, \cup, z_1, z_2, \cdots, z_n$ 分别代替 $A(L)$ 中的 $\sim, \cap, \cup, L(z_1), L(z_2), \cdots, L(z_n)$ 即可得到 $D(\Omega_L)$ 中的唯一元素, 记为 A, 称它为 $A(L)$ 的伴随表达式; 反之也成立. 因此, $F(L(\Omega_L))$ 的元素和 $D(\Omega_L)$ 中的元素是一一对应的. 例如, $(z_1^c \cup z_2) \cap z_3 \in D(\Omega_L)$ 是 $(\sim L(z_1) \cup L(z_2) \cap L(z_3)) \in F(L(\Omega_L))$ 的伴随表达式.

定义 3.6.8 设 $\{P_L | L \in \mathrm{LA}\}$ 是 (LA, Ω) 的有限群函数, $L \in \mathrm{LA}, \Omega_L \subseteq \Omega$, $A(L) = A(L(z_1), L(z_2), \cdots, L(z_n)) \in F(L(\Omega_L))$, 则称

$$t(A(L)) = \mu_L(A)$$

为同 Vague 谓词命题公式 $A(L)$ 真的概率, 简称 $A(L)$ 的概率真度.

对于同 Vague 谓词命题同样可以引入赋值 v、推出 $\vDash$、逻辑等价 $\equiv$、重言式、矛盾、析取范式的概念. 并且它们具有类似于论域表达式的概率测度的性质.

定理 3.6.6 对于 (LA, Ω) 的任意有限群函数 $\{P_L | L \in \mathrm{LA}\}, \forall L \in \mathrm{LA}$, 任意有限或可数集 $\Omega_L \subset \Omega, \forall A(L), B(L) \in F(L(\Omega_L))$, 满足:

(1) 若 $A(L)| = B(L)$, 则 $t(A(L)) \leqslant t(B(L))$;

(2) 若 $A(L) \equiv B(L)$, 则 $t(A(L)) = t(B(L))$;

(3) 若 $A(L)$ 是重言式, 则 $t(A(L)) = 1$;

(4) 若 $A(L)$ 是矛盾式, 则 $t(A(L)) = 0$;

(5) $t(\sim A(L)) = 1 - t(A(L))$;

(6) 若 $A(L) \cap B(L)$ 是矛盾式, 则

$$t(A(L) \cup B(L)) = t(A(L)) + t(B(L));$$

(7)

$$A(L) = L(z_1) \cap L(z_2) \cap \cdots \cap L(z_k) \cap \sim L(z_{k+1}) \cap \sim L(z_{k+2}) \cap \cdots \cap \sim L(z_{k+j}),$$

则

$$t(A(L)) = \sum_{\{z_1, z_2, \cdots, z_k\} \subseteq F \in W_L, \{z_{k+1}, z_{k+2}, \cdots, z_{k+j}\} \cap F = \varnothing} P_L(F).$$

例 3.6.4 对于例 3.6.3 中的 $\mathrm{LA}, \Omega, \Omega_{L_1}, P_{L_1}, W_{L_1}$, 假设

$$A(L_1) = \sim (L_1(z_1) \cup L_1(z_2)) \cup L_1(z_3) \in F(L_1(\Omega_{L_1})),$$

由定义 3.6.8 及例 3.6.3 知

$$t(A(L_1)) = \mu_{L_1}(A) = \frac{1}{3}.$$

设 $L \in$ LA, $\Omega_L = \{z_1, z_2, \cdots, z_n\} \subseteq \Omega, A \in F(L(\Omega_L))$ 包含 $L(x_1), L(x_2), \cdots,$ $L(x_k)$, 称

$$A^* = (A(L(z_1), L(z_2), \cdots, L(z_k)) \cap (\sim L(z_{k+1}) \cup L(z_{k+1})) \cap \cdots \cap (\sim L(z_n) \cup L(z_n)))$$

为 A 的扩张. 例如, 若 $A = \sim (L(z_1) \cup L(z_2)) \cap L(z_3)$, 则

$$A^* = A^*(\sim L(z_1) \cup L(z_2)) \cap L(z_3)) \cap (\sim L(z_4) \cup L(z_4)) \cap \ldots \cap (\sim L(z_n) \cup L(z_n))$$

是 $A = (\sim L(x_1) \cup L(x_2)) \cap L(x_3)$ 的扩张. 注意在经典逻辑中 $A \approx A^*$.

可以证明下述定理.

定理 3.6.7 设 $\{P_L | L \in$ LA$\}$ 是 (LA, Ω) 的有限群函数, $L \in$ LA, $\Omega_L = \{z_1, z_2, \cdots, z_n\} \subseteq \Omega$, $A(L) \in F(L(\Omega_L))$. 若非矛盾式 $A(L)$ 的扩张 A^* 的析取范式是

$$\bigcup_{f_{A^*}(v)=1, v=(x_1, x_2, \cdots, x_n) \in \{0,1\}^n} (Q_{1v}(L) \cap Q_{2v}(L) \cap \cdots \cap Q_{nv}(L)),$$

则

$$t(A(L)) = t(A^*(L)) = \sum_{f_{A^*}(v)=1, v=(x_1, x_2, \cdots, x_n) \in \{0,1\}^n} \sum_{G \in W_L, x_i \in G, x_i=1, x_i \notin G, x_i=0} P_L(G).$$

定理 3.6.8 设 $L \in$ LA, $\Omega_L \subseteq \Omega$, $A(L), B(L) \in F(L(\Omega_L))$, $\{P_L | L \in$ LA$\}$ 是 (LA, Ω) 的有限群函数. 则

(1) $t(A(L)) \vee t(B(L)) \leqslant t(A(L) \cup B(L)) \leqslant t(A(L)) + t(B(L))$;

(2) $t(A(L)) + t(B(L)) - 1 \leqslant t(A(L) \cap B(L)) \leqslant t(A(L)) \wedge t(B(L))$.

定理 3.6.9 $A(L) \in F(L(\Omega_L))$ 是经典重言式 (矛盾式) 的充要条件是对于 (LA, Ω) 的任意有限群函数 $\{P_L | L \in$ LA$\}$, $A(L)$ 的真度等于 1(0).

最后说明一点, 在含糊命题的概率逻辑中, 可以引进连接词蕴涵 $\rightarrow$, 规定任意 $A, B \in F(L(\Omega_L))$, $A \rightarrow B = \sim A \cup B$.

3.6.3 Vague 谓词命题的概率逻辑与 Fuzzy 命题的 Fuzzy 逻辑的比较

在引言中我们已对 Vague 命题的概率逻辑与 Fuzzy 命题的 Fuzzy 逻辑的特点进行了简单的说明. 现在基于它们的性质再进行进一步的比较.

设 $L_1(16), L_1(17)$ 分别表示命题 "16 岁是年轻人" 和 "17 岁是年轻人". 在模糊逻辑 BL 中, 人们称它们为 Fuzzy 命题. 基于 Fuzzy 逻辑 BL, 如果赋予 $L_1(16), L_1(17)$

的真值分别是 $v(L_1(16)) = 0.94, v(L_1(17)) = 0.95$, 则命题 $L_1(16) \cap L_1(17)$ 和 $L_1(16) \& L_1(17)$ 的真值分别为

$$v(L_1(16) \cap L_1(17)) = v(L_1(16)) \wedge (L_1(17))$$

和

$$v(L_1(16) \& L_1(17)) = v(L_1(16)) *_{\mathrm{BL}} (L_1(17)),$$

且

$$v(L_1(16)) + (L_1(17)) - 1 \leqslant v(L_1(16) *_{\mathrm{BL}} L_1(17)) \leqslant v(L_1(16)) \wedge (L_1(17)),$$

这里 $*_{\mathrm{BL}}$ 是任意的连续三角模. 注意在多值逻辑 BL 中, 没有解释连接词 $\cap$ 和 & 的实际含义. 并且在一种 $*_{\mathrm{BL}}$ 语义下, 所有的连接词的运算是固定的. 然而在上述的 Vague 谓词命题的概率逻辑中, 称 $L_1(16), L_1(17)$ 为 Vague 谓词命题, 它们的概率真度 $t(L_1(16)), t(L_1(17))$ 和 $t(L_1(16) \cap L_1(17))$ 都来自于专家的统计数据, 且连接词 $\sim, \cap, \cup$ 的运算方式不是固定的, 它们满足

$$t(L_1(16)) + L_1((17)) - 1 \leqslant t(L_1(16) \cap L_1(17)) \leqslant t(L_1(16)) \wedge t(L_1(17)).$$

从上面的比较可以看出, Vague 谓词命题的概率逻辑比 BL 逻辑更接近于实际, 而模糊逻辑的固定演算方式便于推理.

第 4 章　不确定命题的对偶下－上确界逻辑与推理

第 2 章针对随机命题利用概率论建立了一种命题的逻辑, 称为随机命题的概率逻辑. 第 3 章针对 Vague(或 Fuzzy) 命题, 利用 Lawry 模型、概率论和三角模建立了一种命题的逻辑, 称为 Vague 命题的 Lawry 对偶三角模–三角余模逻辑. 本章将针对所有非经典命题, 利用不确定理论和三角模建立一种命题逻辑, 称为不确定命题的对偶下–上确界逻辑 (简称不确定命题逻辑), 记作 UProL.

本章的组织结构如下; 4.1 节给出 UProL 的语言并定义不确定命题的真度. 4.2 节讨论不确定命题真度的规律. 4.3 节给出 UProL 度量空间. 4.4 节给出 UProL 的公理化方法. 4.5 节给出 UProL 的推理模型.

4.1　UProL 的语言与不确定命题的真度

1.3 节已经定义了不确定命题的概念, 即任何非经典命题都称为不确定命题.

用符号 $\xi_1, \xi_2, \cdots$ 表示不确定命题. 符号 $\sim, \cap, \cup$ 分别表示连接词 "否定" "并且" 和 "或者".

定义 4.1.1　设 S 是由有限个或可数个不确定命题组成的集合. $F(S)$ 是一个由 S 产生的 $(\sim, \cap, \cup)$ 型自由代数, 即

(i) S 中的所有元素都属于 $F(S)$;

(ii) 若 $X, Y \in F(S)$, 则 $\neg X, X \cap Y, X \cup Y \in F(S)$;

(iii)$F(S)$ 中的元素仅通过 (i) 和 (ii) 的方式产生.

显然, $F(S)$ 中的每个元素为不确定命题公式.

一般地, 用符号 $X, Y, Z, \cdots$ 或 $X_1, X_2, \cdots$ 表示不确定命题公式, 并规定蕴涵连接词 "$\rightarrow$" 的意义为 $X \rightarrow Y = \sim X \cup Y$.

设 X 仅包含不确定命题 $\xi_1, \xi_2, \cdots, \xi_n$, 可记它为 $X(\xi_1, \xi_2, \cdots, \xi_n)$.

例如, 如果 ξ_1, ξ_2, ξ_3 分别表示不确定命题 "老李明天将离开人间" "小王明天将在北京" "小王明天将在天津" 和 "小王是一个年轻人", 则 $\sim \xi_1, \xi_1 \cap \xi_2, \xi_2 \cup \xi_3, \sim \xi_1 \cap \xi_4$ 分别表示不确定命题公式 "老李明天不离开人间" "老李明天将离开人间并且小王明天将在北京" "小王明天将在北京或小王明天将在天津" 和 "老李明天不离开人间且小王是一个年轻人".

显然, 可以视 "老李明天将离开人间" "小王明天将在北京" 和 "小王明天将在天津" 为随机命题, "16 岁的小王是一个年轻人" 为 Vague(或 Fuzzy) 命题. 第 2 章

提供了利用概率统计的方法赋予随机命题是真的程度的方法. 第 3 章提供了利用概率论和三角模算子赋予 Vague 命题是真的程度的方法. 对于基于一些具体的相关数据, 利用概率统计的方法赋予不确定命题的真度, 专家往往是不愿意相信的, 而更愿意相信自己的经验和智力. 将这种现象上升到数学的高度, 就是刘宝碇的不确定理论.

下面通过实例说明如何利用刘宝碇的不确定测度分别赋予上述不确定命题公式是真的程度.

例 4.1.1 对于不确定命题 ξ_2 和 ξ_3, 可以针对小王在哪里, 通过专家得到不确定空间 (Γ_1, L_1, M_1)(这里 $\Gamma =$\{北京, 天津, 其他地方\}). 从而 M_1\{北京\} 可以看成 ξ_2 是真的程度. 类似地, M_1\{天津\} 可以看成 ξ_3 是真的程度. 从而, M_1\{北京, 天津\} 可以看成 $\xi_2 \cup \xi_3$ 是真的程度.

对于不确定命题 ξ_1, 可以针对老李离开人间在哪一天, 通过专家得到一个不确定空间 (Γ_2, L_2, M_2)(这里 $\Gamma =$\{今天, 明天, 后天, 大后天, 其他时间\}). 从而不确定事件 \{明天\} 可以看成 ξ_1 是真的程度, 且 M_2\{北京\}$^c = 1 - M_2$\{明天\} 可以看成 $\neg\xi_1$ 是真的程度.

对于不确定命题 ξ_4, 可以针对 16 岁属于哪类人, 通过专家得到不确定测度空间 (Γ_3, L_3, M_3)(这里 $\Gamma =$\{年轻人, 中年人, 老年人\}), 从而 M_3\{年轻人\} 可以看成 ξ_4 是真的程度.

从实际问题的意义, 可以知道 ξ_1 和 ξ_2 是真的程度没有关系, ξ_1 和 ξ_4 是真的程度也没有关系. 因此, M_2\{明天\} $\wedge$ M_1\{北京\} 可以看成 $\xi_1 \cap \xi_2$ 是真的程度. $(1 - M$\{北京\}$) \wedge M$\{年轻人\} 可以理解为 $\xi_1 \cap \xi_4$ 是真的程度.

因为从客观上认为任何不确定命题不是真就是假, 所以可以视不确定命题是取 1 或 0 的不确定变量. 因此, 为了以后表述方便, 分别将 M_2\{明天\}, M_1\{北京\}, M_1\{天津\} 和 M_3\{年轻人\} 表示为 $M_2\{\xi_1 = 1\}, M_1\{\xi_2 = 1\}, M_1\{\xi_3 = 1\}$ 和 $M_3\{\xi_4 = 1\}$. 从而 $\{\sim \xi_1 = 1\}, \{\xi_1 \cap \xi_2 = 1\}, \{\xi_2 \cup \xi_3 = 1\}$ 和 $\{\sim \xi_1 \cap \xi_4 = 1\}$ 分别表示不确定空间 (Γ_2, L_2, M_2) 的不确定事件 \{明天\}^{c}, 二维空间 $(\Gamma_2 \times \Gamma_1, L_2 \times L_1, M_4 = M_2 \times M_1)$ 上的不确定事件 \{(明天, 北京)\}, 不确定空间 (Γ_1, L_1, M_1) 不确定事件 \{北京\}$\cup$\{天津\} 和二维空间 $(\Gamma_2 \times \Gamma_3, L_2 \times L_3, M_5 = M_2 \times M_4)$ 上的不确定事件 \{明天\}$^c \cap$\{年轻人\}.

概括例 4.1.1 的思想, 引入下述定义.

定义 4.1.2 设 $X \in F(S), (\Gamma, L, M)$ 是一不确定空间, 且 $\{X = 1\}$ 是不确定空间 (Γ, L, M) 中的不确定事件, 则不确定测度 $M\{X = 1\}$ 称为不确定命题公式 X 的真度, 记作 $T(X) = M\{X = 1\}$.

例 4.1.2　例如,

$$T(\xi_1) = M_2\{\xi_1 = 1\}, \quad T(\xi_2) = M_1\{\xi_2 = 1\},$$
$$T(\xi_3) = M_1\{\xi_3 = 1\}, \quad T(\xi_4) = M_3\{\xi_4 = 1\},$$
$$T(\sim \xi_1) = M_2\{\sim \xi_1 = 1\}, \quad T(\xi_1 \cap \xi_2) = M_4\{\xi_1 \cap \xi_2 = 1\},$$
$$T(\xi_2 \cup \xi_3) = M_1\{\xi_2 \cup \xi_3 = 1\}, \quad T(\sim \xi_1 \cap \xi_4) = M_5\{\sim \xi_1 \cap \xi_4 = 1\}.$$

4.2　不确定命题公式真度的规律

由不确定测度的性质得到不确定命题公式的真度的下述规律.

定理 4.2.1　设 $X, Y \in F(S)$.

(i) 如果 $\vDash X$, 则有 $T(X) = 1$;

(ii) $T(X) + T(\sim X) = 1$;

(iii) $T(\sim (X \cap Y)) = T(\sim X \cup \sim Y), T(\sim (X \cup Y)) = T(\sim X \cap \sim Y)$;

(iv) 如果 $X \equiv Y$, 则 $T(X) = T(Y)$;

(v) 如果 $X \to Y$, 则 $T(X) \leqslant T(Y)$;

(vi) $T(X) \vee T(Y) \leqslant T(Y \cup X) = T(X \cup Y) \leqslant T(X) + T(Y)$;

(vii) $T(X) + T(Y) - 1 \leqslant T(X \cap Y) = T(Y \cap X) \leqslant T(Y) \wedge T(X)$;

(viii) $(1 - T(X)) \vee T(Y) \leqslant T(X \to Y) \leqslant 1 - T(X) + T(Y)$.

证明　(i) $\vDash X$ 意味着 $\{X = 1\}$ 是全空间 Γ, 所以根据不确定测度的正规性, 有 $T(X) = M\{\Gamma\} = 1$.

(ii) 因为 $\{\sim X = 1\} = \{X = 1\}^c$, 所以根据不确定测度的对偶性, 有

$$T(X) + T(\sim X) = M\{X = 1\} + M\{X = 1\}^c = 1.$$

(iii) 因为

$$\{\sim (X \cap Y) = 1\} = \{\sim X \cup \sim Y = 1\}, \quad \{\sim (X \cup Y) = 1\} = \{\sim X \cap \sim Y\} = 1,$$

所以

$$T(\sim (X \cap Y)) = T(\sim X \cup \sim Y), \quad T(\sim (X \cup Y)) = T(\sim X \cap \sim Y).$$

(iv) 如果 $X \equiv Y$, 则 $\{X = 1\} = \{Y = 1\}$. 所以 $T(X) = T(Y)$.

(v) 如果 $X \to Y$, 则 $\{X = 1\} \subseteq \{Y = 1\}$. 所以根据不确定测度的单调性有

$$T(X) \leqslant T(Y).$$

(vi) 因为

$$\{X \cup Y = 1\} = \{Y \cup X = 1\} \supseteq \{Y = 1\},$$

$$\{X \cup Y = 1\} = \{Y \cup X = 1\} \supseteq \{X = 1\},$$

所以

$$T(Y) \vee T(X) \leqslant T(X \cup Y) = T(Y \cup X).$$

又

$$\{X \cup Y = 1\} \subseteq \{X = 1\} \cup \{Y = 1\},$$

所以根据不确定测度的次可加性, 有

$$T(X \cup Y) \leqslant T(Y) + T(Y).$$

(vii) 因为

$$\{X \cap Y = 1\} = \{Y \cap X = 1\} \subseteq \{Y = 1\},$$

$$\{X \cap Y = 1\} = \{Y \cap X = 1\} \subseteq \{X = 1\},$$

所以

$$T(X \cap Y) = T(Y \cap X) \leqslant T(Y) \wedge T(X).$$

又

$$\{X \cap Y = 1\} \supseteq \{X = 1\} \cap \{Y = 1\},$$

所以根据不确定测度性质, 有

$$T(X \cap Y) = M\{X \cap Y = 1\} \geqslant M\{\{X = 1\} \cap \{Y = 1\}\}$$

$$\geqslant M\{X = 1\} + M\{Y = 1\} - 1 = T(X) + T(Y) - 1.$$

(viii) 因为 $X \to Y \equiv \sim X \cup Y$, 所以

$$T(X \to Y) = T(\sim X \cup Y) \leqslant T(\sim X) + T(Y) = 1 - T(X) + T(Y),$$

且

$$T(X \to Y) = T(\sim X \cup Y) \geqslant T(\sim X) \vee T(Y) = (1 - T(X)) \vee T(Y).$$

推论 4.2.1 设 $X, Y \in F(S)$. 如果 $\vDash \sim X$, 则

(i) $T(X) = 0$;

(ii) $T(X \cup \sim X) = 1, T(X \cap \sim X) = 0$.

证明 (i) 由定理 4.2.1(i) 知 $T(\sim X) = 1$, 于是 $T(X) = 1 - T(\sim X) = 1 - 1 = 0$.

(ii) 因为 $\vDash X \cup \sim X, \vDash \sim (X \cap \sim X)$, 所以

$$T(X \cup \sim X) = 1, \quad T(X \cap \sim X) = 0.$$

4.3　不确定命题公式的真度的一般计算方法

定理 4.2.3 仅提供了计算仅包含独立原子不确定命题的情况. 下面讨论如何计算包含非独立不确定命题公式的真度.

设 $X \in F(S)$, 为了简单, 记 $\{X = 1\} = [X]$. 首先引入不确定命题集 S 的 U-赋值的概念.

定义 4.3.1(S 的 U-赋值)　设 $S = S_1 \cup S_2 \cup \cdots \cup S_k$ 或 $S = S_1 \cup S_2 \cup \cdots \cup S_k \cup \cdots$, 这里

$$S_1 = \{\xi_{11}, \xi_{12}, \cdots, \xi_{1n_1}\}, S_2 = \{\xi_{21}, \xi_{22}, \cdots, \xi_{2n_2}\}, \cdots, S_m = \{\xi_{n1}, \xi_{m2}, \cdots, \xi_{mn_m}\}, \cdots,$$

如果有不确定空间 $(\Gamma_j, L_j, M_j), j = 1, 2, \cdots, m, \cdots$, 其中

$$\Gamma_j = \{[\xi_{j1}], [\sim \xi_{j1}]\} \times \{[\xi_{j2}], [\sim \xi_{j2}]\} \times \cdots \times \{[\xi_{jn_j}], [\sim \xi_{jn_j}]\}, \quad j = 1, 2, \cdots, m,$$

则称 $v = \{(\Gamma_j, L_j, M_j) | j = 1, 2, \cdots\}$ 是 S 的一个不确定空间赋值, 简称 S 的 U-赋值.

设 $v = \{M_j | j = 1, 2, \cdots\}$ 是 S 的一个 U-赋值, 不确定命题

$$X(\xi_{11}, \xi_{12}, \cdots, \xi_{1n_1}, \xi_{21}, \xi_{22}, \cdots, \xi_{2n_2}, \cdots, \xi_{n1}, \xi_{m2}, \cdots, \xi_{mn_m}) \in F(S),$$

且 X 等价于析取范式

$$G(X) = \bigcup_{\substack{f_X(x_{11}, \cdots, x_{1n_1}, \cdots, x_{m1}, \cdots, x_{mn_m}) = 1, \\ x = (x_{11}, \cdots, x_{1n_1}, \cdots, x_{m1}, \cdots, x_{mn_m}) \in \{0,1\}^{n_1 + \cdots + n_m}}} \left(\bigcap_{l=1,2,\cdots,m} P_{lx} \right),$$

这里, $P_{ix} = Q_{i1x} \cap Q_{i2x} \cap \cdots \cap Q_{in_ix}, i = 1, 2, \cdots, m$, 对于任何

$$x = (x_{11}, x_{12}, \cdots, x_{1n_1}, x_{21}, x_{22}, \cdots, x_{2n_2}, \cdots, x_{m1}, x_{m2}, \cdots, x_{mn_m}) \in \{0,1\}^{n_1 + \cdots + n_m},$$

$$f_X(x_{11}, x_{12}, \cdots, x_{1n_1}, x_{21}, x_{22}, \cdots, x_{2n_2}, \cdots, x_{m1}, x_{m2}, \cdots, x_{mn_m}) = 1,$$

满足当 $x_{ij} = 1$ 时 $Q_{ijx} = \xi_{ij}$; 当 $x_{ij} = 0$ 时 $Q_{ijx} = \sim \xi_{ij}$, $i = 1, 2, \cdots, m, j \in \{1, 2, \cdots, n_i\}$, 则在 S 的 U-赋值下, 得到 $v_X = \{(\Gamma_j, L_j, M_j) | j = 1, 2, \cdots, m\}$ 称为不确定命题 X 的不确定空间赋值, 简称 X 的 U-赋值. 于是通过不确定空间 $(\Gamma_j, L_j, M_j), j = 1, 2, \cdots, m$ (其中

$$\Gamma_j = \{[\xi_{j1}], [\sim \xi_{j1}]\} \times \{[\xi_{j2}], [\sim \xi_{j2}]\} \times \cdots \times \{[\xi_{jn_j}], [\sim \xi_{jn_j}]\}, \quad j = 1, 2, \cdots, m)$$

确定一个乘积不确定空间

$$(\Gamma, L, M), \quad \Gamma = \Gamma_1 \times \Gamma_2 \times \cdots \times \Gamma_m, \quad L = L_1 \times L_2 \times \cdots \times L_m,$$

那么

$$[X] = [G(X)]$$
$$= \bigcup_{\substack{f_X(x_{11}, \cdots, x_{1n_1}, \cdots, x_{m1}, \cdots, x_{mn_m})=1, \\ x=(x_{11}, \cdots, x_{1n_1}, \cdots, x_{m1}, \cdots, x_{mn_m}) \in \{0,1\}^{n_1+\cdots+n_m}}} \left(\left[\bigcap_{l=1,2,\cdots,m} P_{lx} \right] \right),$$

其中, 对于每个

$$x=(x_{11}, x_{12}, \cdots, x_{1n_1}, x_{21}, x_{22}, \cdots, x_{2n_2}, \cdots, x_{m1}, x_{m2}, \cdots, x_{mn_m}) \in \{0,1\}^{n_1+\cdots+n_m},$$

$$f_X(x_{11}, x_{12}, \cdots, x_{1n_1}, x_{21}, x_{22}, \cdots, x_{2n_2}, \cdots, x_{m1}, x_{m2}, \cdots, x_{mn_m}) = 1,$$

$$[P_{1x}] \in L_1, [P_{2x}] \in L_2, \cdots, [P_{mx}] \in L_m.$$

令 $\Lambda_j = \{P_{jx} | x \in \{0,1\}^{n_1+n_2+\cdots+n_m}\} \subseteq \Gamma_j, j = 1, 2, \cdots, m$, 并称它为 X 的伴随事件.

类似地, $\sim X$ 等价于析取范式

$$G(X) = \bigcup_{\substack{f_X(x_{11}, \cdots, x_{1n_1}, \cdots, x_{m1}, \cdots, x_{mn_m})=0, \\ x=(x_{11}, \cdots, x_{1n_1}, \cdots, x_{m1}, \cdots, x_{mn_m}) \in \{0,1\}^{n_1+\cdots+n_m}}} \left(\bigcap_{l=1,2,\cdots,m} P_{lx} \right),$$

这里, $P_{ix} = Q_{i1x} \cap Q_{i2x} \cap \cdots \cap Q_{in_ix}, i = 1, 2, \cdots, m$, 对于任何

$$x=(x_{11}, x_{12}, \cdots, x_{1n_1}, x_{21}, x_{22}, \cdots, x_{2n_2}, \cdots, x_{m1}, x_{m2}, \cdots, x_{mn_m}) \in \{0,1\}^{n_1+\cdots+n_m},$$

$$f_X(x_{11}, x_{12}, \cdots, x_{1n_1}, x_{21}, x_{22}, \cdots, x_{2n_2}, \cdots, x_{m1}, x_{m2}, \cdots, x_{mn_m}) = 0,$$

满足当 $x_{ij} = 1$ 时 $Q_{xij} = \xi_{ij}$; 当 $x_{ij} = 0$ 时 $Q_{xij} = \sim \xi_{ij}$, $i = 1, 2, \cdots, m, j \in \{1, 2, \cdots, n_i\}$, 则通过不确定空间 $(\Gamma_j, L_j, M_j), j = 1, 2, \cdots, m$ (其中

$$\Gamma_j = \{[\xi_{j1}], [\sim \xi_{j1}]\} \times \{[\xi_{j2}], [\sim \xi_{j2}]\} \times \cdots \times \{[\xi_{jn_j}], [\sim \xi_{jn_j}]\}, j = 1, 2, \cdots, m)$$

确定一个乘积不确定空间

$$(\Gamma, L, M), \Gamma = \Gamma_1 \times \Gamma_2 \times \cdots \times \Gamma_m, L = L_1 \times L_2 \times \cdots \times L_m, 且$$
$$[\sim X] = [G(\sim X)]$$
$$= \bigcup_{\substack{f_X(x_{11}, \cdots, x_{1n_1}, \cdots, x_{m1}, \cdots, x_{mn_m})=0, \\ x=(x_{11}, \cdots, x_{1n_1}, \cdots, x_{m1}, \cdots, x_{mn_m}) \in \{0,1\}^{n_1+\cdots+n_m}}} [P_{1x}] \cap [P_{2x}] \cap \cdots \cap [P_{mx}],$$

其中, 对于每个

$$x = (x_{11}, x_{12}, \cdots, x_{1n_1}, x_{21}, x_{22}, \cdots, x_{2n_2}, \cdots, x_{m1}, x_{m2}, \cdots, x_{mn_m}) \in \{0,1\}^{n_1 + \cdots + n_m},$$
$$f_X(x_{11}, x_{12}, \cdots, x_{1n_1}, x_{21}, x_{22}, \cdots, x_{2n_2}, \cdots, x_{m1}, x_{m2}, \cdots, x_{mn_m}) = 0,$$
$$[P_{1x}] \in L_1, [P_{2x}] \in L_2, \cdots, [P_{mx}] \in L_m.$$

令 $\Lambda_j = \{P_{jx} | x \in \{0,1\}^{n_1 + n_2 + \cdots + n_m}\} \subseteq \Gamma_j, j = 1, 2, \cdots, m$, 并称它为 $\sim X$ 的伴随事件.

例 4.3.1　设 $X = \xi_1 \cup \sim \xi_2 \to \xi_3 \in F(S)$ 带有 US-赋值 $v = \{(\Gamma_1, L_1, M_1), (\Gamma_2, L_2, M_2)\}$, 这里

$$\Gamma_1 = \{[\xi_1], [\sim \xi_1]\} \times \{[\xi_2], [\sim \xi_2]\}, \Gamma_2 = \{[\xi_3], [\sim \xi_3]\}.$$

$$X \equiv G(X)$$
$$\equiv ((\sim \xi_1 \cap \xi_2) \cap \xi_3) \cup ((\sim \xi_1 \cap \xi_2) \cap \sim \xi_3)$$
$$\cup ((\sim \xi_1 \cap \sim \xi_2) \cap \xi_3) \cup ((\xi_1 \cap \xi_2) \cap \xi_3) \cup ((\xi_1 \cap \sim \xi_2) \cap \xi_3)$$
$$\equiv (P_{1(0,1,1)} \cap P_{2(0,1,1)}) \cup (P_{1(0,1,1)} \cap P_{2(0,1,1)}) \cup (P_{1(0,0,1)} \cap P_{2(0,0,1)})$$
$$\cup (P_{1(1,1,1)} \cap P_{2(1,1,1)}) \cup (P_{1(1,0,1)} \cap P_{2(1,0,1)}).$$

4.4　带有独立不确定命题集的不确定命题公式真度的计算

4.1 节真度的定义是笼统的, 我们需要给出计算不确定命题公式的真度的行之有效的方法.

前面已经说明, 不确定命题公式可以看成取 1 或 0 的不确定变量. 为此, 我们引入下述定义.

定义 4.4.1　设不确定命题公式 $X_1, X_2, \cdots, X_n \in F(S)$. 如果不确定变量 $X_1, X_2, \cdots, X_n$ 是独立的, 则称 $\{X_1, X_2, \cdots, X_n\}$ 是独立不确定命题公式集.

根据不确定变量的性质立刻有以下结论.

定理 4.4.1　设不确定命题公式 $X_1, X_2, \cdots, X_n \in F(S)$, 如果 $X_1, X_2, \cdots, X_n$ 是独立的不确定命题公式, 那么

$$T(X_1 \cap X_2 \cap \cdots \cap X_n) = T(X_1) \wedge T(X_2) \wedge \cdots \wedge T(X_n),$$
$$T(X_1 \cup X_2 \cup \cdots \cup X_n) = T(X_1) \vee T(X_2) \vee \cdots \vee T(X_n).$$

推论 4.4.1　如果不确定命题 $\xi_1, \xi_2, \cdots, \xi_n \in F(S)$ 是独立的, 那么任何 $Q_i \in \{\xi_i, \sim \xi_i\}, i = 1, 2, \cdots, n$ 是独立的, 即

(i) $T(Q_1 \cap Q_2 \cap \cdots \cap Q_n) = T(Q_1) \wedge T(Q_2) \wedge \cdots \wedge T(Q_n)$;

(ii) $T(Q_1 \cup Q_2 \cup \cdots \cup Q_n) = T(Q_1) \vee T(Q_2) \vee \cdots \vee T(Q_n)$.

对于仅包含独立的不确定命题 $\xi_1, \xi_2, \cdots, \xi_n$ 的不确定命题公式的真度, 陈孝伟和 Ralescu 给出了下述计算方法[29].

定理 4.4.2(Chen-Ralescu 定理) 设不确定命题 $X(\xi_1, \xi_2, \cdots, \xi_n) \in F(S)$, 如果原子不确定命题 $\xi_1, \xi_2, \cdots, \xi_n$ 是独立的, $\xi_i, i = 1, 2, \cdots, n$ 分别具有不确定测度 $M_i, i = 1, 2, \cdots, n$, 则

$$
T(X) = \begin{cases}
\displaystyle\sup_{f_X(x_1,x_2,\cdots,x_n)=1, x=(x_1,x_2,\cdots,x_n)\in\{0,1\}^n} \min_{1\leqslant i\leqslant n} v_i(x_i), \\
\qquad\displaystyle\sup_{f_X(x_1,x_2,\cdots,x_n)=1, x=(x_1,x_2,\cdots,x_n)\in\{0,1\}^n} \min_{1\leqslant i\leqslant n} v_i(x_i) < 0.5, \\
1 - \displaystyle\sup_{f_X(x_1,x_2,\cdots,x_n)=0, x=(x_1,x_2,\cdots,x_n)\in\{0,1\}^n} \min_{1\leqslant i\leqslant n} v_i(x_i), \\
\qquad\displaystyle\sup_{f_X(x_1,x_2,\cdots,x_n)=1, x=(x_1,x_2,\cdots,x_n)\in\{0,1\}^n} \min_{1\leqslant i\leqslant n} v_i(x_i) \geqslant 0.5,
\end{cases}
$$

这里 f_X 是 X 的真函数, 且 $v_i(1) = M_i\{\xi_i = 1\} = T(\xi_i), v_i(0) = M_i\{\xi_i = 0\} = 1 - T(\xi_i), i = 1, 2, \cdots, n$.

证明 设 $B_i, i = 1, 2, \cdots, n$ 是 $\{0, 1\}$ 的子集, 即 $B_i, i = 1, 2, \cdots, n$ 是 $\{0\}, \{1\}$ 或 $\{0, 1\}$. 记 $\Lambda = \{\xi = 1\}, \Lambda^c = \{\xi = 0\}, \Lambda_i = \{\xi_i \in B_i\}$. 对于 $i = 1, 2, \cdots, n$. 容易证明

$$\Lambda_1 \times \Lambda_2 \times \cdots \times \Lambda_n = \Lambda \text{当且仅当} f_X(B_1, B_2, \cdots, B_n) = \{1\},$$

$$\Lambda_1 \times \Lambda_2 \times \cdots \times \Lambda_n = \Lambda^c \text{当且仅当} f_X(B_1, B_2, \cdots, B_n) = \{0\}.$$

于是由不确定测度乘积公理有

$$
T(X) = M\{X = 1\} = \begin{cases}
\displaystyle\sup_{f_X(B_1,B_2,\cdots,B_n)=\{1\}, x=(x_1,x_2,\cdots,x_n)\in\{0,1\}^n} \min_{1\leqslant i\leqslant n} M_i(B_i), \\
\qquad\displaystyle\sup_{f_X(B_1,B_2,\cdots,B_n)=\{1\}, x=(x_1,x_2,\cdots,x_n)\in\{0,1\}^n} \min_{1\leqslant i\leqslant n} M_i(B_i) > 0.5, \\
1 - \displaystyle\sup_{f_X(B_1,B_2,\cdots,B_n)=\{0\}, x=(x_1,x_2,\cdots,x_n)\in\{0,1\}^n} \min_{1\leqslant i\leqslant n} M_i(B_i), \\
\qquad\displaystyle\sup_{f_X(B_1,B_2,\cdots,B_n)=\{0\}, x=(x_1,x_2,\cdots,x_n)\in\{0,1\}^n} \min_{1\leqslant i\leqslant n} M_i(B_i)_i > 0.5, \\
0.5, \qquad\qquad\qquad\qquad\qquad\qquad \text{其他}
\end{cases}
$$

$$(4.1)$$

注意这里 $v_i(1) = M\{\xi_i = 1\} = T(\xi_i), v_i(0) = M\{\xi_i = 0\} = 1 - T(\xi_i), i = 1, 2, \cdots, n$.

下面分四种情况讨论.

(1) 当 $\displaystyle\sup_{f_X(x_1,x_2,\cdots,x_n)=1, x=(x_1,x_2,\cdots,x_n)\in\{0,1\}^n} \min_{1\leqslant i\leqslant n} v_i(x_i) < 0.5$ 时, 则

$$
\sup_{f_X(B_1,B_2,\cdots,B_n)=\{0\}, x=(x_1,x_2,\cdots,x_n)\in\{0,1\}^n} \min_{1\leqslant i\leqslant n} M_i(B_i)
$$
$$
= 1 - \sup_{f_X(x_1,x_2,\cdots,x_n)=1, x=(x_1,x_2,\cdots,x_n)\in\{0,1\}^n} \min_{1\leqslant i\leqslant n} v_i(x_i) > 0.5.
$$

于是根据式 (4.1), 有

$$T(X) = \sup_{f_X(x_1,x_2,\cdots,x_n)=1,x=(x_1,x_2,\cdots,x_n)\in\{0,1\}^n} \min_{1\leqslant i\leqslant n} v_i(x_i).$$

(2) 当
$$\sup_{f_X(x_1,x_2,\cdots,x_n)=1,x=(x_1,x_2,\cdots,x_n)\in\{0,1\}^n} \min_{1\leqslant i\leqslant n} v_i(x_i) > 0.5 \text{ 时, 则}$$

$$\sup_{f_X(B_1,B_2,\cdots,B_n)=\{1\},x=(x_1,x_2,\cdots,x_n)\in\{0,1\}^n} \min_{1\leqslant i\leqslant n} M_i(B_i)$$
$$=1 - \sup_{f_X(x_1,x_2,\cdots,x_n)=0,x=(x_1,x_2,\cdots,x_n)\in\{0,1\}^n} \min_{1\leqslant i\leqslant n} v_i(v_i) > 0.5.$$

于是根据式 (4.1), 有

$$T(X) = 1 - \sup_{f_X(x_1,x_2,\cdots,x_n)=0,x=(x_1,x_2,\cdots,x_n)\in\{0,1\}^n} \min_{1\leqslant i\leqslant n} v_i(x_i).$$

(3) 当

$$\sup_{f_X(x_1,x_2,\cdots,x_n)=1,x=(x_1,x_2,\cdots,x_n)\in\{0,1\}^n} \min_{1\leqslant i\leqslant n} v_i(x_i) = 0.5$$

且

$$\sup_{f_X(x_1,x_2,\cdots,x_n)=0,x=(x_1,x_2,\cdots,x_n)\in\{0,1\}^n} \min_{1\leqslant i\leqslant n} v_i(x_i) = 0.5$$

时, 则

$$\sup_{f_X(B_1,B_2,\cdots,B_n)=1,x=(x_1,x_2,\cdots,x_n)\in\{0,1\}^n} \min_{1\leqslant i\leqslant n} M_i(B_i)$$
$$= \sup_{f_X(B_1,B_2,\cdots,B_n)=0,x=(x_1,x_2,\cdots,x_n)\in\{0,1\}^n} \min_{1\leqslant i\leqslant n} M_i(B_i) = 0.5.$$

从而根据式 (4.1), 有

$$T(X) = 1 - \sup_{f_X(x_1,x_2,\cdots,x_n)=0,x=(x_1,x_2,\cdots,x_n)\in\{0,1\}^n} \min_{1\leqslant i\leqslant n} v_i(x_i).$$

(4) 当

$$\sup_{f_X(x_1,x_2,\cdots,x_n)=1,x=(x_1,x_2,\cdots,x_n)\in\{0,1\}^n} \min_{1\leqslant i\leqslant n} v_i(x_i) = 0.5$$

且

$$\sup_{f_X(x_1,x_2,\cdots,x_n)=0,x=(x_1,x_2,\cdots,x_n)\in\{0,1\}^n} \min_{1\leqslant i\leqslant n} v_i(x_i) < 0.5$$

时, 则

$$\sup_{f_X(B_1,B_2,\cdots,B_n)=1,x=(x_1,x_2,\cdots,x_n)\in\{0,1\}^n} \min_{1\leqslant i\leqslant n} M_i(B_i)$$
$$=1 - \sup_{f_X(x_1,x_2,\cdots,x_n)=0,x=(x_1,x_2,\cdots,x_n)\in\{0,1\}^n} \min_{1\leqslant i\leqslant n} v_i(x_i) > 0.5$$

所以则根据式 (4.1), 有

$$T(X) = 1 - \sup_{f_X(x_1,x_2,\cdots,x_n)=0,x=(x_1,x_2,\cdots,x_n)\in\{0,1\}^n} \min_{1\leqslant i\leqslant n} v_i(x_i).$$

例 4.4.1 设 $X = \xi_1\cup\sim\xi_2 \to \xi_3 \in F(S)$, ξ_1,ξ_2,ξ_3 是独立原子不确定命题且不确定测度

$$M_1\{\xi_1 = 1\} = v_1(1) = 0.4, M_2\{\xi_2 = 1\} = v_2(1) = 0.7, M_3\{\xi_3 = 1\} = v_3(1) = 0.5,$$

则

$$v_1(0) = 1 - v_1(1) = 0.6, \quad v_2(0) = 1 - v_2(1) = 0.3, \quad v_3(0) = 1 - v_3(1) = 0.5.$$

因为

$$\{f_X(x_1, x_2, x_3) = 1 | x = (x_1, x_2, x_3) \in \{0,1\}^3\}$$
$$= \{(0,1,1), (0,1,0), (0,0,1), (1,1,1), (1,0,1)\},$$
$$\{f_X(x_1, x_2, x_3) = 0 | x = (x_1, x_2, x_3) \in \{0,1\}^3\} = \{(0,0,0),(1,1,0),(1,0,0)\},$$

又,

$$\sup_{f(x_1,x_2,x_3)=1} \min_{1\leqslant i\leqslant 3} v_i(x_i)$$
$$= (v_1(0) \wedge v_2(1) \wedge v_3(1)) \vee (v_1(0) \wedge v_2(1) \wedge v_3(0))$$
$$\vee (v_1(0) \wedge v_2(0) \wedge v_3(1)) \vee (v_1(1) \wedge v_2(1) \wedge v_3(1))$$
$$\vee (v_1(1) \wedge v_2(0) \wedge v_3(1))$$
$$= 0.5 \vee 0.4 \vee 0.3 \vee 0.4 \vee 0.3 = 0.5 \geqslant 0.5,$$

$$\sup_{f(x_1,x_2,x_3)=0} \min_{1\leqslant i\leqslant 3} v_i(x_i)$$
$$= (v_1(0) \wedge v_2(0) \wedge v_3(0)) \vee (v_1(1) \wedge v_2(1) \wedge v_3(0)) \vee (v_1(1) \wedge v_2(0) \wedge v_3(0))$$
$$= 0.3 \vee 0.4 \vee 0.3 = 0.4,$$

所以 $T(\xi_1\cup\sim\xi_2 \to \xi_3) = 1 - 0.4 = 0.6$.

4.5 独立不确定命题公式真度的公理化及其推理

本节抛开具体的问题, 抽象其数学本质将独立不确定公式真度公理化, 并在此基础上建立其推理理论.

本节参考文献 [38].

首先引入不确定测度–赋值、理论及其相容的概念.

定义 4.5.1 设 $S = \{\xi_1, \xi_2, \cdots, \xi_n\}$ 是一个独立的不确定命题集. $F(S)$ 是一个由 S 产生的 $(\neg, \wedge, \vee, \to)$ 型的自由代数. 称它为一个不确定逻辑系统. 如果 $\Gamma \subset F(S)$, 称它为 $F(S)$ 的一个理论.

显然, 如果不确定命题 $\xi_1, \xi_2, \cdots, \xi_n$ 的真度被确定, 则通过真度定理知, $F(S)$ 中每个不确定公式的真度被唯一确定. 于是我们引入下面的定义.

定义 4.5.2　设 $S = \{\xi_1, \xi_2, \cdots, \xi_n\}$ 是一个独立的不确定命题集. 如果映射 $T : F(S) \to [0,1]$ 称为系统 $F(S)$ 上的一个不确定测度-赋值 (简称 U-赋值), 如果它满足真度定理, 即对每个不确定公式 $X(\xi_1, \xi_2, \cdots, \xi_n) \in F(S)$, 它的真度基于真度定理由 $T(\xi_1), T(\xi_2), \cdots, T(\xi_n)$ 唯一确定.

定义 4.5.3　设 $S = \{\xi_1, \xi_2, \cdots, \xi_n\}$ 是一个独立的不确定命题集, $\Gamma = \{X_1, \cdots, X_m\} \subseteq F(S)$, 并且 $T^* : \Gamma \to [0,1]$ 是一个映射. 如果存在一个 U-赋值 $T : F(S) \to [0,1]$, 使得在 Γ 上有 $T^* = \Gamma$, 则称 $\Gamma = \{X_1, \cdots, X_m\} \subseteq F(S)$ 是一个与 T^* 相容的理论. 否则, 称 $\Gamma = \{X_1, \cdots, X_m\} \subseteq F(S)$ 是一个与 T^* 不相容的理论, 这里称 T 是 T^* 的扩张, T^* 是 T 的收缩.

由定义 4.5.3 和不确定命题公式真度的规律, 容易证明下述定理.

定理 4.5.1　设 $\Gamma = \{X_1, \cdots, X_m\} \subseteq F(S)$ 是一个与 T^* 相容的理论, 则满足下面的真度规律: 设 $X_i, X_j \in \Gamma, i \neq j, i, j \in \{1, 2, \cdots, m\}$.

(i) 如果 $f_{X_i} \equiv 1$, 则 $T^*(X_i) = 1$; 如果 $f_{X_i} \equiv 0, T^*(X_i) = 0, i \in \{1, 2, \cdots, m\}$.

(ii) 对任何 $X_i, X_j \in \Gamma, i \neq j, i, j \in \{1, 2, \cdots, m\}$, 如果 $f_{X_i} \equiv f_{X_j}$ 则 $T^*(X_i) = T^*(X_j)$.

(iii) 如果 $f_{X_i} = 1 \Leftrightarrow f_{X_j} = 0$, 则 $T^*(X_i) + T^*(X_j) = 1$.

(iv) 如果 $f_{X_i \to X_j} \equiv 1$, 则 $T^*(X_i) \leqslant T^*(X_j)$.

(v) 如果 $X_i = X_j \cap X_t$, 则 $T^*(X_j) + T^*(X_t) - 1 \leqslant T^*(X_i)$.

(vi) 如果 $X_i = X_j \cup X_t$, 则 $T^*(X_i) \leqslant T^*(X_j) + T^*(X_t)$.

例 4.5.1　设 $\{\xi_1, \xi_2\}$ 是独立的不确定命题集. $\Gamma = \{\xi_1, \xi_1 \cap \xi_2\}$ 是一个理论. 容易看出下面的事实.

(i) 假设映射 $T^* : \Gamma \to [0,1]$ 满足 $T^*(\xi_1) = 0.4$ 和 $T^*(\xi_1 \cap \xi_2) = 0.3$. 因为通过真度定理, 它可由满足 $T(\xi_1) = 0.4, T(\xi_2) = 0.3$ 的 U-赋值 $T : F(S) \to [0,1]$ 确定, 所以 $\Gamma = \{\xi_1, \xi_1 \cap \xi_2\}$ 是与 $T^* : \Gamma \to [0,1]$ 相容的理论.

(ii) 假设映射 $T^* : \Gamma \to [0,1]$ 满足 $T^*(\xi_1) = 0.4$ 和 $T^*(\xi_1 \cap \xi_2) = 0.5$. 显然 $\Gamma = \{\xi_1, \xi_1 \cap \xi_2\}$ 是与 $T^* : \Gamma \to [0,1]$ 不相容的理论.

(iii) 假设映射 $T^* : \Gamma \to [0,1]$ 满足 $T^*(\xi_1) = T^*(\xi_1 \cap \xi_2) = 0.3$. 显然它有无穷个扩张 $T(\xi_1) = 0.3, T(\xi_2) = \alpha \in [0.3, 1]$. 因此 $\Gamma = \{\xi_1, \xi_1 \cap \xi_2\}$ 与 $T^* : \Gamma \to [0,1]$ 相容.

上述例子说明, 对于给定的 $\Gamma \subset F(S)$ 和映射 $T^* : \Gamma \to [0,1]$. T^* 在 Γ 上的扩张可能是唯一的, 可能有无穷多, 可能不存在.

设 $S = \{\xi_1, \xi_2, \cdots, \xi_n\}$ 是一个独立的不确定命题集. $\Gamma = \{X_1, X_2, \cdots, X_m\} \subseteq F(S)$ 是一个与 $T^* : \Gamma \to [0,1]$ 相容的理论, 这里 $T^*(X_i) = \beta_i, i = 1, 2, \cdots, m, \beta_1, \cdots,$

$\beta_{l-1} \in [0, 0.5), \beta_l = 0.5, \cdots, \beta_t = 0.5, \beta_{t+1}, \cdots, \beta_m \in (0.5, 1]$, 则通过陈孝伟的真度定理有

$$\bigvee_{f_{X_t}(x_1, x_2, \cdots, x_n)=1} \left(\bigwedge_{1 \leqslant i \leqslant n} \alpha_{x_i} \right) = 0.5,$$

$$\bigvee_{f_{\neg X_{t+1}}(x_1, x_2, \cdots, x_n)=1} \left(\bigwedge_{1 \leqslant i \leqslant n} \alpha_{x_i} \right) = 1 - \beta_{t+1},$$

$$\cdots \cdots$$

$$\bigvee_{f_{\neg X_m}(x_1, x_2, \cdots, x_n)=1} \left(\bigwedge_{1 \leqslant i \leqslant n} \alpha_{x_i} \right) = 1 - \beta_m,$$

$$\bigvee_{f_{X_1}(x_1, x_2, \cdots, x_n)=1} \left(\bigwedge_{1 \leqslant i \leqslant n} \alpha_{x_i} \right) = \beta_1,$$

$$\cdots \cdots$$

$$\bigvee_{f_{X_{l-1}}(x_1, x_2, \cdots, x_n)=1} \left(\bigwedge_{1 \leqslant i \leqslant n} \alpha_{x_i} \right) = \beta_{l-1},$$

$$\bigvee_{f_{X_l}(x_1, x_2, \cdots, x_n)=1} \left(\bigwedge_{1 \leqslant i \leqslant n} \alpha_{x_i} \right) = 0.5,$$

$$\cdots \cdots$$

这里 T 是 T^* 的扩张, 并且如果 $x_i = 1$, 则 $\alpha_{x_i} = T(\xi_i)$; 如果 $x_i = 0$, 则 $\alpha_{x_i} = 1 - T(\xi_i)$. 于是给出下面的推理模型.

定理 4.5.2 假设 $S = \{\xi_1, \xi_2, \cdots, \xi_n\}$ 是一个独立的不确定命题集. $\Gamma = \{X_1, X_2, \cdots, X_m\} \subseteq F(S)$ 是一个与 $T^* : \Gamma \to [0, 1]$ 相容的理论, 这里 $T^*(X_i) = \beta_i, i = 1, 2, \cdots, m, \beta_1, \cdots, \beta_{l-1} \in [0, 0.5), \beta_l = 0.5, \cdots, \beta_t = 0.5, \beta_{t+1}, \cdots, \beta_m \in (0.5, 1]$. 于是对于任何包含 $\xi_1, \xi_2, \cdots, \xi_n$ 的不确定公式 X, 其真度 $T(X)$ 可通过解下列模型得到

$$\begin{cases} \min |T(X) - 0.5|, \\ \displaystyle\bigvee_{f_{X_1}(x_1, x_2, \cdots, x_n)=1} \left(\bigwedge_{1 \leqslant i \leqslant n} \alpha_{x_i} \right) = \beta_1, \\ \qquad\qquad \cdots \cdots \\ \displaystyle\bigvee_{f_{X_{l-1}}(x_1, x_2, \cdots, x_n)=1} \left(\bigwedge_{1 \leqslant i \leqslant n} \alpha_{x_i} \right) = \beta_{l-1}, \\ \displaystyle\bigvee_{f_{X_l}(x_1, x_2, \cdots, x_n)=1} \left(\bigwedge_{1 \leqslant i \leqslant n} \alpha_{x_i} \right) = 0.5, \\ \qquad\qquad \cdots \cdots \\ \displaystyle\bigvee_{f_{X_t}(x_1, x_2, \cdots, x_n)=1} \left(\bigwedge_{1 \leqslant i \leqslant n} \alpha_{x_i} \right) = 0.5, \\ \displaystyle\bigvee_{f_{\neg X_{t+1}}(x_1, x_2, \cdots, x_n)=1} \left(\bigwedge_{1 \leqslant i \leqslant n} \alpha_{x_i} \right) = 1 - \beta_{t+1}, \\ \qquad\qquad \cdots \cdots \\ \displaystyle\bigvee_{f_{\neg X_m}(x_1, x_2, \cdots, x_n)=1} \left(\bigwedge_{1 \leqslant i \leqslant n} \alpha_{x_i} \right) = 1 - \beta_m \end{cases}$$

注意上述 $T : F(S) \to [0,1]$ 是 T^* 的扩张.

下面基于上述推理模型提供一个排序决策方法:

设 $S = \{\xi_1, \xi_2, \cdots, \xi_n\}$ 是一个独立的不确定命题集. $\Gamma = \{X_1, X_2, \cdots, X_m\} \subseteq F(S)$ 是与 T^* 相容的理论. $Y_1, Y_2, \cdots, Y_k$ 皆包含 $\xi_1, \xi_2, \cdots, \xi_n$. 如果 $T : F(S) \to [0,1]$ 是 T^* 的扩张, 且 $T(Y_{l_1}) \leqslant T(Y_{l_2}) \leqslant \cdots \leqslant T(Y_{l_k})$, 则它们排序是 $Y_{l_1}, Y_{l_2}, \cdots, Y_{l_k}$.

下面通过一个实例说明定理 4.5.2 提供的推理模型的应用.

例 4.5.2 假设一个偷盗的案情如下:

用 ξ_1 表示 A 盗窃, ξ_2 表示 B 盗窃, ξ_3 表示盗窃在午夜发生, ξ_4 表示 B 盗窃, ξ_5 表示照明设备在午夜没有熄灭, $\wedge, \vee, \to, \neg$ 分别表示连接词 "并且" "或者" "蕴涵" "和" "非". 假设专家按照已知的信息, 提供一评估 T^* 满足:

(1) $T^*(\xi_1 \cup \xi_2) = 0.8$;

(2) $T^*(\xi_4) = 0.8$;

(3) $T^*(\sim \xi_5) = 0.7$;

(4) $T^*(\sim \xi_4 \to \xi_3) = 0.9$;

(5) $T^*(\xi_1 \to\sim \xi_3) = 0.6$.

现在推理 A 与 B 盗窃的真度, 并比较他们谁最可能盗窃. 记 $X_1 = \xi_1 \vee \xi_2$, $X_2 = \xi_4$, $X_3 = \xi_5$, $X_4 = \xi_4 \to \xi_3$ 和 $X_5 = \xi_1 \to \neg\xi_3$, 则有下述模型

$$
\begin{cases}
\min |T(\xi_i) - 0.5|, \\
\displaystyle\bigvee_{f_{\neg(\xi_1 \vee \xi_2)}(x_1,x_2,\cdots,x_5)=1} \left(\bigwedge_{1 \leqslant i \leqslant 5} \alpha_{x_i} \right) = 1 - 0.8, \\
\displaystyle\bigvee_{f_{\neg\xi_2}(x_1,x_2,\cdots,x_5)=1} \left(\bigwedge_{1 \leqslant i \leqslant 5} \alpha_{x_i} \right) = 1 - 0.8, \\
\displaystyle\bigvee_{f_{\neg(\neg\xi_5)}(x_1,x_2,\cdots,x_5)=1} \left(\bigwedge_{1 \leqslant i \leqslant 5} \alpha_{x_i} \right) = 1 - 0.7, \\
\displaystyle\bigvee_{f_{\neg(\neg\xi_4 \to \xi_3)}(x_1,x_2,\cdots,x_5)=1} \left(\bigwedge_{1 \leqslant i \leqslant 5} \alpha_{x_i} \right) = 1 - 0.9, \\
\displaystyle\bigvee_{f_{\neg(\neg\xi_1 \to \xi_3)}(x_1,x_2,\cdots,x_5)=1} \left(\bigwedge_{1 \leqslant i \leqslant 5} \alpha_{x_i} \right) = 1 - 0.6.
\end{cases}
$$

解上述模型得

$$T(\xi_1) = 0.4, \quad T(\xi_2) = 0.8, \quad T(\xi_3) = 0.9, \quad T(\xi_4) = 0.8, \quad T(\xi_5) = 0.3.$$

因为 $T(\xi_1) \leqslant T(\xi_2)$, 所以 B 最可能盗窃.

第5章　一阶不确定谓词的对偶下－上确界逻辑

本章内容来自作者的论文[39].

5.1　不确定谓词命题和不确定谓词公式

为了增强语言的表达能力, 基于 UProL 建立一阶不确定谓词对偶下确界三角模逻辑, 简称一阶不确定谓词逻辑, 记作 UPreL.

首先考虑下面的实例.

例 5.1.1　设 D 是某些学生的一个集合, 如果对于每个 $x \in D$, $\xi(x)$ 表示学生 x 下一学期期末数学课程的成绩大于 50 分, 则 $(\forall x)\xi(x)$ 能够表示 D 中所有学生下一学期期末数学课程的成绩大于 50 分. 显然, $\xi(x_i), x_i \in D$ 能够表达更多的不确定命题, 这里 D 是一个非空集. 一般地, 如果 $D_i, i = 1, 2, \cdots, n$ 是 n 个非空集, 则 $\xi(x_1, x_2, \cdots, x_n), x_i \in D_i, i = 1, 2, \cdots, n$ 能够表达多个不确定命题. 于是给出 UPreL 的语言 (记作 ULa) 如下.

定义 5.1.1　ULa 包括下面的符号:

(i) 变量符号: $x, y, z, \cdots$ 或 $x_1, x_2, \cdots$;

(ii) 某些个体常元符号: $a, b, c, \cdots$ 或 $a_1, a_2, \cdots$;

(iii) 某些不确定谓词符号: $\xi, \eta, \cdots$ 或 $\xi_1, \xi_2, \cdots$;

(iv) 连接词符号: $\sim, \cap, \cup$;

(v) 括号: (,);

(vi) 量词符号: $\forall$ 和 $\exists$.

定义 5.1.2　设 ξ 是一个 n 元不确定谓词, 则称 $\xi(x_1, x_2, \cdots, x_n)$ 为一个 n 元不确定谓词命题. 设 G 是一个有限或可数个不确定谓词的集, 则定义不确定谓词公式如下:

(i) 对于每个 n 元谓词 $\xi \in G$, $\xi(x_1, x_2, \cdots, x_n)$ 是一个不确定谓词公式;

(ii) 如果 X 和 Y 是不确定谓词公式, 则 $\sim X, X \cap Y, X \cup Y, (\forall x)X$ 也是不确定谓词公式;

(iii) 所有不确定谓词公式都通过 (i) 或 (ii) 的方式产生.

所有不确定谓词公式的集记作 $F(\text{ULa})$. 我们使用符号 $X, Y, Z, \cdots$ 或 $X_1, X_2, \cdots$ 表示不确定谓词公式. 如果不确定谓词公式 X 包含变量 $x_1, x_2, \cdots, x_n$, 则它可表

示为 $X(x_1, x_2, \cdots, x_n)$. 类似于不确定命题公式, 认为每个不确定谓词公式被看成一个在 $\{0,1\}$ 中取值的不确定变量.

定义 5.1.3　定义 ULa 的一个不确定解释 (记作 UI) 如下:

(i) 每个变量 x_i 对应一个论域 D_i;

(ii) 每个个体常元 a_i 对应一个 D_i 中一个固定的元素;

(iii) 每个 n 元不确定谓词 ξ, 每个 $x = (x_1, x_2, \cdots, x_n) \in D = D_1 \times D_2 \times \cdots \times D_n$, 对应一个带有不确定测度的不确定命题 $\xi(x)$, 并且对于任何两个不同的 $x, y \in D = D_1 \times D_2 \times \cdots \times D_n$, 不确定命题 $\xi(x)$ 和 $\xi(y)$ 是独立的.

定义 5.1.4　称一个三元组 $\Sigma = (\text{ULa}, F(\text{ULa}), \text{UI})$ 为 UPreL 中的一个结构.

注 5.1.1　如果 X 和 Y 是不确定谓词公式, 则使用 $X \to Y$ 表示 $\sim X \cup Y$, $(\forall x)X(x)$ 表示 $\sim (\exists x) \sim X(x)$.

注 5.1.2　在 UPreL, 对于给定的 ULa 的, 如果 $D_i, i = 1, 2, \cdots, n$ 分别是 $x_1, x_2, \cdots, x_n$ 的论域, 则对于给定的 $x = (x_1, x_2, \cdots, x_n) \in D_1 \times D_2 \times \cdots \times D_n$,

(i) 任何不确定谓词公式 $X(x_1, x_2, \cdots, x_n)$ 不是真就是假.

(ii) 不确定谓词公式 $(\forall x_1)X(x_1, x_2, \cdots, x_n)$ 是真当且仅当对于给定的 $(x_2, \cdots, x_n) \in D_2 \times D_3 \times \cdots \times D_n$, 所有的 $x_1 \in D_1$, $\xi(x_1, x_2, \cdots, x_n)$ 皆为真.

(iii) 不确定谓词公式 $(\exists x_1)\xi(x_1, x_2, \cdots, x_n)$ 是真当且仅当对于给定的 $(x_2, \cdots, x_n) \in D_2 \times D_3 \times \cdots \times D_n$, 存在 $x_0 \in D_1$ 使得 $\xi(x_0, x_2, \cdots, x_n)$ 是真的.

(iv) $X = 1$ 当且仅当 $\sim X = 0$. $X \cup Y = 1$ 当且仅当 $X = 1$ 或 $Y = 1$. $X \cap Y = 1$ 当且仅当 $X = 1$ 且 $Y = 1$. $X \to Y = 0$ 当且仅当 $X = 1$ 且 $Y = 0$.

5.2　不确定谓词公式的真度

本节引入不确定谓词公式真度的概念.

事实上, 如果不确定谓词公式 X 不包含量词, 则对于每个 $x = (x_1, x_2, \cdots, x_n) \in D_1 \times D_2 \times \cdots \times D_n$, $X(x_1, x_2, \cdots, x_n)$ 是一个不确定命题公式.

定义 5.2.1　给定 UPreL 中的一个结构 $\Sigma = (\text{ULa}, F(\text{ULa}), \text{UI})$. 设 $X(x_1, x_2, \cdots, x_n)$ 是一个分别带有变量 $x_1, x_2, \cdots, x_n$ 论域 $D_1, D_2, \cdots, D_n$ 的不确定谓词公式. 则对于每个给定的 $x = (x_1, x_2, \cdots, x_n) \in D_1 \times D_2 \times \cdots \times D_n$, 不确定命题 $X(x_1, x_2, \cdots, x_n)$ 的真度 $T(X(x)) = M\{X(x) = 1\}$ 称为不确定谓词公式 $X(x_1, x_2, \cdots, x_n)$ 在 $x = (x_1, x_2, \cdots, x_n) \in D_1 \times D_2 \times \cdots \times D_n$ 的真度.

定义 5.2.2　给定 UPreL 中的一个结构 $\Sigma = (\text{ULa}, F(\text{ULa}), \text{UI})$. 对于任何不确定谓词公式 X, 它的真度定义为 $T(X) = M\{X = 1\}$.

下面在不至于混淆的情况下, 省略结构直接称不确定谓词公式的真度.

定理 5.2.1 设 $X(x_1, x_2, \cdots, x_n)$ 是一个不确定谓词公式, 在 ULa 的 UI 下变量 $x_1, x_2, \cdots, x_n$ 的论域分别是 $D_1, D_2, \cdots, D_n$, 又 $\{X(x_1, x_2, \cdots, x_n) | (x_1, x_2, \cdots, x_n) \in D_1 \times D_2 \times \cdots \times D_n\}$ 是一类独立的不确定命题公式, 则

(i) $Y = \forall (x_1, x_2, \cdots, x_n) X(x_1, x_2, \cdots, x_n)$ 的真度是

$$T(Y) = \inf_{(x_1, x_2, \cdots, x_n) \in D_1 \times D_2 \times \cdots D_n} T(X(x_1, x_2, \cdots, x_n)).$$

(ii) $Y = \exists (x_1, x_2, \cdots, x_n) X(x_1, x_2, \cdots, x_n)$ 的真度是

$$T(Y) = \sup_{(x_1, x_2, \cdots, x_n) \in D_1 \times D_2 \times \cdots D_n} T(X(x_1, x_2, \cdots, x_n)).$$

证明 (i)$\{X(x_1, x_2, \cdots, x_n) | (x_1, x_2, \cdots, x_n) \in D_1 \times D_2 \times \cdots \times D_n\}$ 是一类独立的不确定命题公式, 则由不确定测度的性质

$$
\begin{aligned}
M\{Y = 1\} &= M\left\{ \bigcap_{(x_1, x_2, \cdots, x_n) \in D_1 \times D_2 \times \cdots \times D_n} \{X(x_1, x_2, \cdots, x_n) = 1\} \right\} \\
&= \inf_{(x_1, x_2, \cdots, x_n) \in D_1 \times D_2 \times \cdots \times D_n} M\{X(x_1, x_2, \cdots, x_n) = 1\}.
\end{aligned}
$$

更进一步地, 根据真度的性质,

$$T(Y) = \inf_{(x_1, x_2, \cdots, x_n) \in D_1 \times D_2 \times \cdots \times D_n} T(X(x_1, x_2, \cdots, x_n)).$$

(ii) 首先由不确定测度的性质,

$$
\begin{aligned}
M\{Y = 1\} &= M\left\{ \bigcup_{(x_1, x_2, \cdots, x_n) \in D_1 \times D_2 \times \cdots \times D_n} \{X(x_1, x_2, \cdots, x_n) = 1\} \right\} \\
&= \sup_{(x_1, x_2, \cdots, x_n) \in D_1 \times D_2 \times \cdots \times D_n} M\{X(x_1, x_2, \cdots, x_n) = 1\}.
\end{aligned}
$$

更进一步地, 根据真度的性质,

$$T(Y) = \sup_{(x_1, x_2, \cdots, x_n) \in D_1 \times D_2 \times \cdots \times D_n} T(X(x_1, x_2, \cdots, x_n)).$$

5.3 不确定谓词公式真度的基本规律

本节给出 UPrel 中不确定谓词公式的真度的基本规律.

定理 5.3.1 对任何不确定谓词公式 $X(x)$, 有

(i) (排中律)$T((\forall x) X(x) \cup (\exists x) \sim X(x)) = 1$;

(ii)(矛盾律)$T((\forall x) X(x) \cap (\exists x) \sim X(x)) = 0$;

(iii)(真度守恒定律)$T((\forall x) X(x)) + T((\exists x) \neg X(x)) = 1$.

证明　首先容易证明 $(\exists x) \sim X(x) \equiv\sim (\forall x) \sim\sim X(x) \equiv\sim (\forall x)X(x)$, 它蕴涵 $(\exists x)\neg X(x) = 1$ 当且仅当 $(\forall x)X(x) = 0$. 现在证明 (i)～(iii).

(i) 按照真度的定义和不确定测度的正规性, 有

$$T((\forall x)X(x) \cup (\exists x)\neg X(x)) = M\{\{(\forall x)X(x) = 1\} \cup \{(\forall x)X(x) = 0\}\} = 1.$$

(ii) 按照真度的定义和 $M\{\varnothing\} = 0$, 有

$$T((\forall x)X(x) \cap (\exists x) \sim X(x)) = M\{\{(\forall x)X(x) = 1\} \cap \{(\forall x)X(x) = 0\}\} = 0.$$

(iii) 按照真度的定义和不确定测度的对偶性, 有

$$T((\exists x) \sim X(x)) = M\{(\forall x)X(x) = 0\}$$
$$= 1 - M\{(\forall x)X(x) = 1\} = 1 - T((\forall x)X(x)).$$

定义 5.3.1　假设 Σ 是 UPreL 中的一个结构, 并且 X 是一个不确定谓词公式. 如果对于所有的 $(x_1, x_2, \cdots, x_n) \in D$, 有 $T(X(x_1, x_2, \cdots, x_n)) = 1(T(X(x_1, x_2, \cdots, x_n)) = 0)$, 则称 X 是结构 Σ 中的一个不确定真公式 (不确定假公式).

定义 5.3.2　设 X 是一个不确定谓词公式, 如果对于 UPreL 中的任何结构 Σ, 它是 Σ 中的不确定真公式 (不确定假公式), 则称它是不确定逻辑有效公式 (矛盾式).

定理 5.3.2　对任何不确定谓词公式 X, 满足

(i) $T((\forall x)X(x) \to X(y)) = 1$;

(ii) $T(X(y) \to (\exists x)X(x)) = 1$;

(iii) $T((\forall x)X(x) \to (\exists x)X(x)) = 1$.

证明　(i) 易见, $(\forall x)X(x) \to X(y) =\sim (\forall x)X(x) \cup X(y)$.

如果 $X(y) = 1$, 则

$$(\forall x)X(x) \vee X(y) = 1.$$

如果 $X(y) = 0$, 则 $(\forall x)X(x) = 0$ 且 $\neg(\forall x)X(x) = 1$. 因此, 不确定变量 $\neg(\forall x)X(x) \vee X(y)$ 取一个常值, 即它是一个不确定逻辑有效公式. 类似地, 我们能够证明 (ii) 和 (iii).

定理 5.3.3　设 X 是一个不确定谓词公式, 且分别 $D_1, D_2, \cdots, D_n$ 是 $x_1, x_2, \cdots, x_n$ 的论域. 如果 X 的标准形式 $(Q_1 x_1)(Q_2 x_2) \cdots (Q_n x_n)Y(x_1, x_2, \cdots, x_n)$(这里 Q_1, $Q_2, \cdots, Q_2$ 是量词 $\forall$ 或 $\exists$, 且

$$\{Y(x_1, x_2, \cdots, x_n)|x_1 \in D_1, x_2 \in D_2, \cdots, x_n \in D_n\}$$

是一类独立的不确定公式, 则 $T(X) = \underset{x \in D_1}{R} \underset{x_2 \in D_2}{R} \cdots \underset{x \in D_n}{R} T(Y(x_1, x_2, \cdots, x_n))$ 这里 如果 Q_i 是 $\forall$, 则 R_i 是 inf; 如果 Q_i 是 $\exists$, 则 R_i 是 sup, $i = 1, 2, \cdots, n$.

证明 因为 $\{Y(x_1, x_2, \cdots, x_n) | x_1 \in D_1, x_2 \in D_2, \cdots, x_n \in D_n\}$ 是一类独立的不确定公式, 所以按照定理 5.3.1 有

$$T(X) = \mathop{R}_{x \in D_1} \mathop{R}_{x_2 \in D_2} \cdots \mathop{R}_{x \in D_n} T(Y(x_1, x_2, \cdots, x_n)),$$

这里如果 Q_i 是 $\forall$, 则 R_i 是 inf; 如果 Q_i 是 $\exists$, 则 R_i 是 sup, $i = 1, 2, \cdots, n$.

第6章 模糊命题的多值逻辑与推理

6.1 引　言

如今, 多值和模糊逻辑的内容已经非常丰富. 特别是基于三角模的多值逻辑的研究成果甚多[53–58,106–111,73]. 由 Hájek 提出的基本模糊逻辑 BL[57](Basic fuzzy Logic) 是基于连续三角模及其他的伴随的多值逻辑, 著名模糊多值逻辑 Lukasiewicz, Gödel 与乘积逻辑 (分别简记为 L,G 与 II) 都被看成 BL 逻辑的推广. BL 逻辑由 Esteva 和 Godo 在文献 [58] 中又进行了推广, 提出了模糊逻辑系统 MTL(Monoidal t-norm based logic), 它是基于左连续 t-模 (或三角模) 及其他的伴随的多值逻辑, 并得到 MTL 的两个扩张系统 WNM 与 IMTL 及 IMTL 的扩张系统 NM[58](2003 年, 裴道武证明了系统 NM 与王国俊教授提出的系统 L* 等价[54]). 在文献 [107] 中, Cignoli 等又引入了 MTL 的 4 种扩张系统 LIIG, LII , IIG 及 LG. 在文献 [56] 中, 王三民等又指出系统 LIIG, LII , IIG 及 LG 分别是系统 L, G 与 II 中两个或三个的交系统, 并通过消除分离规则提出了一种构造有限公理系统交的一般方法, 且又引入了 4 个系统 L,G, II 及 NM 中的两个系统的交系统 $T_{NM} \cap T_G$(记为 GN), $T_{NM} \cap T_L$(记为 LN) 及 $T_{NM} \cap T_{II}$(记为 IIN). 对于著名系统 L, G, II 及 NM, 人们一直认为对应的三角模都是一个, 作者推翻了这个观点. 虽然文献 [56] 对 L, G, II 及 NM 的交系统进行了公理化, 但是它们对应的三角模还不清楚. 验证一个公式是不是某系统的定理, 只要验证该公式是不是某系统的重言式即可. 显然验证一个公式是不是某系统的重言式要比证明该公式是不是某系统的定理要简便得多, 而且这样做在计算机上也容易实现. 那么研究系统与左连续三角模的关系至关重要. 本章首先分别研究 3 个系统 L, G ,II 的交 LIIG, 3 个系统 L, G 和 NM(或 NM) 的交 LGN 及 4 个系统 L, G, II,NM 的交与三角模的关系[73,76]. 然后给出逻辑系统 MTL(BL) 的新的模式扩张系统 GNMTL (GNBL)[75]. 接着建立 Fuzzy 命题的多维三层逻辑理论. 最后介绍作者给出的一族蕴涵算子[66].

6.2 预 备 知 识

定义 6.2.1　如果二元算子 *:$[0,1]^2 \to [0,1]$ 满足, 对任意 $a,b,c \in [0,1]$ 有:

(i) $a*b = b*a$;

(ii)$(a * b) * c = a * (b * c)$;

(iii)$a * 1 = a$;

(iv) 若 $b \leqslant c$, 则 $a * b \leqslant a * c$,

则称 $*$ 为 $[0,1]$ 上的三角模, 简称 t-模.

定义 6.2.2 设 $*$ 为 $[0,1]$ 上的三角模, $R : [0,1]^2 \Rightarrow [0,1]$ 是二元算子, 且满足

$$a * b \leqslant c 当且仅当 a \leqslant R(b,c), a,b,c \in [0,1],$$

则称 R 为与 $*$ 相伴随的蕴涵算子, 我们把它记为:$R(a,b) = a \Rightarrow b$, 称 $(*, R)$ 为伴随对.

三种常见的左连续三角模及其伴随蕴涵算子如下.

(i) Lukasiewicz 三角模及其伴随蕴涵算子:

$$T_{\mathrm{L}}(a,b) = \begin{cases} a + b - 1, & a + b > 1, \\ 0, & a + b \leqslant 1, \end{cases} \quad a,b \in [0,1],$$

$$R_{\mathrm{L}}(a,b) = \begin{cases} 1, & a \leqslant b, \\ (1-a) + b, & a > b, \end{cases} \quad a,b \in [0,1].$$

(ii) Gödel 三角模及其伴随蕴涵算子:

$$T_{\mathrm{G}}(a,b) = a \cap b, \quad R_{\mathrm{G}}(a,b) = \begin{cases} 1, & a \leqslant b, \\ b, & a > b, \end{cases} \quad a,b \in [0,1].$$

(iii) NM 三角模及其伴随蕴涵算子:

$$T_{\mathrm{NM}}(a,b) = \begin{cases} a \wedge b, & a + b > 1, \\ 0, & a + b \leqslant 1, \end{cases} \quad R_{\mathrm{NM}}(a,b) = \begin{cases} 1, & a \leqslant b, \\ (1-a) \vee b, & a > b, \end{cases}$$

$$a,b \in [0,1].$$

由左连续 t-模定义的命题演算语言可以定义为：可数命题变元集 $p_1, p_2, p_3, \cdots$, 逻辑联接词 $\&, \rightarrow, \wedge$ 和真值常元 $\bar{0}$. 更进一步定义连接词如下:

$\neg \varphi$ 表示 $\varphi \rightarrow \bar{0}$,

$\varphi \vee \psi$ 表示 $((\varphi \rightarrow \psi) \rightarrow \psi) \wedge ((\psi \rightarrow \varphi) \rightarrow \varphi)$,

$\varphi \equiv \psi$ 表示 $(\varphi \rightarrow \psi) \& (\psi \rightarrow \varphi)$.

赋值 e 是公式集 $F(S)$ 到单位区间 $[0,1]$ 上的 $(\&, \rightarrow, \wedge)$ 型同态映射,

$$e(\varphi \& \psi) = e(\varphi) * e(\psi), e(\varphi \rightarrow \psi) = e(\varphi) \Rightarrow e(\psi), e(\varphi \wedge \psi) = \min(e(\varphi), e(\psi)).$$

所有这种赋值的集合记作 Ω. 若任意赋值 e, 有 $e(\varphi) = 1$, 则称 φ 为重言式.

定义 6.2.3[57,58]   形式系统 MTL 由以下公理模式组成:

(A1)$(\varphi \to \psi) \to ((\psi \to \chi) \to (\varphi \to \chi))$,

(A2)$(\varphi \& \psi) \to \varphi$,

(A3)$(\varphi \& \psi) \to (\psi \& \varphi)$,

(A4)$(\varphi \wedge \psi) \to \varphi$,

(A5)$(\varphi \wedge \psi) \to (\psi \wedge \varphi)$,

(A6)$(\varphi \& (\varphi \to \psi)) \to (\varphi \wedge \psi)$,

(A7a)$(\varphi \to (\psi \to \chi)) \to ((\varphi \& \psi) \to \chi)$,

(A7b)$((\varphi \& \psi) \to \chi) \to (\varphi \to (\psi \to \chi))$,

(A8)$((\varphi \to \psi) \to \chi) \to (((\psi \to \varphi) \to \chi) \to \chi)$,

(A9)$\overline{0} \to \varphi$.

推理规则是 MP.

定义 6.2.4[57,58]   一个有界剩余格 $M = (L, \cup, \cap, *, \Rightarrow, 0, 1)$, 满足 $(x \Rightarrow y) \cup (y \Rightarrow x) = 1$, 则称 M 为 MTL 代数, 这里 $\cup, \cap$ 分别为格中的上确界和下确界运算, $(*, \Rightarrow)$ 为一个伴随对.

称逻辑演算 C 是形式系统 MTL 的模式扩张, 如果它是由 MTL 添加 (有限或无限条) 公理得到的. 另外, 一个代数 MTL 称为 C 代数如果 C 中所有的公理都是 L 重言式[3].

定理 6.2.1[57,58]   令 C 是 MTL 的一个模式扩张, φ 是一个公式, 则下面的三条是等价的:

(i) φ 是 C 中的定理;

(ii) 对任一 C 代数 φ 是一个 L 重言式;

(iii) 对任一线性 C 代数, φ 一个 L 重言式.

逻辑系统 BL 是所有连续 t-模的形式化系统. 它定义的命题演算与左连续 t-模类似, 但是 $\wedge$ 不是独立的算子, 它可以由 $\&, \to$ 来定义, $\varphi \wedge \psi = (\varphi \& (\varphi \to \psi))$.

定义 6.2.5[57,58]   形式系统 BL 由以下公理模式组成:

(A1)$(\varphi \to \psi) \to ((\psi \to \chi) \to (\varphi \to \chi))$,

(A2)$(\varphi \& \psi) \to \varphi$,

(A3)$(\varphi \& \psi) \to (\psi \& \varphi)$,

(A4*)$(\varphi \& (\varphi \to \psi)) \to (\psi \& (\psi \to \varphi))$,

(A7a)$(\varphi \to (\psi \to \chi)) \to ((\varphi \& \psi) \to \chi)$,

(A7b)$((\varphi \& \psi) \to \chi) \to (\varphi \to (\psi \to \chi))$,

(A8)$((\varphi \to \psi) \to \chi) \to (((\psi \to \varphi) \to \chi) \to \chi)$,

(A9)$\overline{0} \to \varphi$.

引入以下记号:

(INV)$\neg\neg\varphi \to \varphi$,

(WNM)$((\varphi\&\psi) \to \overline{0}) \vee ((\varphi \wedge \psi) \to (\varphi\&\psi))$,

(INV) $\neg\neg\varphi \to \varphi$;

(G$_0$)$\varphi \wedge \neg\varphi \to \overline{0}$;

(G) $\varphi \to \varphi\&\varphi$;

(LIIG) $\varphi \wedge \psi \to (\varphi\&(\varphi \to \psi))$;

(WNM) $((\varphi\&\psi) \to \overline{0}) \vee (\varphi \wedge \psi \to \varphi\&\psi)$;

(INVG) $(\neg\neg\varphi \to \varphi) \vee (\varphi \to \varphi^2)$;

(NMW) $(\varphi^2 \to \overline{0}) \vee (\varphi \to \varphi^2)$;

几个著名的 MTL 的扩张系统[56] 如下:

IMTL=MTL+(INV),

WNM= MTL+(WNM),

BL=MTL+(LIIG),

NM=WNM+(INV)=IMTL+(WNM)[2],

NM= IMTL+(NMW) =MTL++(NMW) +(INV)[7],

L = BL+(INV) = MTL+(LIIG) +(INV),

G = BL+ (G) = MTL+ (LIIG) +(G),

LG=BL+(INV∨G)=MTL+(LIIG) +(INVG).

定理 6.2.2[56]　系统 G 等价于形式系统

MTL+(G) $\varphi \to \varphi\&\varphi$.

定理 6.2.3[56]　模糊逻辑系统 L, G 与 NM 的交系统

$$
\begin{aligned}
\text{LGN} =& \text{MTL} + (G) \vee (INV) + (G) \vee (LIIG) \vee (NMW) \\
=& \text{MTL} + (\neg\neg\varphi \to \varphi) \vee (\varphi \wedge \psi \to \varphi\&\psi) \\
& + (\varphi \wedge \psi \to \varphi\&\psi) \vee (\varphi \wedge \psi \to \varphi\&(\varphi \to \psi)) \vee (\varphi^2 \to \overline{0}) \vee (\varphi \to \varphi^2) \\
=& \text{MTL} + (\neg\neg\varphi \to \varphi) \vee (\varphi \to \varphi^2) \\
& + (\varphi \wedge \psi \to \varphi\&(\varphi \to \psi)) \vee (\varphi^2 \to \overline{0}) \vee (\varphi \to \varphi^2).
\end{aligned}
$$

6.3　三角模族 $T_{(q,p)}$-LGN 与系统 LGN

本节给出一种新的带两个参数的左连续三角模族 $T_{(q,p)}$-LGN$((q,p) \in [-1,1] \times (-\infty,0))$ 及其伴随蕴涵算子族 $R_{(q,p)}$-LGN $(q,p) \in [-1,1] \times (-\infty,0))$, 分别简称它们为左连续三角模族 $T_{(p,q)}$-LGN 及伴随蕴涵算子族 $R_{(q,p)}$-LGN; 然后, 说明基于左连续三角模族 $T_{(q,p)}$-LGN 及其伴随蕴涵算子族 $R_{(q,p)}$-LGN 的模糊逻辑系统等价于系统 L,G, 与 L*(或 NM) 的所有定理的交 LGN.

定理 6.3.1　对任意 $q \in [-1,1]$, $P \in (-\infty, 0)$, 若算子 $*_{(q,p)}$ 定义如下:

$$x *_{(q,p)} y = \begin{cases} (x^{-p} + y^{-p} - q)^{\frac{1}{-p}} \cap x \cap y, & x^{-p} + y^{-p} > |q|, \\ 0, & x^{-p} + y^{-p} \leqslant |q|, \end{cases} \quad (x,y) \in [0,1] \times [0,1],$$

则 $*_{(q,p)}$ 为左连续的三角模.

证明　首先证明 $q \in [0,1]$, $P \in (-\infty, 0)$ 的情况.

以下为了简单将 $*_{(q,p)}$ 简记为 $*$.

根据三角模的定义, 需要证以下 4 条成立:

(i) $a * b = b * a$;

(ii) $*$ 对任一变元均为单调递增的;

(iii) $a * 1 = a$;

(iv) 结合律:$(a * b) * c = a * (b * c)$,

其中 $a, b, c \in [0,1]$.

前三条显然成立, 以下证明 (iv) 成立.

(1) 当 $a^{-p} + b^{-p} > q, a^{-p} + c^{-p} > q, b^{-p} + c^{-p} > q$ 时.

若 $a^{-p} > q, b^{-p} > q, c^{-p} > q$, 则

$$(a * b) * c = a \cap b \cap c,$$
$$a * (b * c) = a * (b \cap c) = a \cap b \cap c.$$

若 $a^{-p} \leqslant q, b^{-p} > q, c^{-p} > q$, 则

$$(a * b) * c = a * c = a,$$
$$a * (b * c) = a * (b \cap c) = a \cap (b \cap c) = a.$$

若 $a^{-p} \leqslant q, b^{-p} \leqslant q, c^{-p} > q$, 则

$$(a * b) * c = (a^p + b^p - q)^{\frac{1}{-p}} * c$$
$$= (a^{-p} + b^{-p} - q)^{\frac{1}{-p}} \cap c = (a^{-p} + b^{-p} - q)^{\frac{1}{-p}},$$
$$a * (b * c) = a * b = (a^{-p} + b^{-p} - q)^{\frac{1}{-p}}.$$

若 $a^{-p} \leqslant q, b^{-p} > q, c^{-p} \leqslant q$, 则

$$(a * b) * c = a * c = (a^{-p} + c^{-p} - q)^{\frac{1}{-p}},$$
$$a * (b * c) = a * c = (a^{-p} + c^{-p} - q)^{\frac{1}{-p}}.$$

若 $a^{-p} \leqslant q, b^{-p} \leqslant q, c^{-p} \leqslant q$, 则

$$a * b * c = (a^{-p} + b^{-p} - q)^{\frac{1}{-p}} * c = (a^{-p} + b^{-p} + c^{-p} - 2q)^{\frac{1}{-p}},$$
$$a * (b * c) = a * (b^{-p} + c^{-p} - q)^{\frac{1}{-p}} = (a^{-p} + b^{-p} + c^{-p} - 2q)^{\frac{1}{-p}}.$$

同理可证其他情况仍成立.

(2) 当 $a^{-p} + b^{-p} \leqslant q$ 时.

$$a * b * c = 0 * c = 0,$$
$$a * (b * c) \leqslant a * (b * 1) = a * b = 0,$$

故 $a * b * c = a * (b * c) = 0$.

同理可证 $a^{-p} + c^{-p} \leqslant q$ 或 $c^{-p} + b^{-p} \leqslant q$ 时仍成立.

因此 (iv) 成立.

其次证明对任意 $q \in [0,1]$, $P \in (-\infty, 0)$ 算子 $*$ 左连续, 即 $\forall a \in [0,1]$, $a*(\cup E) = \cup(a*E)$, 其中 $E = \{e|0 \leqslant e < d\}$, $\cup E = \mathrm{Sup}\{e|0 \leqslant e < d\} = d$, $(\cup E^p) = \mathrm{Sup}\{e^p|0 \leqslant e < d\} = d^p$.

事实上,

(1) 当 $a^{-p} + d^{-p} \leqslant q$ 时, $a * (\cup E) = 0$, 又 $\forall e \in E$, 显然 $a^{-p} + e^{-p} \leqslant q$, 所以

$$a * e = 0,$$

从而

$$\cup(a * E) = 0.$$

(2) 当 $a^{-p} + d^{-p} > q$ 时, 由 $*$ 与 $\cap$ 的单调性知

$$a * d = (a^{-p} + d^{-p} - q)^{\frac{1}{-p}} \cap a \cap d = (a^{-p} + (\cup E)^{-p} - q)^{\frac{1}{-p}} \cap (a \cap (\cup E)$$
$$= \cup(a^{-p} + E^{-p} - q)^{-\frac{1}{p}} \cap [\cup(a \cap E)] = \cup[(a^{-p} + E^{-p} - q)^{\frac{1}{-p}} \cap (a \cap E)]$$
$$= \cup[(a^{-p} + E^{-p} - q)^{\frac{1}{-p}} \cap a \cap E] = \cup(a * E),$$

这里 $a \cap E$ 与 $a * E$ 分别是 $\{a \cap e|e \in E\}$ 与 $\{a * e|e \in E\}$ 的简写.

综上所知, 任意 $q \in [0,1]$, $P \in (-\infty, 0)$, $*_{(q,p)}$ 是左连续的三角模.

类似可证任意 $q \in [-1,0]$, $P \in (-\infty, 0)$, $*_{(q,p)}$ 是左连续的三角模.

注意, 对于

$$x *_{(q,p)} y = \begin{cases} (x^{-p} + y^{-p} - q)^{\frac{1}{-p}} \cap x \cap y, & x^{-p} + y^{-p} > |q|, \\ 0, & x^{-p} + y^{-p} \leqslant |q|, \end{cases}$$

$$(x,y) \in [0,1] \times [0,1], \quad (q,p) \in [-1,1] \times (-\infty, 0),$$

当 $(q,p) = (1,-1)$ 时, $*_{(q,p)}$ 是三角模 T_{L}, 当 $(q,p) = (0,-1)$ 时, $*_{(q,p)}$ 是三角模 T_{G}, 当 $(q,p) = (-1,-1)$ 时, $*_{(q,p)}$ 是三角模 T_{N}. 因此, 定义如下.

定义 6.3.1 记满足

$$
x *_{(q,p)} y = \begin{cases} (x^{-p} + y^{-p} - q)^{-\frac{1}{p}} \cap x \cap y, & x^{-p} + y^{-p} > |q|, \\ 0, & x^{-p} + y^{-p} \leqslant |q|, \end{cases}
$$

$$(x, y) \in [0,1] \times [0,1], \quad (q, p) \in [-1, 1] \times (-\infty, 0)$$

的三角模 $*_{(q,p)}$ 为 $T_{(q,p)\text{-LGN}}$, 称其三角模的全体为三角模族 $T_{(q,p)}$-LGN, $(q, p) \in [-1, 1] \times (-\infty, 0)$, 或简记为 $T_{(q,p)}$-LGN.

定理 6.3.2 三角模 $T_{(q,p)-\text{LGN}}((q,p) \in [-1, 1] \times (-\infty, 0))$ 的伴随蕴涵算子 $\Rightarrow_{(q,,p)}$ 满足:

$$
x \Longrightarrow_{(q,p)} y = \begin{cases} 1, & x \leqslant y \\ (q - x^{-p} + y^{-p})^{-\frac{1}{p}} \cup y \cup (|q| - x^{-p})^{-\frac{1}{p}}, & x > y, \end{cases}
$$

$$(y, z) \in [0, 1] \times [0, 1].$$

以下将 $\Rightarrow_{(q,p)}$ 简记为 $\Rightarrow$.

证明 由文献 [57] $x \Rightarrow y = \sup\{z | x * z \leqslant y\}$ 知

(1) 当 $x \leqslant y$ 时, $x * z \leqslant x \leqslant y$, 故 $x \Rightarrow y = \sup\{z | 0 \leqslant z \leqslant 1\} = 1$;

(2) 当 $x > y$ 时,

$$
\begin{aligned}
x \Rightarrow y &= \sup\{z | x^{-p} + z^{-p} > |q|, (x^{-p} + z^{-p} - q)^{-\frac{1}{p}} \cap x \cap z \leqslant y\} \\
&\quad \cup (\sup\{z | x^{-p} + z^{-p} \leqslant |q|, 0 \leqslant y\}) \\
&= (q - x^{-p} + y^{-p})^{-\frac{1}{p}} \cup y \cup (|q| - x^{-p})^{-\frac{1}{p}},
\end{aligned}
$$

所以结论成立.

记这些算子的全体为模糊蕴涵算子族 $R_{(q,p)}$-LGN $((q, p) \in [-1, 1] \times (-\infty, 0))$, 或简记为 $R_{(q,p)}$-LGN.

这里非运算 ¬ 由蕴涵算子 $\Rightarrow$ 及常数值 0 定义如下:

$$\neg x = x \Rightarrow 0,$$

所以

$$
\neg x = x \Rightarrow 0 = \begin{cases} 0, & x \geqslant |q|^{\frac{1}{-p}}, \\ (|q| - x^{-p})^{-\frac{1}{p}}, & 0 < x < |q|^{\frac{1}{-p}}, \quad (q, p) \in [-1, 1] \times (-\infty, 0), \\ 1, & x = 0, \end{cases}
$$

$$x \cup y = \max\{x, y\}, \quad x \cap y = \min\{x, y\}.$$

定理 6.3.3 在基于三角模族 $T_{(q,p)}$-LGN 的系统中, (G)∨(INV) 和 (G) ∨ (LIIG) ∨ (NMW) 都是重言式.

推论 6.3.1 系统 LGN 是基于三角模族 $T_{(q,p)}$-LGN 的系统.

6.4　三角模族 $T_{(q,p)}$-LΠG 与系统 LΠG

本节证明 Lukasiewicz 逻辑、乘积逻辑、LΠ 逻辑及 LΠG 逻辑 (它是著名逻辑系统 Lukasiewicz,Gödel, product 的所有定理的交) 都是基于连续三角模族及其伴随蕴涵算子族的逻辑, 指出基于三角模族 Schweizer-sklar 的模糊逻辑系统 UL* 等价于 BL 的扩张系统 LΠG..

本节内容没有发表.

Schweizer-sklar 三角模 $*_p$ 如下:

$$x *_p y = \begin{cases} (x^p + y^p - 1)^{\frac{1}{p}}, & x^p + y^p > 1 \\ 0, & x^{-p} + y^{-p} \leqslant 1, \end{cases} \quad (x,y) \in [0,1] \times [0,1], p \in (0,\infty).$$

$$x *_p y = \begin{cases} (x^p + y^p - 1)^{\frac{1}{p}}, & x^p + y^p > 1, \\ 0, & x^p + y^p \leqslant 1, \end{cases} \quad (x,y) \in (0,1] \times (0,1],$$

$$x * 0 = 0 * x = 0, \quad x \in [0,1], p \in (-\infty, 0).$$

当 $p \to -\infty$ 时,$x * y = x.y$;

当 $p \to \infty$ 时,$x * y = T_{G.}$;

注意: 当 $p = 1$ 时, $x * y = T_L$.

记满足

$$x *_p y = \begin{cases} (x^p + y^p - 1)^{\frac{1}{p}}, & x^p + y^p > 1, \\ 0, & x^p + y^p \leqslant 1, \end{cases} \quad (x,y) \in [0,1] \times [0,1], p \in (0,\infty)$$

的连续三角模 $*_p$ 为 T_p-L$(p \in (0,\infty))$, 称其三角模的全体为三角模族 T_p-L$(p \in (0,\infty))$, 基于三角模族 T_p-L 的系统 LP.

记满足

$$x *_p y = \begin{cases} (x^p + y^p - 1)^{\frac{1}{p}}, & x^p + y^p > 1, \\ 0, & x^p + y^p \leqslant 1, \end{cases} \quad (x,y) \in [0,1] \times [0,1], p \in (-\infty, 0) \cup \{-\infty\}$$

的连续三角模 $*_p$ 为 T_p-Π$(p \in (-\infty, 0) \cup \{-\infty\})$, 称其三角模的全体为三角模族 T_p-Π$(p \in (-\infty, 0) \cup \{-\infty\})$, 基于三角模族 T_p-Π 的系统为 ΠP.

记满足

$$x *_p y = \begin{cases} (x^p + y^p - 1)^{\frac{1}{p}}, & x^p + y^p > 1, \\ 0, & x^p + y^p \leqslant 1, \end{cases} \quad (x,y) \in [0,1] \times [0,1],$$

$p \in (-\infty, 0) \cup [0,\infty) \cup \{-\infty\}$(当 $p < 0$ 时, $0 * 0 = 0$).

连续三角模 $*_p$ 为 T_p-LIIG $(p \in (-\infty, 0) \cup [0, \infty\} \cup \{-\infty))$, 称其三角模的全体为三角模族 T_p-LIIG($p \in (-\infty, 0) \cup [0, \infty\} \cup \{-\infty)$), 在文献 [3] 中称基于三角模族 T_p-LIIG 的系统为 UL*. 为了方便, 记满足

$$x *_{(q,p)} y = \begin{cases} (x^{-p} + y^{-p} - 1)^{\frac{1}{-p}}, & x^{-p} + y^{-p} > 1, \\ 0, & x^{-p} + y^{-p} \leqslant 1, \end{cases} \quad p \in (-\infty, 0) \cup (0, \infty)$$

的所有三角模 $*_p$ 的系统为 UL. 这里, 当 $p < 0$ 时, $0 * 0 = 0$, $(x, y) \in [0, 1] \times [0, 1]$; 当 $p \to 0$ 时, $x * y = x.y$.

定理 6.4.1　三角模 T_p-LIIG$(p \in [0, \infty) \cup (-\infty, 0) \cup \{\infty\} \cup \{-\infty\})$ 的伴随蕴涵算子 $\Rightarrow_p$ 满足:

$$x \Longrightarrow_p y = \begin{cases} 1, & x \leqslant y \\ \begin{cases} (1 - x^p + y^p)^{\frac{1}{p}}, & p \in (0, \infty) \cup (-\infty, 0), \\ \frac{y}{x}, & p = -\infty, \\ y, & p = 0, \end{cases} & x > y, \end{cases}$$

$$(x, y) \in [0, 1] \times [0, 1].$$

以下将 $\Rightarrow_p$ 简记为 $\Rightarrow$.

证明　由文献 [57] $x \Rightarrow y = \sup\{z | x * z \leqslant y\}$ 知

(1) 当 $x \leqslant y$ 时, $x * z \leqslant x \leqslant y$, 故 $x \Rightarrow y = \sup\{z | 0 \leqslant z \leqslant 1\} = 1$;

(2) 当 $x > y$ 时, 若 $p \in (0, \infty)$, 则

$$\begin{aligned} x \Rightarrow y &= \sup\{z | x^p + z^p > 1, (x^p + z^p - 1)^{\frac{1}{p}} \leqslant y\} \\ &\quad \cup (\sup\{z | x^p + z^p \leqslant 1, | 0 \leqslant y\}) \\ &= (1 - x^p + y^p)^{\frac{1}{p}}. \end{aligned}$$

若 $p \in (-\infty, 0)$, 则 $xy \neq 0$,

$$\begin{aligned} x \Rightarrow y &= \sup\{z | x^p + z^p > 1, (x^p + z^p - 1)^{\frac{1}{p}} \leqslant y\} \\ &\quad \cup (\sup\{z | x^p + z^p \leqslant 1, | 0 \leqslant y\}) \\ &= \sup\{z | x^p + z^p > 1, (x^p + z^p - 1)^{\frac{1}{p}} \leqslant y\} \\ &= (1 - x^p + y^p)^{\frac{1}{p}}, \end{aligned}$$

$$x > 0, x \Rightarrow 0 = 0, 0 \Rightarrow 0 = 1.$$

若 $p \to -\infty$, 则 $x \Rightarrow y = \frac{y}{x}$;

当 $p \to 0$ 时, 则 $x \Rightarrow y =$ y.

总之, 结论成立.

对于上述定理 6.4.1 中的蕴涵算子, 记 $p \in (0, \infty)$ 时的算子的全体为 $R_{,p}$-L($p \in (0, \infty)$), 简记为 R_p-L; 记 $p \in (-\infty, 0) \cup \{-\infty\}$ 时的算子的全体为 $R_{,p}$-Π($p \in (-\infty, 0)$), 简记为 R_p-Π, 记 $p \in (0, \infty) \cup (-\infty, 0) \cup \{-\infty\}$ 时的算子的全体为 $R_{,p}$-LΠ ($p \in (0, \infty) \cup (-\infty, 0) \cup \{-\infty\}$), 简记为 R_p-LΠ; 记 $p \in [0, \infty) \cup (-\infty, 0) \cup \{-\infty\}$ 时的算子的全体为 $R_{,p}$-LΠG ($p \in [0, \infty) \cup (-\infty, 0) \cup \{-\infty\}$), 简记为 R_p-LΠG.

这里非运算 $\neg$ 由蕴涵算子 $\Rightarrow$ 常数值 0 定义如下:

$$\neg x = x \Rightarrow_p 0 = \begin{cases} 1, & x = 0, \\ \begin{cases} (1-x^p)^{\frac{1}{p}}, & p \in (0, \infty), \\ 0, & p \in (-\infty, 0) \cup \{0\} \cup \{-\infty\}, \end{cases} & x > 0, \end{cases}$$

$$x \cup y = \max\{x, y\}, \quad x \cap y = \min\{x, y\}.$$

定理 6.4.2　在系统 LP 下, $\neg\neg\varphi \to \varphi$ 是重言式; 在系统 ΠP 下, $\neg\varphi \wedge \varphi \to \overline{0}$ 与 $\neg\neg\varphi \to ((\varphi\&\psi \to \varphi\&\phi) \to (\psi \to \phi))$ 都是重言式.

证明　在系统 LP 下, 因为

$$\neg x = x \Rightarrow_p 0 = \begin{cases} 1, & x = 0, \\ \begin{cases} (1-x^p)^{\frac{1}{p}}, & p \in (0, \infty), \\ 0, & p \in (-\infty, 0) \cup \{0\} \cup \{-\infty\}, \end{cases} & x > 0, \end{cases}$$

$$\neg\neg x = (x \Rightarrow_p 0) \Rightarrow_p 0 = \begin{cases} \neg 1 = 0, & x = 0, \\ \begin{cases} \neg(1-x^p)^{\frac{1}{p}} = x, & p \in (0, \infty), \\ \neg 0 = 1, & p \in (-\infty, 0) \cup \{0\} \cup \{-\infty\}, \end{cases} & x > 0, \end{cases}$$

所以, 在系统 LP 中, $\neg\neg x = x$, 在系统 ΠP 中 $\neg x \cap x = 0$. 因此, 在系统 LP 中, $\neg\neg\varphi \to \varphi$ 是重言式, 在系统 ΠP 中, $\neg\varphi \wedge \varphi \to \overline{0}$ 是重言式.

下面证明在系统 ΠP 中, $\neg\neg\varphi \to ((\varphi\&\psi \to \varphi\&\phi) \to (\psi \to \phi))$ 是重言式.

若 $x = 0$, 则 $\neg\neg x = 0$, 于是 $\neg\neg 0 \Rightarrow ((x * y \Rightarrow x * z) \Rightarrow (y \Rightarrow z)) = 1$.

若 $x > 0$ 且 $y = 0$, 则

$$\neg\neg x \Rightarrow ((x * y \Rightarrow x * z) \Rightarrow (y \Rightarrow z))$$
$$= 1 \Rightarrow (1 \Rightarrow 1) = 1.$$

若 $x > 0$ 且 $y > 0$ 时, 当 $y \leqslant z$, 有

$$\neg\neg x \Rightarrow ((x * y \Rightarrow x * z) \Rightarrow (y \Rightarrow z)) = 1;$$

若 $x > 0, y > 0, x * y > 0$ 且 $y > z$, 有

$$x * y = (x^p + y^p - 1)^{\frac{1}{p}} > x * z = (x^p + z^p - 1)^{\frac{1}{p}} .$$

那么

$$x * y \Rightarrow x * z = ((x^p + y^p - 1)^{\frac{1}{p} \cdot p} + (x^p + z^p - 1)^{\frac{1}{p} p} - 1)^{\frac{1}{p}}$$
$$= (2x^p + y^p + z^p - 3)^{\frac{1}{p}}$$
$$= (y^p + z^p - 1 + 2x^p - 1)^{\frac{1}{p}} \leqslant y \Rightarrow z.$$

那么

$$\neg\neg x \Rightarrow ((x * y \Rightarrow x * z) \Rightarrow (y \Rightarrow z)) = 1.$$

因此, 在系统 ΠP 中, $\neg\neg\varphi \to ((\varphi \& \psi \to \varphi \& \phi) \to (\psi \to \phi))$ 是重言式.

由上述定理得以下结论.

定理 6.4.3　系统 LP 及 ΠP 分别等价于系统 L 及 Π.

定理 6.4.4　模糊逻辑系统 LΠ 等价于系统 UL.

证明　已知三角模 $*_p$, $P \in (-\infty, 0) \cup (0, \infty)$ 是连续的. 又当 $p \in (0, \infty)$ 时,$\neg\neg x \to x = 1$; 当 $p \in (-\infty, 0) \cup \{-\infty\}$ 时 $\neg\neg x \to ((x * y \to x * z) \to (y \to z)) = 1$ 且 $\neg x \cap x = 0$. 故 (INV)∨ (II) 和 (INV) ∨ (G$_0$) 都是 UL 的重言式. 因此 LΠ 等价于系统 UL.

推论 6.4.1　模糊逻辑系统 LΠG 等价于系统 UL*.

6.5　三角模族 $T_{(q,p)}$-LΠGN$((q,p) \in$ $[-1,1] \times (-\infty,0) \cup (0,\infty) \cup (1,0))$ 与系统 LΠGN

本节研究 4 个系统 L, G, Π, NM 的交 **LΠGN** 与左连续三角模族的关系. 首先, 证明基于三角模族 Schweizer-sklar 的模糊逻辑系统 UL* 等价于 MTL 的扩张系统 LΠG (它是著名逻辑系统 Lukasiewicz,Gödel, product(分别简记为 L, G, Π) 的所有定理的交); 然后, 建立 MTL 的扩张系统 L, Π, G 和 NM 的交 LΠGN; 最后, 给出一种新的带两个参数的左连续三角模族 $T_{(q,p)}$-LΠGN$((q,p) \in [-1,1] \times (-\infty,0) \cup (0,\infty)\cup(1,0))$ 及其伴随蕴涵算子族 $R_{(q,p)}$-LΠGN$((q,p) \in [-1,1]\times(-\infty,0)\cup(0,\infty))\cup (1,0))$(分别简记为 $T_{(q,p)}$-LΠGN 及 $R_{(q,p)}$-LΠGN). 当 $(q,p) \in \{1\} \times (-\infty,0)$ 时, 记它为 T_p-L$(p \in (-\infty,0))$ 及 R_p-L$(p \in (-\infty,0))$; 当 $(q,p) \in \{1\} \times (0,\infty)$ 时, 记它为 T_p-Π$(p \in (0,\infty))$ 及 R_p-Π$(p \in (0,\infty))$; 当 $(q,p) \in \{-1\} \times (-\infty,0)$ 时, 记它为 T_p-NM$(p \in (-\infty,0))$ 及 R_p-NM$(p \in (-\infty,0))$. 最后得到结论:

(1) Lukasiewicz 逻辑系统是基于左连续三角模族 T_p-L$(p \in (-\infty,0))$ 及其伴随蕴涵族 R_p-L$(p \in (-\infty,0))$ 的系统;

(2) product 逻辑系统是基于左连续三角模族 T_p-Π$(p \in (0,\infty))$ 及其伴随蕴涵族 R_p-Π$(p \in (0,\infty))$ 的逻辑系统;

(3) L* 或 NM 逻辑系统是基于左连续三角模族 T_p-NM$(p \in (-\infty,0))$ 及其伴随蕴涵算子族 R_p-NM$(p \in (-\infty,0))$ 的逻辑系统;

(4) L, G, Π 与 L*(或 NM) 的所有定理的交 LΠGN 是基于左连续三角模族 $T_{(p,q)}$-LΠGN 及其伴随蕴涵算子族 $R_{(q,p)}$-LΠGN 的模糊逻辑系统.

根据分离性消除规则容易得到以下结论.

定理 6.5.1 模糊逻辑系统 L, Π, G 与 NM 的交系统

$$\text{LΠGN} = \text{MTL} + (\text{LΠG}) \vee (\text{INV}) + (\text{LΠG}) \vee (\text{WNM}) + (\text{WNM}) \vee (\text{II})$$
$$\vee (\text{INVG}) + (\text{G}_0) \vee (\text{INVG}) \vee (\text{WNM}).$$

定义 6.5.1 一个 MTL 代数 $M = (L,\cup,\cap,*,\Rightarrow,0,1)$ 称为 LΠGN 代数, 如果满足:

(i) 对任意 $x,y \in L$,

$$(\neg\neg x \Rightarrow x) \cup (x \cap y \Rightarrow x * (x \Rightarrow y)) = 1;$$

(ii) 对任意 $x,y \in L$,

$$(x * y \Rightarrow 0) \cup (x \cap y \Rightarrow x * y) \cup (x * y \Rightarrow x * (x \Rightarrow y)) = 1;$$

(iii) 对任意 $x,y \in L$,

$$(\neg\neg x \Rightarrow ((x * y \Rightarrow x * z) \Rightarrow (y \Rightarrow z))) \cup (x * y \Rightarrow 0) \cup (x \cap y \Rightarrow x * y)$$
$$\cup(\neg\neg x \Rightarrow x) \cup (x \Rightarrow x * x) = 1;$$

(iv) 对任意 $x,y \in L$,

$$(\neg x \cap x \Rightarrow 0) \cup (x * y \Rightarrow 0) \cup (x \cap y \Rightarrow x * y)$$
$$\cup(\neg\neg x \Rightarrow x) \cup (x \Rightarrow x * x) = 1.$$

显然定义 6.5.1 中的 M 是一个由 MTL 代数扩张得到的 C 代数.

定理 6.5.2 形式系统 LΠGN 是完备的, 即以下三条是等价的:

(i) φ 是 LΠGN 中的定理;

(ii) 对任一线性 LΠGN 代数 M, φ 是 M 的重言式;

(iii) 对任一 LΠGN 代数 M, φ 是 M 的重言式.

定理 6.5.3 对任意 $q \in [-1,1], P \in (-\infty,0) \cup (0,\infty)$, 若算子 $*_{(q,p)}$ 定义如下:

$$x *_{(q,p)} y = \begin{cases} (x^{-p} + y^{-p} - q)^{\frac{1}{p}} \cap x \cap y, & x^{-p} + y^{-p} > |q|, \\ 0, & x^{-p} + y^{-p} \leqslant |q|, \end{cases}$$

当 $p < 0$ 时, $0 * 0 = 0$, $(x, y) \in [0, 1] \times [0, 1]$,

则 $*_{(q,p)}$ 为左连续的三角模.

证明　首先证明 $q \in [0, 1]$, $P \in (-\infty, 0)$ 的情况.

以下为了简单, 将 $*_{(q,p)}$ 简记为 $*$.

根据三角模的定义, 需要证以下 4 条成立:

(i) $a * b = b * a$;

(ii) 对任一变元 $*$ 均为单调递增的;

(iii) $a * 1 = a$;

(iv) 结合律:$(a * b) * c = a * (b * c)$,

其中 $a, b, c \in [0, 1]$.

前三条显然成立, 以下证明 (iv) 成立.

(1) 当 $a^{-p} + b^{-p} > q, a^{-p} + c^{-p} > q, b^{-p} + c^{-p} > q$ 时.

若 $a^{-p} > q$, $b^{-p} > q$, $c^{-p} > q$, 则

$$(a * b) * c = a \cap b \cap c,$$
$$a * (b * c) = a * (b \cap c) = a \cap b \cap c.$$

若 $a^{-p} \leqslant q$, $b^{-p} > q$, $c^{-p} > q$, 则

$$(a * b) * c = a * c = a,$$

$$a * (b * c) = a * (b \cap c) = a \cap (b \cap c) = a.$$

若 $a^{-p} \leqslant q$, $b^{-p} \leqslant q$, $c^{-p} > q$, 则

$$(a * b) * c = (a^{-p} + b^{-p} - q)^{\frac{1}{-p}} * c = (a^{-p} + b^{-p} - q)^{\frac{1}{-p}} \cap c = (a^{-p} + b^{-p} - q)^{\frac{1}{-p}},$$
$$a * (b * c) = a * b = (a^{-p} + b^{-p} - q)^{\frac{1}{-p}}.$$

若 $a^{-p} \leqslant q, b^{-p} > q, c^{-p} \leqslant q$, 则

$$(a * b) * c = a * c = (a^{-p} + c^{-p} - q)^{\frac{1}{-p}},$$

$$a * (b * c) = a * c = (a^{-p} + c^{-p} - q)^{\frac{1}{-p}}.$$

若 $a^{-p} \leqslant q, b^{-p} \leqslant q, c^{-p} \leqslant q$, 则

$$a * b * c = (a^{-p} + b^{-p} - q)^{\frac{1}{-p}} * c = (a^{-p} + b^{-p} + c^{-p} - 2q)^{\frac{1}{-p}},$$

$$a * (b * c) = a * (b^{-p} + c^{-p} - q)^{\frac{1}{-p}} = (a^{-p} + b^{-p} + c^{-p} - 2q)^{\frac{1}{-p}}.$$

同理可证其他情况仍成立.

(2) 当 $a^{-p} + b^{-p} \leqslant q$ 时,

$$a * b * c = 0 * c = 0,$$
$$a * (b * c) \leqslant a * (b * 1) = a * b = 0,$$

故 $a * b * c = a * (b * c) = 0$.

同理可证 $a^{-p} + c^{-p} \leqslant q$ 或 $c^{-p} + b^{-p} \leqslant q$ 时仍成立.

因此 (iv) 成立.

其次证明对任意 $q \in [0,1]$, $P \in (-\infty,0)$ 算子 $*$ 是左连续的, 即 $\forall a \in [0,1]$, $a * (\cup E) = \cup(a * E)$, 其中 $E = \{e|0 \leqslant e < d\}$, $\cup E = \text{Sup}\{e|0 \leqslant e < d\} = d$, $(\cup E^p) = \text{Sup}\{e^p|0 \leqslant e < d\} = d^p$.

事实上, (1) 当 $a^{-p} + d^{-p} \leqslant q$ 时, $a * (\cup E) = 0$, 又 $\forall e \in E$, 显然 $a^{-p} + e^{-p} \leqslant q$, 所以 $a * e = 0$ 从而 $\cup(a * E) = 0$.

(2) 当 $a^{-p} + d^{-p} > q$ 时, 由 $*$ 与 $\cap$ 的单调性知

$$a * d = (a^{-p} + d^{-p} - q)^{\frac{1}{-p}} \cap a \cap d = (a^{-p} + (\cup E)^{-p} - q)^{\frac{1}{-p}} \cap (a \cap (\cup E))$$
$$= \cup(a^{-p} + E^{-p} - q)^{-\frac{1}{p}} \cap [\cup(a \cap E)]$$
$$= \cup[(a^{-p} + E^{-p} - q)^{\frac{1}{-p}} \cap (a \cap E)]$$
$$= \cup[(a^{-p} + E^{-p} - q)^{\frac{1}{-p}} \cap a \cap E] = \cup(a * E),$$

这里 $a \cap E$ 与 $a * E$ 分别是 $\{a \cap e|e \in E\}$ 与 $\{a * e|e \in E\}$ 的简写.

综上可知, 任意 $q \in [0,1]$, $P \in (-\infty,0)$, $*_{(q,p)}$ 是左连续的三角模.

当 $q \in [0,1]$, $P \in (0,\infty)$ 时,

$$x *_{(q,p)} y = \begin{cases} (x^- + y^{-p} - q)^{\frac{1}{p}} \cap x \cap y, & x^{-p} + y^{-p} > q, \\ 0, & x^{-p} + y^{-p} \leqslant q, \end{cases}$$

与上类似可证 $*_{(q,p)}$ 是左连续的三角模.

当 $q \in [-1,0]$, $P \in (-\infty,0)$ 时,

$$x *_{(q,p)} y = \begin{cases} x \cap y, & x^{-p} + y^{-p} > |q|, \\ 0, & x^{-p} + y^{-p} \leqslant |q|, \end{cases}$$

易证 $*_{(q,p)}$ 是左连续的三角模.

当 $q \in [-1,0]$, $P \in (0,\infty)$ 时,

$$x *_{(q,p)} y = \begin{cases} (x^{-p} + y^{-p} - q)^{\frac{1}{-p}} \cap x \cap y, & x^{-p} + y^{-p} > -q, \\ 0, & x^{-p} + y^{-p} \leqslant -q. \end{cases}$$

容易证明 $*_{(q,p)}$ 是左连续的三角模 (略).

注意: 对于 $x *_{(q,p)} y = \begin{cases} (x^{-p} + y^{-p} - q)^{\frac{1}{-p}} \cap x \cap y, & x^{-p} + y^{-p} > |q|, \\ 0, & x^{-p} + y^{-p} \leqslant |q|, \end{cases}$

$$(x,y) \in [0,1] \times [0,1], \quad (q,p) \in [-1,,1] \times (-\infty,0) \cup (0,\infty),$$

当 $(q,p) = (1,-1)$ 时, 它是三角模 T_L; 当 $(q,p) = (0,-1)$ 时, 它是三角模 T_G; 当 $(q,p) = (-1,-1)$ 时, 它是三角模 T_N; 当 $q = 1$ 且 $p \to 0$ 时, 它是三角模 $T_\text{Π}$. 记作 $T_{(1,0)}$. 因此, 定义如下.

定义 6.5.2　记满足

$$x *_{(q,p)} y = \begin{cases} (x^{-p} + y^{-p} - q)^{\frac{1}{-p}} \cap x \cap y, & x^{-p} + y^{-p} > |q|, \\ 0, & x^{-p} + y^{-p} \leqslant |q|, \end{cases}$$

$$(x,y) \in [0,1] \times [0,1], \quad (q,p) \in [-1,1] \times (-\infty,0) \cup (0,\infty))$$

的三角模 $*_{(q,p)}$ 为 $T_{(q,p)}$-LΠGN, 称其三角模的全体为三角模族 $T_{(q,p)}$-LΠGN $((q,p) \in [-1,1] \times (-\infty,0) \cup (0,\infty) \cup (1,0))$, 简记为 $T_{(q,p)}$-LΠGN. 这里 $x *_{(1,0)} y = x.y$.

定理 6.5.4　左连续三角模

$$T_{(q,p)}\text{-LΠGN}((q,p) \in \{-1,0,1\} \times (-\infty,0) \cup (0,\infty) \cup (1,0))$$

的伴随蕴涵算子 $\Rightarrow_{(q,p)}$ 满足:

$$x \Rightarrow_{(q,p)} y = \begin{cases} 1, & x \leqslant y, \\ (q - x^{-p} + y^{-p})^{\frac{1}{-p}} \cup y \cup (|q| - x^{-p})^{\frac{1}{-p}}, & x > y, \end{cases}$$
$$(y,z) \in [0,1] \times [0,1].$$

以下将 $\Rightarrow_{(q,p)}$ 简记为 $\Rightarrow$.

证明　由文献 [57] $x \Rightarrow y = \sup\{z | x * z \leqslant y\}$ 知

(1) 当 $x \leqslant y$ 时, $x * z \leqslant x \leqslant y$, 故 $x \Rightarrow y = \sup\{z | 0 \leqslant z \leqslant 1\} = 1$;

(2) 当 $x > y$ 时,

$$\begin{aligned} x \Rightarrow y &= \sup\{z | x^{-p} + z^{-p} > |q|, (x^{-p} + z^{-p} - q)^{\frac{1}{-p}} \cap x \cap z \leqslant y\} \\ &\quad \cup (\sup\{z | x^{-p} + z^{-p} \leqslant |q|, |0 \leqslant y\}) \\ &= (q - x^{-p} + y^{-p})^{\frac{1}{-p}} \cup y \cup (|q| - x^{-p})^{\frac{1}{-p}}. \end{aligned}$$

所以结论成立.

记上述蕴涵算子的全体为 $R_{(q,p)}$-LΠGN $((q,p) \in [-1,1] \times (-\infty,0) \cup (0,\infty) \cup (1,0))$, 简记为 $R_{(q,p)}$-LΠGN.

这里非运算 $\neg$ 由蕴涵算子 $\rightarrow$ 及常数值 0 定义如下:

$$\neg x = x \Rightarrow 0,$$

所以

$$\neg x = x \Rightarrow 0 = \begin{cases} 0, & x \geqslant |q|^{\frac{1}{-p}}, \\ (|q| - x^{-p})^{\frac{1}{-p}}, & 0 < x < |q|^{\frac{1}{-p}}, \\ 1, & x = 0, \end{cases}$$

$$(q,p) \in [-1,1] \times (-\infty,0) \cup (0,\infty) \cup (1,0).$$

$$x \cup y = \max\{x,y\}, \quad x \cap y = \min\{x,y\}.$$

当 $(q,p) \in \{1\} \times (-\infty,0)$ 时, 记其三角模的全体和伴随蕴涵算子的全体分别为 T_p-L$(p \in (-\infty,0))$ 和 R_p-L$(p \in (-\infty,0))$; 当 $(q,p) \in \{1\} \times (0,\infty)$ 时, 记其三角模的全体和伴随蕴涵算子的全体分别为 T_p-II$(p \in (0,\infty))$ 和 R_p-II $(p \in (0,\infty))$; 当 $(q,p) \in \{-1\} \times (-\infty,0)$ 时, 记其三角模的全体和伴随蕴涵算子的全体分别为 T_p-NM$(p \in (-\infty,0))$ 和 R_p-NM$(p \in (-\infty,0))$.

注意, 有

$$\text{NM} = \text{WNM} + (\text{INV}) = \text{IMTL} + (\text{WNM})^{[2]}$$
$$\text{L} = \text{BL} + (\text{INV}) = \text{MTL} + (\text{LIIG}) + (\text{INV}),$$
$$\text{II} = \text{BL} + (\text{II}) + (\text{G}_0) = \text{MTL} + (\text{LIIG}) + (\text{II}) + (\text{G}_0).$$

定理 6.5.5 (1) 公式 (LIIG) 和 (INV) 在基于左连续三角模族 T_p-L$(p \in (-\infty,0))$ 的形式化系统下都是重言式.

(2) 公式 (LIIG), (II) 和 (G$_0$) 在基于左连续三角模族 T_p-II$(p \in (0,\infty))$ 的形式化系统下都是重言式;

(3) 公式 (WNM) 和 (INV) 在基于三角模族 T_p-NM$(p \in (-\infty,0))$ 的形式化系统下都是重言式.

由定理 6.5.5 得到下述重要定理.

定理 6.5.6 (1)Lukasiewicz 是基于左连续三角模族 T_p-L$(p \in (-\infty,0))$ 及其伴随蕴涵族 R_p-L$(p \in (-\infty,0))$ 的逻辑系统;

(2) Product 是基于左连续三角模族 T_p-II$(p \in (0,\infty))$ 及其伴随蕴涵族 R_p-II$(p \in (0,\infty))$ 的逻辑系统;

(3) L* 或 NM 是基于左连续三角模族 T_p-NM$(p \in (-\infty,0))$ 及其伴随蕴涵算子族 R_p-NM$(p \in (-\infty,0))$ 的逻辑系统;

定理 6.5.7 公式 (LIIG) $\vee$ (INV), (LIIG) $\vee$ (WNM)h, (NMW) $\vee$ (II)$\vee$(INVG) 和 (G$_0$)$\vee$ (INVG) $\vee$ (WNM) 在基于三角模族的 $T_{(q,p)}$-LIIGN 的形式化系统下都是重言式.

定理 6.5.8   L,G, Π 与 L*(或 NM) 的所有定理的交 LΠGN 是基于左连续三角模族 $T_{(p,q)}$-LΠGN 及其伴随蕴涵算子族 $R_{(q,p)}$-LΠGN 的模糊逻辑系统.

6.6   逻辑系统 MTL(BL) 的新的模式扩张系统 GNMTL(GNBL)

本节给出 Gödel 非算子的一个重要性质: 一个模糊逻辑系统中的非是 Gödel 非的充要条件是如果 $x * y = 0$, 则 $xy = 0$. 然后, 基于 Gödel 非算子分别提出逻辑系统 MTL 和 BL 的新的模式扩张系统 GNMTL 和 GNBL. GNMTL(GNBL) 是基于一类左连续 t-模 (连续 t-模)(都包含乘积 t-模及 Gödel t-模) 的模糊逻辑的形式化; 最后, 分别给出著名逻辑系统 Gödel 与 Π 分别作为 GNMTL 和 GNBL 的模式扩张形式, 同时给出 Gödel 逻辑系统的几种等价形式.

6.6.1   引言

模糊逻辑的内容已经非常丰富. 自著名的逻辑系统 Lukasiewicz、Gödel 与 Π 问世之后, 近年来又相继提出了几个有意义的模糊命题逻辑的形式演绎系统. 1997 年, 王国俊教授提出了形式系统 L*[53]; 1998 年, 捷克学者 Hájek 提出了形式系统 BL[57](Basic Logic)(它是基于连续 t-模的模糊逻辑的共同形式化), 并指出三个著名的逻辑系统 Lukasiewicz(简记为 Luk)、Gödel 与 Π 都是它的扩张; 2001 年, 西班牙学者 Esteva 和 Godo 又提出了逻辑系统 MTL(Monoidal t-norm based logic)[58], 它是基于左连续 t-模 (或三角模) 的模糊逻辑的共同形式化), 并得到 MTL 的两个扩张系统 WNM 与 IMTL 及 IMTL 的扩张系统 NM [58](2003 年, 裴道武证明了系统 L* 与 NM 等价[54]). 由逻辑系统 IMTL 及逻辑系统 Lukasiewicz 的特征易知 Lukasiewicz 也是 IMTL 的扩张系统. 于是, 上述逻辑系统的关系可以用简图 6.1 表示如下.

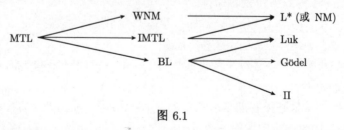

图 6.1

这些模糊逻辑已经被应用于许多领域. 关于这些逻辑系统的语构与语义已经有许多研究, 这些成果极大地丰富了逻辑学与代数学的内容, 也为模糊推理乃至一般的近似推理提供了一种可供选择的逻辑依据. 因此有关研究具有十分重要的理论价值与应用价值. 大家知道对偶非与 Gödel 非是两个重要的否定算子. 文献 [58] 已经对对偶非算子进行了深入研究: MTL 加上对偶非得到的系统记为 IMTL, IMTL 再添加 (A10) $(\varphi \& \psi \to 0) \vee (\varphi \wedge \psi \to \varphi \& \psi)$ 得到的系统, 记为 NM (等价于 L*). 本节再对 Gödel 非算子进行深入研究. 首先给出了 Gödel 非一个重要性质: 一个模糊逻辑系统中的非是 Gödel 非的充要条件是: 如果 $x * y = 0$, 则 $xy = 0$. 然后基于 Gödel 非对 MTL 进行了下面有价值的扩张: MTL 加上 Gödel 非, 记为 GNMTL; 类似地,BL 加上 Gödel 非, 记为 GNBL. 它们都是基于一类左连续 t-摸 (都包含乘积 t-模及 Gödel t-模) 的模糊逻辑的形式化. 自然地, 我们进行了类似于 IMTL 的扩张: 对 GNMTL 再添加 $(\varphi \& \psi \to \overline{0}) \vee (\varphi \wedge \psi \to \varphi \& \psi)$. 该系统等价于 Gödel 逻辑系统的猜想的提出是自然的, 但是证明并不易. 本节完成了证明[75]. 同时得到了 Gödel 逻辑系统的几种等价形式. 还给出了著名 product 逻辑系统 Π 作为 GNMTL 和 GNBL 的模式扩张形式, 由此进一步丰富了模糊逻辑的内容, 如图 6.2 所示.

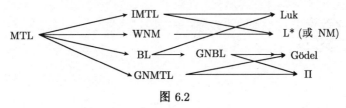

图 6.2

6.6.2 系统 GNMTL(GNBL)

定义 6.6.1 称由 MTL 添加公理 (GN)(Gödel Negation)$\varphi \wedge \neg\varphi \to \overline{0}$ 后的形式系统为 GNMTL(Gödel Negation Monoidal t-norm based logic); 称由 BL 添加公理 (GN)(Gödel Negation)$\neg\varphi \vee \neg\neg\varphi$ 后的形式系统为 GNBL.

定义 6.6.2 一个 MTL 代数 $M = (L, \cup, \cap, *, \Rightarrow, 0, 1)$ 称为 GNMTL 代数, 如果对任意 $x \in L, \neg x \cup \neg\neg x = 1$; 一个 BL 代数 $M = (L, \cup, \cap, *, \Rightarrow, 0, 1)$ 称为 GNBL 代数, 如果对任意 $x \in L, \neg x \cup \neg\neg x = 1$.

定理 6.6.1 下面三个公式在 GNMTL 和 GNBL 中都是等价的.

(i) $\neg\varphi \vee \neg\neg\varphi$

(ii) $\varphi \wedge \neg\varphi \to \overline{0}$,

(iii) $(\varphi \to \neg\varphi) \to \neg\varphi$.

注 6.6.1 (1)(GN) 说明对任意 $x \in [0,1], \neg x \vee \neg\neg x = 1$. 当 $x = 0$ 时, $\neg x = x \to 0 = 1$; 当 $x > 0$ 时,$\neg\neg x = (x \to 0) \to 0 = 1$, 从而要求 $x \to 0 \leqslant 0$, 即 $x \to 0 = 0$. 所以由 (GN) 决定的非是 Gödel 非.

(2) 一个模糊逻辑系统中的非是 Gödel 非的充要条件是: 如果 $x * y = 0$, 则 $xy = 0$.

证明 若前提条件是当 $x * y = 0$ 时 $xy = 0$, 则

当 $x = 0$ 时, $\neg x = x \to 0 = 0 \to 0 = 1$,

当 $x \neq 0$ 时, $\neg x = x \to 0 = \sup\{y | x * y \leqslant 0\} = \sup\{y | x * y = 0\} = \sup\{y | xy = 0\} = 0$;

反之, 如果 $\neg x = \begin{cases} 1, & x = 0, \\ 0, & x \neq 0, \end{cases}$ 且 $x * y = 0$ 即 $x * y \leqslant 0$, 则当 $x \neq 0$ 时,

$y \leqslant x \to 0 = 0$, 从而 $y = 0$, 得 $xy = 0$; 当 $y \neq 0$ 时, 同样可以得到 $xy = 0$.

显然定义 6.6.1 中的 M 是一个由 MTL 代数扩张得到的 C 代数[58].

定理 6.6.2 形式系统 GNMTL 是完备的, 即以下三条是等价的:

(i) φ 是 GNMTL 中的定理;

(ii) 对任一线性 GNMTL 代数 M, φ 是 M 的重言式.

(iii) 对任一 GNMTL 代数 M, φ 是 M 的重言式;

定理 6.6.3 GNMTL 添加公理 $(A10)(\varphi \& \psi \to \overline{0}) \vee (\varphi \wedge \psi \to \varphi \& \psi)$ 得到的系统 (记为 G_1) 等价于 Gödel 形式系统.

证明 由文献 [57], 一方面, 只需证明 $\varphi \to (\varphi \& \varphi)$ 和 $(\varphi \& (\varphi \to \psi)) \to (\psi \& (\psi \to \varphi))$ 是系统 G_1 的定理.

(1) $(\varphi \to \overline{0}) \to (\varphi \wedge \psi \to \overline{0})$;

(2) $(\varphi \wedge \psi \to \overline{0}) \to (\varphi \wedge \psi \to \varphi \& \psi)$;

(3) $(\varphi \to \overline{0}) \to (\varphi \wedge \psi \to \varphi \& \psi)$;

类似地, 有

(4) $(\psi \to \overline{0}) \to (\varphi \wedge \psi \to \varphi \& \psi)$;

记 $\phi = \varphi \& \psi \to \overline{0}, \chi = \varphi \wedge \psi \to \varphi \& \psi$;

(5) $(\neg \varphi \to \overline{0}) \to ((\phi \to \chi) \to (\phi \vee \chi \to \chi))$;

(6) $\phi \vee \chi \to ((\neg \varphi \to \overline{0}) \to ((\phi \to \chi) \to \chi))$;

(7) $(\neg \varphi \to \overline{0}) \& (\phi \to \chi) \to \chi$;

(8) $(\psi \to \neg \varphi) \to ((\neg \varphi \to \overline{0}) \to (\psi \to \overline{0}))$;

(9) $(\neg \varphi \to \overline{0}) \to ((\psi \& \varphi \to \overline{0}) \to (\psi \to \overline{0}))$;

由 (3) 得

(10) $(\neg \varphi \to \overline{0}) \& (\varphi \& \psi \to \overline{0}) \to (\varphi \wedge \psi \to \varphi \& \psi)$, 即 $(\neg \varphi \to \overline{0}) \& \phi \to \chi$;

(11) $(\chi \to \phi) \to ((\phi \vee \chi \to \phi) \to ((\neg \varphi \to \overline{0}) \to (\phi \to \chi)))$;

(12) $(\neg \varphi \to \overline{0}) \to ((\chi \to \phi) \to ((\phi \vee \chi \to \phi) \to (\phi \to \chi)))$;

(13) $(((\neg \varphi \to \overline{0}) \& (\chi \to \phi) \& ((\phi \vee \chi) \to \phi)) \to (\phi \to \chi)) \to$
$(((\neg \varphi \to \overline{0}) \& (\chi \to \phi) \& (\phi \vee \chi)) \to \chi)$;

(14) $((\neg \varphi \to \overline{0}) \& (\chi \to \phi) \& (\phi \vee \chi)) \to \chi$;

(15) $\overline{1} \to \phi \vee \chi$;

(16) $((\neg\varphi \to \overline{0})\&(\chi \to \phi)\&(\phi \vee \chi) \to \chi) \to ((\neg\varphi \to \overline{0})\&(\chi \to \phi)\&\overline{1} \to \chi)$;

(17) $((\neg\varphi \to \overline{0})\&(\chi \to \phi)\&\overline{1}) \to \chi$;

(18) $((\neg\varphi \to \overline{0})\&(\chi \to \phi)\&\overline{1} \to \chi) \to ((\neg\varphi \to \overline{0})\&(\chi \to \phi) \to \chi)$;

(19) $(\neg\varphi \to \overline{0})\&(\chi \to \phi) \to \chi$;

由 (7) 及 (19) 得

(20) $(((\neg\varphi \to \overline{0})\&(\phi \to \chi)) \vee ((\neg\varphi \to \overline{0})\&(\chi \to \phi))) \to \chi$;

(21) $((\neg\varphi \to \overline{0})\&((\phi \to \chi) \vee (\chi \to \phi))) \to \chi$;

(22) $(\phi \to \chi) \vee (\chi \to \phi)$;

(23) $(\neg\varphi \to \overline{0}) \to \chi$;

由 (3) 及 (23) 得

(24) $(\neg\varphi \to \overline{0}) \vee (\varphi \to \overline{0}) \to \chi$;

(25) $(\neg\varphi \to \overline{0}) \vee (\varphi \to \overline{0})$;

(26) χ, 即 $\varphi \wedge \psi \to \varphi\&\psi$.

(27) $(\varphi\&(\varphi \to \varphi)) \to \varphi \wedge \varphi$;

(28) $\varphi \wedge \varphi \to \varphi\&\varphi$;

(29) $(\varphi\&(\varphi \to \varphi)) \to \varphi\&\varphi$;

(30) $(\varphi\&(\varphi \to \varphi)) \to \varphi\&\varphi$;

(31) $\varphi \to \varphi\&\varphi$;

(i)(1) $(\varphi\&(\varphi \to \psi)) \to \varphi \wedge \psi$;

(2) $\varphi \wedge \psi \to \varphi\&\psi$;

(3) $\psi\&\varphi \to \psi\&(\psi \to \varphi)$;

(4) $\varphi\&(\varphi \to \psi) \to \psi\&(\psi \to \varphi)$;

另一方面, 证明 (A10) 和 (GN) 是 Gödel 形式系统的定理.

(1) $\varphi \to (\varphi\&\varphi)$;

(2) $(\varphi \wedge \psi) \to (\varphi\&\psi)$(文献 [57] 引理 4.2.2);

(3) $((\varphi \wedge \psi) \to (\varphi\&\psi)) \to (((\varphi\&\psi) \to \overline{0}) \vee ((\varphi \wedge \psi) \to (\varphi\&\psi)))$(文献 [57] 引理 2.2.10);

(4) $((\varphi\&\psi) \to \overline{0}) \vee ((\varphi \wedge \psi) \to (\varphi\&\psi))$;

(ii)(1) $\varphi \to (\varphi\&\varphi)$;

(2) $(\varphi \to (\varphi\&\varphi)) \to (\neg(\varphi\&\varphi) \to \neg\varphi)$(文献 [57] 引理 2.2.12);

(3) $\neg(\varphi\&\varphi) \to \neg\varphi$;

(4) $(\varphi\&\varphi \to \overline{0}) \to (\varphi \to \overline{0})$;

(5) $(\varphi \to (\varphi \to \overline{0})) \to (\varphi \to \overline{0})$;

(6) $(\varphi \to \neg\varphi) \to \neg\varphi$,

从而

(7)$\neg\varphi \vee \neg\neg\varphi$(文献 [57] 引理 4.1.3);

(8)$\varphi \wedge \neg\varphi \to \overline{0}$.

下面简化系统

$$G_1 = MTL + \varphi \wedge \neg\varphi \to \overline{0} + (A10)(\varphi \& \psi \to \overline{0}) \vee (\varphi \wedge \psi \to \varphi \& \psi).$$

由上面知, 在系统 G_1 中, $\varphi \wedge \psi \equiv \varphi \& \psi$, 于是可以用 $\varphi \wedge \psi$ 表示 $\varphi \& \psi$, 从而去掉 (A2),(A3) 和 (A10). 又易证 $\overline{0} \equiv \varphi \wedge \neg\varphi$, 因此也可以用 $\neg\varphi \wedge \varphi$ 表示 $\overline{0}$, 于是得到系统 G_1, 且有下述结论.

定理 6.6.4   系统 Gödel 等价于系统 G_2:

(A1)$(\varphi \to \psi) \to ((\psi \to \chi) \to (\varphi \to \chi))$;

(A4)$(\varphi \wedge \psi) \to \varphi$;

(A5)$(\varphi \wedge \psi) \to (\psi \wedge \varphi)$;

(A6) $(\varphi \wedge (\varphi \to \psi)) \to (\varphi \wedge \psi)$;

(A7a)*$(\varphi \to (\psi \to \chi)) \to ((\varphi \wedge \psi) \to \chi)$;

(A7b)*$((\varphi \wedge \psi) \to \chi) \to (\varphi \to (\psi \to \chi))$;

(A8)$((\varphi \to \psi) \to \chi) \to (((\psi \to \varphi) \to \chi) \to \chi)$;

(A11)$\varphi \wedge \neg\varphi \to \psi$.

可以证明下述定理.

定理 6.6.5   系统 Gödel 等价于形式系统

$$G_3 = MTL + (A12)(\varphi \to \psi) \vee ((\varphi \to \psi) \to \psi).$$

定理 6.6.6   Gödel 等价于形式系统

$$G_4 = MTL + (A13)\varphi \wedge \psi \to \varphi \& \psi :$$

定理 6.6.7   GNMTL 添加公理

(Pr)$\neg\neg\chi \to ((\varphi \& \chi \to \psi \& \chi) \to (\varphi \to \psi))$ 和 $(\varphi \wedge \psi) \to (\varphi \& (\varphi \to \psi))$ 得到的系统等价于形式系统 II.

6.7   Fuzzy 命题的多维三层逻辑

建立 Fuzzy 逻辑的意义在于克服经典逻辑的绝对性和粗糙性, 为人们提供更充分的信息. 但是在实际中, 不能模棱两可, 需要二值决策. 因此某些 Fuzzy 逻辑学者在 Fuzzy 逻辑中加入投射连接词 $\triangle$. 在文献 [58, 106] 中虽然没有谈到投射连接词的语义, 但是从其语构可以推测其语义: 只有 Fuzzy 赋值 1 时为真, 其余全为假. 但是, 作者认为它的适应面太窄, 需要推广. 此外, Fuzzy 连接词的解释多样化, 而且它们有一定的差距, 直到现在没有一个明确的说法. 因此, 为了减少决策失误, 尽可能提供多种信息, 即基于多种 Fuzzy 逻辑同时赋予一个 Fuzzy 命题多个真值. BL 逻辑与 MTL 逻辑主要关心基于所有连续三角模和左连续三角模的逻辑推理规律. 然而, 在实际应用中, 常常不考虑推理, 而主要关心非重言式的 Fuzzy 命题的合理赋值问题. 那么, 基于此, 我们的研究必须涉及具体的三角模. 对于三角模的逻辑, 人们比较推崇带对偶非的三角模逻辑. 因此, 考虑 Fuzzy 概念与模糊逻辑的多种性, 基于带对偶非的三角模逻辑, 本章提出一种新的 Fuzzy 命题的逻辑, 称为 Fuzzy 命题的多维三层逻辑. 特别地, 记 n 维三层逻辑为 L_{n-3-3}. 首先, 引入 Fuzzy 命题的首层 n 维真向量, 中层 3 维真向量, 末层经典真向量的概念; 然后, 提出 L_{n-3-3} 逻辑悲观 c-重言式、L_{n-3-3} 逻辑乐观 c-重言式、L_{n-3-3} 逻辑期望 c-重言式、L_{n-3-3} 逻辑重言式、L_{n-3-3} 逻辑悲观 c-经典重言式、L_{n-3-3} 逻辑乐观 c-经典重言式与 L_{n-3-3} 逻辑期望 c-经典重言式概念, 并且讨论 L_{n-3-3} 逻辑的性质. 最后提供 LN-L_{2-3-3} 逻辑的规律.

6.7.1 n 维三层逻辑的语义

首先引入投射连接词 Δ_α.

定义 6.7.1 设 $S = \{p_1, p_2, \cdots, p_m, \cdots\}$ 是一个可数的独立的模糊命题集, $F(S)$ 是由 $S \cup \{\overline{0}\}$ 产生的 $\{\neg, \wedge, \&, \rightarrow\}$ 型自由代数. 称 $F(S)$ 中的元素为模糊命题公式, $\Delta_\alpha(F(S)) = \{\Delta_\alpha(\theta), \theta \in F(S)\}$ 中的元素为 α 水平经典公式. $C(\Delta_\alpha(F(S)))$ 是由 $\Delta_\alpha(F(S))$ 产生的 $(\wedge, \vee, \neg, \rightarrow)$ 型自由代数. 称 $L_n = \{l^1, l^2, \cdots, l^n\}$ 为 n 维模糊逻辑组, 其中 $l^i, i = 1, 2, \cdots, n$ 分别是带对偶非的模糊逻辑. 称

$$\text{Frame} = (S, F(S), \Delta_\alpha(F(S)), C(\Delta_\alpha(F(S))), L_n)$$

为一个 n 维三层逻辑 (记作 L_{n-3-3}) 骨架.

注 6.7.1 在定义 6.7.1 中假设 $S = \{p_1, p_2, \cdots, p_m, \cdots\}$ 是一个可数的独立的模糊命题集的原因是作者研究发现模糊逻辑不适应相关模糊命题, 如 p_1 表示模糊命题: 29 岁的人是年轻人, p_2 表示模糊命题: 29 岁的人是中年人, $p_1 \vee p_2$ 表示模糊命题: 29 岁的人是年轻人或 29 岁的人是中年人. 如果分别赋予 p_1 与 p_2 的真值为 0.5, 则按照上述模糊逻辑 $p_1 \vee p_2$ 的真值为 0.5, $\Delta(p_1 \vee p_2)$ 的真值为 0. 显然这是不合理的. 因此上述模糊逻辑对非独立的模糊命题, 即相关模糊命题不适应.

定义 6.7.2 设 $\text{Frame} = (S, F(S), \Delta_\alpha(F(S)), C(\Delta_\alpha(F(S))), L_n)$ 是一个 n 维三层逻辑骨架. 称 $I = (\vec{v} \circ \vec{M} \circ \vec{B}, (\lambda_1, \lambda_2, \cdots, \lambda_n), c)$ 为 Frame 的一个解释, 其中

$$\lambda_1, \lambda_2, \cdots, \lambda_n \in [0, 1], \quad \lambda_1 + \lambda_2 + \cdots + \lambda_n = 1, \quad c \in [0.5, 1],$$

复合向量映射 $\vec{v} \circ \vec{M} \circ \vec{B}$ 通过下列三步定义如下, $\forall \theta \in F(S)$,

(i) 称映射 $\vec{v} : S \to [0,1]^n$ 为在 Frame 下 S 上的一个首层 n 维赋值. 对于每个 $p_i \in S$, 记 $\vec{v}(p_i) = (v_{l^1}, v_{l^2}, \cdots, v_{l_n})$, 或简单地, $\vec{v}(p_i) = (v_1, v_2, \cdots, v_n)$, 并记所有 n 维赋值的全体为 $\text{Val}([0,1]^n)$. 对于每个 $\vec{v} \in \text{Val}([0,1]^n)$, 通过模糊逻辑组 $L_n = \{l^1, l^2, \cdots, l^n\}$, 递推地定义 $\theta \in F(S)$ 的首层 n 维赋值 (也称首层 n 维真向量) 如下所示.

(1) $\vec{v}(\overline{0}) = (0, 0, \cdots, 0)$, $\vec{v}(\neg\varphi) = (1 - v_1(\varphi), 1 - v_2(\varphi), \cdots, 1 - v_n(\varphi))$;

(2) 如果 $\gamma = \varphi \& \psi$, 则

$$\vec{v}(\varphi \& \psi) = (v_1(\varphi \& \psi), v_2(\varphi \& \psi), \cdots, v_n(\varphi \& \psi)),$$

其中 $v_i(\varphi \& \psi) = v_i(\varphi) *_{l^1} v_i(\psi), i = 1, 2, \cdots, n$;

(3) 如果 $\gamma = \varphi \to \psi$, 则

$$\vec{v}(\varphi \to \psi) = (v_1(\varphi \to \psi), v_2(\varphi \to \psi), \cdots, v_n(\varphi \to \psi)),$$

其中 $v_i(\varphi \to \psi) = v_i(\varphi) \to_{l^1} v_i(\psi), i = 1, 2, \cdots, n$;

(4) 如果 $\gamma = \varphi \wedge \psi$, 则

$$\vec{v}(\varphi \wedge \psi) = (v_1(\varphi \wedge \psi), v_2(\varphi \wedge \psi), \cdots, v_n(\varphi \wedge \psi)),$$

其中

$$\vec{v}(\varphi \wedge \psi) = (\min\{v_1(\varphi), v_1(\psi)\}, \min\{v_2(\varphi), v_2(\psi)\}, \cdots, \min\{v_n(\varphi), v_n(\psi)\}).$$

这里, $*_{l^i}$ 和 $\to_{l^i}$ 分别表示模糊逻辑 $l^i, i = 1, 2, \cdots, n$ 对应的三角模与蕴涵.

(ii) 如果 θ 的首层 n 维真向量 $\vec{v}(\theta) = (v_1(\theta), v_2(\theta), \cdots, v_n(\theta))$, 则称

$$\vec{M}(\vec{v}(\theta)) = (M_{\min}(\vec{v}(\theta)), E_{(\lambda_1, \lambda_2, \cdots, \lambda_n)}(\vec{v}(\theta)), M_{\max}(\vec{v}(\theta)))$$

为 θ 基于 $(\lambda_1, \lambda_2, \cdots, \lambda_n)$ 的中层三维真向量, 并分别称为 θ 的悲观值、乐观值、期望值, 这里

$$M_{\min}(\vec{v}(\theta)) = \min_{1 \leqslant i \leqslant n} \{v_i(\theta)\},$$

$$M_{\max}(\vec{v}(\theta)) = \max_{1 \leqslant i \leqslant n} \{v_i(\theta)\},$$

$$E_{(\lambda_1, \lambda_2, \cdots, \lambda_n)}(\vec{v}(\theta)) = \sum_{i=1}^{n} \lambda_i v_i(\theta).$$

(iii) 如果 θ 的首层 n 维真向量 $\vec{v}(\theta) = (v_1(\theta), v_2(\theta), \cdots, v_n(\theta))$, 则基于上述的复合向量映射 $\vec{v} \circ \vec{M}$ 定义三种映射

$$B^{\wedge}(\vec{v} \circ \vec{M}) : \Delta_\alpha(F(S)) \to \{0, 1\},$$

$$B^{\vee}(\vec{v} \circ \vec{M}) : \Delta_\alpha(F(S)) \to \{0, 1\},$$

$$B^{E}(\vec{v} \circ \vec{M}) : \Delta_\alpha(F(S)) \to \{0, 1\}$$

分别如下.

(1) 称 $B^{\wedge}(\overrightarrow{v}\circ\overrightarrow{M})(\Delta_{\alpha}(\theta)) = \begin{cases} 1, & M_{\min}(\overrightarrow{v}(\theta)) \geqslant c, \\ 0, & M_{\min}(\overrightarrow{v}(\theta)) < c \end{cases}$ 为 φ 基于水平 c 的末层悲观经典真值;

(2) 称 $B^{\vee}(\overrightarrow{v}\circ\overrightarrow{M})(\Delta_{\alpha}(\theta)) = \begin{cases} 1, & M_{\max}(\overrightarrow{v}(\theta)) \geqslant c, \\ 0, & M_{\max}(\overrightarrow{v}(\theta)) < c \end{cases}$ 为 φ 基于水平 c 的末层乐观经典真值;

(3) 称 $B^{E}(\overrightarrow{v}\circ\overrightarrow{M})(\Delta_{\alpha}(\theta)) = \begin{cases} 1, & E_{(\lambda_1,\lambda_2,\cdots,\lambda_n)}(\overrightarrow{v}(\theta)) \geqslant c, \\ 0, & E_{(\lambda_1,\lambda_2,\cdots,\lambda_n)}(\overrightarrow{v}(\theta)) < c \end{cases}$ 为 φ 基于水平 c 的末层期望经典真值. 记

$$\overrightarrow{v}\circ\overrightarrow{M}\circ\overrightarrow{B}(\Delta_{\alpha}(\theta)) = (B^{\wedge}(\overrightarrow{v}\circ\overrightarrow{M})(\Delta_{\alpha}(\theta)), B^{E}(\overrightarrow{v}\circ\overrightarrow{M})(\Delta_{\alpha}(\theta)), B^{\vee}(\overrightarrow{v}\circ\overrightarrow{M})(\Delta_{\alpha}(\theta))),$$

称为 φ 的末层经典真向量. 对每个 $X \in C(\Delta_{\alpha}F(S))$, 称

$$\overrightarrow{v}\circ\overrightarrow{M}\circ\overrightarrow{B}(X) = (B^{\wedge}(\overrightarrow{v}\circ\overrightarrow{M})(X), B^{E}(\overrightarrow{v}\circ\overrightarrow{M})(X), B^{\vee}(\overrightarrow{v}\circ\overrightarrow{M})(X))$$

为经典真向量, 其中

$$B^{\wedge}(\overrightarrow{v}\circ\overrightarrow{M})(X), B^{E}(\overrightarrow{v}\circ\overrightarrow{M})(X), B^{\vee}(\overrightarrow{v}\circ\overrightarrow{M})(X)$$

按照 Boolean 运算定义.

例 6.7.1　设 $I = (\overrightarrow{B}(\overrightarrow{M}(\overrightarrow{v})), (0.5, 0.5), 0.5)$ 是

$$\text{Frame} = (S, F(S), \Delta_{\alpha}(F(S)), C(\Delta_{\alpha}(F(S))), L_n)$$

的一个解释, 这里 $L_2 = \{l^1, l^2\} = \{L, N\}$, 其中 L, N 分别表示 Lukasiewicz 逻辑, NM 或 R_0 逻辑, $\overrightarrow{v} = \{(0.1, 0.1), (0.5, 0.5), \cdots\}$. $\varphi = \neg p_1$, $\psi = \neg p_1 \to p_2$. 又设 $\overrightarrow{v} = \{(0.1, 0.1), (0.5, 0.5), \cdots\}$ 是 S 上基于 L_2 的一个首层二维赋值, 则

(i) $\varphi = \neg p_1$ 的首层二维真向量

$$\overrightarrow{v}(\neg p_1) = (1 - 0.1, 1 - 0.1) = (0.9, 0.9),$$

$\psi = \neg p_1 \to p_2$ 的首层二维真向量

$$\overrightarrow{v}(\neg p_1 \to p_2) = ((1 - 0.1) \to_L 0.5) \to_N 0.5) = (0.6, 0.5);$$

(ii) $\overrightarrow{M}(\overrightarrow{v}(\psi)) = (M_{\min}(\overrightarrow{v}(\psi)), E_{(\frac{1}{2}, \frac{1}{2})}(\overrightarrow{v}(\psi)), M_{\max}(\overrightarrow{v}(\psi)))$
$$= (0.5, 0.55, 0.6).$$

(iii) $\vec{v} \circ \vec{M} \circ \vec{B}(\Delta_\alpha(\psi))$

$= (B^\wedge(\vec{v} \circ \vec{M})(\Delta_\alpha(\psi)), B^E(\vec{v} \circ \vec{M})(\Delta_\alpha(\psi)), B^\vee(\vec{v} \circ \vec{M})(\Delta_\alpha(\psi)))$

$= (1, 1, 1).$

定理 6.7.1   设 $L_n = \{l^1, l^2, \cdots, l^n\}$ 是带对偶非的左连续三角模逻辑组.

(1) 如果 $\gamma \in F(S)$ 是 MTL 重言式, 则对 Frame 的任意解释

$$I = (\vec{v} \circ \vec{M} \circ \vec{B}, (\lambda_1, \lambda_2, \cdots, \lambda_n), c)$$

有

$$\vec{v}(\gamma) = (1, 1, \cdots, 1), \quad \vec{v} \circ \vec{M}(\gamma) = (1, 1, 1), \quad \vec{v} \circ \vec{M} \circ \vec{B}(\Delta_\alpha(\gamma)) = 1;$$

(2) 如果 $\gamma \in F(S)$ 是经典重言式, 则存在 Frame 的解释

$$I = (\vec{v} \circ \vec{M} \circ \vec{B}, (\lambda_1, \lambda_2, \cdots, \lambda_n), c),$$

使得

$$\vec{v}(\gamma) = (1, 1, \cdots, 1), \quad \vec{v} \circ \vec{M}(\gamma) = (1, 1, 1), \quad \vec{v} \circ \vec{M} \circ \vec{B}(\Delta_\alpha(\gamma)) = 1.$$

证明   (1) 设 $\gamma \in F(S)$ 是 MTL 重言式, $I = (\vec{v} \circ \vec{M} \circ \vec{B}, (\lambda_1, \lambda_2, \cdots, \lambda_n), c)$ 是 Frame 的任意解释. 因为对于任意带对偶非的左连续三角模逻辑 $l^i \in \{l^1, l^2, \cdots, l^n\}$, 有 $v_i(\gamma) = 1$, 所以 $\vec{v}(\gamma) = (1, 1, \cdots, 1)$, 从而

$$\vec{v} \circ \vec{M}(\gamma) = (1, 1, 1), \quad \vec{v} \circ \vec{M} \circ \vec{B}(\Delta_\alpha(\gamma)) = 1.$$

(2) 结论显然成立 (略).

定理 6.7.2   设 $L_n = \{l^1, l^2, \cdots, l^n\}$ 是带对偶非的左连续三角模逻辑组, $\gamma \in F(S)$. 则对 Frame 的任意解释 $I = (\vec{v} \circ \vec{M} \circ \vec{B}, (\lambda_1, \lambda_2, \cdots, \lambda_n), c)$, 有

$$M_{\min}(\vec{v}(\varphi)) \leqslant E_{(\lambda_1, \lambda_2, \cdots, \lambda_n)}(\vec{v}(\varphi)) \leqslant M_{\max}(\vec{v}(\varphi)).$$

证明   对 Frame 的任意解释 $I = (\vec{v} \circ \vec{M} \circ \vec{B}, (\lambda_1, \lambda_2, \cdots, \lambda_n), c)$, 因为 $\lambda_1 + \lambda_2 + \cdots + \lambda_n = 1$, 所以

$$M_{\min}(\vec{v}(\varphi)) = (\lambda_1 + \lambda_2 + \cdots + \lambda_n) \min_{1 \leqslant i \leqslant n} v_i(\varphi) \leqslant E_{(\lambda_1, \lambda_2, \cdots, \lambda_n)}(\vec{v}(\varphi))$$

$$\leqslant (\lambda_1 + \lambda_2 + \cdots + \lambda_n) \max_{1 \leqslant i \leqslant n} v_i(\varphi) = M_{\max}(\vec{v}(\varphi)).$$

定义 6.7.3   设 $L_n = \{l^1, l^2, \cdots, l^n\}$ 是带对偶非的左连续三角模逻辑组, $\phi \in F(S)$.

(1) 若对 Frame 的任意解释 $I = (\vec{v} \circ \vec{M} \circ \vec{B}, (\lambda_1, \lambda_2, \cdots, \lambda_n), c)$, 有 $M_{\min}(\vec{v}(\phi)) \geqslant c$, 则称 φ 是 L_{n-3-3} 逻辑悲观 c-重言式;

(2) 若对 Frame 的任意解释 $I = (\vec{v} \circ \vec{M} \circ \vec{B}, (\lambda_1, \lambda_2, \cdots, \lambda_n), c)$, 有 $M_{\max}(\vec{v}(\varphi)) \geqslant c$, 则称 φ 是 L_{n-3-3} 逻辑乐观 c-重言式;

(3) 若对 Frame 的任意解释 $I = (\vec{v} \circ \vec{M} \circ \vec{B}, (\lambda_1, \lambda_2, \cdots, \lambda_n), c)$, 有 $E_{(\lambda_1, \lambda_2, \cdots, \lambda_n)}(\vec{v}(\varphi)) \geqslant c$, 则称 φ 是 L_{n-3-3} 逻辑期望 c-重言式.

特别地, 当 $c = 1$ 时, 分别称为 L_{n-3-3} 逻辑悲观重言式、L_{n-3-3} 逻辑乐观重言式和 L_{n-3-3} 逻辑期望重言式.

定理 6.7.3 设左连续三角模逻辑组 $L_n = \{l^1, l^2, \cdots, l^n\}$, $\gamma \in F(S)$. 则

(1) γ 是 L_{n-3-3} 逻辑悲观 c-重言式当且仅当对 Frame 的任意解释

$$I = (\vec{v} \circ \vec{M} \circ \vec{B}, (\lambda_1, \lambda_2, \cdots, \lambda_n), c),$$

有

$$M_{\max}(\vec{v}(\gamma)) \geqslant E_{(\lambda_1, \lambda_2, \cdots, \lambda_n)}(\vec{v}(\gamma)) \geqslant c;$$

(2) γ 是 L_{n-3-3} 悲观逻辑重言式当且仅当对 Frame 的任意解释

$$I = (\vec{v} \circ \vec{M} \circ \vec{B}, (\lambda_1, \lambda_2, \cdots, \lambda_n), c)$$

有

$$\vec{v}(\gamma) = (1, 1, \cdots, 1).$$

证明 (1) 对 Frame 的任意解释 $I = (\vec{v} \circ \vec{M} \circ \vec{B}, (\lambda_1, \lambda_2, \cdots, \lambda_n), c)$, 由定理 6.7.2 知

$$M_{\max}(\vec{v}(\gamma)) \geqslant E_{(\lambda_1, \lambda_2, \cdots, \lambda_n)}(\vec{v}(\gamma)) \geqslant M_{\min}(\vec{v}(\gamma)).$$

又根据定义 6.7.3 知 $M_{\min}(\vec{v}(\gamma)) \geqslant c$, 所以

$$M_{\max}(\vec{v}(\gamma)) \geqslant E_{(\lambda_1, \lambda_2, \cdots, \lambda_n)}(\vec{v}(\gamma)) \geqslant c.$$

(2) 设 γ 是 L_{n-3-3} 悲观逻辑重言式, 则对 Frame 的任意解释

$$I = (\vec{v} \circ \vec{M} \circ \vec{B}, (\lambda_1, \lambda_2, \cdots, \lambda_n), 1),$$

有 $M_{\min}(\vec{v}(\varphi)) \geqslant 1$, 即 $M_{\min}(\vec{v}(\varphi)) = 1$. 因此 $\vec{v}(\varphi) = (1, 1, \cdots, 1)$. 反之, 若对 Frame 的任意解释 $I = (\vec{v} \circ \vec{M} \circ \vec{B}, (\lambda_1, \lambda_2, \cdots, \lambda_n), c)$ 有 $\vec{v}(\gamma) = (1, 1, \cdots, 1)$, 则 $M_{\min}(\vec{v}(\varphi)) = 1$, 即 $M_{\min}(\vec{v}(\varphi)) \geqslant 1$. 因此 γ 是 L_{n-3-3} 悲观逻辑重言式.

定义 6.7.4 设 $X \in C(\Delta_\alpha(F(S)))$, $L_n = \{L_1, L_2, \cdots, L_n\}$, $c \in (0, 1]$.

(1) 若对 Frame 的任意解释 $I = (\vec{v} \circ \vec{M} \circ \vec{B}, (\lambda_1, \lambda_2, \cdots, \lambda_n), c)$, 有 $B_v^\wedge(X) = 1$, 则称 θ 是 L_{n-3-3} 逻辑悲观 c-经典重言式;

(2) 若对 Frame 的任意解释 $I = (\vec{v} \circ \vec{M} \circ \vec{B}, (\lambda_1, \lambda_2, \cdots, \lambda_n), c)$, 有 $B^\vee(\vec{M} \circ \vec{B})(X) = 1$, 则称 θ 是 L_{n-3-3} 逻辑乐观 c-经典重言式;

(3) 若对 Frame 的任意解释 $I = (\vec{v} \circ \vec{M} \circ \vec{B}, (\lambda_1, \lambda_2, \cdots, \lambda_n), c)$, 有 $B^E(\vec{M} \circ \vec{B})(X) = 1$, 则称 θ 是 L_{n-3-3} 逻辑期望 c-经典重言式.

特别地, 当 $c = 1$ 时, 分别称它们为 L_{n-3-3} 逻辑悲观经典重言式, L_{n-3-3} 逻辑乐观经典重言式和 L_{n-3-3} 逻辑期望经典重言式.

定义 6.7.5 设 $X \in C(\Delta_\alpha(F(S)))$. 如果对 Frame 的任意解释

$$I = (\vec{v} \circ \vec{M} \circ \vec{B}, (\lambda_1, \lambda_2, \cdots, \lambda_n), c),$$

有 $B^\wedge(\vec{M} \circ \vec{v})(X) = 1$, 则称 X 是 L_{n-3-3} 逻辑重言式.

定理 6.7.4 设 $X \in C(\Delta_\alpha(F(S)))$. 如果 X 是 L_{n-3-3} 逻辑重言式, 则 X 是经典重言式.

证明 反证, 如果 X 是非经典重言式, 则存在经典赋值 v 使得 $v(X) = 0$, 那么存在解释 $I = (\vec{v} \circ \vec{M} \circ \vec{B}, (\lambda_1, \lambda_2, \cdots, \lambda_n), 0.5)$, 使得 $B^\wedge(\vec{M} \circ \vec{v})(X) = 0$. 这与 X 是 L_{n-3-3} 逻辑重言式矛盾. 因此 X 是经典重言式.

6.7.2　$LN\text{-}L_{3-3-3}$ 逻辑规律

本节讨论基于逻辑组 $L_2 = (L, NM)$ 的 L_{2-3-3} 逻辑 (称为 $LN\text{-}L_{2-3-3}$ 逻辑) 的规律.

定理 6.7.5 设 $\gamma = \varphi_1 \vee \varphi_2 \vee \cdots \vee \varphi_m, m \in \{1, 2, \cdots, n, \cdots\}$. γ 是 $LN\text{-}L_{2-3-3}$ 逻辑重言式当且仅当对于任意 $w \in \{L, NM\}$, 存在 $i \in \{1, 2, \cdots, m\}$ 使得 $v_w(\varphi_i) = 1$.

证明 必要性　若 $\gamma = \varphi_1 \vee \varphi_2 \vee \cdots \vee \varphi_m, m \in \{1, 2, \cdots, n, \cdots\}$ 是 $LN\text{-}L_{2-3-3}$ 逻辑重言式, 根据定义 6.7.1, 则对 Frame 的任意解释 $I = (\vec{v} \circ \vec{M} \circ \vec{B}, (\lambda_1, \lambda_2, \cdots, \lambda_n), c)$, 有 $B^\wedge(\vec{v} \circ \vec{M})(\gamma) = 1$. 即对于任意 $(\lambda_1, \lambda_2, \cdots, \lambda_n), \lambda_1 + \lambda_2 + \cdots + \lambda_n = 1$, 任意 $c \geqslant 0.5$, 有 $B^\wedge(\vec{v} \circ \vec{M})(\gamma) = 1$. 于是对任意 $w \in \{L, NM\}$, 在模糊逻辑 w 之下, $v_w(\gamma) = v_w(\varphi_1 \vee \varphi_2 \vee \cdots \vee \varphi_m) = 1$. 因为

$$v_w(\gamma) = \max\{v_w(\varphi_1), v_w(\varphi_2), \cdots, v_w(\varphi_m)\},$$

所以存在 $i \in \{1, 2, \cdots, m\}$ 使得 $v_i(\varphi_i) = 1$.

充分性　若对于任意 $w \in \{L, NM\}$, 存在 $i \in \{1, 2, \cdots, m\}$ 使得 $v_w(\varphi_i) = 1$, 显然, 对 Frame 的任意解释 $I = (\vec{v} \circ \vec{M} \circ \vec{B}, (\lambda_1, \lambda_2, \cdots, \lambda_n), c)$, 有 $B^\wedge(\vec{v} \circ \vec{M})(\gamma) = 1$. 那么 γ 是 $LN\text{-}L_{2-3-3}$ 逻辑重言式.

在文献 [56] 中, $TH(LN)$ 表示同时基于 Lu 模和 R_0 模的逻辑重言式之集, $TH(L)$ 表示基于 Lu 模的逻辑重言式之集, $TH(NM)$ 表示基于 R_0 模的逻辑重言式之集. 于是有下述定理.

定理 6.7.6 $LN\text{-}L_{2-3-3}$ 逻辑重言式之集为

$$TH(\text{LN}) = TH(L) \cap TH(NM).$$

证明 注意文献 [56] 已经告诉我们 $TH(LN) = TH(L) \cap TH(NM)$. 这说明 X 是 LN 逻辑重言式的充要条件是它既是 L 逻辑重言式也是 NM 逻辑重言式. 根据 $LN\text{-}L_{2-3-3}$ 逻辑重言式的定义, 对 Frame 的任意解释 $I = (\vec{v} \circ \vec{M} \circ \vec{B}, (\lambda_1, \lambda_2, \cdots, \lambda_n), c)$, 有 $B^{\wedge}(\vec{v} \circ \vec{M})(\gamma) = 1$, 这说明它既是 L 逻辑重言式也是 NM 逻辑重言式. 因此 $LN\text{-}L_{2-3-3}$ 逻辑重言式之集为 $TH(LN) = TH(L) \cap TH(NM)$.

定理 6.7.7 $LN\text{-}L_{2-3-3}$ 逻辑乐观重言式之集为

$$TH(LN) = TH(L) \cup TH(NM).$$

该定理的证明与定理 6.7.6 类似.

定理 6.7.8 $LN\text{-}L_{2-3-3}$ 逻辑 $\frac{1}{2}$- 重言式之集为

$$TH(LN) = TH(L) \cup TH(NM).$$

该定理的证明与定理 6.7.6 类似.

6.8 蕴涵算子族及其应用

在模糊逻辑中, 主要包括非 $(\neg a = a \to 0)$、上确界 $\vee(a \vee b = \max\{a, b\})$ 与蕴涵 $\to$ 三个算子. 人们对非算子 $\neg$ 及上确界算子 $\vee$ 的定义基本一致, 但是蕴涵算子 $\to$ 的定义却有很多种. 至于哪一种最好尚无定论. 不过, 人们公认便于计算应用又具有相伴随的左连续的三角模且具有正则性的蕴涵算子较好 (因为以此建立的逻辑系统具有完备性). 本节[66] 提出蕴涵算子族的新概念, 并给出了两族蕴涵算子, 分别称为 $L\text{-}\lambda\text{-}R_0 \left(\lambda \in \left[\frac{1}{2}, 1 \right] \right)$ 族算子与 $L\text{-}\lambda\text{-}G(\lambda \in [0, 1])$ 族算子. $L\text{-}\lambda\text{-}R_0 \left(\lambda \in \left[\frac{1}{2}, 1 \right] \right)$ 族算子包括 Lukasiewicz(简称 R_{Lu}) 算子与 R_0 算子, $L\text{-}\lambda\text{-}G$ 族算子包括 R_{Lu} 算子与 Gödel(简称 R_{G}) 算子. 本节重点讨论 $L\text{-}\lambda\text{-}R_0 \left(\lambda \in \left[\frac{1}{2}, 1 \right] \right)$ 族算子, 它包括 Lukasiewicz 算子 R_{Lu} 与 R_0 算子. 还讨论了 $L\text{-}\lambda\text{-}R_0 \left(\lambda \in \left[\frac{1}{2}, 1 \right] \right)$ 族算子的伴随算子及正则性. 结果表明, 在蕴涵算子族 $L\text{-}\lambda\text{-}R_0 \left(\lambda \in \left[\frac{1}{2}, 1 \right] \right)$ 中, 只有 R_{Lu} 与 R_0 算

子具有相伴随的三角模且满足正则性. 从而说明这两种算子是较理想的模糊蕴涵算子.

任意给定一个模糊命题公式, 运用不同的蕴涵算子计算公式的真值一般不相等, 甚至误差很大, 这在模糊推理的实际应用中, 有一定的冒险性, 为此本节引入模糊命题的置信区间及可信度的概念, 并通过实例说明给出的两族模糊蕴涵算子和模糊命题的置信区间及可信度概念的重要意义.

6.8.1　蕴涵算子族

模糊蕴涵算子 $R(x,y) = x \to y$ 是定义在 $[0,1] \times [0,1]$ 上的二元函数, 其图像是曲面. 由于模糊逻辑是经典逻辑的推广, 自然它应经过四个点 $(0,0,1)$, $(1,0,0)$, $(1,1,1)$ 与 $(0,1,1)$. 由于经过这四个点的曲面无穷多, 所以模糊蕴涵算子有很多种. 哪一种模糊蕴涵算子最优还不好定论. 不过, 现今人们公认简便易行、满足左连续、正则性且具有伴随的三角模的模糊蕴涵算子较好. 为此下面借助于几何图形直观地提出下面两族模糊蕴涵算子.

定义 6.8.1　任意 $\lambda \in \left[\dfrac{1}{2}, 1\right]$, 定义模糊蕴涵算子 $\to$ 如下.

$$
x = y \to z = \begin{cases} 1, & y \leqslant z, \\ 1 - y + (2\lambda - 1)z, & z + y < 1 \text{且} y > z, \\ (1 - 2\lambda)y + z + 2\lambda - 1, & z + y \geqslant 1 \text{且} y > z, \end{cases}
$$

$$(y, z) \in [0,1] \times [0,1].$$

特别地, 当 $\lambda = 1, \dfrac{1}{2}$ 时分别对应 R_{Lu} 及 R_0 算子[3], 因此称为 $R_{L\text{-}\lambda\text{-}R_0}$ 算子, 又称这些算子的全体为模糊蕴涵算子族 $L\text{-}\lambda\text{-}R_0$, $\lambda \in \left[\dfrac{1}{2}, 1\right]$.

$x = R(y, z) = y \to z$ 的图像如图 6.3 所示.

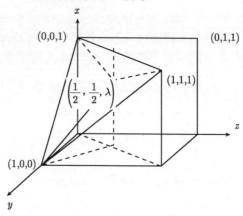

图 6.3

定义 6.8.2 设 $\rightarrow$ 是 $[0,1]$ 上的蕴涵算子, 任意 $\lambda \in [0,1]$, 在 $[0,1]$ 上定义二元函数 $\rightarrow$ 如下.

$$x = y \rightarrow z = \begin{cases} 1, & y \leqslant z, \\ \lambda(1-y) + z, & y > z, \end{cases} \quad y, z \in [0, 1].$$

特别地, $\lambda = 1, 0$ 时分别为 R_{Lu} 及 R_{G} 算子, 因此称它为 $R_{L\text{-}\lambda\text{-}G}$ 蕴涵算子. 又称这些算子的全体为蕴涵算子族 $L\text{-}\lambda\text{-}G$, $\lambda \in [0,1]$.

限于篇幅, 下面仅讨论模糊蕴涵算子族 $L\text{-}\lambda\text{-}R_0 \left(\lambda \in \left[\dfrac{1}{2}, 1 \right] \right)$ 的性质.

定理 6.8.1 算子 $\otimes$:

$$x \otimes y = \begin{cases} 0, & x \leqslant 1-y, \\ \left. \begin{cases} \dfrac{x+y-1}{2\lambda-1}, & x < 1 - 2(\lambda-1)y \\ y, & 1 + 2(\lambda-1)y \leqslant x \leqslant 1 \end{cases} \right\} & y < \dfrac{1}{2}, \\ \left. \begin{cases} \dfrac{x+y-1}{2\lambda-1}, & x < 2\lambda(1-y) \\ (2\lambda-1)(y-1)+x, & 2\lambda(1-y) < x \leqslant 2(1-\lambda)y + 2\lambda - 1 \\ y, & 2(1-\lambda)y + 2\lambda - 1 < x \leqslant 1 \end{cases} \right\} & y \geqslant \dfrac{1}{2}, \\ & x > 1 - y \end{cases}$$

满足 $x \otimes y \leqslant z$ 当且仅当 $x \leqslant y \rightarrow z$.

证明 这里

$$x = R(y, z) = y \rightarrow z = \begin{cases} 1, & y \leqslant z, \\ 1 - y + (2\lambda-1)z, & z + y < 1 \text{且} y > z, \\ (1-2\lambda)y + z + 2\lambda - 1, & z + y \geqslant 1 \text{且} y > z. \end{cases}$$

把 y 看成定数, 将 $x = y \rightarrow z$ 看成 z 的一元函数.

当 $0 \leqslant y < \dfrac{1}{2}$ 时, 根据 $x \otimes y \leqslant z$ 当且仅当 $x \leqslant y \rightarrow z$, 得到如下结论.

当 $0 \leqslant x \leqslant 1-y$ 时, $\forall z, y \rightarrow z \geqslant 1-y \geqslant x$, 只有 $x \otimes y = 0$, 才能有 $x \otimes y \leqslant z, \forall z$;

当 $1-y \leqslant x \leqslant 2(1-\lambda)y + 2\lambda - 1$ 时, 解 $x \leqslant 1-y+(2\lambda-1)z$ 得到 $\dfrac{x+y-1}{2\lambda-1} \leqslant z$, 于是定义 $x \otimes y = \dfrac{x+y-1}{2\lambda-1}$;

当 $2(1-\lambda)y + 2\lambda - 1 \leqslant x \leqslant 1$ 时, 若 $x \leqslant y \rightarrow z = 1$ 则 $y \leqslant z$, 所以定义 $x \otimes y = y$.

当 $y \geqslant \dfrac{1}{2}$ 时, $x = y \rightarrow z$, 如图 6.4 所示.

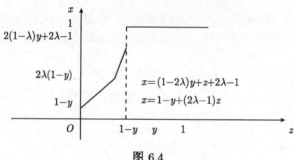

图 6.4

根据 $x \otimes y \leqslant z$ 当且仅当 $x \leqslant y \to z$, 得到如下结论.

当 $0 \leqslant x \leqslant 1 - y$ 时, 与 $y \leqslant \dfrac{1}{2}$ 时同理 $x \otimes y = 0$;

当 $1 - y \leqslant x \leqslant 2\lambda(1 - y)$ 时, 与 $y \leqslant \dfrac{1}{2}$ 时同理, $x \otimes y = \dfrac{x + y - 1}{2\lambda - 1}$;

$2\lambda(1 - y) \leqslant x \leqslant 2(1 - \lambda)y + 2\lambda - 1$, 解 $x \leqslant (1 - 2\lambda)y + z + 2\lambda - 1$ 得到 $x + (1 - y)(1 - 2\lambda) \leqslant z$, 于是定义

$$x \otimes y = x + (1 - y)(1 - 2\lambda);$$

当 $2(1 - \lambda)y + 2\lambda - 1 < x \leqslant 1$ 时, 若 $x \leqslant y \to z = 1$, 则 $y \leqslant z$, 所以定义 $x \otimes y = y$.

可以逐条验证以上推理都是可逆的, 即如果按照定理中的方法求 $x \otimes y$, 则 $x \otimes y \leqslant z$ 当且仅当 $x \leqslant y \to z$ 成立, 定理证毕.

显然上述定理给出的 $\otimes$ 算子不是三角模. 故蕴涵算子 $R_{L\text{-}\lambda\text{-}G}$ 当 $\lambda \in \left(\dfrac{1}{2}, 1\right)$ 时没有相伴随的三角模.

当 $\lambda = \dfrac{1}{2}, 1$ 时, $R_{L\text{-}\lambda\text{-}G}$ 有相伴随的三角模.

定理 6.8.2　当 $\lambda \in \left[\dfrac{1}{2}, 1\right]$ 时, 蕴涵算子 $R_{L\text{-}\lambda\text{-}R_0}$ 满足正则性质 (i), (iv), (v) 及 (vi); 当 $\lambda = \dfrac{1}{2}, 1$ 时蕴涵算子 $R_{L\text{-}\lambda\text{-}R_0}$ 还满足正则性质 (ii) 及 (iii).

证明　(i) 由 $L\text{-}\lambda\text{-}R_0, \lambda \in \left[\dfrac{1}{2}, 1\right]$ 的定义, 易见 $b \leqslant c$ 当且仅当 $b \to c = 1$.

(iv) $1 \to c = \begin{cases} 1, & c = 1, \\ -2\lambda \times 1 + 1 + c - 1 + 2\lambda = c, & c < 1. \end{cases}$ 故 $1 \to c = c$.

(v) (1) 若 $b \leqslant \underset{i \in I}{\wedge} c_i$, 则对任意的 $i \in I$ 都有 $b \leqslant c_i$, 从而

$$b \to c_{i=1} \underset{i \in I}{\wedge} (b \to c_i) = 1,$$

已知 $b \to \underset{i \in I}{\wedge} c_i = 1$, 所以 $b \to \underset{i \in I}{\wedge} c_i = \underset{i \in I}{\wedge} (b \to c_i)$.

(2) $b > \bigwedge\limits_{i \in I} c_i$ 且 $b + \bigwedge\limits_{i \in I} c_i \leqslant 1$, 则存在 $I_0 \subset I$, 使得对任意 $i_0 \in I_0$ 有 $b > c_{i_0}$ 且 $b + c_{i_0} \leqslant 1$,

$$
\begin{aligned}
\bigwedge_{i \in I}(b \to c_i) &= \bigwedge_{i \in I_0}(b \to c_{i_0}) \\
&= \bigwedge_{i \in I_0}[(2\lambda - 1)c_{i_0} - b + 1] \\
&= (2\lambda - 1)\bigwedge_{i \in I_0} c_{i_0} - b + 1 \\
&= b \to \bigwedge_{i \in I} c_i.
\end{aligned}
$$

(3) $b > \bigwedge\limits_{i \in I} c_i$ 且 $b + \bigwedge\limits_{i \in I} c_i > 1$, 则对任意的 $i \in I$, 有 $b + c_i > 0$,

$$
\begin{aligned}
\bigwedge_{i \in I}(b \to c_i) &= \bigwedge_{i \in I}[(1 - 2\lambda)b + c_i + 2\lambda - 1] \\
&= (1 - 2\lambda)b + c_i + (2\lambda - 1) \\
&= b \to \bigwedge_{i \in I} c_i.
\end{aligned}
$$

(vi) 固定 $b_0 \in [0,1]$, 任取 $c_1, c_2 \in [0,1]$, 且 $c_1 < c_2$, 则

$$
b_0 \to c_1 = \left\{
\begin{array}{ll}
1, & b_0 \leqslant c_1, \\
\left.\begin{array}{l}
2\lambda c_1 - (b_0 + c_1) + 1, \quad b_0 + c_1 \leqslant 1, \\
-2\lambda b_0 + b_0 + c_1 - 1 + 2\lambda, \quad b_0 + c_1 > 1,
\end{array}\right\} & b_0 > c_1,
\end{array}
\right.
$$

$$
b_0 \to c_2 = \left\{
\begin{array}{ll}
1, & b_0 \leqslant c_2, \\
\left.\begin{array}{l}
2\lambda c_2 - (b_0 + c_2) + 1, b_0 + c_2 \leqslant 1, \\
-2\lambda b_0 + b_0 + c_2 - 1 + 2\lambda, b_0 + c_2 > 1,
\end{array}\right\} & b_0 > c_2.
\end{array}
\right.
$$

(1) 当 $b_0 \leqslant c_2$ 时, 显然有 $b_0 \to c_1 \leqslant b_0 \to c_2$;

(2) 当 $b_0 > c_2$ 时,

(a) 若 $b_0 + c_2 \leqslant 1$, 则 $b_0 + c_1 < 1$,

$$
\begin{aligned}
&\ b_0 \to c_2 - b_0 \to c_1 \\
&= [2\lambda c_2 - (b_0 + c_2) + 1] - [2\lambda c_1 - (b_0 + c_1) + 1] \\
&= (2\lambda - 1)(c_2 - c_1) \geqslant 0.
\end{aligned}
$$

(b) 若 $b_0 + c_1 > 1$, 则 $b_0 + c_2 > 1$,

$$
\begin{aligned}
&\ b_0 \to c_2 - b_0 \to c_1 \\
&= (-2\lambda b_0 + b_0 + c_2 - 1 + 2\lambda) - (-2\lambda b_0 + b_0 + c_1 - 1 + 2\lambda) \\
&= c_2 - c_1 > 0.
\end{aligned}
$$

(c) 若 $b_0 + c_1 \leqslant 1$ 但 $b_0 + c_2 > 1$,

$$
\begin{aligned}
& b_0 \to c_2 - b_0 \to c_1 \\
={}& (-2\lambda b_0 + b_0 + c_2 - 1 + 2\lambda) - [2\lambda c_1 - (b_0 + c_1) + 1] \\
={}& 2(1 - \lambda)(1 - b_0) + c_2 - (2\lambda - 1)c_1 \\
\geqslant{}& 2(1 - \lambda)c_1 + c_2 - (2\lambda - 1)c_1 \\
={}& (3 - 4\lambda)c_1 + c_2.
\end{aligned}
$$

因为 $\dfrac{1}{2} \leqslant \lambda \leqslant 1$, 所以 $-1 \leqslant -4\lambda \leqslant -2, -1 \leqslant 3 - 4\lambda \leqslant 1, 0 < c_2 - c_1 \leqslant (3 - 4\lambda)c_1 + c_2 \leqslant c_1 + c_2$.

综上所述, 对任意一种情况, 只要 $c_1 < c_2$, 都有 $b_0 \to c_2 \geqslant b_0 \to c_1$, 从而 $b \to c$ 关于 c 单调递增.

用类似的方法可证明 $b \to c$ 关于 b 单调递减.

总之, 当 $\lambda \in \left[\dfrac{1}{2}, 1\right]$ 时, 蕴涵算子 $R_{L\text{-}\lambda\text{-}R_0}$ 满足正则性质 (i)(iv)(v) 及 (vi).

当 $\lambda = \dfrac{1}{2}, 1$ 时满足正则性质 (ii) 及 (iii), 其证明略.

注 6.8.1　$L\text{-}\lambda\text{-}R_0$ 族蕴涵算子当 $\lambda \in \left(\dfrac{1}{2}, 1\right)$ 时不满足正则性质 (ii) 及 (iii).

例如, $\forall \lambda \in \left(\dfrac{1}{2}, 1\right)$, 取 $c = 0.1, b = 0.91, a = 0.1 + 0.09(2\lambda - 1)$. 由于 $a > c$ 且 $a + c < 1$, $b > c$ 且 $b + c > 1$, 则

$$
\begin{aligned}
b \to c &= (1 - 2\lambda)b + c + 2\lambda - 1 = (2\lambda - 1)(1 - 0.91) + 0.1 \\
&= 0.09(2\lambda - 1) + 0.1 = a,
\end{aligned}
$$

$$
\begin{aligned}
a \to c &= 1 - a + (2\lambda - 1)c = 0.9 - 0.09(2\lambda - 1) + 0.1(2\lambda - 1) \\
&= 0.9 + 0.01(2\lambda - 1) < 0.91 = b.
\end{aligned}
$$

$$
a \to (b \to c) = 1, \quad b \to (a \to c) < 1.
$$

由此说明 $L\text{-}\lambda\text{-}R_0$ 族蕴涵算子当 $\lambda \in \left(\dfrac{1}{2}, 1\right)$ 时不满足正则性质 (ii) 和 (iii).

6.8.2　应用、置信区间、可信度

$L\text{-}\lambda\text{-}R_0$ 族的任一算子都是线性算子, 计算简单, 便于应用. 一方面它给实际应用提供了一些选择的模型; 另一方面, 选取带参数的算子族会使结论更加明朗化, 决策尽量减少盲动性, 看下面的例子.

例 6.8.1　公安人员调查一件盗窃案, 已掌握的事实如下.

(1) 八成是 A 或 B 作的案;

(2) 若是 A 或 B 作的案, 则作案的时间根本不可能发生在午夜之前;

(3) 若 B 证词仅八成属实, 午夜时屋内灯光一成未灭;

(4) 若 B 证词不属实, 则案件发生在午夜之前的可能性极大;

(5) 据多方调查, 午夜时屋内灯光确实灭了;

问: 谁最有可能是罪犯?

为了便于进行模糊推理演算, 先将已知的事实进行量化和符号化. 设

p: 是 A 作的案;

q: 是 B 作的案;

r: 作案时间发生在午夜之前;

s: B 证词属实;

t: 午夜时灯光未灭.

根据前提条件, 选取 L-λ-0 $\left(\lambda \in \left[\dfrac{1}{2}, 1\right]\right)$ 蕴涵算子族, 依据模糊推理规则, 推理过程如下.

$$T(s) = 0.8, \quad T(t) = 1 - T(\neg t) = 0.1.$$

(1) $s \to t$

$$\begin{aligned} T(s \to t) &= 1 - T(s) + (2\lambda - 1)T(t) = 1 - 0.8 + 0.1(2\lambda - 1) \\ &= 0.2\lambda + 0.1. \end{aligned}$$

(2) $\neg t$

$$T(\neg t) = 1 - T(t) = 1 - 0.1 = 0.9(\text{前提引入}).$$

(3) $\neg s$

$$T(\neg t \to \neg s) = T(s \to t) = 0.2\lambda + 0.1,$$

$$T(\neg s) = T(\neg t \to \neg s) \wedge T(\neg t) = (0.2\lambda + 0.1) \wedge 0.9 = 0.2\lambda + 0.1.$$

(4) $\neg s \to r$

$$T(\neg s \to r) = 0.9.$$

(5) $r((3), (4)$ 假言推理$)$

$$\begin{aligned} T(r) &= T(\neg s \to r) \wedge T(\neg s) \\ &= 0.9 \wedge (0.2\lambda + 0.1) = 0.2\lambda + 0.1. \end{aligned}$$

(6) $p \to \neg r$

$$T(p \to \neg r) = 1.0(\text{前提引入}).$$

(7)¬p((5), (6))

$$T(\neg p) = T(p \to \neg r) \wedge T(r) = (0.1 + 0.2\lambda) \wedge 1$$
$$= 0.2\lambda + 0.1,$$

$$T(P) = 1 - T(\neg p) = 1 - (0.2\lambda + 0.1) = 0.9 - 0.2\lambda,$$

根据推理, A 作案的可能性是 $0.9 - 0.2\lambda$.

(8)$p \vee q : T(p \vee q) = 0.8$(前提引入).

(9) q((7), (8) 析取三段论)

$$T(q) = T(p \vee q) \wedge T(\neg p) = 0.1 + 0.2\lambda.$$

根据推理, B 作案的可能性是 $0.1 + 0.2\lambda$.

下面从图像上分析对比 A 与 B 作案的可能性.

从图 6.5 可以看出, A 作案的可能性大.

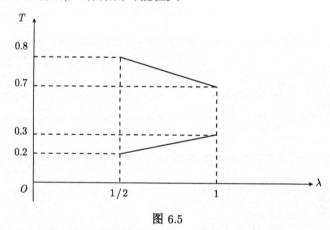

图 6.5

　　例 6.8.1 说明, 选取不同的模糊蕴涵算子进行推理时得到的结论会有很大的差别.

　　从例 6.8.1 看到, 选取蕴涵算子族进行推理, 往往结论是一个定义在 [0,1] 上的 λ 的连续函数, 为此引入下面的概念.

　　定义 6.8.3　设运用蕴涵算子族进行推理的结论 P(即命题) 是一个定义在 [0,1] 上的关于 λ 的连续函数 $f(\lambda)$, 称 $f(\lambda)$ 的值域为结论 P 的置信区间. 设 P 的置信区间的长度为 l, 则称 $k = 1 - l$ 为结论 P 的的可信度.

　　根据上述定义, A 作案的置信区间是 [0.7,0.8], 可信度是 0.9; B 作案的置信区间是 [0.2,0.3], 可信度是 0.9.

　　若选取蕴涵算子族进行模糊推理, 会使得到信息更加明朗化, 这样可使决策减少盲动性.

第7章 随机模糊命题的三角模－蕴涵概率逻辑与推理

7.1 模糊逻辑系统中理论的下真度与相容度

7.1.1 引言

在逻辑系统中, 若理论 Γ 推出矛盾式, 则称 Γ 不相容, 否则称 Γ 相容. 一个理论是否推出矛盾式是逻辑学家极为关心的一个问题. 若理论相容即推不出矛盾式, 自然有一个相容 (或不相容) 的程度大小的问题. 于是, S.Gottwald 和 V. Nova'k 于 1997 年提出了理论不相容度的概念[101], 并且给出了量化理论 Γ 不相容程度的一个指标

$$\text{Inconsist}(\Gamma) = \sum\{a|\Gamma \vdash_a A \wedge \neg A, A \in D(\Gamma)\},$$

其中, $D(\Gamma)$ 是理论 Γ 的所有推论之集. 随后, 文献 [102]—[104] 分别引进了逻辑系统中理论相容度的概念, 并且给出了三种不同的量化指标. 后来, 文献 [112] 又给出了逻辑系统 C_2, Luk, Göd, Π 和 L* 中理论 Γ 相容度的新定义

$$\text{Consist}_R(\Gamma) = 1 - \frac{1}{2}\mu_R(\Gamma)(1 + i_R(\Gamma)), \tag{7.1}$$

其中 $\mu_R(\Gamma) = \sup\{\tau_R(\Sigma(\omega(n)) \to \overline{0})|\Sigma \in 2^{(\Gamma)}, \omega(n) \in \mathbf{N}^n, n \in \mathbf{N}\}$, $2^{(\Gamma)}$ 表示 Γ 的所有子集之集,

$$\Sigma(\omega(n)) \to \overline{0} = \begin{cases} A_1^{m_1} \& \cdots \& A_n^{m_n} \to \overline{0}, & n > 0, \\ \overline{0}, & n = 0, \end{cases}$$

$$i_R(\Gamma) = 1 - \min\{[d(A, \overline{0})]|A \in D(\Gamma), \quad d(A, B) = \sup_{v \in \Omega_R} |v(A) - v(B)|,$$

$$[x] = \begin{cases} 1, & 0 < x \leqslant 1, \\ 0, & x = 0, \end{cases}$$

注意: 当 Γ 不相容时, 一定有 $\mu_R(\Gamma) = 1$; 当 Γ 相容时, 在特殊情况下也有 $\mu_R(\Gamma) = 1$. 因而, 为了区分这两种情况, 在 (1) 中利用了指标

$$i_R(\Gamma) = 1 - \min\{[d(A, \overline{0})] \mid A \in D(\Gamma)\}.$$

由此, 导致了当 Γ 相容时, $\dfrac{1}{2} \leqslant \mathrm{Consist}_R(\Gamma) \leqslant 1$.

本书认为文献 [112] 给出的理论 Γ 相容度的定义较文献 [2—4] 合理, 但仍需改进, 理由如下.

(i) 形式复杂;

(ii) 相容度的取值范围 $0 \cup \left[\dfrac{1}{2}, 1\right]$ 不合人们的习惯;

(iii) 定义指标与人们的直觉概念较远.

基于此, 本节将定义改为

$$\mathrm{Consist}_R(\Gamma) = 1 - \mathrm{Inconsist}_R(\Gamma),$$

$$\mathrm{Inconsist}(\Gamma) = \sup\{\tau_R(B \to \overline{0}) | B \in D(\Gamma)\},$$

这里的 $\mathrm{Inconsist}_R(\Gamma) = \sup\{\tau_R(B \to \overline{0}) | B \in D(\Gamma)\}$ (在本书中称它为 Γ 的不相容度) 与 [112] 中的 $\mu_R(\Gamma) = \sup\{\tau_R(\Sigma(\omega(n)) \to \overline{0}) | \Sigma \in 2^{(\Gamma)},\ \omega(n) \in \mathbf{N}^n, n \in \mathbf{N}\}$ (在 [112] 中称它为矛盾式的接近度) 是相等的 (后面将证明).

为了区分理论相容与不相容, 本节采取如下措施. 若

$$\sup\{\tau_R(B \to \overline{0}) | B \in D(\Gamma)\} = 1$$

且矛盾式 $\overline{0} \notin D(\Gamma)$, 则称 Γ 的不相容度是拟 1, 记为 $\mathrm{Inconsist}(\Gamma) = \sup\{\tau_R(B \to \overline{0}) | B \in D(\Gamma)\} = 1^-$, 或 Γ 的相容度是拟 0, 记为 $\mathrm{Consist}_R(\Gamma) = 0^+$. 这样, 不但简化了计算, 而且达到了既使理论的相容度的取值由 $0 \cup \left[\dfrac{1}{2}, 1\right]$ 扩大到 $[0, 1] \cup 0^+$, 又将理论相容与不相容区分开来的目的.

本节 (参考文献 [66]) 首先引入模糊逻辑系统中理论的下真度与不相容度的新概念, 简化理论相容度的定义; 然后, 给出理论的下真度、发散度、不相容度与相容度之间的关系.

7.1.2　预备知识

设 $S = \{p_1, p_2, \cdots, p_n, \cdots\}$ 是一个可数集, $\neg$ 是 S 上的一元运算, & 和 $\to$ 是 S 上的二元运算. $F(S)$ 是由 S 生成的 $(\to, \&, \neg)$ 型自由代数. 称 $F(S)$ 中的元素为随机模糊命题 (下面简称命题) 或公式, S 中的元素 $p_1, p_2, \cdots, p_n, \cdots$ 为原子命题或原子公式.

定义 7.1.1　设 $A \in F(S)$, $X \subseteq S$, $M = [0, 1]$ 或 $M = \{0, 1\}$.

(i) 称映射 $v : X \to M$ 为 X 上的赋值, X 上的赋值的全体记作 $\Omega(X)$. 特别地, 当 $X = S$ 时, 简记作 Ω; 当 $p_{i_1}, p_{i_2}, \cdots, p_{i_m}$ 是公式 A 中出现的所有原子公式时,

记作 $\mathrm{Var}(A) = \{p_{i_1}, p_{i_2}, \cdots, p_{i_m}\}$, 称它为公式 A 的命题变元集, 将 $\Omega(\mathrm{Var}(A))$ 简记作 $\Omega(A)$.

(ii) 设 $v \in \Omega(A)$ 或 $v \in \Omega$. 若 $A = \neg D$, $A = B \to C$ 或 $A = B\&C$, 称 $v(A) = \neg v(D)$, $v(A) = v(B \to C) = v(B) \to v(C)$ 或 $v(A) = v(B\&C) = v(B) * v(C)$ 为公式 A 在赋值 v 处的值, 简称 A 的值.

注 7.1.1 定义 7.1.1 是基于文献 [105] 的思想新提出的.

不同的算子 $\to$ 和& 及不同的赋值格对应不同的逻辑系统. 本节主要基于以下 5 个标准完备逻辑系统 C_2, Luk, Π, Göd 和 L* 讨论.

$$\mathrm{Luk}: x * y = (x + y - 1) \vee 0, R_{lu} = x \to y = \begin{cases} 1, & x \leqslant y, \\ 1 - x + y, & x > y, \end{cases} \quad x, y \in [0, 1],$$

$$\mathrm{G\ddot{o}d}: x * y = x \wedge y, R_G = x \to y = \begin{cases} 1, & x \leqslant y, \\ y, & x > y, \end{cases} \quad x, y \in [0, 1],$$

$$\Pi: x * y = x \times y, R_\Pi = x \to y = \begin{cases} 1, & x \leqslant y, \\ \dfrac{y}{x}, & x > y, \end{cases} \quad x, y \in [0, 1],$$

$$\mathrm{L^*}: \; x * y = \begin{cases} x \wedge y, & x + y > 1, \\ 0, & x + y \leqslant 1, \end{cases}$$

$$R_0 = x \to y = \begin{cases} 1, & x \leqslant y, \\ (1 - x) \vee y, & \end{cases} \quad x, y \in [0, 1];$$

$C_2 : x * y = 1$ 当且仅当 $x = y = 1$, $R_B(x, y) = x \to y = 0$ 当且仅当 $x = 1$, $y = 0, x, y \in \{0, 1\}$.

注 7.1.2 (i) 在 Luk, Göd, Π 和 L* 中, $(*, \to)$ 是一个伴随对, 即 $a * b \leqslant c$ 当且仅当 $a \leqslant b \to c$, $\forall a, b, c \in [0, 1]$.

(ii) 若 $\forall v \in \Omega, v(A) = 1$, 则称 A 为重言式; 若 $\forall v \in \Omega, v(A) = 0$, 称 A 为矛盾式, 记作 $\bar{0}$.

(iii) $\neg x = x \to 0, x \in [0, 1]$. 在 Göd 或 Π 中,

$$\neg x = \begin{cases} 1, x = 0, \\ 0, x > 0, \end{cases} \quad x \in [0, 1], \quad \text{其余是} \neg x = 1 - x, x \in [0, 1].$$

(iv) 在不同的逻辑系统中 $A \vee B$ (或 $A \wedge B$) 关于 $\neg$, & 和 $\to$ 的表达形式不同, 但都有 $\forall v \in \Omega, v(A \vee B) = \max\{v(A), v(B)\}$ (或 $v(A \wedge B) = \min\{v(A), v(B)\}$)

(v) 设 $A = A(p_{i_1}, p_{i_2}, \cdots, p_{i_m}) \in F(S)$, $v(A), \forall v \in \Omega(A)$ 是一个 $M^m \to M$ 的函数, 记作

$$v(A) = \overline{A} = \overline{A}(v(p_{i_1}), v(p_{i_2}), \cdots, v(p_{i_m})) = \overline{A}(x_1, \cdots, x_m),$$

$(x_1, x_2, \cdots, x_m) \in M^m$, 称它为 A 的诱导函数.

(vi) 若公式 A 诱导的函数 $\overline{A}$ 在定义的区域上分块连续, 则 $\overline{A}$ 可积.

(vii) 记 $A\&A$ 为 A^2, $\overline{A} * \overline{A}$ 为 $\overline{A}^{(2)}$. 因为 & 运算在可证等价意义下是结合的, 所以可设 $A^n = A^{n-1}\&A$, $\overline{A}^{(n)} = \overline{A}^{(n-1)} * \overline{A}$.

定义 7.1.2　(i) 对于任意的正整数 m, 若 $A = A(p_{i_1}, \cdots, p_{i_m})$ 不含变元 $p_{i_{m+1}}, \cdots, p_{i_{m+l}}$ (l 为有限或 ∞), 它也可看成包含 $m + l$ 个命题变元 $p_{i_1}, \cdots, p_{i_m}$, $p_{i_{m+1}}, \cdots, p_{i_{m+l}}$ 的公式, 记作

$$A = A(p_{i_1}, \cdots, p_{i_m}) = B(p_{i_1}, \cdots, p_{i_m}, p_{i_{m+1}}, \cdots, p_{i_{m+l}}),$$

则称 B 为 A 的 l 元或可数扩张, 记作 $B = A^{(l)}$. 称变元集 $\{p_{i_1}, \cdots, p_{i_m}, p_{i_{m+1}}, \cdots, p_{i_{m+l}}\}$ 为变元集 $\{p_{i_1}, \cdots, p_{i_m}\}$ 的扩张, 变元集 $\{p_{i_1}, \cdots, p_{i_m}\}$ 为变元集 $\{p_{i_1}, \cdots, p_{i_m}, p_{i_{m+1}}, \cdots, p_{i_{m+l}}\}$ 的收缩.

(ii) 设 $X = \{p_{i_1}, p_{i_2}, \cdots, p_{i_m}\} \subseteq Y \subseteq S$, 若

$$v_X(p_{i_1}) = v_Y(P_{i_1}), v_X(P_{i_2}) = v_Y(P_{i_2}), \cdots, v_X(P_{i_m}) = v_Y(P_{i_m}), v_X \in \Omega_X(X), v_Y \in \Omega_Y(Y),$$

则称 v_Y 为 v_X 的一个扩张, v_X 为 v_Y 的一个收缩.

引理 7.1.1　设 $A, B \in F(S)$, B 为 A 的 l 元扩张即

$$A = A(p_{i_1}, \cdots, p_{i_m}) = B(p_{i_1}, \cdots, p_{i_m}, p_{i_{m+1}}, \cdots, p_{i_{m+l}});$$
$$X = \{p_{i_1}, \cdots, p_{i_m}\}, \ Y = \{p_{i_1}, \cdots, p_{i_m}, p_{i_{m+1}}, \cdots, p_{i_{m+l}}\}, \ v_Y$$

为 v_X 的一个扩张即 $v_Y(p_{i_j}) = v_X(p_{i_j}), j = 1, 2, \cdots, m$, 则

$$v_X(A) = v_Y(B).$$

定理 7.1.1 (积分值不变性定理)[6,9,7]　设 $A = A(p_{i_1}, p_{i_2}, \cdots, p_{i_m})$, $B = B(p_{i_1}, p_{i_2}, \cdots, p_{i_m}, p_{i_{m+1}}, \cdots, p_{i_{m+l}}) \in F(S)$, 即 B 是 A 的 l 元扩张, 则

$$\int_{[0,1]^m} \overline{A}(x_1, \cdots, x_m) dx_1 \cdots dx_m$$
$$= \int_{[0,1]^{m+l}} \overline{B}(x_1, \cdots, x_{m+l}) dx_1 \cdots dx_{m+l}.$$

定义 7.1.3[105]　设 $A = A(p_{i_1}, p_{i_2}, \cdots, p_{i_m}) \in F(S)$, R 是蕴涵算子, 则称 m 重积分

$$\tau_R(A) = \int_{[0,1]^m} \overline{A}(x_1, \cdots, x_m) dx_1 \cdots dx_m$$

为公式 A 的 R-真度.

定义 7.1.4 设 $\Gamma \subset F(S)$, 称它为逻辑系统 W 中的一个理论. TA 为 W 的全部公理集.

设 $A \in F(S)$, 从 Γ 到 A 的准推理是一个有限序列

$$A_1, A_2, \cdots, A_n,$$

其中 $A_n = A$, 且对每个 $i \leqslant n$, $A_i \in \Gamma \cup TA$, 或者有 $j, k < i$ 使 A_i 是由 A_j 与 A_k 运用 MP 规则而得的结果, A 称为 Γ 的推论, 记作 $\Gamma \vdash A$, Γ 的推论之集记作 $D(\Gamma) = \{A \in F(S) | \Gamma \vdash A\}$. 当 $\Gamma = \varnothing$ 时, A 称为定理, 用 T 表示全部定理.

定义 7.1.5 设 $A, B \in F(S)$.

(i) 如果 $\vdash A \to B$ 且 $\vdash B \to A$, 则称 A 与 B 是可证等价的, 记作 $A \sim B$.

(ii) 如果 $\forall v \in \Omega, v(A) = v(B)$, 则称 A 与 B 是逻辑等价, 记作 $A \approx B$.

定理 7.1.2 (完备性定理) 设 $A \in F(S)$. A 是一个定理当且仅当 A 是一个重言式.

定理 7.1.3 设 $A, B \in F(S)$, 则 $A \sim B$ 当且仅当 $A \approx B$.

定理 7.1.4[57,112,116] 设 $\Gamma \subseteq F(S)$, $B \in F(S)$, 则

当 $\Gamma = \{A_1, \cdots, A_l\}$ 有限时, 则 $\Gamma \vdash B$ 当且仅当 $\exists m_1, m_2, \cdots, m_l \in \mathbf{N}$ 使得

$$\vdash (A_1^{m_1} \& A_2^{m_2} \& \cdots \& A_l^{m_l}) \to B.$$

当 $\Gamma = \{A_1, \cdots, A_l, \cdots\}$ 可数时, $\forall l, m_1, m_2, \cdots, m_l \in \mathbf{N}, n \geqslant 2$, $(A_1^{m_1} \& A_2^{m_2} \& \cdots \& A_l^{m_l})^n \in D(\Gamma)$ 且 $\Gamma \vdash B$ 当且仅当 $\exists l, m_1, m_2, \cdots, m_l \in \mathbf{N}$ 使 $\vdash A_1^{m_1} \& A_2^{m_2} \& \cdots \& A_l^{m_l} \to B$.

特别地,

(i) 在 Göd 中,

$$\forall A_1, \cdots, A_l \in \Gamma,$$

$$(A_1^{m_1} \& A_2^{m_2} \& \cdots \& A_l^{m_l})^n = A_1 \& A_2 \& \cdots \& A_l.$$

(ii) 在 L* 中,

$$\forall A_1, \cdots, A_l \in \Gamma,$$

$$(A_1^{m_1} \& A_2^{m_2} \& \cdots \& A_l^{m_l})^n = A_1^2 \& A_2^2 \& \cdots \& A_l^2, \quad m_i \times n \geqslant 2, i = 1, \cdots, l.$$

定义 7.1.6 设

$$A = A(p_1, p_2, \cdots, p_m) \in F(S), \quad B = B(p_1, p_2, \cdots, p_m) \in F(S),$$

称

$$\int_{[0,1]^m} |\overline{A}(x_1, x_2, \cdots, x_m) - \overline{B}(x_1, x_2, \cdots, x_m)| dx_1 \cdots dx_m$$

为 A 与 B 的 R-距离, 记作 $\rho_R(A, B)$.

定义 7.1.7[112,102]　设 $\Gamma \subseteq F(S)$. $D(\Gamma)$ 是 Γ 的推论集, 则称

$$\mathrm{div}_R(\Gamma) = \sup\{\rho_R(A, B) | A, B \in D(\Gamma)\}$$

为理论 Γ 的发散度.

定义 7.1.8[101,113]　设 $\Gamma \subseteq F(s)$, 若由 Γ 推出矛盾式, 则称 Γ 不相容, 否则称 Γ 相容.

7.1.3　理论的下真度、发散度、不相容度与相容度之间的关系

由 $D(\Gamma)$ 的定义显然 $\Gamma \vdash \overline{0}$ 当且仅当 $\exists B \in D(\Gamma)$ 使 $\vdash B \to \overline{0}$.

为了区分理论相容与不相容, 我们引进符号 1^- 和 0^+, 规定:

$$1 - 1^- = 0^+; \quad x < 1^- < 1, \forall x < 1; \quad 0 < 0^+ < x, \forall x > 0.$$

定义 7.1.9　设 $\Gamma \subseteq F(S)$, 则

(i) 称

$$\underline{\tau}(\Gamma) = \begin{cases} 0^+, & \inf\{\tau(A) | A \in D(\Gamma)\} = 0 且 \overline{0} \notin D(\Gamma), \\ \inf\{\tau(A) | A \in D(\Gamma)\}, & \inf\{\tau(A) | A \in D(\Gamma)\} > 0 或 \overline{0} \in D(\Gamma) \end{cases}$$

为理论 Γ 的下真度. 这里, 当 $\underline{\tau}(\Gamma) = \inf\{\tau(A) | A \in D(\Gamma)\} = 0^+$ 时, 称理论 Γ 的下真度是拟 0.

(ii) 称

$$\mathrm{Inconsist}(\Gamma) = \begin{cases} 1^-, \sup\{\tau(B \to \overline{0}) | B \in D(\Gamma)\} = 1 且 \overline{0} \notin D(\Gamma), \\ \sup\{\tau(B \to \overline{0}) | B \in D(\Gamma)\}, \\ \sup\{\tau(B \to \overline{0}) | B \in D(\Gamma)\} < 1 或 \overline{0} \in D(\Gamma) \end{cases}$$

为理论 Γ 的不相容度, 这里, 当

$$\mathrm{Inconsist}(\Gamma) = \sup\{\tau(B \to \overline{0}) | B \in D(\Gamma)\} = 1^-$$

时, 称理论 Γ 的不相容度是拟 1.

(iii) 称

$$\mathrm{Consist}_R(\Gamma) = 1 - \mathrm{Inconsist}_R(\Gamma)$$

为理论 Γ 的相容度. 这里如果 $\text{Inconsist}_R(\Gamma) = 1^-$, 则称理论 Γ 的相容度是拟 0, 记作 $\text{Consist}_R(\Gamma) = 0^+$.

易证下述命题.

定理 7.1.5 理论 Γ 有相容度 0 当且仅当理论 Γ 不相容.

以下分别将 $\tau_R(A), \rho_R(A,B), \text{div}_R(\Gamma), \underline{\tau}_R(\Gamma)$, $\text{Inconsist}(\Gamma)$ 与 $\text{Consist}(\Gamma)$ 简记作 $\tau(A), \rho(A,B), \text{div}(\Gamma), \underline{\tau}(\Gamma), \text{Inconsist}(\Gamma)$ 与 $\text{Consist}(\Gamma)$.

下面讨论 $QPC(*)$ 中理论的下真度、发散度、不相容度与相容度之间的关系.

引理 7.1.2 设 $A, B \in F(S)$, 则

$$\rho(A,B) \leqslant 1 - \tau(A \wedge B).$$

证明 设 $p_{i_1}, \cdots, p_{i_m}$ 是 $A \wedge B$ 中包含的所有原子公式.

若 $\overline{A} \geqslant \overline{B}$, 则

$$|\overline{A}(x_1, \cdots, x_m) - \overline{B}(x_1, \cdots, x_m)| = \overline{A}(x_1, \cdots, x_m) - \overline{B}(x_1, \cdots, x_m)$$

$$\leqslant 1 - \overline{B}(x_1, \cdots, x_m)$$

$$= 1 - \min\{\overline{A}(x_1, \cdots, x_n), \overline{B}(x_1, \cdots, x_n)\} = 1 - \overline{A \wedge B}(x_1, \cdots, x_m).$$

若 $\overline{B} \geqslant \overline{A}$, 与上面同理有

$$|\overline{A}(x_1, \cdots, x_m) - \overline{B}(x_1, \cdots, x_m)| \leqslant 1 - \overline{A \wedge B}(x_1, \cdots, x_m).$$

因此, $\rho(A,B) \leqslant 1 - \tau(A \wedge B)$.

定理 7.1.6 设 $\Gamma \subseteq F(S)$, 则理论 Γ 的发散度与理论 Γ 的下真度的关系为

$$\text{div}(\Gamma) = 1 - \underline{\tau}(\Gamma).$$

证明 一方面, 如果 $A, B \in D(\Gamma)$, 则由 $\vdash A \to (B \to A \wedge B)$ 知 $A \wedge B \in D(\Gamma)$. 那么由引理 7.1.2 知

$$\rho(A,B) \leqslant 1 - \tau(A \wedge B).$$

所以

$$\text{div}(\Gamma) = \sup\{\rho(A,B)|A,B \in D(\Gamma)\} \leqslant \sup\{1 - \tau(A \wedge B)|A,B \in D(\Gamma)\}$$

$$= 1 - \inf\{\tau(A \wedge B)|A,B \in D(\Gamma)\}$$

$$\leqslant 1 - \inf\{\tau(C)|C \in D(\Gamma)\} = 1 - \underline{\tau}(\Gamma).$$

另一方面,

$$1 - \underline{\tau}(\Gamma) = 1 - \inf\{\tau(C)|C \in D(\Gamma)\}$$

$$= \sup\{\rho(p_1 \to p_1, C)|p_1 \to p_1, C \in D(\Gamma)\}$$
$$\leqslant \sup\{\rho(A, B)|A, B \in D(\Gamma)\} = \mathrm{div}(\Gamma).$$

因此
$$\mathrm{div}(\Gamma) = 1 - \underline{\tau}(\Gamma).$$

定理 7.1.7　设 $\Gamma \subseteq F(S)$. 在 L* 和 Luk 中,

$$\mathrm{Inconsist}(\Gamma) = 1 - \underline{\tau}(\Gamma) = \mathrm{div}(\Gamma).$$

证明　在 L* 和 Luk 中, 因为 $\forall B \in D(\Gamma)$, 有 $\tau(B \to \overline{0}) = 1 - \tau(B)$, 所以

$$\mathrm{Inconsist}(\Gamma) = 1 - \sup\{\tau(B \to \overline{0})|B \in D(\Gamma)\}$$
$$= \sup\{1 - \tau(B)|B \in D(\Gamma)\} = 1 - \inf\{\tau(B)|B \in D(\Gamma)\}$$
$$= 1 - \underline{\tau}(\Gamma) = \mathrm{div}(\Gamma).$$

因为 $\forall A_1, A_2, \cdots, A_l \in \Gamma, \forall m_1, m_2, \cdots, m_l \in \mathbf{N}$, 有

$$A_1^{m_1} \& A_2^{m_2} \& \cdots \& A_l^{m_l} \in D(\Gamma),$$

且
$$\forall l \in \mathbf{N}, \overline{A_1^{m_1} \& A_2^{m_2} \& \cdots \& A_{l+1}^{m_{l+1}}} \leqslant \overline{A_1^{m_1} \& A_2^{m_2} \& \cdots \& A_l^{m_l}},$$

所以, 由定理 7.1.3 可得以下定理.

定理 7.1.8[114]　设 $\Gamma \subseteq F(S)$. 则

$$\underline{\tau}(\Gamma) = \inf_{n, m_1, \cdots, m_n \in N}\{\tau(A_1^{m_1} \& A_2^{m_2} \& \cdots A_n^{m_n})\}$$
$$= \inf\{\tau(\Sigma(\omega(n)))|\Sigma \in 2^{(\Gamma)}, \omega(n) \in \mathbf{N}^n, n \in \mathbf{N}\}$$

和

$$\mathrm{Inconsist}(\Gamma) = \sup\{\tau_R(B \to \overline{0})|B \in D(\Gamma)\}$$
$$= \sup_{n, m_1, \cdots, m_n \in \mathbf{N}}\{\tau(A_1^{m_1} \& A_2^{m_2} \& \cdots A_n^{m_n} \to \overline{0})\}$$
$$= \sup\{\tau_R(\Sigma(\omega(n)) \to \overline{0})|\Sigma \in 2^{(\Gamma)}, \omega(n) \in \mathbf{N}^n, n \in \mathbf{N}\}$$
$$= \mu(\Gamma).$$

在文献 [104,112] 中称 $\mu(\Gamma)$ 为矛盾式的接近度.

进一步地, 由定理 7.1.4 及定理 7.1.7 得到以下定理.

定理 7.1.9　设 $\Gamma \subseteq F(S)$. 则

(i) 在 C_2 (文献 [114]) 中, 当 $\Gamma = \{A_1, \cdots, A_l\}$ 有限时,

$$\text{Consist}(\Gamma) = \underline{\tau}(\Gamma) = \tau(A_1 \wedge \cdots \wedge A_l);$$

当 $\Gamma = \{A_1, \cdots, A_l, \cdots\}$ 可数时,

$$\text{Consist}(\Gamma) = \underline{\tau}(\Gamma) = \lim_{l \to \infty} \tau(A_1 \wedge \cdots \wedge A_l).$$

(ii) 在 L* 中, 当 $\Gamma = \{A_1, \cdots, A_l\}$ 有限时,

$$\text{Consist}(\Gamma) = \underline{\tau}(\Gamma) = \tau(A_1^2 \& \cdots \& A_l^2);$$

当 $\Gamma = \{A_1, \cdots, A_l, \cdots\}$ 可数时,

$$\text{Consist}(\Gamma) = \underline{\tau}(\Gamma) = \lim_{l \to \infty} \tau(A_1^2 \& \cdots \& A_l^2).$$

(iii) 在 Göd 中, 当 $\Gamma = \{A_1, \cdots, A_l\}$ 有限时, $\underline{\tau}(\Gamma) = \tau(A_1 \wedge \cdots \wedge A_l)$,

$$\text{Consist}(\Gamma) = 1 - \text{Inconsist}(\Gamma) = 1 - \tau(A_1 \wedge \cdots \wedge A_l \to \overline{0});$$

当 $\Gamma = \{A_1, \cdots, A_l, \cdots\}$ 可数时,

$$\underline{\tau}(\Gamma) = \lim_{l \to \infty} \tau(A_1 \wedge \cdots \wedge A_l),$$

$$\text{Consist}(\Gamma) = 1 - \text{Inconsist}(\Gamma) = 1 - \lim_{l \to \infty} \tau(A_1 \wedge \cdots \wedge A_l \to \overline{0}).$$

例 7.1.1　令 $\Gamma = \{p\}$.

(i) 在 Luk 中, 因为

$$\inf_{n, m_1, \cdots, m_n \in \mathbf{N}} \{\tau(A_1^{m_1} \& A_2^{m_2} \& \cdots A_n^{m_n})\}$$

$$= \inf\{\tau(p^n) | n \in \mathbf{N}\} = \inf\left\{\int_0^1 (nx - (n-1)) \vee 0 \mathrm{d}x\right\} = 0,$$

又 $\Gamma = \{p\}$ 有模型, 所以 $\{p\}$ 是相容的, 那么 $\{p\}$ 的相容度是拟 0, 即 $\text{Consist}(\Gamma) = \underline{\tau}(\Gamma) = 0^+$.

(ii) 在 L* 中, $\text{Consist}(\{p\}) = \underline{\tau}(\{p\}) = \tau(P^2) = \int_{\frac{1}{2}}^1 x \mathrm{d}x = \dfrac{3}{8}$;

(iii) 在 Göd 中,

$$\text{Consist}(\{p\}) = 1 - \tau(p \to \overline{0}) = 1 - 0 = 1,$$

$$\underline{\tau}(p) = \tau(p) = \frac{1}{2}.$$

(iv) 在 Π 中,

$$\text{Consist}(\{p\}) = 1 - \sup\{\tau(p^n \to \overline{0}) | n \in \mathbf{N}\}$$
$$= 1 - \sup\left\{\int_0^1 (x^n \to 0)\mathrm{d}x | n \in \mathbf{N}\right\} = 1 - 0 = 1,$$

$$\underline{\tau}(p) = \inf\left\{\int_0^1 x^n \mathrm{d}x | n \in \mathbf{N}\right\} = 0.$$

上例说明理论 $\{p\}$ 在 Luk, L*, Π 及 Göd 中都是相容的, 但相容程度 (或下真度) 差别极大.

本节引入了理论的下真度与不相容度的新概念, 简化了文献 [104], [112] 中给出的理论相容度的定义, 并分别得到了逻辑系统 Luk, L*, Π, Göd 及 C_2 中理论下真度 $\underline{\tau}(\Gamma)$、发散度 $\text{div}(\Gamma)$、不相容度 $\text{Inconsist}(\Gamma)$、矛盾式的接近度 $\mu(\Gamma)$ 与相容度 $\text{Consist}_R(\Gamma)$ 的关系.

在 C_2, L* 或 Luk 中,

$$\text{Inconsist} = \mu(\Gamma) = \text{div}(\Gamma), \quad \text{Consist}_R(\Gamma) = 1 - \text{Inconsist}.$$

在 Göd 及 Π 中,

$$\underline{\tau}_R(\Gamma) = 1 - \text{div}(\Gamma), \quad \text{Inconsist} = \mu(\Gamma), \quad \text{Consist}_R(\Gamma) = 1 - \text{Inconsist},$$

但 $\text{Consist}_R(\Gamma) = \underline{\tau}(\Gamma)$ 不一定成立 (见上面的例子).

它们的关系说明: 在 Göd 及 Π 中, 理论的相容度与理论的下真度不是同一个概念, 理论的相容度 $\text{Consist}_R(\Gamma)$ 是度量理论 Γ 推出矛盾式的程度的指标, 而理论的下真度 $\underline{\tau}_R(\Gamma)$ 是度量理论 Γ 的推论集中最小公式真度的指标.

模糊逻辑系统 Göd, Π, L* 与 Luk 中理论的下真度及相容度的计算问题还没有解决, 判别理论不相容的条件还需要讨论.

7.2 模糊逻辑系统 Π 和 Göd 中理论的相容度与下真度的计算公式

7.2.1 引言

7.1 节引入了经典逻辑系统 C_2, Lukasiewicz 模糊逻辑系统 Luk、Göd 模糊逻辑系统 Göd、乘积模糊逻辑系统 Π 和 R_0-模糊逻辑系统 L* 中理论的下真度与不相容

度的新概念, 简化了文献 [112] 中理论相容度的定义; 然后, 研究了理论的下真度、发散度、不相容度 (在 [112] 中称它为矛盾式的 degree of entailment) 与相容度之间的关系. 基于此, 本节 (参考文献 [69]) 讨论命题模糊逻辑系统 Π 和 Göd 中理论相容度与下真度的计算问题. 首先引入逻辑公式的核、零核及理论的核的新概念; 然后, 得到了命题模糊逻辑系统 Π 和 Göd 中理论相容度与下真度的计算公式; 最后, 给出了理论不相容的新的充要条件.

7.2.2 预备知识

本节所使用的符号见 7.1 节.

为了读者方便, 首先将系列论文 "几个标准完备逻辑系统中理论的下真度与相容度 (I)" 中给出的一些概念和结论叙述一下.

注 7.2.1 (i) 若 $\forall v \in \Omega, v(A) = 1$, 则称 A 为重言式; 若 $\forall v \in \Omega, v(A) = 0$, 则称 A 为矛盾式, 记作 $\overline{0}$.

(ii) 在 Göd 中:

$$x * y = x \wedge y, R_{\mathrm{G}} = x \to y = \begin{cases} 1, & x \leqslant y, \\ y, & x > y, \end{cases} \quad x, y \in [0, 1],$$

在 Π 中 $x * y = x \times y, R_{\Pi} = x \to y = \begin{cases} 1, & x \leqslant y, \\ \dfrac{y}{x}, & x > y, \end{cases} \quad x, y \in [0, 1],$

$$\neg x = x \to 0, \quad \neg x = \begin{cases} 1, & x = 0, \\ 0, & x > 0, \end{cases} \quad x \in [0, 1].$$

(iii) $(*, \to)$ 是一个伴随对, 即 $a * b \leqslant c$ 当且仅当 $a \leqslant b \to c, \forall a, b, c \in [0, 1]$.

(iv) 在 Göd 及 Π 中, $A \wedge B$ (或 $A \vee B$) 关于 $\to, \neg$ 和 & 的表达式不同, 但是都有 $\forall v \in \Omega, v(A \wedge B) = \min\{v(A), v(B)\}$ (或 $\forall v \in \Omega, v(A \vee B) = \max\{v(A), v(B)\}$).

(v) 设 $A = A(p_{i_1}, p_{i_2}, \cdots, p_{i_m}) \in F(S)$, $v(A), \forall v \in \Omega(A)$ 是一个 $M^m \to M$ 的函数, 记作

$$v(A) = \overline{A} = \overline{A}(v(p_{i_1}), v(p_{i_2}), \cdots, v(p_{i_m})) = \overline{A}(x_1, \cdots, x_m),$$

$(x_1, x_2, \cdots, x_m) \in M^m$, 称它为 A 的诱导函数. 在 Göd 及 Π 中, $\overline{A}$ 在对应的区域逐块连续, 因此是可积的.

(vi) 记 $A\&A$ 为 A^2, $\overline{A} * \overline{A}$ 为 $\overline{A}^{(2)}$. 因为 & 运算在可证等价意义下是结合的, 所以可设 $A^n = A^{n-1}\&A, \overline{A}^{(n)} = \overline{A}^{(n-1)} * \overline{A}$.

定义 7.2.1　设 $A = A(p_{i_1}, p_{i_2}, \cdots, p_{i_m}) \in F(S)$, R 是蕴涵算子, 则称 m 重积分

$$\tau_R(A) = \int_{[0,1]^m} \overline{A}(x_1, \cdots, x_m) \mathrm{d}x_1 \cdots \mathrm{d}x_m$$

为公式 A 的 R-真度.

定义 7.2.2　设 $\Gamma \subset F(S)$, 称它为 Göd 或 Π 中的一个理论. TA 为 Göd 或 Π 的全部公理集.

设 $A \in F(S)$, 从 Γ 到 A 的准推理是一个有限序列

$$A_1, A_2, \cdots, A_n$$

其中 $A_n = A$, 且对每个 $i \leqslant n$, $A_i \in \Gamma \cup TA$, 或者有 $j, k < i$ 使 A_i 是由 A_j 与 A_k 运用 MP 规则而得的结果, A 称为 Γ 的推论, 记作 $\Gamma \vdash A$, Γ 的推论之集记作 $D(\Gamma) = \{A \in F(S) | \Gamma \vdash A\}$. 当 $\Gamma = \varnothing$ 时, A 称为定理, 用 T 表示全部定理.

定义 7.2.3　设 $A, B \in F(S)$.

(i) 如果 $\vdash A \to B$ 且 $\vdash B \to A$, 则称 A 与 B 是可证等价的, 记作 $A \sim B$.

(ii) 如果 $\forall v \in \Omega, v(A) = v(B)$. 则称 A 与 B 是逻辑等价, 记作 $A \approx B$.

定理 7.2.1 (完备性定理)　设 $A \in F(S)$, A 是一个定理当且仅当 A 是一个重言式.

定理 7.2.2　设 $A, B \in F(S)$, 则 $A \sim B$, 当且仅当 $A \approx B$.

定理 7.2.3　设 $\Gamma \subseteq F(S)$, $B \in F(S)$, 则

当 $\Gamma = \{A_1, \cdots, A_l\}$ 有限时, 则 $\Gamma \vdash B$ 当且仅当 $\exists m_1, m_2, \cdots, m_l \in \mathbf{N}$ 使得

$$\vdash (A_1^{m_1} \& A_2^{m_2} \& \cdots \& A_l^{m_l}) \to B.$$

当 $\Gamma = \{A_1, \cdots, A_l, \cdots\}$ 可数时, $\forall l, m_1, m_2, \cdots, m_l \in \mathbf{N}, n \geqslant 2$, $(A_1^{m_1} \& A_2^{m_2} \& \cdots \& A_l^{m_l})^n \in D(\Gamma)$ 且 $\Gamma \vdash B$ 当且仅当 $\exists l, m_1, m_2, \cdots, m_l \in \mathbf{N}$ 使 $\vdash A_1^{m_1} \& A_2^{m_2} \& \cdots \& A_l^{m_l} \to B$.

定义 7.2.4　设 $A = A(p_1, p_2, \cdots, p_m)$, $B = B(p_1, p_2, \cdots, p_m) \in F(S)$, 称

$$\int_{[0,1]^m} \left| \overline{A}(x_1, x_2, \cdots, x_m) - \overline{B}(x_1, x_2, \cdots, x_m) \right| \mathrm{d}x_1 \cdots \mathrm{d}x_m$$

为 A 与 B 的 R-距离, 记作 $\rho_R(A, B)$.

定义 7.2.5　设 $\Gamma \subseteq F(S)$. $D(\Gamma)$ 是其推论集, 则称

$$\mathrm{div}_R(\Gamma) = \sup \{\rho_R(A, B) | A, B \in D(\Gamma)\}$$

为理论 Γ 的发散度.

定义 7.2.6 设 $\Gamma \subseteq F(s)$. 若由 Γ 推出矛盾式, 则称 Γ 不相容, 否则称 Γ 相容.

引理 7.2.1 $\Gamma \vdash \overline{0}$ 当且仅当 $\exists B \in D(\Gamma)$ 使 $\vdash B \to \overline{0}$.

为了区分理论相容与不相容, 引进符号 1^- 和 0^+, 规定

$$1 - 1^- = 0^+; \quad x < 1^- < 1, \forall x < 1; \quad 0 < 0^+ < x, \forall x > 0.$$

定义 7.2.7 设 $\Gamma \subseteq F(S)$, 则
(i) 称

$$\underline{\tau}(\Gamma) = \begin{cases} 0^+, & \inf\{\tau(A)|A \in D(\Gamma)\} = 0 且 \overline{0} \notin D(\Gamma), \\ \inf\{\tau(A)|A \in D(\Gamma)\}, & \inf\{\tau(A)|A \in D(\Gamma)\} > 0 或 \overline{0} \in D(\Gamma) \end{cases}$$

为理论 Γ 的下真度. 这里, 当 $\underline{\tau}(\Gamma) = \inf\{\tau(A)|A \in D(\Gamma)\} = 0^+$ 时, 称理论 Γ 的下真度是拟 0.

(ii) 称

$$\mathrm{Inconsist}(\Gamma)$$
$$= \begin{cases} 1^-, & \sup\{\tau(B \to \overline{0})|B \in D(\Gamma)\} = 1 且 \overline{0} \notin D(\Gamma); \\ \sup\{\tau(B \to \overline{0})|B \in D(\Gamma)\}, & \sup\{\tau(B \to \overline{0})|B \in D(\Gamma)\} < 1 或 \overline{0} \in D(\Gamma) \end{cases}$$

为理论 Γ 的不相容度. 这里, 当

$$\mathrm{Inconsist}(\Gamma) = \sup\{\tau(B \to \overline{0})|B \in D(\Gamma)\} = 1^-$$

时, 称理论 Γ 的不相容度是拟 1.

(iii) 称
$$\mathrm{Consist}_R(\Gamma) = 1 - \mathrm{Inconsist}_R(\Gamma)$$

为理论 Γ 的相容度. 这里如果 $\mathrm{Inconsist}_R(\Gamma) = 1^-$, 则称理论 Γ 的相容度是拟 0, 记作 $\mathrm{Consist}_R(\Gamma) = 0^+$.

定理 7.2.4 设 $\Gamma \subseteq F(S)$. 则

$$\underline{\tau}(\Gamma) = \inf_{n,m_1,\cdots,m_n \in \mathbf{N}}\{\tau(A_1^{m_1} \& A_2^{m_2} \& \cdots A_n^{m_n})\}$$

$$= \inf\{\tau(\Sigma(\omega(n)))|\Sigma \in 2^{(\Gamma)}, \omega(n) \in \mathbf{N}^n, n \in \mathbf{N}\}$$

和

$$\mathrm{Inconsist}(\Gamma) = \sup\{\tau_R(B \to \overline{0})|B \in D(\Gamma)\}$$

$$= \sup_{n,m_1,\cdots,m_n \in \mathbf{N}} \{\tau(A_1^{m_1} \& A_2^{m_2} \& \cdots A_n^{m_n} \to \overline{0})\}$$

$$= \sup\{\tau_R(\Sigma(\omega(n)) \to \overline{0}) | \Sigma \in 2^{(\Gamma)}, \omega(n) \in \mathbf{N}^n, n \in \mathbf{N}\}$$

$$= \mu(\Gamma).$$

在文献 [104] 中称 $\mu(\Gamma)$ 为矛盾式的接近度.

7.2.3　逻辑系统 Π 和 Göd 中理论的相容度与下真度的计算公式

定义 7.2.8　设 $A(p_{i_1},\cdots,p_{i_m}) \in F(S), \overline{A}$ 是 A 的诱导函数, 称

$$\text{Ker}(A) \overset{\triangle}{=} \{(x_1,\cdots,x_m) | \overline{A}(x_1,\cdots,x_m) = 1, (x_1,\cdots,x_m) \in [0,1]^m\}$$

及

$$0\text{Ker}(A) \overset{\triangle}{=} \{(x_1,\cdots,x_m) | \overline{A}(x_1,\cdots,x_m) = 0, (x_1,\cdots,x_m) \in [0,1]^m\}$$

为公式 $A(p_{i_1},\cdots,p_{i_m})$ 的核及零核.

用 $m(\text{Ker}(A))$ 及 $m(0\text{Ker}(A))$ 分别表示 $\text{Ker}(A)$ 与 $0\text{Ker}(A)$ 的 Lebesgue 测度.

定义 7.2.9　设 $\Gamma \subset F(S)$, $X = \{p_{i_1},\cdots,p_{i_l})$ 或 $\{p_{i_1},\cdots,p_{i_l},\cdots\}$ 为 Γ 中的公式出现的全部原子公式之集, 则称

$$\text{Ker}(\Gamma) \overset{\triangle}{=} \cap\{\text{Ker}(A) | A \in \Gamma\}$$

为理论 Γ 的核.

注 7.2.2　$\text{Ker}(\Gamma) \subseteq [0,1]^l$ 或 $\text{Ker}(\Gamma) \subseteq [0,1]^\infty, [0,1]^\infty = [0,1] \times [0,1] \times \cdots$.

用 $m(\text{Ker}(\Gamma))$ 表示 $\text{Ker}(\Gamma)$ 的 Lebesgue 测度, 当 $\text{Ker}(\Gamma)$ 是无限维空间时, 定义

$$m(\text{Ker}(\Gamma)) = \lim_{n\to\infty} m(\text{Ker}(\Gamma) \cap [0,1]^n).$$

引理 7.2.2　设 $A(p_{i_1},\cdots,p_{i_m}) \in F(S), B(p_{i_1},\cdots,p_{i_m},p_{i_{m+1}},\cdots,p_{i_{m+l}})$ 是 $A(p_{i_1},\cdots,p_{i_m})$ 的 l 元扩张, 则

$$m(\text{Ker}(A)) = m(\text{Ker}(B)).$$

引理 7.2.3　设 $\Gamma \subset F(S)$, $X = \{p_{i_1},\cdots,p_{i_l}\}$ 是 Γ 中出现的全部原子公式之集, 则对任意的正整数 $k \geqslant l$, $Y = \{p_{i_1},\cdots,p_{i_l},p_{i_{l+1}},\cdots,p_{i_{l+k}}\}$, 令 $\Gamma^k = \{B | B$ 是 A 的 k 元扩张, $A \in \Gamma\}$, 则

$$m(\text{Ker}(\Gamma) = m(\text{Ker}(\Gamma^k)),$$

$$m(0\text{Ker}(\Gamma)) = m(0\text{Ker}(\Gamma^k)).$$

定理 7.2.5   设 $\Gamma \subseteq F(S)$. 在 Göd 或 Π 中,

(i) 当 $\Gamma = \{A_1, \cdots, A_l\}$ 有限时,

$$\mathrm{Consist}(\Gamma)$$

$$= 1 - \sup_{B \in D(\Gamma)} \{m(0\mathrm{Ker}(B))\}$$

$$= 1 - \sup\{m(0\mathrm{Ker}(\Sigma(\omega(n))))|\Sigma \in 2^{(\Gamma)}, \quad \omega(n) \in \mathbf{N}^n, n \in \mathbf{N}\}$$

$$= 1 - m(0\mathrm{Ker}(A_1 \wedge A_2 \wedge \cdots \wedge A_l));$$

(ii) 当 $\Gamma = \{A_1, \cdots, A_l, \cdots\}$ 可数时,

$$\mathrm{Consist}(\Gamma) = 1 - \sup_{B \in D(\Gamma)} \{m(0\mathrm{Ker}(B))\}$$

$$= 1 - \sup\{m(0\mathrm{Ker}(\Sigma(\omega(n))))|\Sigma \in 2^{(\Gamma)}, \omega(n) \in \mathbf{N}^n, n \in \mathbf{N}\}$$

$$= 1 - \lim_{l \to \infty} m(0\mathrm{Ker}(A_1 \wedge A_2 \wedge \cdots \wedge A_l)).$$

证明   在 Göd 中, 由定理 7.2.4 知

$$\mathrm{Consist}(\Gamma) = 1 - \mathrm{Inconsist}(\Gamma)$$

$$= 1 - \sup\{\tau(A_1 \wedge \cdots \wedge A_n \to \overline{0})|A_1, \cdots, A_n \in \Gamma, n \in \mathbf{N}\}.$$

因为 $\forall n \in \mathbf{N}$, 有

$$\overline{A_1 \& A_2 \& \cdots \& A_{n+1}} \leqslant \overline{A_1 \& A_2 \& \cdots \& A_n},$$

故结论成立.

在 Π 中, 由定理 7.2.4 知

$$\mathrm{Consist}(\Gamma) = 1 - \mathrm{Inconsist}(\Gamma)$$

$$= 1 - \sup_{B \in D(\Gamma)} \{\tau(B \to \overline{0})\}$$

$$= 1 - \sup\{\tau(\Sigma(\omega(n))) \to |\Sigma \in 2^{(\Gamma)}, \omega(n) \in \mathbf{N}^n, n \in \mathbf{N}\}.$$

由于

$$\forall \overline{A_k^{m_k}} = (\overline{A_k})^{m_k}, \quad \overline{A_1^{m_1} \& A_2^{m_2} \& \cdots \& A_n^{m_n}}$$

$$= \overline{A_1}^{m_1} \times \overline{A_2}^{m_2} \times \cdots \times \overline{A_n}^{m_n} \leqslant \overline{A_1} \times \overline{A_2} \times \cdots \times \overline{A_n} = \overline{A_1 \& A_2 \& \cdots \& A_n},$$

而

$$(0\mathrm{Ker}(A_1^{m_1} \& A_2^{m_2} \& \cdots \& A_n^{m_n})) = 0\mathrm{Ker}(A_1 \& A_2 \& \cdots \& A_n)$$

且

$$0\mathrm{Ker}(A_1 \& A_2 \& \cdots \& A_n) \subseteq 0\mathrm{Ker}(A_1 \& A_2 \& \cdots \& A_{n+1}),$$

故结论成立.

易证下述定理.

定理 7.2.6 设 $\Gamma \subseteq F(S)$. 则

(i) 在 Göd 中:

当 $\Gamma = \{A_1, \cdots, A_l)$ 有限时,

$$\underline{\tau}(\Gamma) = \tau(A_1 \wedge A_2 \wedge \cdots \wedge A_l);$$

当 $\Gamma = \{A_1, \cdots, A_l, \cdots\}$ 可数时,

$$\underline{\tau}(\Gamma) = \lim_{l \to \infty} \tau(A_1 \wedge A_2 \wedge \cdots \wedge A_l).$$

(ii) 在 Π 中:

$$\underline{\tau}(\Gamma) = m(\mathrm{Ker}(\Gamma)) = \begin{cases} m(\mathrm{Ker}(A_1 \wedge A_2 \wedge \cdots \wedge A_l)), & \Gamma = \{A_1, \cdots, A_l\}, \\ \lim_{l \to \infty} m(\mathrm{Ker}(A_1 \wedge A_2 \wedge \cdots \wedge A_l)), & \Gamma = \{A_1, \cdots, A_l, \cdots\}. \end{cases}$$

定理 7.2.7 在 Göd 或 Π 中, 理论 Γ 不相容的充要条件如下.

当 $\Gamma = \{A_1, \cdots, A_l\}$ 有限时,

$$A_1 \wedge A_2 \wedge \cdots \wedge A_l = \overline{0};$$

当 $\Gamma = \{A_1, \cdots, A_l, \cdots\}$ 可数时, 存在 $l \in \mathbf{N}$ 使 $A_1 \wedge A_2 \wedge \cdots \wedge A_l = \overline{0}$.

证明 当 $\Gamma = \{A_1, \cdots, A_l\}$ 有限时, 结论显然成立, 以下仅证 Γ 可数的情况.

若 Γ 不相容, 则 $\overline{0} \in D(\Gamma)$, 那么存在 $A_1 \& A_2 \& \cdots \& A_l \in D(\Gamma)$ (在 Göd 中) 或 $A_1^{m_1} \& A_2^{m_2} \& \cdots \& A_l^{m_l} \in D(\Gamma)$ (在 Π 中), 使得

$$\vdash A_1 \& A_2 \& \cdots \& A_l \to \overline{0} \text{ (在 Göd 中)}$$

或

$$\vdash A_1^{m_1} \& A_2^{m_2} \& \cdots \& A_l^{m_l} \to \overline{0} \text{ (在 Π 中)}.$$

因此

$$A_1 \& A_2 \& \cdots \& A_l = A_1 \wedge A_2 \wedge \cdots \wedge A_l = \overline{0} \text{ (在 Göd 中)}$$

或

$$A_1^{m_1} \& A_2^{m_2} \& \cdots \& A_l^{m_l} = \overline{0} \text{ (在 Π 中)}.$$

在 Π 中, 由 $A_1^{m_1} \& A_2^{m_2} \& \cdots \& A_l^{m_l} = \overline{0}$ 知 $A_1 \wedge A_2 \wedge \cdots \wedge A_l = \overline{0}$.

设存在 $l \in \mathbf{N}$ 使 $A_1 \wedge A_2 \wedge \cdots \wedge A_l = \overline{0}$. 因为 $A_1 \wedge A_2 \wedge \cdots \wedge A_l \in D(\Gamma)$, 所以, Γ 不相容.

例 7.2.1 令 $\Gamma = \{p\}$.

(iii) 在 Göd 中:

$$\text{Consist}(\{p\}) = 1 - m(0\text{Ker}(P)) = 1 - 0 = 1,$$

$$\underline{\tau}(p) = \tau(p) = \frac{1}{2}.$$

(iv) 在 Π 中:

$$\text{Consist}(\{p\}) = 1 - m(0\text{Ker}(P)) = 1 - 0 = 1, \quad \underline{\tau}(p) = m(\text{Ker}(p)) = 0.$$

注意例 7.2.1 中, 理论 $\{p\}$ 的相容度与下真度的值差别极大, 这充分说明在模糊逻辑系统 Π 和 Göd 中, 理论的相容度与下真度是两个不同的概念. 一般地, $\text{Consist}(\Gamma) \neq \underline{\tau}(\Gamma)$. 理论的相容度 $\text{Consist}_R(\Gamma)$ 是度量理论 Γ 推出矛盾式的程度的指标, 而理论的下真度 $\underline{\tau}_R(\Gamma)$ 是度量理论 Γ 的推论集中的最小的公式真度的指标.

7.3 模糊逻辑系统 Luk 和 L* 中理论相容度的计算公式

7.3.1 引言

在 7.1 节中, 引入了经典逻辑系统 C_2、Lukasiewicz 模糊逻辑系统 Luk、Gödel 模糊逻辑系统 Göd、乘积模糊逻辑系统 Π 和 R_0-模糊逻辑系统 L* 中理论的下真度与不相容度的新概念, 简化了文献 [112] 中理论相容度的定义; 然后, 研究了理论的下真度、发散度、不相容度 (在 [112] 中称它为矛盾式的接近度) 与相容度之间的关系. 7.2 节给出了 Göd 及 Π 中的理论相容度的计算公式.

本节[70] 将解决模糊逻辑系统 L* 与 Luk 中理论相容度的计算问题. 首先给出 L* 中理论相容度的计算公式; 然后, 引入逻辑公式的核、理论的核的新概念, 从而, 得到模糊逻辑系统 Luk 中理论相容度的计算公式; 最后, 给出理论不相容的两个新的充要条件.

7.3.2 预备知识

本节所使用的符号见系列论文 "几个标准完备逻辑系统中理论的下真度与相容度 (I)".

为了读者方便, 首先将系列论文 (I) 给出的一些概念和结论叙述一下.

注 7.3.1 (i) 若 $\forall v \in \Omega, v(A) = 1$, 则称 A 为重言式; 若 $\forall v \in \Omega, v(A) = 0$, 则称 A 为矛盾式, 记作 $\overline{0}$.

(ii) 在 Luk 中,

$$x * y = (x + y - 1) \vee 0, \quad R_{lu} = x \to y = \begin{cases} 1, & x \leqslant y, \\ 1 - x + y, & x > y, \end{cases} \quad x, y \in [0, 1].$$

在 L* 中,

$$x * y = \begin{cases} x \wedge y, & x + y > 1, \\ 0, & x + y \leqslant 1, \end{cases} \quad R_0(x, y) = x \to y = \begin{cases} 1, & x \leqslant y, \\ (1 - x) \vee y, & x > y, \end{cases} \quad x, y \in [0, 1];$$

$$\neg x = 1 - x, x \in [0, 1].$$

(iii) $(*, \to)$ 是一个伴随对, 即 $a * b \leqslant c$ 当且仅当 $a \leqslant b \to c, \forall a, b, c \in [0, 1]$.

(iv) 在 L* 和 Luk 中, $A \wedge B$ (或 $A \vee B$) 关于 $\to, \neg$ 和 & 的表达式不同, 但是都有 $\forall v \in \Omega, v(A \wedge B) = \min\{v(A), v(B)\}$ (或 $\forall v \in \Omega, v(A \vee B) = \max\{v(A), v(B)\}$).

(v) 设 $A = A(p_{i_1}, p_{i_2}, \cdots, p_{i_m}) \in F(S)$, $v(A), \forall v \in \Omega(A)$ 是一个 $M^m \to M$ 的函数, 记作

$$v(A) = \overline{A} = \overline{A}(v(p_{i_1}), v(p_{i_2}), \cdots, v(p_{i_m})) = \overline{A}(x_1, \cdots, x_m), \quad (x_1, x_2, \cdots, x_m) \in M^m,$$

称它为由 A 诱导的函数. 在 Luk (或 L*) 中, $\overline{A}$ 在对应的区域上连续 (或逐块连续), 因此是可积的.

(vi) 记 $A \& A$ 为 A^2, $\overline{A} * \overline{A}$ 为 $\overline{A}^{(2)}$. 因为 & 运算在可证等价意义下是结合的, 所以可设 $A^n = A^{n-1} \& A$, $\overline{A}^{(n)} = \overline{A}^{(n-1)} * \overline{A}$.

定义 7.3.1 设 $A = A(p_{i_1}, p_{i_2}, \cdots, p_{i_m}) \in F(S)$, R 是蕴涵算子, 则称 m 重积分

$$\tau_R(A) = \int_{[0,1]^m} \overline{A}(x_1, \cdots, x_m) \mathrm{d}x_1 \cdots \mathrm{d}x_m$$

为公式 A 的 R-真度.

定义 7.3.2 设 $\Gamma \subset F(S)$, 称它为 L* 或 Luk 中的一个理论. TA 为 L* 或 Luk 中的全部公理集.

设 $A \in F(S)$, 从 Γ 到 A 的准推理是一个有限序列

$$A_1, A_2, \cdots, A_n,$$

其中 $A_n = A$, 且对每个 $i \leqslant n$, $A_i \in \Gamma \cup TA$ 或者有 $j, k < i$ 使 A_i 是由 A_j 与 A_k 运用 MP 规则而得的结果, A 称为 Γ 的推论, 记作 $\Gamma \vdash A$, Γ 的推论之集记作 $D(\Gamma) = \{A \in F(S) | \Gamma \vdash A\}$. 当 $\Gamma = \varnothing$ 时, 称 A 为定理, 用 T 表示全部定理.

定义 7.3.3　设 $A, B \in F(S)$.

(i) 如果 $\vdash A \to B$ 且 $\vdash B \to A$, 则称 A 与 B 是可证等价的, 记作 $A \sim B$.

(ii) 如果 $\forall v \in \Omega, v(A) = v(B)$, 则称 A 与 B 是逻辑等价, 记作 $A \approx B$.

定理 7.3.1　设 $A, B \in F(S)$. 则 $A \sim B$ 当且仅当 $A \approx B$.

定理 7.3.2 (完备性定理)　设 $A \in F(S)$. A 是一个定理当且仅当 A 是一个重言式.

定理 7.3.3　设 $\Gamma \subseteq F(S), B \in F(S)$.

当 $\Gamma = \{A_1, \cdots, A_l\}$, 则 $\Gamma \vdash B$ 当且仅当 $\exists m_1, m_2, \cdots, m_l \in \mathbf{N}$ 使得

$$\vdash (A_1^{m_1} \& A_2^{m_2} \& \cdots \& A_l^{m_l}) \to B.$$

当 $\Gamma = \{A_1, \cdots, A_l, \cdots\}$ 可数时, 则 $\forall l, m_1, m_2, \cdots, m_l \in \mathbf{N}, n \geqslant 2, (A_1^{m_1} \& A_2^{m_2} \& \cdots \& A_l^{m_l})^n \in D(\Gamma)$ 且 $\Gamma \vdash B$ 当且仅当 $\exists l, m_1, m_2, \cdots, m_l \in \mathbf{N}$ 使 $\vdash A_1^{m_1} \& A_2^{m_2} \& \cdots \& A_l^{m_l} \to B$.

定义 7.3.4　设 $A = A(p_1, p_2, \cdots, p_m), B = B(p_1, p_2, \cdots, p_m) \in F(S)$, 称

$$\int_{[0,1]^m} \left| \overline{A}(x_1, x_2, \cdots, x_m) - \overline{B}(x_1, x_2, \cdots, x_m) \right| dx_1 \cdots dx_m$$

为 A 与 B 的 R-距离, 记作 $\rho_R(A, B)$.

定义 7.3.5　设 $\Gamma \subseteq F(S), D(\Gamma)$ 是其推论集, 则称

$$\mathrm{div}_R(\Gamma) = \sup\{\rho_R(A, B) | A, B \in D(\Gamma)\}$$

为理论 Γ 的发散度.

定义 7.3.6　设 $\Gamma \subseteq F(s)$. 若由 Γ 推出矛盾式, 则称 Γ 不相容, 否则称 Γ 相容.

引理 7.3.1　$\Gamma \vdash \overline{0}$ 当且仅当 $\exists B \in D(\Gamma)$ 使 $\vdash B \to \overline{0}$.

为了区分理论相容与不相容, 引进符号 1^- 和 0^+, 规定

$$1 - 1^- = 0^+; \quad x < 1^- < 1, \forall x < 1; \quad 0 < 0^+ < x, \forall x > 0.$$

定义 7.3.7　设 $\Gamma \subseteq F(S)$, 则

(i) 称

$$\underline{\tau}(\Gamma) = \begin{cases} 0^+, & \inf\{\tau(A) | A \in D(\Gamma)\} = 0 \text{ 且 } \overline{0} \notin D(\Gamma), \\ \inf\{\tau(A) | A \in D(\Gamma)\}, & \inf\{\tau(A) | A \in D(\Gamma)\} > 0 \text{ 或 } \overline{0} \in D(\Gamma) \end{cases}$$

为理论 Γ 的下真度. 这里, 当 $\underline{\tau}(\Gamma) = \inf\{\tau(A) | A \in D(\Gamma)\} = 0^+$ 时, 称理论 Γ 的下真度是拟 0.

(ii) 称

Inconsist(Γ)

$$= \begin{cases} 1^-, & \sup\{\tau(B \to \overline{0})|B \in D(\Gamma)\} = 1 \text{且} \overline{0} \notin D(\Gamma), \\ \sup\{\tau(B \to \overline{0})|B \in D(\Gamma)\}, & \sup\{\tau(B \to \overline{0})|B \in D(\Gamma)\} < 1 \text{或} \overline{0} \in D(\Gamma) \end{cases}$$

为理论 Γ 的不相容度. 这里, 当

$$\text{Inconsist}(\Gamma) = \sup\{\tau(B \to \overline{0})|B \in D(\Gamma)\} = 1^-$$

时, 称理论 Γ 的不相容度是拟 1.

(iii) 称

$$\text{Consist}_R(\Gamma) = 1 - \text{Inconsist}_R(\Gamma)$$

为理论 Γ 的相容度. 这里如果 $\text{Inconsist}_R(\Gamma) = 1^-$, 则称理论 Γ 的相容度是拟 0, 记作 $\text{Consist}_R(\Gamma) = 0^+$.

定理 7.3.4   设 $\Gamma \subseteq F(S)$. 则

$$\underline{\tau}(\Gamma) = \inf_{n,m_1,\cdots,m_n \in \mathbf{N}} \{\tau(A_1^{m_1} \& A_2^{m_2} \& \cdots \& A_n^{m_n})\}$$

和

$$\text{Inconsist}(\Gamma) = \sup\{\tau_R(B \to \overline{0})|B \in D(\Gamma)\}$$
$$= \sup_{n,m_1,\cdots,m_n \in \mathbf{N}} \{\tau(A_1^{m_1} \& A_2^{m_2} \& \cdots \& A_n^{m_n} \to \overline{0})\} = \mu(\Gamma).$$

这里 $\mu(\Gamma)$ 在文献 [112] 中称它为矛盾式的接近度.

定理 7.3.5   设 $\Gamma \subseteq F(S)$, 在 L* 和 Luk 中,

$$\text{Consist}_R(\Gamma) = \underline{\tau}_R(\Gamma).$$

7.3.3 Luk 和 L* 中理论的相容度与下真度的计算公式

定义 7.3.8   设 $A(p_{i_1}, \cdots, p_{i_m}) \in F(S), \overline{A}$ 是 A 的伴随函数, 称

$$\text{Ker}(A) \overset{\triangle}{=} \{(x_1, \cdots, x_m)|\overline{A}(x_1, \cdots, x_m) = 1, (x_1, \cdots, x_m) \in [0,1]^m\}$$

为公式 $A(p_{i_1}, \cdots, p_{i_m})$ 的核.

用 $m(\text{Ker}(A))$ 表示 $\text{Ker}(A)$ 的 Lebesgue 测度.

定义 7.3.9   设 $\Gamma \subset F(S)$, $X = \{p_{i_1}, \cdots, p_{i_l}\}$ 或 $\{p_{i_1}, \cdots, p_{i_l}, \cdots\}$ 为 Γ 中公式出现的全部原子公式之集, 则称

$$\text{Ker}(\Gamma) \overset{\triangle}{=} \cap\{\text{Ker}(A)|A \in \Gamma\}$$

为理论 Γ 的核.

注 7.3.2 $\mathrm{Ker}(\Gamma) \subseteq [0,1]^l$, l 为正整数或 ∞. 用 $m(\mathrm{Ker}(\Gamma))$ 表示 $\mathrm{Ker}(\Gamma)$ 的 Lebesgue 测度. 当 $\mathrm{Ker}(\Gamma)$ 是无限维空间时, 定义

$$m(\mathrm{Ker}(\Gamma)) = \lim_{n \to \infty} m(\mathrm{Ker}(\Gamma) \cap [0,1]^n).$$

可以证明下述引理.

引理 7.3.2 设 $A(p_{i_1}, \cdots, p_{i_m}) \in F(S), B(p_{i_1}, \cdots, p_{i_m}, p_{i_{m+1}}, \cdots, p_{i_{m+l}})$ 是 $A(p_{i_1}, \cdots, p_{i_m})$ 的 l 元扩张, 则

$$m(\mathrm{Ker}(A)) = m(\mathrm{Ker}(B)).$$

引理 7.3.3 设 $\Gamma \subset F(S)$, $X = \{p_{i_1}, \cdots, p_{i_l}\}$ 是 Γ 中出现的全部原子公式之集, 则对任意的正整数 $k \geqslant l$, $Y = \{p_{i_1}, \cdots, p_{i_l}, p_{i_{l+1}}, \cdots, p_{i_{l+k}}\}$. 令 $\Gamma^k = \{B | B$ 是 A 的 k 元扩张, $A \in \Gamma\}$, 则

$$m(\mathrm{Ker}(\Gamma)) = m(\mathrm{Ker}(\Gamma^k)).$$

引理 7.3.4 设 $A(p_{i_1}, \cdots, p_{i_m}) \in F(S)$, 则

$$\tau(A^n) = \int_{[0,1]^m} ((n\overline{A} - (n-1)) \vee 0) \mathrm{d}\omega, \quad n = 1, 2, \cdots.$$

注 7.3.3 设 $A(p_{i_1}, \cdots, p_{i_m}) \in F(S)$. 在 Luk 逻辑系统中, 称公式 A 的诱导函数 $\overline{A}$ 为 McNaughton 函数. A 的 McNaughton 函数在 m 维方体 $[0,1]^m$ 上连续, 且可将 $[0,1]^m$ 分成有限个小闭区域, 使 $\overline{A}$ 在每个小闭区域上是一个 m 元一次多项式 (在其对应的闭区域的内部满足 $\overline{A} < 1$) 或常数 0 或常数 1.

引理 7.3.5 设 $A(p_{i_1}, \cdots, p_{i_m}) \in F(S)$, G 是 $[0,1]^m$ 上的闭区域, 若公式 A 的诱导函数 $\overline{A}$ 在 G 上是 m 元一次多项式, 且满足 $\overline{A} < 1$, λ_G 是 $\overline{A}$ 在 G 上的最大值 (其中 $0 \leqslant \lambda_G < 1$), 则对每个固定的正整数 n, 公式 A^n 的诱导函数 $\overline{A^n} = (n\overline{A}(x_1, \cdots, x_m) - (n-1)) \vee 0$ 在 G 上达到最大值 $(n\lambda_G - (n-1)) \vee 0$, 且 $0 \leqslant (n\lambda_G - (n-1)) \vee 0 < 1$.

证明 因为 $\overline{A^n} = (n\overline{A}(x_1, \cdots, x_m) - (n-1)) \vee 0$ 是关于 $\overline{A}$ 的递增函数, λ_G 是 $\overline{A}$ 在 G 上的最大值 $(0 \leqslant \lambda_G < 1)$, 所以

$$\overline{A^n} = (n\overline{A}(x_1, \cdots, x_m) - (n-1)) \vee 0$$ 在 G 上达到最大值 $(n\lambda_G - (n-1)) \vee 0$, 且 $0 \leqslant (n\lambda_G - (n-1)) \vee 0 < 1$.

引理 7.3.6 设 $A(p_{i_1}, \cdots, p_{i_m}) \in F(S)$, G 是 $[0,1]^m$ 上的闭区域, 若公式 A 的诱导函数 $\overline{A}$ 在 G 上是 m 元一次多项式 (在 G 内部满足 $\overline{A} < 1$) 或常数 0, 则

$$\lim_{n \to \infty} \int_G (n\overline{A} - (n-1)) \vee 0 \mathrm{d}\omega = 0$$

证明　设闭区域 G 的边界长度为 $t\,(t\neq 0)$. 对任意给定的正数 $\varepsilon > 0$, 在区域 G 内, 取包含 G 边界且宽度为 $\dfrac{\varepsilon}{2t}$ 的带形区域 Q. 设 $\overline{A}$ 在区域 $G-Q$ 上的最大值为 $0\leqslant \lambda_{G-Q} < 1$. 则由引理 3.4 知 $\overline{A^n} = (n\overline{A} - (n-1))\vee 0$ 在 $G-Q$ 上的最大值为 $(n\lambda_{G-Q} - (n-1))\vee 0$. 于是

$$\left|\int_G (n\overline{A} - (n-1))\vee 0\mathrm{d}w\right| = \int_G (n\overline{A} - (n-1))\vee 0\mathrm{d}w$$

$$= \int_Q (n\overline{A} - (n-1))\vee 0\mathrm{d}w + \int_{G-Q}(n\overline{A} - (n-1))\vee 0\mathrm{d}w$$

$$\leqslant t\cdot\frac{\varepsilon}{2t} + (n\lambda_{G-Q} - (n-1))\vee 0.$$

因为

$$\lim_{n\to\infty}(n\lambda_{G-Q} - (n-1))\vee 0 = \lim_{n\to\infty} n\left(\lambda_{G-Q} - \frac{n-1}{n}\right)\vee 0 = 0,$$

所以存在 N, 当 $n > N$ 时, 有 $(n\lambda_{G-Q} - (n-1))\vee 0 < \dfrac{\varepsilon}{2}$. 因此存在 N, 当 $n > N$ 时, 有

$$\left|\int_G (n\overline{A} - (n-1))\vee 0\mathrm{d}w\right| < \varepsilon,$$

即 $\lim\limits_{n\to\infty}\int_G (n\overline{A} - (n-1))\vee 0\mathrm{d}w = 0$.

定理 7.3.6　设 $A(p_{i_1},\cdots,p_{i_m})\in F(S), \Gamma\subset F(S)$, 则

$$\lim_{n\to\infty}\tau(A^n) = m(\mathrm{Ker}(A)).$$

证明　设 $A(p_{i_1},\cdots,p_{i_m})\in F(S)$. 由注 7.3.3, 不妨设将 $[0,1]^m$ 分成了 j 个区域 $G_1,G_2,\cdots,G_j$, 使 $\overline{A}$ 在区域 $G_1,G_2,\cdots,G_k$ 上分别是一个 m 元一次多项式或常数 0, 在 $G_{k+1},G_{K+2},\cdots,G_j$ 上分别是常数 1. 于是

$$\lim_{n\to\infty}\tau(A^n) = \lim_{n\to\infty}\int_{[0,1]^m}((n\overline{A}-(n-1))\vee 0)\mathrm{d}w$$

$$= \lim_{n\to\infty}\int_{G_1}((n\overline{A}-(n-1))\vee 0)\mathrm{d}w + \cdots + \lim_{n\to\infty}\int_{G_j}((n\overline{A}-(n-1))\vee 0)\mathrm{d}w.$$

注意由引理 7.3.5 知 $\lim\limits_{n\to\infty}\int_{G_i}((n\overline{A}-(n-1))\vee 0)\mathrm{d}w = 0, i = 1,2,\cdots,k$. 若 $k = j$, 显然结论成立; 若 $k < j$, 因为在每个区域 $G_i, i = K+1,\cdots,j$ 上 $\overline{A} = 1$, 从而 $(n\overline{A} - (n-1)) = 1$, 所以由引理 7.3.6 知

$$\lim_{n\to\infty}\tau(A^n)$$

$$= \lim_{n\to\infty} \int_{G_{k+1}} ((n\overline{A} - (n-1)) \vee 0)\mathrm{d}w + \cdots + \lim_{n\to\infty} \int_{G_j} ((n\overline{A} - (n-1)) \vee 0)\mathrm{d}w$$
$$= m(G_{k+1}) + \cdots + m(G_j) = m(\mathrm{Ker}(A)).$$

易证下述引理.

引理 7.3.7　设 $\Gamma \subseteq F(S)$, $B \in D(\Gamma)$. 则 $m(\mathrm{Ker}(\Gamma)) \leqslant \tau(B)$.

引理 7.3.8　设 $\Gamma \subseteq F(S)$.

(i) 当 $\Gamma = \{A_1, \cdots, A_l\}$ 有限时, 则

$$\lim_{n\to\infty} \{\tau(B_l^n)\} = m(\mathrm{Ker}(\Gamma));$$

(ii) 当 $\Gamma = \{A_1, A_2, \cdots, A_l, \cdots\}$ 可数时,

$$\lim_{l\to\infty} \lim_{n\to\infty} \{\tau(B_l^n)\} = m(\mathrm{Ker}(\Gamma)),$$

其中 $B_l = A_1 \wedge A_2 \wedge \cdots \wedge A_l$.

证明　(i) 因为 $\Gamma = \{A_1, A_2, \cdots, A_l\}$ 为有限集,

$$A_1 \wedge A_2 \wedge \cdots \wedge A_l \in D(\Gamma), \quad \text{而 } \mathrm{Ker}(\Gamma) = \mathrm{Ker}(A_1 \wedge A_2 \wedge \cdots \wedge A_l),$$

从而由引理 7.3.6 知

$$\lim_{n\to\infty} \{\tau(B_l^n)\} = m(\mathrm{Ker}(B_l)) = m(\mathrm{Ker}(\Gamma)).$$

(ii) 因为

$$\mathrm{Ker}(B_1) \supseteq \mathrm{Ker}(B_2) \supseteq \cdots \supseteq \mathrm{Ker}(B_l) \supseteq \cdots \text{且} \mathrm{Ker}(\Gamma) = \bigcap_{l=1}^{\infty} \mathrm{Ker}(B_l),$$

所以由 (i) 知 $\lim_{l\to\infty} \lim_{n\to\infty} \{\tau(B_l^n)\} = \lim_{l\to\infty} m(\mathrm{Ker}(B_l)) = m(\mathrm{Ker}(\Gamma))$.

定理 7.3.7　设 $\Gamma \subseteq F(S)$, 则

$$\mathrm{Consist}(\Gamma) = \underline{\tau}(\Gamma) = m(\mathrm{Ker}(\Gamma)).$$

证明　一方面, 由引理 7.3.2 知

$$m(\mathrm{Ker}(\Gamma)) \leqslant \inf_{A\in D(\Gamma)} \{\tau(A)\} = \mathrm{Consist}(\Gamma).$$

另一方面, 因为 $\forall A_1, A_2, \cdots, A_m \in \Gamma$, 有

$$B^n = (A_1 \wedge A_2 \wedge \cdots \wedge A_m)^n \in D(\Gamma),$$

所以

$$\mathrm{Consist}(\Gamma) \leqslant \tau(B^n).$$

当 $\Gamma = \{A_1, \cdots, A_l\}$ 有限 (或 $\Gamma = \{A_1, A_2, \cdots\}$ 可数) 时, 因为 $\forall m \leqslant k \leqslant l$ 有

$$\overline{B_m} = \overline{A_1 \wedge A_2 \wedge \cdots \wedge A_m} \geqslant \overline{A_1 \wedge A_2 \wedge \cdots \wedge A_k} = \overline{B_k},$$

从而

$$\overline{B_m^n} = (n\overline{B_m} - (n-1)) \vee 0 \geqslant (n\overline{B_k} - (n-1)) \vee 0 = \overline{B_k^n}.$$

那么 $\mathrm{Consist}(\Gamma) \leqslant \tau(B_l^n)$. 则由 $B_l^n \in D(\Gamma)$ 知

$$\mathrm{Consist}(\Gamma) \leqslant \lim_{n \to \infty} \tau(B_l^n).$$

当 $\Gamma = \{A_1, A_2, \cdots, A_l\}$ 时, 根据引理 7.3.8 (i)

$$\mathrm{Consist}(\Gamma) \leqslant \lim_{n \to \infty} \tau(B_l^n) = m(\mathrm{Ker}(\Gamma)).$$

当 $\Gamma = \{A_1, A_2, \cdots\}$ 可数时, 根据引理 7.3.8(ii)

$$\mathrm{Consist}(\Gamma) \leqslant \lim_{l \to \infty} \lim_{n \to \infty} \tau(B_l^n) = m(\mathrm{Ker}(\Gamma)).$$

总之

$$\mathrm{Consist}(\Gamma) = m(\mathrm{Ker}(\Gamma)).$$

推论 7.3.1　若 $\Gamma = \{A\}$, $A \in F(S)$, 则

$$\mathrm{Consist}(\Gamma) = m(\mathrm{Ker}(A)).$$

推论 7.3.2　设 $\Gamma = \{A_1, A_2, \cdots, A_n, \cdots\} \subseteq F(S)$. 若存在 i 使 $\mathrm{Ker}(A_i) = \mathrm{Ker}(\Gamma) = \bigcap\limits_{j \in \{1,2,\cdots,n\}} \mathrm{Ker}(A_j)$, 则

$$\mathrm{Consist}(\Gamma) = m(\mathrm{Ker}(A_i)).$$

引理 7.3.9　设 Γ 是 Luk 逻辑系统中的一个理论, $\beta \leqslant \dfrac{1}{2}$. 若存在 $A \in \Gamma$ 使 $v(A) \leqslant \beta, v \in \Omega(A)$, 则 Γ 不相容.

　　证明　因为 $v(A) \leqslant \beta, v \in \Omega(A)$, $\beta \leqslant \dfrac{1}{2}$, 则 $v(\neg A) \geqslant 1 - \beta, v \in \Omega(A)$, $\dfrac{1}{2} \leqslant 1 - \beta$, 那么 $v(A) \leqslant v(\neg A), \forall v \in \Omega$. 因此 $v(A \to \neg A) = 1$. 于是 $\neg A \in D(\Gamma)$. 因为 $A \to (\neg \overline{0} \to A)$ 是定理, $\overline{0} \to A$ 可证等价 $\neg A \to \overline{0}$, 则矛盾式 $\overline{0} \in D(\Gamma)$, 于是 Γ 不相容.

　　定理 7.3.8　设 Γ 是 Luk 中的一个理论, 则理论 Γ 不相容当且仅当 Γ 的核 $\mathrm{Ker}(\Gamma) = \varnothing$, 即 Γ 没有模型.

证明　若 Γ 不相容, 则矛盾式 $\overline{0} \in D(\Gamma)$. 那么可设 $A_1, A_2, \cdots, A_{n-1}, \overline{0}$ 是 $\overline{0}$ 的证明列. 若 $\mathrm{Ker}(\Gamma) \neq \varnothing$, 则 $\exists m \in \mathbf{N}$, $\exists (x_1, \cdots, x_n) \in [0,1]^m$, 使 $\overline{0}(x_1, \cdots, x_m) = 1$, 这里出现矛盾. 因此 $\mathrm{Ker}(\Gamma) = \varnothing$.

反之, 设 $\mathrm{Ker}(\Gamma) = \varnothing$.

(1) 若 $\Gamma = \{A_1, \cdots, A_l\}$ 有限, 则 $A_1 \wedge A_2 \wedge \cdots \wedge A_l \in D(\Gamma)$, 从而

$$B^n = (A_1 \wedge A_2 \wedge \cdots \wedge A_l)^n \in D(\Gamma).$$

因为 $\overline{A_1 \wedge A_2 \wedge \cdots \wedge A_l}$ 在 $[0,1]^m$ 上连续, 且 $\overline{A_1 \wedge A_2 \wedge \cdots \wedge A_l} < 1$, 所以存在 $\overline{A_1 \wedge A_2 \wedge \cdots \wedge A_l}$ 在 $[0,1]^m$ 上达到最大值 $\lambda < 1$. 由 $\lim\limits_{n \to \infty} \overline{B}^{(n)} \leqslant \lim\limits_{n \to \infty} (n\lambda - (n-1)) \vee 0 = 0$ 知, 存在 N, 使 $B^N \leqslant \dfrac{1}{2}$. 由引理 7.3.9 知 Γ 不相容.

(2) 当 $\Gamma = \{A_1, A_2, \cdots, A_n, \cdots\}$ 可数时, $\exists n \in \mathbf{N}$ 使 $\mathrm{Ker}(A_1 \wedge A_2 \wedge \cdots \wedge A_n) = \varnothing$. 否则, 若 $\forall n \in \mathbf{N}$, 都有 $\mathrm{Ker}(A_1 \wedge A_2 \wedge \cdots \wedge A_n) \neq \varnothing$, 则由微积分中的区域套定理知, $\mathrm{Ker}(\Gamma) = \mathrm{Ker}(A_1 \wedge \cdots \wedge A_n \wedge \cdots) \neq \varnothing$, 这与 $\mathrm{Ker}(\Gamma) = \varnothing$ 矛盾. 因此, 存在某个 $n_0 \in \mathbf{N}$ 使 $\mathrm{Ker}(A_1 \wedge A_2 \wedge \cdots \wedge A_{n_0}) = \varnothing$. 那么由 (i) 知 Γ 不相容.

定理 7.3.9　理论 Γ 不相容当且仅当存在公式 A 使 $A, \neg A \in D(\Gamma)$.

上述定理的证明是显然的. 在文献 [112] 中已经得到: 在 L* 中,

$$\mathrm{Inconsist}(\Gamma) = \mu_{R_{\mathrm{L}^*}}(\Gamma) = 1 - \inf \left\{ \int_\Delta \left(\overline{A_1^2} * \cdots * \overline{A_n^2} \right) \mathrm{d}w \,\middle|\, A_1, \cdots, A_n, n \in \Gamma \right\}.$$

因为 $\forall A_1, \cdots, A_n \in \Gamma$, 有 $A_1^2 \& \cdots \& A_n^2 \in D(\Gamma)$, 且 $\forall n \in \mathbf{N}$, 有

$$\overline{A_1 \wedge \cdots \wedge A_{n+1}} \leqslant \overline{A_1 \wedge \cdots \wedge A_n}, \overline{A_1^2} * \cdots * \overline{A_{n+1}^2} \leqslant \overline{A_1^2} * \cdots * \overline{A_n^2}.$$

所以易得下述定理.

定理 7.3.10　设 $\Gamma \subseteq F(s)$. 在 L* 中, 当 $\Gamma = \{A_1, \cdots, A_l\}$ 有限时,

$$\mathrm{Consist}(\Gamma) = 1 - \mu_{R_0}(\Gamma) = \underline{\tau_{R_0}}(\Gamma) = \tau_{R_0}(A_1^2 \& A_2^2 \& \cdots \& A_l^2);$$

当 $\Gamma = \{A_1, \cdots, A_l, \cdots\}$ 可数时,

$$\mathrm{Consist}(\Gamma) = 1 - \mu_{R_0}(\Gamma) = \underline{\tau_{R_0}}(\Gamma)$$
$$= \lim_{l \to \infty} \tau_{R_0}(A_1^2 \& \cdots \& A_l^2) = \lim_{l \to \infty} \int_\Delta \overline{A_1} * \overline{A_2} * \cdots * \overline{A_l} \mathrm{d}w.$$

定理 7.3.11　设 $\Gamma \subseteq F(s)$. 在 L* 中, Γ 不相容的充要条件如下:

当 $\Gamma = \{A_1, \cdots, A_l\}$ 有限时,

$$A_1^2 \& A_2^2 \& \cdots \& A_l^2 = \overline{0};$$

当 $\Gamma = \{A_1, \cdots, A_l, \cdots\}$ 可数时, 存在 $l \in \mathbf{N}$ 使 $A_1^2 \& A_2^2 \& \cdots \& A_l^2 = \bar{0}$.

例 7.3.1　令 $\Gamma = \{p\}$.

在 Luk 中, 显然 $m(\mathrm{Ker}(P)) = 0$. 因为 $\mathrm{Ker}(P) \neq \varnothing$, 所以 $\{P\}$ 是相容的, 那么 $\{P\}$ 的相容度是拟 0, 即 $\mathrm{Consist}(\{P\}) = 0^+$.

在 L* 中, $\mathrm{Consist}(\{P\}) = \underline{\tau}(\{P\}) = \tau(P^2) = \displaystyle\int_{\frac{1}{2}}^1 x \mathrm{d}x = \frac{3}{8}$.

例 7.3.2　设 $\Gamma = \{(p \to q) \to r\}$.

$$\mathrm{Ker}(A) = \{(x, y, z)| x \leqslant y, z = 1\} \cup \{(x, y, z)|x > y, z \geqslant 1 - x + y\},$$

因为 $m(\mathrm{Ker}(A)) = \dfrac{1}{6}$, 所以在 Luk 中, $\mathrm{Consist}(\Gamma) = \dfrac{1}{6}$.

例 7.3.3　设

$$\Gamma = \{p \vee q \to p, p \to p \vee q\}, \quad \mathrm{Ker}(p \vee q \to p) = \{(x, y)|x \geqslant y\},$$

$$\mathrm{Ker}(p \to p \vee q) = \{(x, y)|x, y \in [0, 1]\}.$$

显然

$$\mathrm{Ker}(p \vee q \to p) \subset \mathrm{Ker}(p \to p \vee q),$$

从而 $m(\mathrm{Ker}(p \vee q \to p)) = \dfrac{1}{2}$. 所以在 Luk 中, $\mathrm{Consist}(\Gamma) = \dfrac{1}{2}$.

本节给出了逻辑系统 Luk 和 L* 中理论相容度的计算公式.

(i) 在 Luk 中

$$\mathrm{Consist}(\Gamma) = \underline{\tau}(\Gamma) = m(\mathrm{Ker}(\Gamma)),$$

其中, $m(\cdot)$ 表示 $(\cdot)$ 的 Lebesgue 测度.

$$\mathrm{Ker}(\Gamma) \overset{\Delta}{=} \bigcap \{\mathrm{Ker}(A(p_{i_1}, \cdots, p_{i_l}))|A \in \Gamma\},$$

$$\mathrm{Ker}(A) \overset{\Delta}{=} \{(x_1, \cdots, x_m)|\overline{A}(x_1, \cdots, x_m) = 1, (x_1, \cdots, x_m) \in [0, 1]^m\},$$

这里 $\overline{A}$ 是 A 的伴随函数.

(ii) 在 L* 中, 当 $\Gamma = \{A_1, \cdots, A_l\}$ 有限时,

$$\mathrm{Consist}(\Gamma) = 1 - \mu_{R_0}(\Gamma) = \underline{\tau}_{R_0}(\Gamma) = \tau_{R_0}(A_1^2 \& A_2^2 \& \cdots \& A_l^2);$$

当 $\Gamma = \{A_1, \cdots, A_l, \cdots\}$ 可数时,

$$\mathrm{Consist}(\Gamma) = 1 - \mu_{R_0}(\Gamma) = \underline{\tau}_{R_0}(\Gamma)$$

$$= \lim_{l \to \infty} \tau_{R_0}(A_1^2 \& \cdots \& A_l^2) = \lim_{l \to \infty} \int_\Delta \overline{A_1} * \overline{A_1} * \cdots * \overline{A_l} * \overline{A_l} \mathrm{d}w.$$

同时, 得到 Γ 不相容的充要条件.

在 $\mathbf{L}^*$ 中, 当 $\Gamma = \{A_1, \cdots, A_l\}$ 有限时,

$$A_1^2 \& A_2^2 \& \cdots \& A_l^2 = \overline{0};$$

当 $\Gamma = \{A_1, \cdots, A_l, \cdots\}$ 可数时, 存在 $l \in \mathbf{N}$ 使

$$A_1^2 \& A_2^2 \& \cdots \& A_l^2 = \overline{0}.$$

在 Luk 中, 理论 Γ 不相容当且仅当 $\mathrm{Ker}(\Gamma) = \varnothing$, 即 Γ 的核为一空集当且仅当存在公式 A 使 $A, \neg A \in D(\Gamma)$.

7.4　模糊逻辑系统中有限理论的弱相容度

在经典命题逻辑系统中, 理论 Γ (即公式集) 的相容性是一个重要问题, 同样, 在命题模糊逻辑系统中, 理论的相容性也是人们非常重视的问题. 有的文献定义理论 Γ 不相容, 如果理论 Γ 推出矛盾式; 有的文献定义理论 Γ 不相容, 如果理论 Γ 同时推出 A 与 $\neg A$. 上述两种观点在经典命题逻辑系统中是等价的, 而在命题模糊逻辑系统中不等价, 但都有其道理. 文献 [102] 在 Lukasiewicz 命题逻辑系统中以理论 Γ 推出矛盾式为基准点引入了有限理论相容度的概念, 后来, 文献 [103], [14], [112] 相继进行了改进. 文献 [129] 又以理论 Γ 同时推出 A 与 $\neg A$ 为基准点, 在 Lukasiewicz 命题模糊逻辑系统及 $\mathbf{L}^*$ 命题模糊逻辑系统中引进理论 Γ 弱相容度的新概念, 并讨论其性质, 给出判定其大小的一系列准则.

定义 7.4.1　设 $\Gamma_1, \Gamma_2 \subseteq F(S)$, 称 $\displaystyle\inf_{A \in D(\Gamma_1)} \inf_{B \in D(\Gamma_2)} \rho(B, A)$ 为公式集 Γ_1 与 Γ_2 的距离, 记作 $\rho(\Gamma_1, \Gamma_2)$.

容易证明公式集的距离满足如下条件.

(i) $\rho(\Gamma, \Gamma) = 0$.

(ii) $\rho(\Gamma_1, \Gamma_2) = \rho(\Gamma_2, \Gamma_1)$.

(iii) $\rho(\Gamma_1, \Gamma_2) = \rho(\Gamma_1, \Gamma_3) + \rho(\Gamma_3, \Gamma_1)$.

其中, $\Gamma, \Gamma_1, \Gamma_2, \Gamma_3 \subseteq F(S)$.

定义 7.4.2　设 $M \subset [0, 1]$ 是 $(\neg, \to)$ 型 MV-代数或 R_0 代数, W 是其相应的模糊命题逻辑系统, 对于每个有限理论 $\Gamma \in F(S)$, 赋予一个实数, 记为 $\eta(\Gamma)$, 如果 $\eta(\cdot)$ 满足下列条件, 则称 $\eta(\Gamma)$ 为理论 Γ 的弱相容度.

(i) $0 \leqslant \eta(\Gamma) \leqslant 1$;

(ii) 若 $\Gamma \vdash A$ 且 $\Gamma \vdash \neg A$, 则 $\eta(\Gamma) = 0$;

(iii) 设有限理论 $\Gamma_1, \Gamma_2 \subseteq F(S)$, 记 $\neg D(\Gamma) = \{\neg A | A \in D(\Gamma)\}$, 若 $\rho(D(\Gamma_1), \neg D(\Gamma_1)) \leqslant \rho(D(\Gamma_2), \neg D(\Gamma_2))$, 则

$$\eta(\Gamma_1) \leqslant \eta(\Gamma_2).$$

定理 7.4.1　设 $\Gamma \subset F(S)$ 是模糊命题逻辑系统 W 中的一个理论, 则

$$\eta(\Gamma) = \rho(D(\Gamma), \neg D(\Gamma)) = \inf_{A \in D(\Gamma)} \inf_{B \in D(\Gamma)} \rho(B, \neg A)$$

为理论 Γ 的弱相容度.

证明　(i) 因为对于任意 $A, B \in D(\Gamma)$, 有 $0 \leqslant \rho(B, \neg A) \leqslant 1$, 所以

$$0 \leqslant \rho(D(\Gamma), \neg D(\Gamma)) \leqslant 1.$$

(ii) 若 $\Gamma \vdash A$ 且 $\Gamma \vdash \neg A$, 则

$$\rho(D(\Gamma), \neg D(\Gamma)) = \inf_{A \in D(\Gamma)} \inf_{B \in D(\Gamma)} \rho(B, \neg A) = \rho(\neg A, \neg A) = 0.$$

(iii) 由定义 7.4.2(iii) 显然成立. 所以

$$\eta(\Gamma) = \rho(D(\Gamma), \neg D(\Gamma)) = \inf_{A \in D(\Gamma)} \inf_{B \in D(\Gamma)} \rho(B, \neg A)$$

为理论 Γ 的弱相容度.

性质 7.4.1　若 $\Gamma \subseteq T$, 则 $\eta(\Gamma) = 1$.

证明　当 $\Gamma \subseteq T$ 时, 因为 $D(\Gamma) = T$, 所以对于任意 $A, B \in D(T), \neg A \in \neg D(\Gamma)$ 是矛盾式, 故 $\rho(B, \neg A) = 1$. 从而 $\eta(\Gamma) = \rho(D(\Gamma), \neg D(\Gamma)) = 1$.

性质 7.4.2　如果 $\Gamma_1 \subseteq \Gamma_2 \subseteq F(S)$, 则 $\eta(\Gamma_2) \leqslant \eta(\Gamma_1)$.

证明　易见

$$\eta(\Gamma_1) = \inf_{A \in D(\Gamma_1)} \inf_{B \in D(\Gamma_1)} \rho(B, \neg A),$$

$$\eta(\Gamma_2) = \inf_{A \in D(\Gamma_2)} \inf_{B \in D(\Gamma_2)} \rho(B, \neg A).$$

而

$$\inf_{A \in D(\Gamma_2)} \inf_{B \in D(\Gamma_2)} \rho(B, \neg A) \leqslant \inf_{A \in D(\Gamma_1)} \inf_{B \in D(\Gamma_2)} \rho(B, \neg A) \leqslant \inf_{A \in D(\Gamma_1)} \inf_{B \in D(\Gamma_1)} \rho(B, \neg A),$$

所以 $\eta(\Gamma_2) \leqslant \eta(\Gamma_1)$.

引理 7.4.1　若 $\Gamma_1 \subseteq \Gamma_2, \Gamma_3 \subseteq \Gamma_4$, 则 $\rho(\Gamma_1, \Gamma_3) \leqslant \rho(\Gamma_2, \Gamma_4)$.

推论 7.4.1　若 $\Gamma \subset F(S)$, 则

$$\rho(\Gamma^{(n)}, \neg \Gamma^{(n)}) \leqslant \rho(\Gamma^{(n+k)}, \neg \Gamma^{(n+k)}), \quad k = 1, 2, \cdots.$$

引理 7.4.2 若 $U_n \subseteq U_{n+1} \subseteq F(S), V_n \subseteq V_{n+1} \subseteq F(S), n = 1, 2, \cdots$，则

$$\rho\left(\bigcup_{n=1}^{\infty} U_n, \bigcup_{n=1}^{\infty} V_n\right) = \lim_{n \to \infty} \rho(U_n, V_n).$$

证明 因为

$$U_1 \subseteq U_2 \subseteq \cdots \subseteq U_n \subseteq \cdots \subseteq \bigcup_{n=1}^{\infty} U_n \subseteq F(S),$$

$$V_1 \subseteq V_2 \subseteq \cdots \subseteq V_n \subseteq \cdots \subseteq \bigcup_{n=1}^{\infty} V_n \subseteq F(S),$$

一方面, 由引理 7.4.1 及推论 7.4.1 知

$$0 \leqslant \rho(U_1, V_1) \leqslant \rho(U_2, V_2) \leqslant \cdots \leqslant \rho(U_n, V_n) \leqslant \cdots \leqslant \rho\left(\bigcup_{n=1}^{\infty} U_n, \bigcup_{n=1}^{\infty} V_n\right).$$

所以

$$\lim_{n \to \infty} \rho(U_n, V_n) \leqslant \rho\left(\bigcup_{n=1}^{\infty} U_n, \bigcup_{n=1}^{\infty} V_n\right).$$

另一方面, $\forall A \in \bigcup_{n=1}^{\infty} U_n, B \in \bigcup_{n=1}^{\infty} V_n$ 必存在 m 使

$$A \in U_m \subseteq \bigcup_{n=1}^{\infty} U_n, \quad B \in V_m \subseteq \bigcup_{n=1}^{\infty} V_n,$$

则

$$\rho\left(\bigcup_{n=1}^{\infty} U_n, \bigcup_{n=1}^{\infty} V_n\right) \leqslant \rho(U_m, V_m) \leqslant \rho(A, B).$$

那么

$$\rho\left(\bigcup_{n=1}^{\infty} U_n, \bigcup_{n=1}^{\infty} V_n\right) \leqslant \lim_{n \to \infty} \rho(U_n, V_n).$$

因此

$$\rho\left(\bigcup_{n=1}^{\infty} U_n, \bigcup_{n=1}^{\infty} V_n\right) = \lim_{n \to \infty} \rho(U_n, V_n).$$

定理 7.4.2 设 $\Gamma \subset F(S)$ 是命题模糊逻辑系统 W 中的一个理论, 则

$$\eta(\Gamma) = \lim_{n \to \infty} \rho(\Gamma^{(n)}, \neg \Gamma^{(n)}) = \lim_{n \to \infty} \inf_{A \in \Gamma^{(n)}} \inf_{B \in \Gamma^{(n)}} \rho(B, \neg A).$$

证明 因为 $D(\Gamma) = \bigcup_{n=1}^{\infty} \Gamma^n$, 所以 $\neg D(\Gamma) = \neg \bigcup_{n=1}^{\infty} \Gamma^n = \bigcup_{n=1}^{\infty} \neg \Gamma^n$. 又

$$\Gamma^{(1)} \subseteq \Gamma^{(2)} \subseteq \cdots \subseteq \Gamma^{(n)} \subseteq \cdots, \quad \neg \Gamma^{(1)} \subseteq \neg \Gamma^{(2)} \subseteq \cdots \subseteq \neg \Gamma^{(n)} \subseteq \cdots,$$

则根据引理 7.4.1 知

$$\eta(\Gamma) = \rho(D(\Gamma), \neg D(\Gamma)) = \lim_{n\to\infty} \rho(\Gamma^{(n)}, \neg\Gamma^{(n)})$$
$$= \lim_{n\to\infty} \inf_{A\in\Gamma^{(n)}} \inf_{B\in\Gamma^{(n)}} \rho(B, \neg A).$$

定理 7.4.3　设 $\beta \leqslant \frac{1}{2}$, 如果在正则逻辑系统中[7] 存在 $A \in \Gamma$ 是 β-矛盾式, 则理论 Γ 的弱相容度 $\eta(\Gamma) = 0$.

证明　因为 $A \in \Gamma$ 是 β-矛盾式, $\beta \leqslant \frac{1}{2}$, 则 $\neg A$ 是 $\frac{1}{2} \leqslant 1 - \beta$-重言式, 那么

$$v(A) \leqslant v(B), \quad \forall v \in \Omega.$$

因此

$$v(A \to B) = 1.$$

推论 7.4.2　在正则逻辑系统中, 若 $\Gamma \subset F(S)$ 的上真值 $\beta \leqslant \frac{1}{2}$, 则理论 Γ 的弱相容度 $\eta(\Gamma) = 0$.

引理 7.4.3　在 L^* 逻辑系统中, 若 Γ 的下真值 $\alpha \geqslant \frac{1}{2}$, 则对于 $\forall A \in D(\Gamma), A$ 是 α-重言式.

证明　参见文献 [105].

定理 7.4.4　在 L^* 逻辑系统中, 若 Γ 的下真值 $\alpha \geqslant \frac{1}{2}$, 则理论 Γ 的弱相容度 $\eta(\Gamma) \geqslant 2\alpha - 1$.

证明　在 L^* 逻辑系统中, 由于保持 $\frac{1}{2} \leqslant \alpha$-重言式, 所以对于每个公式 $A \in \Gamma$, $\neg A$ 是 $\frac{1}{2}$-矛盾式, 从而 Γ 推不出 $\neg A$. 由于 Γ 的下真值 $\alpha \geqslant \frac{1}{2}$, 则对于 $\forall A \in D(\Gamma), A$ 是 α-重言式, 从而 $\tau(A) \geqslant \frac{1}{2}$, 故

$$\eta(\Gamma) = \rho(D(\Gamma), \neg D(\Gamma)) = \inf_{A\in D(\Gamma)} \inf_{B\in D(\Gamma)} \rho(B, \neg A)$$
$$\geqslant (1 - 21 - 2(1-\alpha)) = 2\alpha - 1.$$

本节主要提出了一个衡量理论相容性的新观念, 并给出了一个较合理的度量指标, 指出了求理论弱相容度的大体思路, 还建立了两个判定大小的准则. 虽然本节指出了一个求理论弱相容度的大体思路, 但计算方法还很值得研究.

7.5　多值命题逻辑公式在有限理论下的 α-条件真度

7.1—7.4 节都是从全体赋值的角度考虑公式的真实程度, 然而在现实生活中往往需要在特定条件即某种理论下考虑一个事件 (即公式) 的真实程度, 由此迫切需

要建立命题的条件真度理论. 本节[72] 分别在模糊命题逻辑系统和 $n(n \geqslant 2)$ 值命题逻辑中建立了命题的条件 α-真度理论.

7.5.1 预备知识

定义 7.5.1 设 $* : [0,1]^2 \to [0,1]$ 是二元函数, I 为指标集, 如果

(i) $([0,1], *)$ 是以 1 为单位的交换半群;

(ii) $\forall a \in [0,1], f_a(x) = a * x$ 是增函数, 则称 $*$ 为 $[0,1]$ 上的三角模, 简称 t-模.
如果还满足

(iii) $\forall a, b_i \in [0,1] (i \in I), a * (\underset{i \in I}{\vee} b_i) = \underset{i \in I}{\vee} (a * b_i)$, 则称 $*$ 是左连续的三角模.

定义 7.5.2 设 $*$ 是 $[0,1]$ 上的三角模, $\Rightarrow : [0,1]^2 \to [0,1]$ 是 $[0,1]$ 上的二元函数, 若 $a * b \leqslant c$ 当且仅当 $a \leqslant b \Rightarrow c, a, b, c \in [0,1]$, 则称 $\Rightarrow$ 是与 $*$ 相伴随的蕴涵算子, 称 $(*, \Rightarrow)$ 为伴随对, 特别地, 若 $*$ 是左连续三角模, 则称 $\Rightarrow$ 为正则蕴涵算子.

定义 7.5.3 对任意一个左连续 t-模 $*$, 定义命题演算 QPC($*$) 如下: $F(S)$ 是由原子公式集 $S = \{p_1, p_2, \cdots, p_n, \cdots\}$ 和特定元 $\bar{0}$ 通过连接词 $\&, \to, \neg$ 形成的自由代数. $F(S)$ 中的元素称为公式.

由基本连接词 $\&, \to, \neg$ 定义新的连接词如下.

$\neg \varphi$ 表示 $\varphi \to \bar{0}$,

$\varphi \vee \psi$ 表示 $((\varphi \to \psi) \to \psi) \wedge ((\psi \to \varphi) \to \varphi)$,

$\varphi \equiv \psi$ 表示 $(\varphi \to \psi) \& (\psi \to \varphi)$,

φ^n 表示 $\overbrace{\varphi \& \varphi \& \cdots \& \varphi}^{n}$.

定义 7.5.4 如果 $p_{k1}, p_{k2}, \cdots, p_{km}$ 为公式 φ 的全部原子公式, 则称 $\mathrm{Var}(\varphi) = \{p_{k1}, p_{k2}, \cdots, p_{km}\}$ 为 φ 的命题变元集, 记 φ 为 $\varphi(p_{k1}, p_{k2}, \cdots, p_{km})$.

定义 7.5.5 一个 MTL-代数是一个有界剩余格 $(M, \cap, \cup, *, \Rightarrow, 0, 1)$, 其中 $\cap$ 和 $\cup$ 是格中的下、上确界运算, $(*, \Rightarrow)$ 是伴随对, 且满足预线性, 即对任意 $x, y \in M$,

$$(x \Rightarrow y) \cup (y \Rightarrow x) = 1.$$

定义 7.5.6 设 $\varphi \in F(S)$, M 为 MTL-代数.

(i) 设 $X = \{p_{k1}, p_{k2}, \cdots, p_{km}\} \subset S$, 则称映射 $v : X \to M$ 为命题变元集 X 上的一个赋值, 记作 $v_X = (v(p_{k1}), v(p_{k2}), \cdots, v(p_{km}))$, X 上的全体赋值之集记作 $\Omega(X)$. 特别地, 当 $X = S$ 时, 简记作 Ω. 若 $\varphi = \varphi(p_{k1}, p_{k2}, \cdots, p_{km})$, 则赋值 $v_{\mathrm{Var}(\varphi)}$ 简记为 v_φ. $\mathrm{Var}(\varphi)$ 上全体赋值之集记作 $\Omega(\mathrm{Var}(\varphi))$, 简记为 $\Omega(\varphi)$, 用 $|\Omega(\varphi)|$ 表示 $\Omega(\varphi)$ 的势.

(ii) 设 $v \in \Omega(\varphi)$ 或 $v \in \Omega$. 若 $\varphi = \psi \wedge \phi$, $\varphi = \psi \to \phi$ 或 $\varphi = \psi \& \phi$, 称 $v(\varphi) = v(\psi) \wedge v(\phi) = \min\{v(\psi), v(\phi)\}, v(\varphi) = v(\psi \to \phi) = v(\psi) \Rightarrow v(\phi)$ 或 $v(\varphi) = $

$v(\psi\&\phi) = v(\psi)*v(\phi)$(这里 $(*,\Rightarrow)$ 是一个伴随对) 为公式 φ 在赋值 v 处的值, 简称 φ 的值.

不同的左连续三角模 $*$ 及不同的赋值格 M 对应不同的逻辑系统. 四个重要的模糊命题逻辑系统 Luk, Π, Göd 和 L* 对应的 $*$ 和 $\Rightarrow$ ($*$ 和 $\Rightarrow$ 是一伴随对) 如下.

$$\mathrm{Luk}: x*y = (x+y-1)\vee 0,$$

$$x\Rightarrow_{R_{Lu}} y = \begin{cases} 1, & x\leqslant y, \\ 1-x+y, & x > y, \end{cases} \quad x,y\in[0,1];$$

$$\mathrm{G\ddot{o}d}: x*y = x\wedge y,$$

$$x\Rightarrow_{R_G} y = \begin{cases} 1, & x\leqslant y, \\ y, & x > y, \end{cases} \quad x,y\in[0,1];$$

$$\Pi: x*y = x\times y,$$

$$x\Rightarrow_{R_\Pi} y = \begin{cases} 1, & x\leqslant y, \\ \dfrac{y}{x}, & x > y, \end{cases} \quad x,y\in[0,1];$$

$$\mathrm{L}^*: x*y = \begin{cases} x\wedge y, & x+y > 1, \\ 0, & x+y\leqslant 1, \end{cases}$$

$$x\Rightarrow_{R_0} y = \begin{cases} 1, & x\leqslant y, \\ (1-x)\vee y, & x > y, \end{cases} \quad x,y\in[0,1].$$

当赋值格 $M = \left\{0, \dfrac{1}{n-1}, \cdots, \dfrac{n-2}{n-1}, 1\right\}$ 时, 对应 Luk n 值逻辑系统、Πn 值逻辑系统、Göd n 值逻辑系统.

若不特别说明, 下面的 QPC($*$) 都是指逻辑系统 Luk, Göd, Π 或 L*, 将 R_{Lu}, R_G, R_Π 和 R_0 统记为 R.

注 7.5.1　(i) 设 $\varphi\in F(S)$. 称 φ 为重言式, 若 $\forall v\in\Omega, v(\varphi) = 1$; 称 φ 为矛盾式, 若 $\forall v\in\Omega, v(\varphi) = 0$. $\forall v\in\Omega, v(\overline{0}) = 0$.

(ii) 设 $\varphi = \varphi(p_{k1}, p_{k2}, \cdots, p_{km})\in F(S)$. $v(\varphi), \forall v\in\Omega(\varphi)$ 是一个 $M^m\to M$ 的函数, 记作

$$v(\varphi) = \overline{\varphi} = \overline{\varphi}(v(p_{k1}), v(p_{k2}), \cdots, v(p_{km})) = \overline{\varphi}(x_1, \cdots, x_m),$$

$(x_1, x_2, \cdots, x_m)\in M^m$, 称它为 φ 的真值函数.

(iii) 在系统 QPC(*) 中, 对于任意的 $\varphi \in F(S), \varphi$ 的真值函数 $\overline{\varphi}$ 在定义的区域上是分块连续的, 因此是可积的.

定义 7.5.7 (i) 对于任意的正整数 m, 若 $\varphi = \varphi(p_{k1}, p_{k2}, \cdots, p_{km})$ 不含变元 $p_{k(m+1)}, \cdots, p_{k(m+l)}$ (l 为有限或 $+\infty$), 它也可看成包含 $m+l$ 个命题变元 $p_{k1}, \cdots, p_{km}, p_{k(m+1)}, \cdots, p_{k(m+l)}$ 的公式, 记作 $\varphi = \varphi(p_{k1}, p_{k2}, \cdots, p_{km}) = \psi(p_{k1}, \cdots, p_{km}, p_{k(m+1)}, \cdots, p_{k(m+l)})$, 则称 ψ 为 φ 的 l 元或可数扩张, 记作 $\psi = \varphi^{(l)}$. 称变元集 $\{p_{k1}, \cdots, p_{km}, p_{k(m+1)}, \cdots, p_{k(m+l)}\}$ 为变元集 $\{p_{k1}, \cdots, p_{km}\}$ 的扩张, 变元集 $\{p_{k1}, \cdots, p_{km}\}$ 为变元集 $\{p_{k1}, \cdots, p_{km}, p_{k(m+1)}, \cdots, p_{k(m+l)}\}$ 的收缩.

(ii) 设 $X = \{p_{k1}, p_{k2}, \cdots, p_{km}\} \subseteq Y \subseteq S$, 若 $v_X(p_{k1}) = v_Y(P_{k1}), v_X(P_{k2}) = v_Y(P_{k2}), \cdots, v_X(P_{km}) = v_Y(P_{km}), v_X \in \Omega_X(X), v_Y \in \Omega_Y(Y)$, 则称 v_Y 为 v_X 的一个扩张, v_X 为 v_Y 的一个收缩.

引理 7.5.1 设 $\varphi \in F(S)$, ψ 为 φ 的 l 元扩张即 $\varphi = \varphi(p_{k1}, \cdots, p_{km}) = \psi(p_{k1}, \cdots, p_{km}, p_{k(m+1)}, \cdots, p_{k(m+l)}); X = \{p_{k1}, \cdots, p_{km}\}, Y = \{p_{k1}, \cdots, p_{km}, p_{k(m+1)}, \cdots, p_{k(m+l)}\}, v_Y$ 为 v_X 的一个扩张即 $v_Y(p_{kj}) = v_X(p_{kj}), j = 1, 2, \cdots, m$, 则 $v_X(\varphi) = v_Y(\psi)$.

定义 7.5.8 设 $\varphi = \varphi(p_{k1}, p_{k2}, \cdots, p_{km}) \in F(S)$, R 是系统 QPC(*) 对应的蕴涵算子, 则称 m 重积分

$$\tau_R(\varphi) = \int_{[0,1]^m} \overline{\varphi}(x_1, \cdots, x_m) \mathrm{d}x_1 \cdots \mathrm{d}x_m$$

为公式 φ 的 R-真度, 简称 φ 的真度.

定理 7.5.1 (积分值不变性定理) 设 $\varphi = \varphi(p_{k1}, p_{k2}, \cdots, p_{km}) \in F(S)$, $\psi = \psi(p_{k1}, p_{k2}, \cdots, p_{km}, p_{k(m+1)}, \cdots, p_{k(m+l)})$ 是 φ 的 l 元扩张, 则

$$\int_{[0,1]^m} \overline{\varphi}(x_1, \cdots, x_m) \mathrm{d}x_1 \cdots \mathrm{d}x_m$$

$$= \int_{[0,1]^{m+l}} \overline{\psi}(x_1, \cdots, x_{m+l}) \mathrm{d}x_1 \cdots \mathrm{d}x_{m+l}.$$

定义 7.5.9 若 $\Gamma \subseteq F(S)$, 则称 Γ 为理论. 设 Γ 是理论, 从 Γ 出发的推演是一个有限的公式序列

$$\varphi_1, \varphi_2, \cdots, \varphi_n,$$

这里对每个 $\varphi_i(i \leqslant n)$, φ_i 是公理或 $\varphi_i \in \Gamma$, 或存在 $j, k < i$ 使 φ_i 是由 φ_j 和 φ_k 使用 MP 推得的结果. φ_n 称为 Γ-结论, 或 Γ 推出 φ_n, 记作 $\Gamma \vdash \varphi_n$. 当 $\Gamma = \varnothing$ 时, φ_n 称为定理.

定义 7.5.10 设 $\varphi, \psi \in F(S)$.

(i) 如果 $\vdash \varphi \to \psi$ 且 $\vdash \psi \to \varphi$, 则称 φ 与 ψ 是可证等价的, 记作 $\varphi \sim \psi$.

(ii) 如果 $\forall v \in \Omega, v(\varphi) = v(\psi)$, 则称 φ 与 ψ 是逻辑等价的, 记作 $\varphi \approx \psi$.

7.5.2 模糊命题逻辑系统中命题的条件 α-真度

本段取 $M = [0,1]$, 蕴涵算子选 $R_{\mathrm{Lu}}, R_{\mathrm{G}}$ 或 R_0 算子.

定义 7.5.11 设 $f : [0,1]^m \to [0,1]$, 则 f 的 k 次扩张定义为

$$f^{(k)}(x_1, \cdots, x_{m+k})$$
$$= f(x_1, \cdots, x_m), \quad \forall (x_1, \cdots, x_{m+k}) \in [0,1]^{m+k},$$

这里 $k = 0, 1, 2, \cdots$, 当 $k = 0$ 时 $f^{(0)} = f$.

定义 7.5.12 设 $\varphi \in F(S)$, $\Gamma = \{\varphi_1, \varphi_2, \cdots, \varphi_n\} \subset F(S)$, $X = \mathrm{Var}(\phi) \cup \bigcup\limits_{i=1}^{n} \mathrm{Var}(\varphi_i) = \{p_{k1}, \cdots, p_{km}\}$, 则称

$$\tau_{\Gamma\alpha}(\varphi) = \begin{cases} \dfrac{\displaystyle\int_{\Omega(\Gamma_\alpha\varphi)} \overline{\varphi} \mathrm{d}\omega}{|\Omega(\Gamma_\alpha\varphi)|}, & |\Omega(\Gamma_\alpha\varphi)| \neq 0, \\ 1, & |\Omega(\Gamma_\alpha\varphi)| = 0 \end{cases}$$

为公式 φ 在 Γ 下的模糊条件 α-真度, 在不引起混淆的情况下简称为 φ 在 Γ 下的条件 α-真度, 其中

$$\Omega(\Gamma_\alpha\varphi) = \{(x_1, \cdots, x_m) \in [0,1]^m | \overline{\varphi_i}(x_1, \cdots, x_m) \geqslant \alpha, \varphi_i \in \Gamma\}.$$

$|\Omega(\Gamma_\alpha\varphi)|$ 为集合 $\Omega(\Gamma_\alpha\varphi)$ 的测度, $\alpha \in [0,1]$. 当 $\alpha = 1$ 时, 称 $\tau_{\Gamma 1}(\varphi)$ (简记为 $\tau_\Gamma(\varphi)$) 为 φ 在 Γ 下的条件真度. 若集合 $\mathrm{Var}(\gamma)$ 与 X 中元素的个数相等, 用 $\overline{\gamma}$ 表示命题 γ 的真值函数; 若 $\mathrm{Var}(\gamma)$ 中元素的个数 $t < m$, 则用 $\overline{\gamma}$ 表示命题 γ 的真值函数的 $m - t$ 元扩张, $\gamma = \varphi$ 或 $\gamma \in \Gamma$.

当 Γ 中只含有一个公式 ψ, 即 $\Gamma = \{\psi\}$ 时, 上述定义简记为

$$\tau_{\psi\alpha}(\varphi) = \begin{cases} \dfrac{\displaystyle\int_{\Omega(\psi_\alpha\varphi)} \overline{\varphi} \mathrm{d}\omega}{|\Omega(\psi_\alpha\varphi)|}, & |\Omega(\psi_\alpha\varphi)| \neq 0, \\ 1, & |\Omega(\psi_\alpha\varphi)| = 0 \end{cases}$$

称为 φ 在 ψ 下的 α-条件真度.

当 $\alpha = 0$ 时, $\tau_{\Gamma 0}(\varphi)$ 即为 φ 的真度, 所以公式的条件真度理论是真度理论的拓展, 它的适用范围更广.

为简便, 下面将默认 $\varphi \in F(S)$,

$$\Gamma = \{\varphi_1, \varphi_2, \cdots, \varphi_n\} \subset F(S),$$

$$X = \mathrm{Var}(\varphi) \cup \bigcup_{i=1}^{n} \mathrm{Var}(\varphi_i) = \{p_{k1}, \cdots, p_{km}\}, \quad \alpha \in (0,1].$$

例 7.5.1   在 Lukasiewicz 系统中, 有

$$\tau_{p_1 \to p_2}(p_1 \to \neg p_2)$$

$$= \frac{\displaystyle\int_{\Delta} (x_1 \to 1 - x_2)\mathrm{d}\omega}{|\Delta|}$$

$$= \frac{\displaystyle\int_0^{\frac{1}{2}} \int_{x_1}^{1-x_1} 1 \mathrm{d}x_2 \mathrm{d}x_1 + \int_{\frac{1}{2}}^1 \int_{1-x_1}^{x_1} (2 - x_1 - x_2)\mathrm{d}x_2 \mathrm{d}x_1}{\dfrac{1}{2}} = \frac{5}{6},$$

其中 $\Delta = \{(x_1, x_2) \in [0,1]^2 | x_1 \leqslant x_2\}$,

$$\tau_{p_1 \to p_2}(p_1) = \frac{\displaystyle\int_0^1 \int_{x_1}^1 x_1 \mathrm{d}x_2 \mathrm{d}x_1}{\dfrac{1}{2}} = \frac{1}{3},$$

$$\tau_{p_1 \to p_2}(p_2) = \frac{\displaystyle\int_0^1 \int_0^{x_2} x_2 \mathrm{d}x_1 \mathrm{d}x_2}{\dfrac{1}{2}} = \frac{2}{3},$$

$$\tau_{p_1 \to p_1}(p_1) = \frac{\displaystyle\int_0^1 x_1 \mathrm{d}x_1}{|\{x_1 \in [0,1] | x_1 \leqslant x_1\}|} = \frac{1}{2}.$$

因为 $|\Omega((p_1)_1(p_1 \to p_2))| = |\{(x_1, x_2) \in [0,1]^2 | x_1 = 1\}| = 0$, 所以

$$\tau_{p_1}(p_1 \to p_2) = 1.$$

定理 7.5.2   (i) 当 $|\Omega(\Gamma_\alpha \varphi)| = 1$ 或 $\tau(\varphi) = 1$ 时, $\tau_{\Gamma\alpha}(\varphi) = \tau(\varphi)$;
(ii) 如果 $\mathrm{Var}(\Gamma) \cap \mathrm{Var}(\varphi) = \varnothing$, 则 $\tau_{\Gamma\alpha}(\varphi) = \tau(\varphi)$.

证明   (i) 当 $|\Omega(\Gamma_\alpha \varphi)| = 1$ 时. 设

$$f(x_1, \cdots, x_n) = \begin{cases} \overline{\varphi}(x_1, \cdots, x_n), & (x_1, \cdots, x_n) \in \Omega(\Gamma_\alpha \varphi), \\ 0, & (x_1, \cdots, x_n) \in \Omega(X) \backslash \Omega(\Gamma_\alpha \varphi). \end{cases}$$

因为 $|\Omega(X)| = 1, |\Omega(\Gamma_\alpha\varphi)| = 1$, 所以 $|\Omega(X)\backslash\Omega(\Gamma_\alpha\varphi)| = 0$. 于是 f 与 $\overline{\varphi}$ 在 $\Omega(X)$ 上几乎处处相等, 故

$$\int_{\Omega(X)} f\mathrm{d}\omega = \int_{\Omega(X)} \overline{\varphi}\mathrm{d}\omega,$$

$$\tau_{\Gamma_\alpha}(\varphi) = \frac{\displaystyle\int_{\Omega(\Gamma_\alpha\varphi)} \overline{\varphi}\mathrm{d}\omega}{|\Omega(\Gamma_\alpha\varphi)|}$$

$$= \int_{\Omega(\Gamma_\alpha\varphi)} \overline{\varphi}\mathrm{d}\omega$$

$$= \int_{\Omega(\Gamma_\alpha\varphi)} f\mathrm{d}\omega$$

$$= \int_{\Omega(\Gamma_\alpha\varphi)} f\mathrm{d}\omega + \int_{\Omega(X)\backslash\Omega(\Gamma_\alpha\varphi)} f\mathrm{d}\omega$$

$$= \int_{\Omega(X)} f\mathrm{d}\omega$$

$$= \int_{\Omega(X)} \overline{\varphi}\mathrm{d}\omega = \tau(\varphi).$$

当 $\tau(\varphi) = 1$ 时,

$$\tau(\varphi) = \int_{\Omega(X)} \overline{\varphi}\mathrm{d}\omega = 1.$$

因为 $|\Omega(X)| = 1$, 所以 $\overline{\varphi}$ 在 $\Omega(X)$ 上几乎处处为 1. 如果 $|\Omega(\Gamma_\alpha\varphi)| = 0$, 显然 $\tau_{\Gamma\alpha}(\varphi) = 1$; 如果 $|\Omega(\Gamma_\alpha\varphi)| \neq 0$, $\overline{\varphi}$ 在 $\Omega(\Gamma_\alpha\varphi)$ 上几乎处处为 1,

$$\tau_{\Gamma\alpha}(\varphi) = \frac{\displaystyle\int_{\Omega(\Gamma_\alpha\varphi)} \overline{\varphi}\mathrm{d}\omega}{|\Omega(\Gamma_\alpha\varphi)|}$$

$$= \frac{|\Omega(\Gamma_\alpha(\varphi))|}{|\Omega(\Gamma_\alpha(\varphi))|} = 1.$$

(ii) 假设 $\mathrm{Var}(\Gamma) = \{p_{k1}, p_{k2}, \cdots, p_{km}\}$, $\mathrm{Var}(\varphi) = \{p_{k(m+1)}, \cdots, p_{k(m+l)}\}$, $(l \geqslant 1)$, $\overline{\varphi}$ 为 φ 的真值函数, f 为 $\overline{\varphi}$ 的 m 元扩张, $\Omega(\Gamma_\alpha) = \{(x_1, \cdots, x_m) \in [0,1]^m | \overline{\varphi_i}(x_1, \cdots, x_m) \geqslant \alpha, \varphi_i \in \Gamma\}$, 则

$$\tau_{\Gamma\alpha}(\varphi) = \frac{\displaystyle\int_{\Omega(\Gamma_\alpha\varphi)} f\mathrm{d}\omega}{|\Omega(\Gamma_\alpha\varphi)|}$$

$$= \frac{\displaystyle\int_{\Omega(\Gamma_\alpha)} \underbrace{\int_0^1 \cdots \int_0^1 \overline{\varphi}\, \mathrm{d}x_{m+1} \cdots \mathrm{d}x_{m+l}}_{l}\, \mathrm{d}\omega_m}{|\Omega(\Gamma_\alpha\varphi)|}$$

$$= \frac{\displaystyle\int_{\Omega(\Gamma_\alpha)} \tau(\varphi)\, \mathrm{d}\omega_m}{|\Omega(\Gamma_\alpha\varphi)|}$$

$$= \frac{\tau(\varphi)\displaystyle\int_{\Omega(\Gamma_\alpha)} 1\, \mathrm{d}\omega_m}{|\Omega(\Gamma_\alpha\varphi)|} = \frac{\tau(\varphi)|\Omega(\Gamma_\alpha)|}{|\Omega(\Gamma_\alpha\varphi)|}$$

$$= \frac{\tau(\varphi)|\Omega(\Gamma_\alpha)|}{|\Omega(\Gamma_\alpha)|} = \tau(\varphi).$$

因为在 Lukasiewicz 系统中公式所对应的真值函数是连续的, 所以有如下定理.

定理 7.5.3 在 Lukasiewicz 系统中, $|\Omega(\Gamma_\alpha\varphi)| = 1$ 与 $\Omega(\Gamma_\alpha\varphi) = \Omega(X)$ 等价.

上述结论在 Gödel 系统中不成立. 例如, 取 $\psi = (\neg p_1 \to p_2) \wedge (\neg p_1 \to \neg p_2)$, 则 ψ 的真值函数 $f(x,y) = \begin{cases} 0, & x = 0, \\ 1, & x > 0, \end{cases}$ 从而对任意 $\alpha \in [0,1]$, $|\Omega(\psi_\alpha\varphi)| = 1$. 但 $\Omega(\psi_\alpha\varphi) = \{(x,y) \in [0,1]^n | x \neq 0\} \neq \Omega(X)$.

定理 7.5.4 若对任意的 $v \in \Omega(\Gamma_\alpha\varphi)$ 都有 $v(\varphi) = 1$, 则 $\tau_{\Gamma\alpha}(\varphi) = 1$.

定理 7.5.5 设 $\varphi \in \Gamma, \alpha, \beta \in (0,1]$. 如果 $\alpha < \beta$, 则 $\tau_{\Gamma\alpha}(\varphi) \leqslant \tau_{\Gamma\beta}(\varphi)$.

定理 7.5.6 设 $\Gamma = \{\varphi_1, \varphi_2, \cdots, \varphi_n\}$, $\Omega(\Gamma_{i\alpha}\varphi) = \{v \in \Omega(X) | v(\varphi_i) \geqslant \alpha, v(\varphi_j) < \alpha, j \neq i\}$, $\tau(\varphi_{i\alpha}) = \displaystyle\int_{\Omega(\Gamma_{i\alpha}\varphi)} \overline{\varphi}\, \mathrm{d}\omega$. 如果 $\Omega(\Gamma_{i\alpha}\varphi) \neq \varnothing$, 且 $\displaystyle\bigcup_{i=1}^{n} \Omega(\Gamma_{i\alpha}\varphi) = \Omega(X)$, 则

$$\tau(\varphi) \geqslant \sum_{i=1}^{n} \tau(\varphi_{i\alpha})\tau_{A_{i\alpha}}(\varphi).$$

证明

$$\sum_{i=1}^{n} [\tau(\varphi_{i\alpha})\tau_{\varphi_{i\alpha}}(\varphi)]$$

$$\leqslant \sum_{i=1}^{n} \left[\int_{\Omega(\Gamma_{i\alpha}\varphi)} \overline{\varphi}_i\, \mathrm{d}\omega \times \frac{\displaystyle\int_{\Omega(\Gamma_{i\alpha}\varphi)} \overline{\varphi}\, \mathrm{d}\omega}{|\Omega(\Gamma_{i\alpha}\varphi)|} \right]$$

$$\leqslant \sum_{i=1}^{n} \int_{\Omega(\Gamma_{i\alpha}\varphi)} \overline{\varphi}\, \mathrm{d}\omega = \tau(\varphi).$$

推论 7.5.1　设 $\Gamma = \{\varphi_1, \varphi_2, \cdots, \varphi_n\}$, $\Omega(\Gamma_{i1}\varphi) = \{v \in \Omega(X)|v(\varphi_i) = 1, v(\varphi_j) = 0, j \neq i\}$. 如果 $\Omega(\Gamma_{i1}\varphi) \neq \varnothing$, 且 $\bigcup\limits_{i=1}^{n} \Omega(\Gamma_{i1}\varphi) = \Omega(X)$, 则

$$\tau(\varphi) = \sum_{i=1}^{n} \tau(\varphi_i)\tau_{\varphi_i}(\varphi).$$

定理 7.5.7　若 $\Gamma = \{\varphi_1, \varphi_2, \cdots, \varphi_n\}$, 则 $\tau_{\Gamma\alpha}(\varphi) = \tau_{(\varphi_1 \wedge \cdots \wedge \varphi_n)\alpha}(\varphi)$.

定理 7.5.8　设 $\Gamma_1 = \{\varphi_1, \cdots, \varphi_m\}, \Gamma_2 = \{\psi_1, \cdots, \psi_m\}$, 且它们各自内部无逻辑等价的公式. 如果存在双射 $f : \Gamma_1 \to \Gamma_2$ 使得 $\forall \varphi_i \in \Gamma_1$ 在 f 下的像 ψ_i 与 φ_i 是逻辑等价的, 则 $\tau_{\Gamma_{1\alpha}}(\varphi) = \tau_{\Gamma_{2\alpha}}(\varphi)$.

证明　假设公式 γ_1, γ_2 逻辑等价, 设 $X = \text{Var}(\varphi) \cup \text{Var}(\gamma_1) \cup \text{Var}(\gamma_2) = \{p_{k1}, \cdots, p_{kn}\}, \Omega(\gamma_{i\alpha}\varphi) = \{(x_1, \cdots, x_n) \in [0, 1]^n | \overline{\gamma_i}(x_1, \cdots, x_n) \geqslant \alpha\}, i = 1, 2$. 由已知条件, 显然 $\Omega(\gamma_{1\alpha}\varphi) = \Omega(\gamma_{2\alpha}\varphi)$. 如果 $|\Omega(\gamma_{i\alpha}\varphi)| \neq 0$, 根据积分不变性定理, 有

$$\tau_{\gamma_1\alpha}(\varphi) = \frac{\displaystyle\int_{\Omega(\gamma_{1\alpha}\varphi)} \overline{\varphi}\mathrm{d}\omega}{|\Omega(\gamma_{1\alpha}\varphi)|}$$

$$= \frac{\displaystyle\int_{\Omega(\gamma_{1\alpha}X)} \overline{\varphi}\mathrm{d}\omega}{|\Omega(\gamma_{1\alpha}X))|} = \frac{\displaystyle\int_{\Omega(\gamma_{2\alpha}X)} \overline{\varphi}\mathrm{d}\omega}{|\Omega(\gamma_{2\alpha}X))|}$$

$$= \frac{\displaystyle\int_{\Omega(\gamma_{2\alpha}\varphi)} \overline{\varphi}\mathrm{d}\omega}{|\Omega(\gamma_{2\alpha}\varphi)|} = \tau_{\gamma_2\alpha}(\varphi).$$

如果 $|\Omega(\gamma_{i\alpha}\varphi)| = 0$, 则 $\tau_{\gamma_1\alpha}(\varphi) = \tau_{\gamma_2\alpha}(\varphi)$ 显然成立.

由题意得 $\varphi_1 \wedge \cdots \wedge \varphi_m$ 逻辑等价于 $\psi_1 \wedge \cdots \wedge \psi_m$. 故 $\tau_{(\varphi_1 \wedge \cdots \wedge \varphi_m)\alpha}(\varphi) = \tau_{(\psi_1 \wedge \cdots \wedge \psi_m)\alpha}(\varphi)$. 由定理 7.5.7 知 $\tau_{\Gamma_{1\alpha}}(\varphi) = \tau_{\Gamma_{2\alpha}}(\varphi)$.

定理 7.5.9　若 $\Gamma \vdash \varphi$, 则 $\tau_{\Gamma}(\varphi) = 1$. 特别地, $\tau_{\varphi}(\varphi) = 1$.

证明　如果 $\Omega(\Gamma_1\varphi) = \varnothing$, 根据条件真度的定义, 显然有 $\tau_{\Gamma}(\varphi) = 1$;

如果 $\Omega(\Gamma_1\varphi) \neq \varnothing$, 则由 $\Gamma \vdash \varphi$ 知, 对任意的 $v \in \Omega(\Gamma_1\varphi)$ 和 $\varphi_i \in \Gamma$, 有 $v(\varphi_i) = 1$. 从而 $v(\varphi) = 1$. 故

$$\tau_{\Gamma}(\varphi) = \frac{\displaystyle\int_{\Omega(\Gamma_1\varphi)} \overline{\varphi}\mathrm{d}\omega}{|\Omega(\Gamma_1\varphi)|} = \frac{\displaystyle\int_{\Omega(\Gamma_1\varphi)} 1\mathrm{d}\omega}{|\Omega(\Gamma_1\varphi)|} = 1.$$

定理 7.5.10　在 Lukasiewicz 系统中, 条件真度的广义 MP, HS 规则成立, 即对任意的 $\varphi, \psi \in F(S)$,

(i) 若 $\tau_{\Gamma}(\varphi) \geqslant \alpha, \tau_{\Gamma}(\varphi \to \psi) \geqslant \beta$, 则 $\tau_{\Gamma}(\psi) \geqslant \alpha + \beta - 1$;

(ii) 若 $\tau_\Gamma(\varphi \to \psi) \geqslant \alpha, \tau_\Gamma(\psi \to \gamma) \geqslant \beta$, 则 $\tau_\Gamma(\varphi \to \gamma) \geqslant \alpha + \beta - 1$.

证明 略. 证法类似于文献 [105] 中积分推理规则中关于积分 MP, HS 规则的证明.

推论 7.5.2 (i) 若 $\tau_\Gamma(\varphi) = 1, \tau_\Gamma(\varphi \to \psi) = 1$, 则 $\tau_\Gamma(\psi) = 1$;

(ii) 若 $\tau_\Gamma(\varphi \to \psi) = 1, \tau_\Gamma(\psi \to \gamma) = 1$, 则 $\tau_\Gamma(\varphi \to \gamma) = 1$.

7.5.3 n 值命题逻辑中公式的条件 α-真度

本部分取 $M = \left\{ 0, \dfrac{1}{n-1}, \cdots, \dfrac{n-2}{n-1}, 1 \right\}$ $(n = 2, 3, \cdots)$, 蕴涵算子取 R_{Lu} 或 R_0.

定义 7.5.13 设 $M = \left\{ 0, \dfrac{1}{n-1}, \cdots, \dfrac{n-2}{n-1}, 1 \right\}$ $(n = 2, 3, \cdots)$, $\varphi = \varphi(p_{k1}, \cdots,$ $p_{km}) \in F(S)$, 称 $\dfrac{\sum\limits_{v \in \Omega(\varphi)} v(\varphi)}{|\Omega(\varphi)|}$ 为 n 值命题逻辑公式 φ 的真度, 记为 $\tau(\varphi)$.

定理 7.5.11 (平均值不变性定理) 设 $\varphi = \varphi(p_{k1}, p_{k2}, \cdots, p_{km}) \in F(S), \varphi^{(l)}$ 是公式 φ 的 l 元扩张, 则

$$\tau(\varphi) = \frac{\sum\limits_{v_\varphi \in \Omega(\varphi)} v_\varphi(\varphi)}{|\Omega(\varphi)|} = \frac{\sum\limits_{v_{\varphi^{(l)}} \in \Omega(\varphi^{(l)})} v_{\varphi^{(m)}}(\varphi^{(l)})}{|\Omega(\varphi^{(l)})|},$$

其中 $|\Omega(\varphi^{(l)})|$ 与 $|\Omega(\varphi)|$ 分别表示集合 $\Omega(\varphi^{(l)})$ 与 $\Omega(\varphi)$ 的势.

定义 7.5.14 设 $\varphi \in F(S), \Gamma = \{\varphi_1, \varphi_2, \cdots, \varphi_n\} \subset F(S)$, $X = \text{Var}(\varphi) \cup \bigcup\limits_{i=1}^{n} \text{Var}(\varphi_i)$, 称

$$\tau_{\Gamma\alpha}(\varphi) = \begin{cases} \dfrac{\sum\limits_{v \in \Omega(\Gamma_\alpha\varphi)} v(\varphi)}{|\Omega(\Gamma_\alpha\varphi)|}, & \Omega(\Gamma_\alpha\varphi) \neq \varnothing, \\ 1, & \Omega(\Gamma_\alpha\varphi) = \varnothing \end{cases}$$

为公式 φ 在 Γ 下的 n 值条件 α-真度. 在不引起混淆的情况下, 简称为 φ 在 Γ 下的条件 α-真度, 其中

$$\Omega(\Gamma_\alpha\varphi) = \{v | v \in \Omega(X), v(\varphi_i) \geqslant \alpha, \varphi_i \in \Gamma\},$$

$|\Omega(\Gamma_\alpha\varphi)|$ 为集合 $\Omega(\Gamma_\alpha\varphi)$ 的势, $\alpha \in (0, 1]$.

类似于模糊逻辑系统, 可在多值命题逻辑系统中定义 φ 在 Γ 下的条件真度及 φ 在公式 ψ 下的条件 α-真度.

定理 7.5.12 当 $n = 2$ 时, 有

$$\tau_{\Gamma\alpha}(\varphi) = \begin{cases} \dfrac{|\Omega(\Gamma_1\varphi_1)|}{|\Omega(\Gamma_1\varphi)|}, & \Omega(\Gamma_1\varphi) \neq \varnothing, \\ 1, & \Omega(\Gamma_1\varphi) = \varnothing, \end{cases}$$

其中 $\Omega(\Gamma_1\varphi_1) = \{v|v \in \Omega(\Gamma_1\varphi), v(\varphi)=1\}$, $|\Omega(\Gamma_1\varphi_1)|$ 为 $\Omega(\Gamma_1\varphi_1)$ 的势.

定理 7.5.13　设 $\varphi = \varphi(p_{k1}, p_{k2}, \cdots, p_{km}) \in F(S)$, $\varphi^{(l)}$ 为 φ 的 l 次扩张, $\Gamma \subseteq F(S)$, 则 $\tau_{\Gamma\alpha}(\varphi^{(l)}) = \tau_{\Gamma\alpha}(\varphi)$, 即

$$\frac{\sum\limits_{v\in\Omega(\Gamma_\alpha\varphi^{(l)})} v(\varphi^{(l)})}{|\Omega(\Gamma_\alpha\varphi^{(l)})|} = \frac{\sum\limits_{v\in\Omega(\Gamma_\alpha\varphi)} v(\varphi)}{|\Omega(\Gamma_\alpha\varphi)|}.$$

证明　只证明 $l=1$ 即可. 因为一般的公式 A 的 $l(l \geqslant 1$ 时) 次扩张可以看成对 A 进行了 1 次扩张, 所以, $l=0$ 时自然成立. 如果 $\Omega(\Gamma_\alpha A) = \varnothing$, 则不存在 $v \in \Omega(\Gamma_\alpha A)$, 使得对任意 $A_i \in \Gamma, v(A_i) \geqslant \alpha$. 从而也不存在 $v' \in \Omega(\Gamma_\alpha A^{(1)})$ 使得对任意 $A_i \in \Gamma, v'(A_i) \geqslant \alpha$. 则 $\tau_{\Gamma\alpha}(A^{(l)}) = \tau_{\Gamma\alpha}(A) = 1$. 下面将考虑 $\Omega(\Gamma_\alpha A) \neq \varnothing$ 的情形.

当 $p_{k(m+1)} \in X/\mathrm{Var}(\varphi)$ 时, 因为 $\Omega(\Gamma_\alpha\varphi^{(1)}) = \Omega(\Gamma_\alpha\varphi)$, 所以 $\tau_{\Gamma\alpha}(\varphi^{(l)}) = \tau_{\Gamma\alpha}(\varphi)$;

当 $p_{k(m+1)} \notin X$ 时, 因为对任意 $v \in \Omega(\Gamma_\alpha\varphi)$, 存在 v 的 n 个 1 次扩张 $v_1, \cdots, v_n$, 使得 $v_i(p_{kj}) = v(p_{kj}), j=1,2,\cdots,m, v_1(p_{k(m+1)}), v_2(p_{k(m+1)}), \cdots, v_n(p_{k(m+1)})$ 是 $0, \dfrac{1}{n-1}, \cdots, \dfrac{n-2}{n-1}, 1$ 的一个重排列, 则

$$\tau_{\Gamma\alpha}(\varphi^{(l)}) = \frac{\sum\limits_{v\in\Omega(\Gamma_\alpha\varphi^{(1)})} v(\varphi^{(1)})}{|\Omega(\Gamma_\alpha\varphi^{(1)})|} = \frac{n\cdot\sum\limits_{v\in\Omega(\Gamma_\alpha\varphi)} v(\varphi)}{n\cdot|\Omega(\Gamma_\alpha\varphi)|} = \tau_{\Gamma\alpha}(\varphi).$$

可以证明上述性质在多值命题逻辑系统中也都成立.

7.6　命题模糊逻辑系统中公式的理论可证度

在逻辑演算系统 QPC(∗) 中, 称公式集 $F(S)$ 的子集 Γ 为 QPC(∗) 的理论. 在逻辑演算系统 QPC(∗) 中, Γ 推理占有重要的地位. 若理论 Γ 推出公式 $B \in F(S)$, 则称 B 为 Γ-结论, 记作 $\Gamma \vdash B$. 人们自然考虑给定一个公式 $B \in F(S)$, 是否能由 Γ 推出. 利用形式演绎固然是一种方法, 但是比较复杂, 甚至有时难以找到证明的思路. 对于固定的左连续 t-模 ∗ 确定一个完备的逻辑演算系统 QPC(∗), 同时也产生一个相应的 MTL-代数, 根据强完备性[57-59], $\Gamma \vdash B$ 当且仅当对于任意线性序 MTL-代数 L 的任意 Γ 的模型 e, 有 $e(B) = 1$. 显然由于线性序 MTL-代数的任意性, 按照此法证明 $\Gamma \vdash B$ 是难以实现的. 为此, 设想能否仅基于最简单的 MTL-代数 $L = [0,1]$ 达到探求 Γ 能否推出 B 的目的. 在一个确定的演算系统 QPC(∗) 中, 若 $\Gamma \vdash B$, 则对于 Γ 的任意 $[0,1]$-模型 e, 有 $e(B) = 1$, 但是反之不一定成立. 于是本节[117] 在基于 MTL 逻辑扩张的 4 个命题模糊逻辑系统 Luk, Göd, Π 和 L∗ 中,

探讨出一种基于标准 MTL-代数 $L = [0,1]$ 判定 $\Gamma \vdash B$ 的新思路. 首先引入刻画理论 Γ 推出公式 B 的程度的一种指标 —— 称为公式 B 的理论 Γ 可证度, 然后研究它的性质; 最后给出命题模糊逻辑系统 Luk 中公式的理论可证度的计算公式.

7.6.1 预备知识

如果 $B \in F(S), \Gamma \subseteq F(S)$, 则 $\Gamma \vdash B$ 当且仅当存在 $A \in D(\Gamma)$ 使 $\vdash (A \to B)$. 基于这种事实, 下面引进一种刻画理论 Γ 推出 B 的程度的指标.

首先当 $\Gamma \vdash B$ 即 B 是 Γ-结论时, 有 $\sup\{\tau(A \to B)|A \in D(\Gamma)\} = 1$, 而当 B 不是 Γ-结论时也有 $\sup\{\tau(A \to B)|A \in D(\Gamma)\} = 1$ 的情况. 为了区分这两种情况, 特别引进符号 1^- 和 0^+, 并规定:

$$1 -^- 1 = 0^+; \quad x <^- 1 < 1, \forall x < 1; \quad 0 < 0^+ < x, \forall x > 0.$$

定义 7.6.1 设 $\Gamma \subseteq F(S), B \in F(S)$. 记

$$\mathrm{Prov}_\Gamma(B) = \begin{cases} 1^-, & \sup\{\tau(A \to B)|A \in D(\Gamma)\} = 1\text{且}B \notin D(\Gamma), \\ \sup\{\tau(A \to B)|A \in D(\Gamma)\}, & \sup\{\tau(A \to B)|A \in D(\Gamma)\} < 1\text{或}B \in D(\Gamma), \end{cases}$$

则称 $\mathrm{Prov}_\Gamma(B)$ 为公式 B 的理论 Γ 可证度. 这里, 当 $\mathrm{Prov}(\Gamma) = \sup\{\tau(A \to B)|A \in D(\Gamma)\} = 1^-$ 时, 称公式 B 的理论 Γ 可证度是拟 1.

定理 7.6.1 设 $\Gamma \subseteq F(S), B \in F(S)$. 则理论 $\Gamma \vdash B$ 当且仅当公式 B 的理论 Γ 可证度等于 1.

证明 若 $\Gamma \vdash B$, 则 $B \in D(\Gamma), \tau(B \to B) = 1$, 那么 $\mathrm{Prov}_\Gamma(B) = 1$. 反之, 若 $\mathrm{Prov}_\Gamma(B) = 1$, 则 $B \in D(\Gamma)$, 那么 $\Gamma \vdash B$.

当 $\Gamma = \varnothing$ 时, B 的理论 Γ 可证度就是 B 的真度.

引理 7.6.1 设 $\Gamma \subseteq F(S), A_1, \cdots, A_l \in \Gamma, B \in F(S)$, 则
(1) $(A_1^{m_1} \& A_2^{m_2} \& \cdots \& A_k^{m_l})^n, (A_1^{m_1} \wedge A_2^{m_2} \wedge \cdots \wedge A_k^{m_l})^n \in D(\Gamma)$, 且

$$\overline{(A_1^{m_1} \& A_2^{m_2} \& \cdots \& A_k^{m_l})^n} \leqslant \overline{(A_1^{m_1} \wedge A_2^{m_2} \wedge \cdots \wedge A_k^{m_l})^n}.$$

(2) $\vdash B$ 当且仅当 $\exists m_1, m_2, \cdots, m_l \in \mathbf{N}$ 使得

$$\vdash (A_1^{m_1} \& A_2^{m_2} \& \cdots \& A_l^{m_l}) \to B.$$

定理 7.6.2 设 $\Gamma \subseteq F(S), B \in F(S)$, 则
当

$$\sup_{m_1, m_2, \cdots, m_n, n \in \mathbf{N}} \{\tau(A_1^{m_1} \& A_2^{m_2} \& \cdots \& A_n^{m_n} \to B)|A_1, A_2, \cdots, A_n \in \Gamma\} = 1$$

且 $B \notin D(\Gamma)$ 时, 有 $\mathrm{Prov}_\Gamma(B) = 1^-$; 当 $\sup\limits_{m_1, m_2, \cdots, m_n, n \in \mathbf{N}} \{\tau(A_1^{m_1} \& A_2^{m_2} \& \cdots \& A_n^{m_n} \to B) < 1\}$ 当 $B \in D(\Gamma)$ 时, 有

$$\mathrm{Prov}_\Gamma(B) = \sup_{m_1, m_2, \cdots, m_n, n \in \mathbf{N}} \{\tau(A_1^{m_1} \& A_2^{m_2} \& \cdots \& A_n^{m_n} \to B)\}.$$

7.6.2　逻辑系统 Luk 的理论可证度

定义 7.6.2　设 $A(p_{i_1}, \cdots, p_{i_m}) \in F(S)$, $\overline{A}$ 是 A 的伴随函数, 称

$$\mathrm{Ker}(A) \stackrel{\triangle}{=} \{(x_1, \cdots, x_m) | \overline{A}(x_1, \cdots, x_m) = 1, (x_1, \cdots, x_m) \in [0, 1]^m\}$$

为公式 $A(p_{i_1}, \cdots, p_{i_m})$ 的核.

用 $m(\mathrm{Ker}(A))$ 表示 $\mathrm{Ker}(A)$ 的 Lebesgue 测度.

定义 7.6.3　设 $\Gamma \subset F(S)$, $X = \{p_{i_1}, \cdots, p_{i_l}\}$ 或 $\{p_{i_1}, \cdots, p_{i_l}, \cdots\}$ 为 Γ 中公式出现的全部原子公式之集, 则称

$$\mathrm{Ker}(\Gamma) \stackrel{\triangle}{=} \cap \{\mathrm{Ker}(A) | A \in \Gamma\}$$

为理论 Γ 的核.

注 7.6.1　$\mathrm{Ker}(\Gamma) \subseteq [0, 1]^l$, l 为正整数或 ∞.

用 $m(\mathrm{Ker}(\Gamma))$ 表示 $\mathrm{Ker}(\Gamma)$ 的 Lebesgue 测度. 当 $\mathrm{Ker}(\Gamma)$ 是无限维空间时, 定义

$$m(\mathrm{Ker}(\Gamma)) = \lim_{n \to \infty} m(\mathrm{Ker}(\Gamma) \cap [0, 1]^n).$$

引理 7.6.2　设 $A(p_{i_1}, \cdots, p_{i_m}) \in F(S)$, $B(p_{i_1}, \cdots, p_{i_m}, p_{i_{m+1}}, \cdots, p_{i_{m+l}})$ 是 $A(p_{i_1}, \cdots, p_{i_m})$ 的 l 元扩张, 则

$$m(\mathrm{Ker}(A)) = m(\mathrm{Ker}(B)).$$

引理 7.6.3　设 $\Gamma \subset F(S)$, $X = \{p_{i_1}, \cdots, p_{i_l}\}$ 是 Γ 中出现的全部原子公式之集, 则对任意的正整数 $k \geqslant l$, $Y = \{p_{i_1}, \cdots, p_{i_l}, p_{i_{l+1}}, \cdots, p_{i_{l+k}}\}$, 令 $\Gamma^k = \{B | B$ 是 A 的 k 元扩张, $A \in \Gamma\}$, 则

$$m(\mathrm{Ker}(\Gamma)) = m(\mathrm{Ker}(\Gamma^k)).$$

引理 7.6.4　设 $A(p_{i_1}, \cdots, p_{i_m}) \in F(S)$, 则 $\forall n \in \mathbf{N}$,

$$\overline{A^n} = (n\overline{A} - (n - 1)) \vee 0, \quad n = 1, 2, \cdots.$$

注 7.6.2　设 $A(p_{i_1}, \cdots, p_{i_m}) \in F(S)$. 在逻辑系统 Luk 中称公式 A 的伴随函数 $\overline{A}$ 为 McNaughton 函数. A 的 McNaughton 函数在 m 维方体 $[0, 1]^m$ 上连续, 且

可将 $[0,1]^m$ 分成有限个小闭区域, 使 $\overline{A}$ 在每个小闭区域上是一个 m 元一次多项式 (在其对应的闭区域的内部满足 $\overline{A} < 1$) 或常数 0 或常数 1.

引理 7.6.5 设 $A(p_{i_1}, \cdots, p_{i_m}) \in F(S)$, G 是 $[0,1]^m$ 上的闭区域, 若公式 A 的伴随函数 $\overline{A}$ 在 G 上是 m 元一次多项式, 且满足 $\overline{A} < 1$, λ_G 是 $\overline{A}$ 在 G 上的最大值 (其中 $0 \leqslant \lambda_G < 1$), 则对每个固定的正整数 n, 公式 A^n 的伴随函数 $\overline{A^n} = (n\overline{A}(x_1, \cdots, x_m) - (n-1)) \vee 0$ 在 G 上达到最大值 $(n\lambda_G - (n-1)) \vee 0$, 且 $0 \leqslant (n\lambda_G - (n-1)) \vee 0 < 1$.

证明 因为 $\overline{A^n} = (n\overline{A}(x_1, \cdots, x_m) - (n-1)) \vee 0$ 是关于 $\overline{A}$ 的递增函数, λ_G 是 $\overline{A}$ 在 G 上的最大值 $(0 \leqslant \lambda_G < 1)$, 所以 $\overline{A^n} = (n\overline{A}(x_1, \cdots, x_m) - (n-1)) \vee 0$ 在 G 上达到最大值 $(n\lambda_G - (n-1)) \vee 0$, 且 $0 \leqslant (n\lambda_G - (n-1)) \vee 0 < 1$.

引理 7.6.6 设 $A(p_{i_1}, \cdots, p_{i_m}) \in F(S)$, G 是 $[0,1]^m$ 上的闭区域, 若公式 A 的伴随函数 $\overline{A}$ 在 G 上是 m 元一次多项式 (在 G 内部满足 $\overline{A} < 1$) 或常数 0, 则

$$\lim_{n \to \infty} \tau(A^n \to B) = \lim_{n \to \infty} \int_G [1 - (n\overline{A} - (n-1)) \vee 0 + \overline{B}] \wedge 1 \mathrm{d}w = m(G).$$

证明 设闭区域 G 的边界长度为 t $(t \neq 0)$. 对任意给定的正数 $\varepsilon > 0$, 在区域 G 内, 取包含 G 边界且宽度为 $\dfrac{\varepsilon}{t}$ 的带形区域 Q. 设 $\overline{A}$ 在区域 $G - Q$ 上的最大值为 λ_{G-Q}: $0 \leqslant \lambda_{G-Q} < 1$. 则由引理 7.6.5 知 $\overline{A^n} = (n\overline{A} - (n-1)) \vee 0$ 在 $G - Q$ 上的最大值为 $(n\lambda_{G-Q} - (n-1)) \vee 0$. 于是

$$|\tau(A^n \to B) - m(G)| = \int_G \{[1 - (n\overline{A} - (n-1)) \vee 0 + \overline{B}] \wedge 1 - 1\} \mathrm{d}w$$

$$= \int_Q \{[1 - (n\overline{A} - (n-1)) \vee 0 + \overline{B}] \wedge 1 - 1\} \mathrm{d}w$$

$$+ \int_{G-Q} \{[1 - (n\overline{A} - (n-1)) \vee 0 + \overline{B}] \wedge 1 - 1\} \mathrm{d}w$$

$$\leqslant t \cdot \frac{\varepsilon}{t} + \int_{G-Q} \{[1 - (n\lambda_{G-Q} - (n-1)) \vee 0 + \overline{B}] \wedge 1 - 1\} \mathrm{d}w.$$

因为存在 N, 当 $n > N$ 时, 有 $(n\lambda_{G-Q} - (n-1)) \vee 0 = 0$, 所以存在 N, 当 $n > N$ 时, 有

$$|\tau(A^n \to B) - m(G)| < \varepsilon,$$

即

$$\lim_{n \to \infty} \tau(A^n \to B) = \lim_{n \to \infty} \int_G [1 - (n\overline{A} - (n-1)) \vee 0 + \overline{B}] \wedge 1 \mathrm{d}w = m(G).$$

引理 7.6.7 设 $A(p_{i_1}, \cdots, p_{i_m}) \in F(S), B \in F(S), \Gamma \subset F(S)$, 则

$$\lim_{n \to \infty} \tau(A^n \to B) = 1 - m(\mathrm{Ker}(A)) + \int_{\mathrm{Ker}(A)} \overline{B} \mathrm{d}w.$$

证明　设 $A(p_{i_1}, \cdots, p_{i_m}) \in F(S)$. 由注 7.6.2 不妨设将 $[0,1]^m$ 分成了 j 个区域 $G_1, G_2, \cdots, G_j$, 使 $\overline{A}$ 在区域 $G_1, G_2, \cdots, G_k$ 上分别是一个 m 元一次多项式或常数 0, 在 $G_{k+1}, G_{K+2}, \cdots, G_j$ 上分别是常数 1, 于是

$$\lim_{n \to \infty} \tau(A^n \to B) = \lim_{n \to \infty} \int_{[0,1]^m} \overline{A^n \to B} dw$$

$$= \lim_{n \to \infty} \int_{G_1} \overline{A^n \to B} dw + \cdots + \lim_{n \to \infty} \int_{G_j} \overline{A^n \to B} dw.$$

由引理 7.6.4 知

$$\lim_{n \to \infty} \int_{G_i} \overline{A^n \to B} dw = m(G_i), \quad i = 1, 2, \cdots, k.$$

若 $k = j$, 显然结论成立; 若 $k < j$, 因为在每个区域 $G_i, i = K+1, \cdots, j$ 上 $\overline{A} = 1$, 从而 $\overline{A^n} = (n\overline{A} - (n-1)) = 1$, $\int_{G_j} \overline{A^n \to B} dw = \int_{G_j} \overline{B} dw$, 所以由引理 7.6.6 知

$$\lim_{n \to \infty} \tau(A^n \to B) = 1 - m(\text{Ker}(A)) + \int_{\text{Ker}(A)} \overline{B} dw.$$

引理 7.6.8　设 $\Gamma \subseteq F(S), B \in F(S), A \in D(\Gamma)$. 则

$$\tau(A \to B) \leqslant 1 - m(\text{Ker}(\Gamma)) + \int_{\text{Ker}(\Gamma)} \overline{B} dw.$$

引理 7.6.9　设 $\Gamma \subseteq F(S), B \in F(S)$.
(1) 当 $\Gamma = \{A_1, \cdots, A_l\}$ 有限时,

$$\lim_{n \to \infty} \{\tau(D_l^n \to B)\} = 1 - m(\text{Ker}(\Gamma)) + \int_{\text{Ker}(\Gamma)} \overline{B} dw;$$

(2) 当 $\Gamma = \{A_1, A_2, \cdots, A_l, \cdots\}$ 可数时,

$$\lim_{l \to \infty} \lim_{n \to \infty} \{\tau(D_l^n)\} = 1 - m(\text{Ker}(\Gamma)) + \int_{\text{Ker}(\Gamma)} \overline{B} dw,$$

其中 $D_l = A_1 \wedge A_2 \wedge \cdots \wedge A_l$.

证明　(1) 设 $\Gamma = \{A_1, A_2, \cdots, A_l\}$. 因为

$$A_1 \wedge A_2 \wedge \cdots \wedge A_l \in D(\Gamma), \quad \text{Ker}(\Gamma) = \text{Ker}(A_1 \wedge A_2 \wedge \cdots \wedge A_l),$$

所以由引理 7.6.8 知

$$\lim_{n \to \infty} \{\tau(D_l^n \to B)\} = 1 - m(\text{Ker}(\Gamma)) + \int_{\text{Ker}(\Gamma)} \overline{B} dw.$$

(2) 因为

$$\mathrm{Ker}(D_1) \supseteq \mathrm{Ker}(D_2) \supseteq \cdots \supseteq \mathrm{Ker}(D_l) \supseteq \cdots \text{且} \mathrm{Ker}(\Gamma) = \bigcap_{l=1}^{\infty} \mathrm{Ker}(D_l),$$

所以由 (1) 知

$$\lim_{l\to\infty} \lim_{n\to\infty} \{\tau(D_l^n \to B)\} = \lim_{l\to\infty} \left[1 - m(\mathrm{Ker}(D_l)) + \int_{\mathrm{Ker}(D_l)} \overline{B} \mathrm{d}w \right]$$

$$= 1 - m(\mathrm{Ker}(\Gamma)) + \int_{\mathrm{Ker}(\Gamma)} \overline{B} \mathrm{d}w.$$

定理 7.6.3　设 $\Gamma \subseteq F(S), B \in F(S)$, 则

$$\mathrm{Prov}_\Gamma(B) = 1 - m(\mathrm{Ker}(\Gamma)) + \int_{\mathrm{Ker}(\Gamma)} \overline{B} \mathrm{d}w.$$

证明　一方面, 由引理 7.6.7 知, $\forall A \in D(\Gamma)$

$$\tau(A \to B) \leqslant 1 - m(\mathrm{Ker}(\Gamma)) + \int_{\mathrm{Ker}(\Gamma)} \overline{B} \mathrm{d}w,$$

从而

$$\mathrm{Prov}_\Gamma(B) \leqslant 1 - m(\mathrm{Ker}(\Gamma)) + \int_{\mathrm{Ker}(\Gamma)} \overline{B} \mathrm{d}w.$$

另一方面, 注意 $\forall A_1, A_2, \cdots, A_m \in \Gamma$, 有

$$D_m^n = (A_1 \wedge A_2 \wedge \cdots \wedge A_m)^n \in D(\Gamma).$$

当 $\Gamma = \{A_1, \cdots, A_l\}$ 有限时, 由引理 7.6.8 知

$$\lim_{n\to\infty} \{\tau(D_l^n \to B)\} = 1 - m(\mathrm{Ker}(\Gamma)) + \int_{\mathrm{Ker}(\Gamma)} \overline{B} \mathrm{d}w.$$

当 $\Gamma = \{A_1, A_2, \cdots\}$ 可数时, 由引理 7.6.8 知

$$\lim_{l\to\infty} \lim_{n\to\infty} \tau(D_l^n \to B) = 1 - m(\mathrm{Ker}(\Gamma)) + \int_{\mathrm{Ker}(\Gamma)} \overline{B} \mathrm{d}w,$$

从而

$$1 - m(\mathrm{Ker}(\Gamma)) + \int_{\mathrm{Ker}(\Gamma)} \overline{B} \mathrm{d}w \leqslant \mathrm{Prov}_\Gamma(B).$$

因此

$$\mathrm{Prov}_\Gamma(B) = 1 - m(\mathrm{Ker}(\Gamma)) + \int_{\mathrm{Ker}(\Gamma)} \overline{B} \mathrm{d}w.$$

推论 7.6.1　若 $\Gamma = \{A\}$, $A \in F(S)$, $B \in F(S)$, 则

$$\mathrm{Prov}_\Gamma(B) = 1 - m(\mathrm{Ker}(A)) + \int_{\mathrm{Ker}(A)} \overline{B} \mathrm{d}w.$$

推论 7.6.2　设 $\Gamma = \{A_1, A_2, \cdots, A_n, \cdots\} \subseteq F(S)$, $B \in F(S)$. 存在 i 使

$$\mathrm{Ker}(A_i) = \mathrm{Ker}(\Gamma) = \bigcap_{j \in \{1,2,\cdots,n\}} \mathrm{Ker}(A_j),$$

则

$$\mathrm{Prov}_\Gamma(B) = 1 - m(\mathrm{Ker}(A_i)) + \int_{\mathrm{Ker}(A_i)} \overline{B} \mathrm{d}w.$$

例 7.6.1　设 $\Gamma = \{p_1\}$, $A = p_2 \to p_1$.

(1) 因为 $\Gamma = \{p_1\}$ 的模型 v 满足 $v(p_1) = 1$, 且 $v(A) = v(p_2 \to p_1) = v(p_1) \to 1 = 1$, 所以 $p_1 \vdash p_2 \to p_1$, 从而由定理 7.6.3 知

$$\mathrm{Prov}_{\{P_1\}}(A) = 1.$$

(2) $\Gamma = p_1 \to p_2$, $B = \neg p_2 \to p_1$.

由推论 7.6.1 知

$$\mathrm{Prov}_{\{p_1 \to p_2\}}(B) = 1 - m(\mathrm{Ker}(\{p_1 \to p_2\})) + \int_{\mathrm{Ker}(\{p_1 \to p_2\})} \overline{\neg p_2 \to p_1} \mathrm{d}w$$

$$= 1 - \frac{1}{2} + \int_0^{\frac{1}{2}} \mathrm{d}x \int_x^{1-x} (x+y) \mathrm{d}y + \frac{1}{4} = \frac{7}{8}.$$

用上述类似的方法. 可以得到逻辑系统 Göd, Π 和 L* 中的公式的理论可证度的计算公式.

7.7　模糊逻辑系统中公式真值函数的特征

本节参考文献 [77], [78].

7.7.1　预备知识

以下定义均参考文献 [118].

定义 7.7.1　设 $* : [0,1]^2 \to [0,1]$ 是二元函数, I 为指标集, 如果

(i) $([0,1], *)$ 是以 1 为单位元的交换半群;

(ii) $\forall a \in [0,1], f_a(x) = a * x$ 是增函数, 则称 $*$ 为 $[0,1]$ 上的三角模, 简称 t-模. 如果 $*$ 还满足:

(iii) $\forall a, b_i \in [0,1](i \in I), a * \left(\bigvee_{i \in I} b_i \right) = \bigvee_{i \in I} (a * b_i)$, 则称 $*$ 是左连续的三角模.

定义 7.7.2 设 $*$ 是 $[0,1]$ 上的三角模, $\Rightarrow: [0,1]^2 \to [0,1]$ 是 $[0,1]$ 上的二元函数, 若 $a * b \leqslant c$ 当且仅当 $a \leqslant b \Rightarrow c, a, b, c \in [0,1]$, 则称 $\Rightarrow$ 是与 $*$ 相伴随的蕴涵算子, 称 $(*, \Rightarrow)$ 为伴随对. 特别地, 若 $*$ 是左连续三角模, 则称 $\Rightarrow$ 为正则蕴涵算子.

定义 7.7.3 设 T 是非空集, N 是非负整数之集. $\mathrm{ar} : T \to N$ 是映射, 则称 (T, ar) 为型. 有时简记为 T, 并令 $T_n = \{t \in T | \mathrm{ar}(t) = n\}$.

定义 7.7.4 设 T 是型, A 是非空集. 如果对每个 $t \in T$, 有一 $\mathrm{ar}(t)$ 元函数 $t_A : A^{\mathrm{ar}(t)} \to A$, 则称 A 为 T 型泛代数或 T 代数. 当 $t \in T_n$ 时, t_A 称为 T 代数 A 上的 n 元运算. 对每个 0 元运算 t 以 t_A 记 A 中相应的元素.

定义 7.7.5 设 S 是非空集, T 是型, F 是 T-代数, $\sigma : S \to F$ 是映射. 如果对任一 T-代数 A 以及任一映射 $\tau : S \to A$, 存在唯一的 T-同态 $\varphi : F \to A$ 使 $\varphi\sigma = \tau$, 则称 F 为由 S 生成的自由 T-代数.

定义 7.7.6 对任意一个左连续 t-模 $*$, 定义命题演算 QPC($*$) 如下: $F(S)$ 是由原子公式集 $S = \{p_1, p_2, \cdots, p_n, \cdots\}$ 和特定元 $\bar{0}$ 通过连接词 $\&, \to, \neg$ 形成的自由代数. $F(S)$ 中的元素称为公式.

由基本连接词 $\&, \to, \neg$ 定义新的连接词如下:

$\neg A$ 表示 $A \to \bar{0}$, $A \vee B$ 表示 $(A \to B) \to B$, $A \wedge B$ 表示 $\neg(\neg A \to \neg B)$.

定义 7.7.7 一个 MTL-代数是一个有界剩余格 $(M, \cap, \cup, *, \Rightarrow, 0, 1)$, 其中 $\cap$ 和 $\cup$ 是格中的下, 上确界运算, $(*, \Rightarrow)$ 是伴随对, 且满足预线性, 即对任意 $x, y \in M$, $(x \Rightarrow y) \cup (y \Rightarrow x) = 1$.

定义 7.7.8 设 $A \in F(S)$, $M \subseteq R$ 为 MTL-代数:

(i) 设 $X = \{p_{i_1}, p_{i_2}, \cdots, p_{i_n}\} \subset S$, 则称映射 $v : X \to M$ 为命题变元集 X 上的一个赋值, 记作 $v_X = (v(p_{i_1}), v(p_{i_2}), \cdots, v(p_{i_n}))$, X 上的全体赋值集记作 $\Omega(X)$.

特别地, 当 $X = S$ 时, 简记作 Ω. 若 $A = A(p_{i_1}, p_{i_2}, \cdots, p_{i_n})$, 则赋值 $v_{\mathrm{Var}}(A)$ 简记为 $v(A)$. $V(A)$ 上全体赋值集记作 $\Omega(V(A))$, 简记为 $\Omega(A)$.

(ii) 设 $v \in \Omega$, 若 $A = B \wedge C, A = B \to C$ 或 $A = B\&C$, 则称 $v(A) = v(B) \wedge v(C) = \min\{v(B), v(C)\}, v(A) = v(B \to C) = v(B) \Rightarrow v(C)$ 或 $v(A) = v(B\&C) = v(B) * v(C)$ 为公式 A 在赋值 v 处的值, 简称 A 的值 (这里 $*$ 是一个 t-模, $(*, \Rightarrow)$ 是一个伴随对, 即 $a * b \leqslant c$ 当且仅当 $a \leqslant b \Rightarrow c, \forall a, b, c \in [0,1]$).

不同的左连续三角模 $*$ 及不同的赋值格 M 对应不同的逻辑系统. 常见的命题逻辑系统 Lukasiewicz, Gödel 和 L* 对应的 $*$ 和 $\Rightarrow$ ($*$ 和 $\Rightarrow$ 是一伴随对) 如下:

$$\text{Lukasiewicz} : x * y = (x + y - 1) \vee 0,$$

$$x \Rightarrow_{R_{Lu}} y = \begin{cases} 1, & x \leqslant y, \\ 1 - x + y, & x > y, \end{cases} \quad x, y \in [0,1];$$

$$\text{Gödel}: x * y = x \wedge y, \quad x \Rightarrow_{R_G} y = \begin{cases} 1, & x \leqslant y, \\ y, & x > y, \end{cases} \quad x, y \in [0,1];$$

$$\text{L}^*: \quad x * y = \begin{cases} x \wedge y, & x + y > 1, \\ 0, & x + y \leqslant 1, \end{cases}$$

$$x \Rightarrow_{R_0} y = \begin{cases} 1, & x \leqslant y, \\ (1-x) \vee y, & x > y, \end{cases} \quad x, y \in [0,1].$$

当赋值格 $M = [0,1]$ 时, 对应模糊值 Lukasiewicz 逻辑系统、模糊值 Gödel 逻辑系统、模糊值 L* 逻辑系统.

若不特别说明, 下面的 QPC(*) 都是指逻辑系统 Lukasiewicz, Gödel 或 L*.

注 7.7.1 (i) 设 $A \in F(S)$. 若 $\forall v \in \Omega, v(A) = 1$, 则称 A 为重言式; 若 $\forall v \in \Omega, v(A) = 0$, 则称 A 为矛盾式, 记作 $\overline{0}$.

(ii) 设 $A, B \in F(S)$, 若对任意的 $v \in \Omega$ 都有 $v(A) = v(B)$, 则称 A, B 是逻辑等价的. 记作 $A \approx B$.

(iii) 设 $A, B \in F(S)$, 若 $\vdash A \to B, \vdash A \to B$ 同时成立, 则称 A, B 是可证等价的. 记作 $A \sim B$.

(iv) 设 $A = A(p_{i_1}, p_{i_2}, \cdots, p_{i_n}) \in F(S)$, $v(A), \forall v \in \Omega(A)$ 是一个 $M^n \to M$ 的函数, 记 $v(A) = \overline{A} = \overline{A}(v(p_{i_1}), v(p_{i_2}), \cdots, v(p_{i_n})) = \overline{A}(x_1 \cdots, x_n), (x_1, x_2, \cdots, x_n) \in M^n$, 称 $\overline{A}$ 为 A 的真值函数.

(v) 在系统 QPC(*) 中, 对于任意的 $A \in F(S)$, A 的真值函数 $\overline{A}$ 在定义的区域上是分块连续的, 因此是可积的.

定义 7.7.9 对于任意的正整数 n, 若 $A = A(p_{i_1}, \cdots, p_{i_n})$ 不含变元 $p_{i_{n+1}}, \cdots, p_{i_{n+l}}$ (l 为有限或 ∞), 它也可看成包含 $n+l$ 个命题变元 $p_{i_1}, \cdots, p_{i_n}, p_{i_{n+1}}, \cdots, p_{i_{n+l}}$ 的公式, 记作

$$A = A(p_{i_1}, \cdots, p_{i_n}) = B(p_{i_1}, \cdots, p_{i_n}, p_{i_{n+1}}, \cdots, p_{i_{n+l}}),$$

则称 B 为 A 的 l 元或可数扩张, 记作 $B = A^{(l)}$, 称变元集 $\{p_{i_1}, \cdots, p_{i_n}, p_{i_{n+1}}, \cdots, p_{i_{n+l}}\}$ 为变元集 $\{p_{i_1}, \cdots, p_{i_n}\}$ 的扩张, 变元集 $\{p_{i_1}, \cdots, p_{i_n}\}$ 为变元集 $\{p_{i_1}, \cdots, p_{i_n}, p_{i_{n+1}}, \cdots, p_{i_{n+l}}\}$ 的收缩.

定理 7.7.1 (积分值不变性定理) 设 $A = A(p_{i_1}, p_{i_2}, \cdots, p_{i_n})$, $B = B(p_{i_1}, p_{i_2}, \cdots, p_{i_n}, p_{i_{n+1}}, \cdots, p_{i_{n+l}}) \in F(S)$, 即 B 是 A 的 l 元扩张, 则

$$\int_{[0,1]^n} \overline{A}(x_1, \cdots, x_n) \mathrm{d}x_1 \cdots \mathrm{d}x_n = \int_{[0,1]^{n+l}} \overline{B}(x_1, \cdots, x_{n+l}) \mathrm{d}x_1 \cdots \mathrm{d}x_{n+l}.$$

定理 7.7.2 设 $A, B \in F(S), \varepsilon > 0$, 则 $F(S)$ 中有公式 B 满足: $\tau_R(B) \neq \tau_R(A)$, 且 $|\tau_R(B) - \tau_R(A)| < \varepsilon$.

以 Δ_n 表示 $[0,1]^n$, $\mathrm{d}\omega_n$ 表示 $\mathrm{d}x_1\mathrm{d}x_2\cdots\mathrm{d}x_n$, 在不引起混淆的情况下本节将 $\int_{\Delta_n} f\mathrm{d}\omega_n$ 和 $\int_{\Delta_{n+l}} f\mathrm{d}\omega_{n+l}$ 都简记作 $\int_{\Delta} f\mathrm{d}\omega$.

定义 7.7.10[122] 设 $A = A(p_1, p_2, \cdots, p_n) \in F(S)$, R 是蕴涵算子, 则称 n 重积分

$$\tau(A) = \int_{[0,1]^n} f_A(x_1, x_2, \cdots, x_n)\mathrm{d}x_1\mathrm{d}x_2\cdots\mathrm{d}x_n$$

为公式 A 的 R-真度.

定义 7.7.11 设 $A, B \in F(S)$, 令

$$\xi(A, B) = \tau((A \to B) \wedge (B \to A)),$$

称 $\xi(A, B)$ 为公式 A 与 B 的相似度.

定义 7.7.12[122] 设 $A, B \in F(S)$, 令

$$\rho(A, B) = 1 - \xi(A, B),$$

则称 $\rho(A, B)$ 为 $F(S)$ 上的伪距离.

定理 7.7.3 设 $s_1 = \{\{0\}, (0,1]\}$, 对于 $F(p)$ 中的任意一个公式 φ, 由 φ 决定的真值函数 $f_\varphi : [0,1] \to [0,1]$ 具有以下特征: 对于任意的 $c \in s_1$, $f_\varphi|c$ 为 $0, 1, x$ 三者之一, 其中 $f_\varphi|c$ 为 f_φ 在 C 上的限制.

定理 7.7.4 设

$$s_2 = \{\{0,0\}, \{(x,y)|x=0, 0<y\leqslant 1\}, \{(x,y)|y=0, 0<x\leqslant 1\},$$
$$\{(x,y)|x=y\neq 0\}, \{(x,y)|x<y, x\neq 0\}, \{(x,y)|x>y, x\neq 0\}\},$$

对于 $F(p,q)$ 中的任意一个公式 φ, 由 φ 决定的真值函数 $f_\varphi : [0,1]^2 \to [0,1]$ 具有以下特征: 对于任意的 $c \in s_2$, $f_\varphi|c$ 为 $0, 1, x, y$ 四者之一, 其中 $f_\varphi|c$ 为 f_φ 在 C 上的限制.

对于 L^* 逻辑系统, 任芳在文献 [17] 中给出了含有一个原子公式的公式的真值函数的一般形式, 主要结论如下.

定理 7.7.5 设 $\Delta = \left\{\left[0, \frac{1}{2}\right), \left\{\frac{1}{2}\right\}, \left(\frac{1}{2}, 1\right]\right\}$, 对于 $F(p)$ 中的任意一个公式 φ, 由 φ 决定的真值函数 $f_\varphi : [0,1] \to [0,1]$ 具有以下特征: 对于任意的 $c \in \Delta$, $f_\varphi|c$ 为 $0, 1, x, 1-x$ 四者之一, 其中 $f_\varphi|c$ 为 f_φ 在 C 上的限制.

定理 7.7.6　设 $\Delta = \left\{\left[0, \frac{1}{2}\right), \left\{\frac{1}{2}\right\}, \left(\frac{1}{2}, 1\right]\right\}$, $f_\varphi : [0,1] \to [0,1]$ 是满足以下条件的函数: 对于任意的 $c \in \Delta$, $f_\varphi|c$ 为 $0, 1, x, 1-x$ 四者之一, 其中 $f_\varphi|c$ 为 f_φ 在 C 上的限制. 则存在由单原子生成的公式 φ, 使得公式 φ 的真值函数 $f_\varphi(x)$ 满足: 对任意 $x \in [0,1]$, $f_\varphi(x) = x$.

定理 7.7.7　在系统中由单原子生成的公式的真值函数有 48 个.

具体的真值函数见文献 [123].

7.7.2　Gödel 逻辑系统中公式真值函数的特征

为了讨论方便, 用 $p, q, p_i, q_i (i = 1, 2, \cdots)$ 表示原子命题, 假设它们分别解释成 $x, y, x_i, y_i (i = 1, 2, \cdots)$. 并引入如下符号: 下面出现的 $\Delta_i (i \in \mathbf{N})$ 均表示符号 $<$ 或 $=$, 即 $\Delta_i \in \{<, =\}$. 设 $i_1, i_2, \cdots, i_n$ 是 $1, \cdots, n$ 的一个全排列, $x_{i_1}, x_{i_2}, \cdots, x_{i_n}$ 是 $x_1, x_2, \cdots, x_n$ 的一个全排列. 则

$$C = \{(x_1, x_2, \cdots, x_n) | 0 \Delta_1 x_{i_1} \Delta_2 x_{i_2} \cdots \Delta_{n-1} x_{i_{n-1}} \Delta_n x_{i_n} \leqslant 1\}$$

表示 n 维方体 $[0,1]^n$ 中的一块区域. 以下记形如 C 的区域的全体为 Δ, 集合 Δ 的势记为 $|\Delta|$.

例 7.7.1　若 $n = 1$, 则形如 C 的区域有

$$C_1 = \{x_1 | 0 = x_1 \leqslant 1\}; \quad C_2 = \{x_1 | 0 < x_1 \leqslant 1\},$$

故 $\Delta = \{C_1, C_2\}$, $|\Delta| = 2$. 即将区间 $[0,1]$ 分成了 $\{0\}$ 和 $(0,1]$ 两部分.

例 7.7.2　若 $n = 2$, 则形如 C 的区域有

$$C_1 = \{(x,y) | 0 = x = y \leqslant 1\}; \quad C_2 = \{(x,y) | 0 = x < y \leqslant 1\};$$
$$C_3 = \{(x,y) | 0 < x = y \leqslant 1\}; \quad C_4 = \{(x,y) | 0 < x < y \leqslant 1\};$$
$$C_5 = \{(x,y) | 0 = y = x \leqslant 1\}; \quad C_6 = \{(x,y) | 0 = y < x \leqslant 1\};$$
$$C_7 = \{(x,y) | 0 < y = x \leqslant 1\}; \quad C_8 = \{(x,y) | 0 < y < x \leqslant 1\}.$$

其中

$$C_1 = C_5, \quad C_3 = C_7.$$

故 $\Delta = \{C_1, C_2, C_3, C_4, C_6, C_8\}$, $|\Delta| = 6$. 即将区域 $[0,1]^2$ 分成了 $\{(0,0)\}, \{(0,y) | 0 < y \leqslant 1\}$, $\{(x,0) | 0 < x \leqslant 1\}$, $\{(x,y) | 0 < x = y \leqslant 1\}$, $\{(x,y) | 0 < x < y \leqslant 1\}$, $\{(x,y) | 0 < y < x \leqslant 1\}$ 六部分.

对于这些区域自然有如下引理成立.

引理 7.7.1　$|\Delta| < 2^n n!$.

引理 7.7.2 n 维方体 $[0,1]^n$ 中形如 C 的区域或相等或其交为空集 $\varnothing$.

引理 7.7.3 所有形如 C 的区域的并恰为 n 维方体 $[0,1]^n$.

以上引理显然成立, 证明略.

定理 7.7.8 对于任意一个 n 元公式 ϕ, 由 ϕ 决定的真值函数 $f_\phi : [0,1]^n \to [0,1]$ 具有以下特征: 对于任意的 $C \in \Delta$, $f_\phi|C$ 为 $0, 1, x_1, x_2, \cdots, x_n$ 其中之一. 其中 $f_\phi|C$ 为 f_ϕ 在 $[0,1]^n$ 上的限制.

证明 采用数学归纳法证明.

若 $\phi = p$, 则 $f_\phi = x, \forall x \in [0,1]$. 结论成立.

假设 对于 Gödel 逻辑系统中的公式 ϕ, φ 结论成立, 即对于任意的 $C \in \Delta$, $f_\phi|C$ 为 $0, 1, x_1, x_2, \cdots, x_n$ 其中之一. 以下只需要证明对公式 $\neg\phi, \phi \to \varphi, \phi \vee \varphi$ 结论成立即可. 由归纳假设及

$$f_{\neg\phi} = \neg f_\phi = \begin{cases} 0, & f_\phi \neq 0, \\ 1, & f_\phi = 0; \end{cases}$$

$$f_{\phi \to \varphi} = f_\phi \to f_\varphi = \begin{cases} 1, & f_\phi \leqslant f_\varphi, \\ f_\varphi, & f_\phi > f_\varphi; \end{cases}$$

$$f_{\phi \vee \varphi} = f_\phi \vee f_\varphi;$$

$$f_{\phi * \varphi} = f_\phi * f_\varphi = f_\phi \wedge f_\varphi,$$

还有 Δ 的特点, 结论显然成立.

注 7.7.2 当 $n = 1, 2$ 时此定理即为定理 7.7.3 和定理 7.7.4.

定理 7.7.8 还可表示成如下的形式.

定理 7.7.9 对于任意一个公式 ϕ, 由 ϕ 决定的真值函数 $f_\phi : [0,1]^n \to [0,1]$ 具有以下形式:

$$f_\varphi = \begin{cases} x_{i_1}, & (x_1, \cdots, x_n) \in C_1, \\ x_{i_2}, & (x_1, \cdots, x_n) \in C_2, \\ \quad \cdots\cdots \\ x_{i_{|\Delta|}}, & (x_1, \cdots, x_n) \in C_{|\Delta|}, \end{cases} \quad i_1, i_2, \cdots, i_{|\Delta|} \in \{0, 1, \cdots, n+1\},$$

其中 $C_1, C_2, \cdots, C_{|\Delta|} \in \Delta$.

定理 7.7.10 设 $f : [0,1]^n \to [0,1]$ 是满足以下条件的函数: 对于任意的 $C \in \Delta$, $f|C$ 为 $0, 1, x_1, x_2, \cdots, x_n$ 其中之一, 其中 $f|C$ 为 f_ϕ 在 $[0,1]^n$ 上的限制, 则存在公式 ϕ, 使得公式 ϕ 的真值函数 f_ϕ 满足: $\forall x_1, x_2, \cdots, x_n \in [0,1], f_\phi = f$.

证明 设 $C_1, C_2, \cdots, C_n \in \Delta$, 其中 $|\Delta|$ 为集合 Δ 的势. 记 $x_0 = 0, x_{n+1} = 1$.

(1) 对于任意的满足 $C \in \Delta$, $f|C$ 为 $0, 1, x_1, x_2, \cdots, x_n$ 其中之一的函数, 均可写成形如

$$f = \begin{cases} x_i, & (x_1, \cdots x_n) \in C_j, \\ 0, & (x_1, \cdots x_n) \in [0,1] - C_j, \end{cases} \quad i \in \{0, 1, \cdots, n+1\}, j \in \{1, 2, \cdots, |\Delta|\}$$

的函数之并.

因为对于任意函数

$$f = \begin{cases} x_{i_1}, & (x_1, \cdots, x_n) \in C_1, \\ x_{i_2}, & (x_1, \cdots, x_n) \in C_2, \\ \quad \cdots\cdots \\ x_{i_{|\Delta|}}, & (x_1, \cdots, x_n) \in C_{|\Delta|}, \end{cases} \quad i_1, i_2, \cdots, i_{|\Delta|} \in \{0, 1, \cdots, n+1\},$$

令

$$f_1 = \begin{cases} x_{i_1}, & (x_1, \cdots, x_n) \in C_1, \\ 0, & (x_1, \cdots, x_n) \in [0,1]^n - C_1, \end{cases}$$

$$f_2 = \begin{cases} x_{i_2}, & (x_1, \cdots, x_n) \in C_2, \\ 0, & (x_1, \cdots, x_n) \in [0,1]^n - C_2, \end{cases}$$

$$\cdots\cdots$$

$$f_{|\Delta|} = \begin{cases} x_{i_{|\Delta|}}, & (x_1, \cdots, x_n) \in C_{|\Delta|}, \\ 0, & (x_1, \cdots, x_n) \in [0,1]^n - C_{|\Delta|}, \end{cases}$$

则 $f = f_1 \vee f_2 \vee \cdots \vee f_{|\Delta|}$.

(2) 对于任意形如

$$f = \begin{cases} x_i, & (x_1, \cdots, x_n) \in C_j, \\ 0, & (x_1, \cdots, x_n) \in [0,1] - C_j, \end{cases} \quad i \in \{0, 1, \cdots, n+1\}, j \in \{1, 2, \cdots, |\Delta|\}$$

的函数均可写成若干个形如

$$f = \begin{cases} z, & 0 \Delta_1 x \Delta_2 y \leqslant 1, \\ 0, & \text{否则}, \end{cases} \quad z \in \{x, y, 1\}, \Delta_1, \Delta_2 \in \{=, <\}$$

的二元函数之交.

因为对于

$$f = \begin{cases} x_j, & (x_1, \cdots, x_n) \in C_j, \\ 0, & (x_1, \cdots, x_n) \in [0,1]^n - C_j, \end{cases} \quad i \in \{0, 1, \cdots, n+1\}, j \in \{1, 2, \cdots, |\Delta|\}.$$

不妨设

$$C_j = \{(x_1, x_2, \cdots, x_n) | 0 \Delta_1 x_1 \Delta_2 x_2 \cdots \Delta_{n-1} x_{n-1} \Delta_n x_n \leqslant 1\},$$

令

$$f_1 = \begin{cases} 1, & 0\Delta_1 x_1 \Delta_2 x_2 \leqslant 1, \\ 0, & \text{其他}, \end{cases}$$

$$f_2 = \begin{cases} 1, & 0\Delta_2 x_2 \Delta_3 x_3 \leqslant 1, \\ 0, & \text{其他}, \end{cases}$$

$$\cdots\cdots$$

$$f_i = \begin{cases} 1, & 0\Delta_i x_i \Delta_{i+1} x_{i+1} \leqslant 1, \\ 0, & \text{其他}, \end{cases}$$

$$\cdots\cdots$$

$$f_{n-1} = \begin{cases} 1, & 0\Delta_{n-1} x_{n-1} \Delta_n x_n \leqslant 1, \\ 0, & \text{其他}, \end{cases}$$

则 $f = x_j \wedge f_1 \wedge f_2 \wedge \cdots \wedge f_{n-1}$.

(3) 形如 $f = \begin{cases} 1, & 0\Delta_1 x \Delta_2 y \leqslant 1, \\ 0, & \text{否则}, \end{cases}$ $\Delta_1, \Delta_2 \in \{=, <\}$ 的二元函数, 存在公式 ϕ, 使得公式 ϕ 的真值函数 f_ϕ 满足: $\forall x_1, x_2, \cdots, x_n \in [0,1], f_\phi = f$.

若 $f = \begin{cases} 1, & 0 = x = y \leqslant 1, \\ 0, & \text{其他}, \end{cases}$ 则 $\phi = \neg p \wedge \neg q$;

若 $f = \begin{cases} 1, & 0 = x < y \leqslant 1, \\ 0, & \text{其他}, \end{cases}$ 则 $\phi = \neg p \wedge \neg\neg q$;

若 $f = \begin{cases} 1, & 0 < x < y \leqslant 1, \\ 0, & \text{其他}, \end{cases}$ 则 $\phi = (\neg\neg p \wedge (p \rightarrow q)) \wedge \neg((p \rightarrow q) \wedge (q \rightarrow p))$;

若 $f = \begin{cases} 1, & 0 < x = y \leqslant 1, \\ 0, & \text{其他}, \end{cases}$ 则 $\phi = \neg(\neg p \wedge \neg q) \wedge ((p \rightarrow q) \wedge (q \rightarrow p))$.

证毕.

定理 7.7.10 还可写成如下定理的形式.

定理 7.7.11 设 $f : [0,1]^n \rightarrow [0,1]$ 是具有形式

$$f = \begin{cases} x_{i_1}, & (x_1, \cdots, x_n) \in C_1, \\ x_{i_2}, & (x_1, \cdots, x_n) \in C_2, \\ \quad\quad \cdots\cdots \\ x_{i_{|\Delta|}}, & (x_1, \cdots, x_n) \in C_{|\Delta|}, \end{cases} \quad i_1, i_2, \cdots, i_{|\Delta|} \in \{0, 1, \cdots, n+1\}, \ C_1, C_2, \cdots, C_{|\Delta|} \in \Delta$$

的函数, 则存在公式 ϕ, 使得公式 ϕ 的真值函数 f_ϕ 满足 $\forall x_1, x_2, \cdots, x_n \in [0,1], f_\phi = f$.

定理 7.7.12 在 Gödel 逻辑系统中, 公式的真值函数为 $(n+2)^{|\Delta|}$ 个, 即可将公式分为 $(n+2)^{|\Delta|}$ 类.

7.7.3　L* 逻辑系统中公式真值函数的特征

为了讨论方便, 用 $p, q, p_i (i = 1, 2, \cdots)$ 表示原子命题, 假设它们分别解释成 $x, y, x_i, (i = 1, 2, \cdots)$. 并引入如下符号: 下面出现的 $\Delta_i (i \in \mathbf{N})$ 均表示符号 $<$ 或 $=$, 即 $\Delta_i \in \{<, =\}$. 令 $y_i \in \{x_i, 1 - x_i\}$, $i_1, i_2, \cdots, i_n$ 是 $1, \cdots, n$ 的一个全排列, $y_{i_1}, y_{i_2}, \cdots, y_{i_n}$ 是 $y_1, y_2, \cdots, y_n$ 的一个全排列. 则

$$D = \left\{ (x_1, x_2, \cdots, x_n) \left| 0 \leqslant y_{i_1} \Delta_1 y_{i_2} \cdots \Delta_{n-2} y_{i_{n-1}} \Delta_{n-1} y_{i_n} \Delta_n \frac{1}{2} \right. \right\}$$

表示 n 维方体 $[0,1]^n$ 中的一块区域. 以下记形如 D 的区域的全体为 Δ, 集合 Δ 的势记为 $|\Delta|$.

例 7.7.3　若 $n = 1$, 则形如 D 的区域有

$$D_1 = \left\{ x_1 \left| 0 \leqslant x_1 < \frac{1}{2} \right. \right\}; \quad D_2 = \left\{ x_1 \left| 0 \leqslant x_1 = \frac{1}{2} \right. \right\},$$

$$D_3 = \left\{ x_1 \left| 0 \leqslant 1 - x_1 < \frac{1}{2} \right. \right\}; \quad D_4 = \left\{ x_1 \left| 0 \leqslant 1 - x_1 = \frac{1}{2} \right. \right\},$$

其中 $D_2 = D_3$, 故 $\Delta = \{D_1, D_2, D_4\}$, $|\Delta| = 3$.

例 7.7.4　若 $n = 2$, 则形如 D 的区域有

$$D_1 = \left\{ (x, y) \left| 0 \leqslant x = y < \frac{1}{2} \right. \right\}; \quad D_2 = \left\{ (x, y) \left| 0 \leqslant x < y < \frac{1}{2} \right. \right\};$$

$$D_3 = \left\{ (x, y) \left| 0 \leqslant x = y = \frac{1}{2} \right. \right\}; \quad D_4 = \left\{ (x, y) \left| 0 \leqslant x < y = \frac{1}{2} \right. \right\};$$

$$D_5 = \left\{ (x, y) \left| 0 \leqslant y = x < \frac{1}{2} \right. \right\}; \quad D_6 = \left\{ (x, y) \left| 0 \leqslant y < x = \frac{1}{2} \right. \right\};$$

$$D_7 = \left\{ (x, y) \left| 0 \leqslant x = 1 - y < \frac{1}{2} \right. \right\}; \quad D_8 = \left\{ (x, y) \left| 0 \leqslant x < 1 - y < \frac{1}{2} \right. \right\};$$

$$D_9 = \left\{ (x, y) \left| 0 \leqslant x = 1 - y = \frac{1}{2} \right. \right\}; \quad D_{10} = \left\{ (x, y) \left| 0 \leqslant x < 1 - y = \frac{1}{2} \right. \right\};$$

$$D_{11} = \left\{ (x, y) \left| 0 \leqslant 1 - y < x < \frac{1}{2} \right. \right\}; \quad D_{12} = \left\{ (x, y) \left| 0 \leqslant 1 - y < x = \frac{1}{2} \right. \right\};$$

$$D_{13} = \left\{ (x, y) \left| 0 \leqslant 1 - x = y < \frac{1}{2} \right. \right\}; \quad D_{14} = \left\{ (x, y) \left| 0 \leqslant 1 - x < y < \frac{1}{2} \right. \right\};$$

$$D_{15} = \left\{ (x, y) \left| 0 \leqslant 1 - x = y = \frac{1}{2} \right. \right\}; \quad D_{16} = \left\{ (x, y) \left| 0 \leqslant 1 - x < y = \frac{1}{2} \right. \right\};$$

$$D_{17} = \left\{ (x, y) \left| 0 \leqslant y < 1 - x < \frac{1}{2} \right. \right\}; \quad D_{18} = \left\{ (x, y) \left| 0 \leqslant y < 1 - x = \frac{1}{2} \right. \right\};$$

$$D_{19} = \left\{ (x,y) | 0 \leqslant 1 - x = 1 - y < \frac{1}{2} \right\}; \quad D_{20} = \left\{ (x,y) | 0 \leqslant 1 - x < 1 - y < \frac{1}{2} \right\};$$

$$D_{21} = \left\{ (x,y) | 0 \leqslant 1 - x = 1 - y = \frac{1}{2} \right\}; \quad D_{22} = \left\{ (x,y) | 0 \leqslant 1 - x < 1 - y = \frac{1}{2} \right\};$$

$$D_{23} = \left\{ (x,y) | 0 \leqslant 1 - y < 1 - x = \frac{1}{2} \right\}; \quad D_{24} = \left\{ (x,y) | 0 \leqslant 1 - y < 1 - x < \frac{1}{2} \right\},$$

其中

$$D_3 = D_9 = D_{15} = D_{21}, \quad D_4 = D_{10}, \quad D_6 = D_{18}, \quad D_{12} = D_{23}, \quad D_{16} = D_{20}.$$

故 $\Delta = \{D_1, D_2, \cdots, D_8, D_{11}, \cdots, D_{14}, D_{16}, D_{17}, D_{19}, D_{22}, D_{24}\}, |\Delta| = 17$.

对于这些区域自然有如下引理成立.

引理 7.7.4 $|\Delta| < 4^n n!$.

引理 7.7.5 n 维方体 $[0,1]^n$ 中形如 D 的区域或相等或其交为空集 $\varnothing$.

引理 7.7.6 所有形如 D 的区域的并恰为 n 维方体 $[0,1]^n$.

引理 7.7.7 所有形如 D 的区域中 x_i 与 x_j, x_i 与 $1 - x_j$, $1 - x_i$ 与 x_j, $1 - x_i$ 与 $1 - x_j (i, j = 1, 2, \cdots, n)$ 的大小被唯一确定.

以上引理显然成立, 证明略.

定理 7.7.13 对于任意一个 n 元公式 ϕ, 由 ϕ 决定的真值函数 $f_\phi : [0,1]^n \to [0,1]$ 具有以下特征: 对于任意的 $D \in \Delta$, $f_\phi | D$ 为 $0, 1, x_1, x_2, \cdots, x_n, 1 - x_1, 1 - x_2, \cdots, 1 - x_n$ 其中之一. 这里 $f_\phi | D$ 为 f_ϕ 在 $[0,1]^n$ 上的限制.

证明 采用数学归纳法证明.

若 $\phi = p$, 则 $f_\phi = x, \forall x \in [0,1]$. 结论成立.

假设对于 L* 逻辑系统中的公式 ϕ, φ 结论成立. 即对于任意的 $D \in \Delta$, $f_\phi | D$ 为 $0, 1, x_1, x_2, \cdots, x_n, 1 - x_1, 1 - x_2, \cdots, 1 - x_n$ 其中之一. 以下只需证明对公式 $\neg\phi, \phi \to \varphi, \phi \vee \varphi, \phi * \varphi$ 结论成立即可. 由归纳假设以及

$$f_{\neg\phi} = \neg f_\phi = 1 - f_\phi; \quad f_{\phi\to\varphi} = f_\phi \to f_\varphi = \begin{cases} 1, & f_\phi \leqslant f_\varphi, \\ (1 - f_\phi) \vee f_\varphi, & f_\phi > f_\varphi; \end{cases}$$

$$f_{\phi\vee\varphi} = f_\phi \vee f_\varphi; \quad f_{\phi*\varphi} = f_\phi * f_\varphi = \begin{cases} 0, & f_\phi + f_\varphi \leqslant 1, \\ f_\phi \wedge f_\varphi, & f_\phi + f_\varphi > 1, \end{cases}$$

还有 Δ 的特点及引理 7.7.7, 结论显然成立.

定理 7.7.13 还可表示成如下的形式.

定理 7.7.14　对于 L^* 逻辑系统中任意一个 n 元公式 φ, 由 φ 决定的真值函数 $g_\varphi : [0,1]^n \to [0,1]$ 具有形式:

$$g_\varphi = \begin{cases} y_{i_1}, & (x_1, \cdots, x_n) \in D_1, \\ y_{i_2}, & (x_1, \cdots, x_n) \in D_2, \\ \qquad \cdots\cdots \\ y_{i_{|\Delta|}}, & (x_1, \cdots, x_n) \in D_{|\Delta|}, \end{cases}$$

其中 $D_1, D_2, \cdots, D_{|\Delta|} \in \Delta$, $y_{i_1}, y_{i_2}, \cdots, y_{i_{|\Delta|}} \in \{0, y_1, y_2, \cdots, y_n, 1\}$, $i = 1, 2, \cdots, n$.

下面是定理 7.7.13 的逆定理, 即当某一函数 f 满足对于任意的 $D \in \Delta$, $f|D$ 为 $0, 1, x_1, x_2, \cdots, x_n, 1-x_1, 1-x_2, \cdots, 1-x_n$ 其中之一时, 它是某个公式的真值函数. 例如, 函数

$$f(x,y) = \begin{cases} 1, & 1 \geqslant x, y > \dfrac{1}{2}, \\ 0, & \text{其他} \end{cases}$$

满足上述条件, 可以验证它是逻辑公式 $[(\neg p \to p^2) \wedge (\neg q \to q^2)]^2$ 的真值函数.

定理 7.7.15　设 $f : [0,1]^n \to [0,1]$ 是满足以下条件的函数: 对于任意的 $D \in \Delta$, $f|D$ 为 $0, 1, x_1, x_2, \cdots, x_n, 1-x_1, 1-x_2, \cdots, 1-x_n$ 其中之一, 其中 $f|D$ 为 f 在 $[0,1]^n$ 上的限制, 则存在公式 φ, 使得公式 φ 的真值函数 f_φ 满足: $\forall x_1, x_2, \cdots, x_n \in [0,1], f_\varphi = f$.

证明　设 $C_1, C_2, \cdots, C_{|\Delta|} \in \Delta$, 其中 $|\Delta|$ 为集合 Δ 的势. 记 $y_0 \in \{0,1\}$, $y_i \in \{x_i, 1-x_i\}$, $i = 1, 2, \cdots, n$.

(1) 对于任意的满足 $D \in \Delta$, $f|D$ 为 $0, 1, x_1, x_2, \cdots, x_n, 1-x_1, 1-x_2, \cdots, 1-x_n$ 其中之一的函数, 均可写成形如

$$f = \begin{cases} y_i, & (x_1, \cdots, x_n) \in C_j, \\ 0, & (x_1, \cdots, x_n) \in [0,1] - C_j, \end{cases} \quad i \in \{0, 1, \cdots, n\}, j \in \{1, 2, \cdots, |\Delta|\}$$

的函数之并.

因为对于任意函数

$$f = \begin{cases} y_{i_1}, & (x_1, \cdots, x_n) \in D_1, \\ y_{i_2}, & (x_1, \cdots, x_n) \in D_2, \\ \qquad \cdots\cdots \\ y_{i_{|\Delta|}}, & (x_1, \cdots, x_n) \in D_{|\Delta|}, \end{cases} \quad y_{i_1}, y_{i_2}, \cdots, y_{i_{|\Delta|}} \in \{0, y_1, y_2, \cdots, y_n, 1\}, i = 1, 2, \cdots, n,$$

令

$$f_1 = \begin{cases} y_{i_1}, & (x_1, \cdots, x_n) \in D_1, \\ 0, & (x_1, \cdots, x_n) \in [0,1]^n - D_1, \end{cases}$$

$$f_2 = \begin{cases} y_{i_2}, & (x_1, \cdots, x_n) \in D_2, \\ 0, & (x_1, \cdots, x_n) \in [0,1]^n - D_2, \end{cases}$$

$$\cdots\cdots$$

$$f_{|\Delta|} = \begin{cases} y_{i_{|\Delta|}}, & (x_1, \cdots, x_n) \in D_{|\Delta|}, \\ 0, & (x_1, \cdots, x_n) \in [0,1]^n - D_{|\Delta|}, \end{cases}$$

则 $f = f_1 \vee f_2 \vee \cdots \vee f_{|\Delta|}$.

(2) 形如

$$f = \begin{cases} y_i, & (x_1, \cdots, x_n) \in D_j, \\ 0, & (x_1, \cdots, x_n) \in [0,1] - D_j, \end{cases} \quad i \in \{0,1,\cdots,n\}, j \in \{1,2,\cdots,|\Delta|\}$$

的函数可以表示成 $f = f_1 \wedge y_i$ 的形式, 其中

$$f_1 = \begin{cases} 1, & (x_1, \cdots, x_n) \in D_j, \\ 0, & (x_1, \cdots, x_n) \in [0,1] - D_j, \end{cases} \quad i \in \{0,1,\cdots,n\}, j \in \{1,2,\cdots,|\Delta|\}.$$

(3) 公式 p_i 与 $\neg p_i$ 的真值函数分别是 x_i 和 $1 - x_i$.

(4) 对于任意形如

$$f = \begin{cases} 1, & (x_1, \cdots, x_n) \in D_j, \\ 0, & (x_1, \cdots, x_n) \in [0,1] - D_j, \end{cases} \quad i \in \{0,1,\cdots,n\}, j \in \{1,2,\cdots,|\Delta|\}$$

的函数均可写成若干个形如

$$f_1 = \begin{cases} 1, & 0 \leqslant y_1 \Delta_1 y_2 \leqslant \dfrac{1}{2}, \\ 0, & \text{其他}, \end{cases} \quad \Delta_1 \in \{=, <\},$$

$$f_2 = \begin{cases} 1, & 0 \leqslant y_1 \Delta_1 \dfrac{1}{2} \leqslant 1, \\ 0, & \text{其他}, \end{cases} \quad \Delta_1 \in \{=, <\}$$

的二元函数之交, 其中 $i \in \{0,1,\cdots,n+1\}, j \in \{1,2,\cdots,|\Delta|\}$.

因为对于

$$f = \begin{cases} 1, & (x_1, \cdots, x_n) \in D_j, \\ 0, & (x_1, \cdots, x_n) \in [0,1]^n - D_j, \end{cases} \quad i \in \{0,1,\cdots,n\}, j \in \{1,2,\cdots,|\Delta|\},$$

不妨设

$$D_j = \left\{ (x_1, x_2, \cdots, x_n) \mid 0 \leqslant y_1 \Delta_1 y_2, \cdots, \Delta_{n-2} y_{n-1} \Delta_{n-1} y_n \Delta_n \leqslant \frac{1}{2} \right\},$$

令

$$f_1 = \begin{cases} 1, & 0 \leqslant y_1 \Delta_1 y_2 \leqslant \dfrac{1}{2}, \\ 0, & \text{其他}, \end{cases}$$

$$f_2 = \begin{cases} 1, & 0 \leqslant y_2 \Delta_2 y_3 \leqslant \dfrac{1}{2}, \\ 0, & \text{其他}, \end{cases}$$

$$\cdots\cdots$$

$$f_i = \begin{cases} 1, & 0 \leqslant y_i \Delta_i y_{i+1} \leqslant \dfrac{1}{2}, \\ 0, & \text{其他}, \end{cases}$$

$$\cdots\cdots$$

$$f_n = \begin{cases} 1, & 0 \leqslant y_n \Delta_n \dfrac{1}{2}. \\ 0, & \text{其他}, \end{cases}$$

则 $f = x_j \wedge f_1 \wedge f_2 \wedge \cdots \wedge f_n$.

(5) 对于形如 $f = \begin{cases} 1, & 0 \leqslant y_1 \Delta_1 \dfrac{1}{2}, \\ 0, & \text{其他}, \end{cases}$ $\Delta_1 \in \{=, <\}$ 的二元函数, 由定理 7.7.5 和定理 7.7.6 可得, 存在公式 ϕ, 使得公式 ϕ 的真值函数 f_ϕ 满足: $\forall x_1, x_2, \cdots, x_n \in [0,1], f_\phi = f$.

(6) 若存在公式 ϕ_1, ϕ_2 使其真值函数分别为

$$f_1 = \begin{cases} 1, & 0 \leqslant x_1 = x_2 \leqslant \dfrac{1}{2}, \\ 0, & \text{其他}, \end{cases} \qquad f_2 = \begin{cases} 1, & 0 \leqslant x_1 < x_2 \leqslant \dfrac{1}{2}, \\ 0, & \text{其他}. \end{cases}$$

则形如 $f = \begin{cases} 1, & 0 \leqslant y_1 \Delta_1 y_2 \leqslant \dfrac{1}{2}, \\ 0, & \text{其他}, \end{cases}$ $\Delta_1 \in \{=, <\}$ 的二元函数均存在公式 ϕ, 使得公式 ϕ 的真值函数为 f.

因形如 $f = \begin{cases} 1, & 0 \leqslant y_1 \Delta_1 y_2 \leqslant \dfrac{1}{2}, \\ 0, & \text{其他}, \end{cases}$ $\Delta_1 \in \{=, <\}$ 的二元函数分别为

$$f_1 = \begin{cases} 1, & 0 \leqslant x_1 = x_2 \leqslant \dfrac{1}{2}, \\ 0, & \text{其他}, \end{cases} \qquad f_2 = \begin{cases} 1, & 0 \leqslant x_1 < x_2 \leqslant \dfrac{1}{2}, \\ 0, & \text{其他}, \end{cases}$$

$$f_3 = \begin{cases} 1, & 0 \leqslant x_1 = 1 - x_2 \leqslant \dfrac{1}{2}, \\ 0, & \text{其他}, \end{cases} \qquad f_4 = \begin{cases} 1, & 0 \leqslant x_1 < 1 - x_2 \leqslant \dfrac{1}{2}, \\ 0, & \text{其他}, \end{cases}$$

$$f_5 = \begin{cases} 1, & 0 \leqslant 1-x_1 = x_2 \leqslant \dfrac{1}{2}, \\ 0, & \text{其他,} \end{cases} \qquad f_6 = \begin{cases} 1, & 0 \leqslant 1-x_1 < x_2 \leqslant \dfrac{1}{2}, \\ 0, & \text{其他,} \end{cases}$$

$$f_7 = \begin{cases} 1, & 0 \leqslant 1-x_1 = 1-x_2 \leqslant \dfrac{1}{2}, \\ 0, & \text{其他,} \end{cases} \qquad f_8 = \begin{cases} 1, & 0 \leqslant 1-x_1 < 1-x_2 \leqslant \dfrac{1}{2}, \\ 0, & \text{其他,} \end{cases}$$

而将 f_1 中的 $x_2(x_1)$ 用 $1-x_2(1-x_1)$ 代替将得到 $f_3(f_4)$; 将 f_2 中的 $x_2(x_1)$ 用 $1-x_2(1-x_1)$ 代替将得到 $f_5(f_6)$; 将 $f_1(f_2)$ 中的 x_1, x_2 分别用 $1-x_1, 1-x_2$ 代替将得到 $f_7(f_8)$. 从而将公式 ϕ_1, ϕ_2 中的原子公式 p_1, p_2 用 $p_1, p_2, \neg p_1, \neg p_2$ 进行一系列恰当的替代可得函数 $f_3, \cdots, f_8$ 对应的公式.

(7) 存在公式 ϕ 使其真值函数为

$$f = \begin{cases} 1, & 0 \leqslant x_1 = x_2 \leqslant \dfrac{1}{2}, \\ 0, & \text{其他,} \end{cases}$$

令

$$f_1 = \begin{cases} 1, & x_1 = \dfrac{1}{2}, \\ 0, & \text{其他,} \end{cases} \qquad f_2 = \begin{cases} 1, & x_2 = \dfrac{1}{2}, \\ 0, & \text{其他,} \end{cases}$$

$$f_3 = \begin{cases} 1, & 0 \leqslant x_1 \leqslant x_2 \leqslant 1, \\ (1-x_1) \vee x_2, & \text{其他,} \end{cases}$$

$$f_4 = \begin{cases} 1, & 0 \leqslant x_2 \leqslant x_1 \leqslant 1, \\ (1-x_2) \vee x_1, & \text{其他,} \end{cases} \qquad f_5 = \begin{cases} 1, & 0 \leqslant x_1, x_2 \leqslant \dfrac{1}{2}, \\ 0, & \text{其他,} \end{cases}$$

则其对应的公式分别为

$$\phi_1 = \neg[((p_1 \to \neg p_1) \to p_1) \vee ((\neg p_1 \to p_1) \to \neg p_1)]^2;$$
$$\phi_2 = \neg[((p_2 \to \neg p_2) \to p_2) \vee ((\neg p_2 \to p_2) \to \neg p_2)]^2;$$
$$\phi_3 = p_1 \to p_2; \quad \phi_4 = p_2 \to p_1;$$
$$\phi_5 = [(p_1 \to (\neg p_1)^2) \wedge (p_2 \to (\neg p_2)^2)]^2.$$

而

$$f = (f_1 \wedge f_2) \vee (f_3 \wedge f_4 \wedge f_5),$$

故

$$\phi = (\phi_1 \wedge \phi_2) \vee (\phi_3 \wedge \phi_4 \wedge \phi_5).$$

(8) 存在公式 ϕ 使其真值函数为

$$f = \begin{cases} 1, & 0 \leqslant x_1 < x_2 \leqslant \dfrac{1}{2}, \\ 0, & \text{其他}. \end{cases}$$

令

$$f_1 = \begin{cases} 1, & 0 \leqslant x_1 = x_2 \leqslant \dfrac{1}{2}, \\ 0, & \text{其他}, \end{cases}$$

$$f_2 = \begin{cases} 1, & 0 \leqslant x_1 \leqslant x_2 \leqslant 1, \\ (1 - x_1) \vee x_2, & \text{其他}, \end{cases}$$

$$f_3 = \begin{cases} 1, & 0 \leqslant x_1, x_2 \leqslant \dfrac{1}{2}, \\ 0, & \text{其他}. \end{cases}$$

则其对应的公式分别为 φ_1((7) 中的 ϕ)

$$\varphi_1 = \neg[((p_1 \to \neg p_1) \to p_1) \vee ((\neg p_1 \to p_1) \to \neg p_1)]^2;$$

$$\varphi_2 = p_1 \to p_2;$$

$$\varphi_3 = [(p_1 \to (\neg p_1)^2) \wedge (p_2 \to (\neg p_2)^2)]^2.$$

而

$$f = f_1 \wedge f_2 \wedge f_3,$$

故 $\phi = \varphi_1 \wedge \varphi_2 \wedge \varphi_3$.

定理 7.7.15 还可写成如下定理的形式.

定理 7.7.16　设函数 $g : [0,1]^n \to [0,1]$ 具有形式

$$g = \begin{cases} y_{i_1}, & (x_1, \cdots, x_n) \in D_1, \\ y_{i_2}, & (x_1, \cdots, x_n) \in D_2, \\ \quad \cdots\cdots \\ y_{i_{|\Delta|}}, & (x_1, \cdots, x_n) \in D_{|\Delta|}, \end{cases}$$

其中 $D_1, D_2, \cdots, D_{|\Delta|} \in \Delta$, $y_{i_1}, y_{i_2}, \cdots, y_{i_{|\Delta|}} \in \{0, y_1, y_2, \cdots, y_n, 1\}$, $i = 1, 2, \cdots, n$. 则 L* 逻辑系统中存在公式 φ, 使得公式 φ 的真值函数 f_φ 满足: $\forall x_1, x_2, \cdots, x_n \in [0,1], f_\varphi = f$.

7.8　模糊逻辑系统中公式真度的特征

本节参考文献 [77], [78].

7.8.1 两类 n 重积分的计算

记

$$f_n^0 = \int_0^1 \mathrm{d}x_1 \int_{x_1}^1 \mathrm{d}x_2 \cdots \int_{x_{n-1}}^1 \mathrm{d}x_n, \quad f_n^{i(k)} = \int_0^1 \mathrm{d}x_1 \int_{x_1}^1 \mathrm{d}x_2 \cdots \int_{x_{n-1}}^1 x_i^k \mathrm{d}x_n,$$

$$g_n^0 = \int_0^{\frac{1}{2}} \mathrm{d}x_1 \int_{x_1}^{\frac{1}{2}} \mathrm{d}x_2 \cdots \int_{x_{n-1}}^{\frac{1}{2}} \mathrm{d}x_n, \quad g_n^{i(k)} = \int_0^{\frac{1}{2}} \mathrm{d}x_1 \int_{x_1}^{\frac{1}{2}} \mathrm{d}x_2 \cdots \int_{x_{n-1}}^{\frac{1}{2}} x_i^k \mathrm{d}x_n,$$

其中 $1 \leqslant i \leqslant n; i, k, n \in \mathbf{N}$.

定理 7.8.1 $f_n^0 = \dfrac{1}{n!}$.

证明 令

$$C_1 = \{(x_1, x_2, \cdots, x_n) | 0 \leqslant x_1 \leqslant x_2 \leqslant \cdots \leqslant x_n \leqslant 1\},$$

$$C_2 = \{(x_1, x_2, \cdots, x_n) | 0 \leqslant x_2 \leqslant x_1 \leqslant \cdots \leqslant x_n \leqslant 1\},$$

$$\cdots\cdots$$

$$C_{n!} = \{(x_1, x_2, \cdots, x_n) | 0 \leqslant x_n \leqslant x_{n-1} \leqslant \cdots \leqslant x_1 \leqslant 1\},$$

用 $\tau_j \tau_j (j = 1, 2, \cdots, n!)$ 表示在这些区域上 1 的积分值, 即

$$\tau_1 = \int_{C_1} 1\mathrm{d}\omega = \int_0^{\frac{1}{2}} \mathrm{d}x_1 \int_{x_1}^{\frac{1}{2}} \mathrm{d}x_2 \cdots \int_{x_{n-1}}^{\frac{1}{2}} \mathrm{d}x_n,$$

$$\tau_2 = \int_{C_2} 1\mathrm{d}\omega = \int_0^1 \mathrm{d}x_2 \int_{x_2}^1 \mathrm{d}x_1 \cdots \int_{x_{n-1}}^1 \mathrm{d}x_n,$$

$$\cdots\cdots$$

$$\tau_{n!} = \int_{C_{n!}} 1\mathrm{d}\omega = \int_0^{\frac{1}{2}} \mathrm{d}x_n \int_{x_{n-1}}^{\frac{1}{2}} \mathrm{d}x_{n-1} \cdots \int_{x_2}^{\frac{1}{2}} \mathrm{d}x_1$$

显然 $\tau_j (j = 1, 2, \cdots, n!)$ 表示 n 维区域 $C_j (j = 1, 2, \cdots, n!)$ 的体积并且有 $\tau_j = \tau_k (j, k \in \{1, 2, \cdots, n!\})$ 且 $\sum\limits_{j=1}^{n!} \tau_j = 1$ 成立. 于是有 $\tau_1 = \tau_2 = \cdots = \tau_{n!} = \dfrac{1}{n!}$. 故

$$\int_0^1 \mathrm{d}x_1 \int_{x_1}^1 \mathrm{d}x_2 \cdots \int_{x_{n-1}}^1 \mathrm{d}x_n = \frac{1}{n!}, \quad \text{即} \quad f_n^0 = \frac{1}{n!}.$$

定理 7.8.2 $g_n^0 = \dfrac{1}{2^n n!}$.

证明 令

$$D_1 = \left\{(x_1, x_2, \cdots, x_n) \middle| 0 \leqslant x_1 \leqslant x_2 \leqslant \cdots \leqslant x_n \leqslant \frac{1}{2}\right\},$$

$$D_2 = \left\{ (x_1, x_2, \cdots, x_n) | 0 \leqslant x_2 \leqslant x_1 \leqslant \cdots \leqslant x_n \leqslant \frac{1}{2} \right\},$$

$$\cdots\cdots$$

$$D_{2^n n!} = \left\{ (x_1, x_2, \cdots, x_n) | 0 \leqslant 1 - x_n \leqslant 1 - x_{n-1} \leqslant \cdots \leqslant 1 - x_1 \leqslant \frac{1}{2} \right\},$$

用 $\tau_j (j = 1, 2, \cdots, n!)$ 表示在这些区域上 1 的积分值, 即

$$\tau_1 = \int_{D_1} 1 \mathrm{d}\omega = \int_0^{\frac{1}{2}} \mathrm{d}x_1 \int_{x_1}^{\frac{1}{2}} \mathrm{d}x_2 \cdots \int_{x_{n-1}}^{\frac{1}{2}} \mathrm{d}x_n$$

$$\tau_2 = \int_{D_2} 1 \mathrm{d}\omega = \int_0^1 \mathrm{d}x_2 \int_{x_2}^1 \mathrm{d}x_1 \cdots \int_{x_{n-1}}^1 \mathrm{d}x_n,$$

$$\cdots\cdots$$

$$\tau_{2^n n!} = \int_{D_{2^n n!}} 1 \mathrm{d}\omega = \int_0^{\frac{1}{2}} \mathrm{d}x_n \int_{x_{n-1}}^{\frac{1}{2}} \mathrm{d}x_{n-1} \cdots \int_{x_2}^{\frac{1}{2}} \mathrm{d}x_1.$$

显然 $\tau_j (j = 1, 2, \cdots, 2^n n!)$ 表示 n 维区域 $D_j (j = 1, 2, \cdots, n!)$ 的体积并且有

$$\tau_j = \tau_k \ (j, k \in \{1, 2, \cdots, n!\}), \quad \sum_{j=1}^{n!} \tau_j = 1$$

成立. 于是有 $\tau_1 = \tau_2 = \cdots = \tau_{n!} = \dfrac{1}{n!}$. 故 $\displaystyle\int_0^{\frac{1}{2}} \mathrm{d}x_1 \int_{x_1}^{\frac{1}{2}} \mathrm{d}x_2 \cdots \int_{x_{n-1}}^{\frac{1}{2}} \mathrm{d}x_n = \dfrac{1}{2^n n!}$, 即

$$g_n^0 = \frac{1}{2^n n!}.$$

引理 7.8.1 $\displaystyle\sum_{i=1}^n \mathrm{C}_{n+k}^{k+i} (-1)^{i+1} = \mathrm{C}_{n+k-1}^k.$

证明 由题意得

$$\sum_{i=1}^n \mathrm{C}_{n+k}^{k+i} (-1)^{i+1} - \mathrm{C}_{n+k-1}^k = \sum_{i=2}^n \mathrm{C}_{n+k}^{k+i} (-1)^{i+1} + \mathrm{C}_{n+k}^{k+1} - \mathrm{C}_{n+k-1}^k$$

$$= \sum_{i=2}^n \mathrm{C}_{n+k}^{k+i} (-1)^{i+1} + \mathrm{C}_{n+k-1}^{k+1} = \sum_{i=3}^n \mathrm{C}_{n+k}^{k+i} (-1)^{i+1} - \mathrm{C}_{n+k}^{k+2} + \mathrm{C}_{n+k-1}^{k+1}$$

$$= \sum_{i=3}^n \mathrm{C}_{n+k}^{k+i} (-1)^{i+1} - \mathrm{C}_{n+k-1}^{k+2} = \sum_{i=n}^n \mathrm{C}_{n+k}^{k+i} (-1)^{i+1} + (-1)^n (\mathrm{C}_{n+k}^{k+n-1} - \mathrm{C}_{n+k-1}^{k+n-2})$$

$$= \mathrm{C}_{n+k}^{n+k} (-1)^{n+1} + (-1)^n \mathrm{C}_{n+k-1}^{k+n-1} = 0.$$

定理 7.8.3 $f_n^{n(k)} = \dfrac{1}{(n-1)!(n+k)}.$

证明 由定义易得 $f_n^{n(k)} = \dfrac{1}{k+1}(f_{n-1}^0 - f_{n-1}^{n-1(k+1)})$, 再由定理 7.8.1 得

$$\frac{(k+n)!}{k!}f_n^{n(k)}$$

$$= \frac{(k+n)!}{(k+1)!}(f_{n-1}^0 - f_{n-1}^{n-1(k+1)}) = \frac{(k+n)!}{(k+1)!}f_{n-1}^0 - \frac{(k+n)!}{(k+2)!}(f_{n-2}^0 - f_{n-2}^{n-2(k+2)})$$

$$= \frac{(k+n)!}{(k+1)!}f_{n-1}^0 - \frac{(k+n)!}{(k+2)!}f_{n-2}^0 + \frac{(k+n)!}{(k+3)!}(f_{n-3}^0 - f_{n-3}^{n-3(k+3)})$$

$$= \cdots\cdots$$

$$= \sum_{i=1}^n \frac{(k+n)!}{(k+i)!}f_{n-i}^0(-1)^{i+1} = \sum_{i=1}^n \frac{(k+n)!}{(k+i)!}\frac{1}{(n-i)!}(-1)^{i+1},$$

所以

$$f_n^{n(k)} = k!\sum_{i=1}^n \frac{1}{(k+i)!}\frac{1}{(n-i)!}(-1)^{i+1} = \frac{k!}{(n+k)!}\sum_{i=1}^n C_{n+k}^{k+i}(-1)^{i+1}.$$

再由引理 7.8.1 得 $f_n^{n(k)} = \dfrac{1}{(n-1)!(n+k)}$ 成立.

定理 7.8.4 $g_n^{n(k)} = \dfrac{1}{2^{n+k}(n-1)!(n+k)}$.

证明 由定义易得 $g_n^{n(k)} = \dfrac{1}{2^{n+k}(k+1)}(g_{n-1}^0 - g_{n-1}^{n-1(k+1)})$, 再由定理 7.8.2 得

$$\frac{(k+n)!}{k!}f_n^{n(k)} = \frac{(k+n)!}{(k+1)!}\left(\frac{1}{2^{k+1}}g_{n-1}^0 - g_{n-1}^{n-1(k+1)}\right)$$

$$= \frac{(k+n)!}{(k+1)!}\frac{1}{2^{k+1}}g_{n-1}^0 - \frac{(k+n)!}{(k+2)!}\left(\frac{1}{2^{k+2}}g_{n-2}^0 - g_{n-2}^{n-2(k+2)}\right)$$

$$= \frac{(k+n)!}{(k+1)!}\frac{1}{2^{k+1}}g_{n-1}^0 - \frac{(k+n)!}{(k+2)!}\frac{1}{2^{k+2}}g_{n-2}^0$$

$$+ \frac{(k+n)!}{(k+3)!}\left(\frac{1}{2^{k+3}}g_{n-3}^0 - g_{n-3}^{n-3(k+3)}\right)$$

$$= \cdots\cdots$$

$$= \sum_{i=1}^n \frac{(k+n)!}{(k+i)!}\frac{1}{2^{k+i}}g_{n-i}^0(-1)^{i+1} = \sum_{i=1}^n \frac{(k+n)!}{(k+i)!}\frac{1}{2^{n+k}(n-i)!}(-1)^{i+1}.$$

所以

$$g_n^{n(k)} = \frac{1}{2^{n+k}}k!\sum_{i=1}^n \frac{1}{(k+i)!}\frac{1}{(n-i)!}(-1)^{i+1} = \frac{k!}{2^{n+k}(n+k)!}\sum_{i=1}^n C_{n+k}^{k+i}(-1)^{i+1}.$$

再由引理 7.8.1 得 $g_n^{n(k)} = \dfrac{1}{2^{n+k}(n-1)!(n+k)}$ 成立.

引理 7.8.2　$\displaystyle\sum_{j=1}^{p} C_{n+1}^{j}(-1)^{j+1} + (-1)^p C_n^p = 1.$

证明

$$\sum_{j=1}^{p} C_{n+1}^{j}(-1)^{j+1} + (-1)^p C_n^p = \sum_{j=1}^{p-1} C_{n+1}^{j}(-1)^{j+1} + C_{n+1}^{p}(-1)^{p+1} + (-1)^p C_n^p$$

$$= \sum_{j=1}^{p-1} C_{n+1}^{j}(-1)^{j+1} + (-1)^{p+1}(C_{n+1}^{p} - C_n^p) = \sum_{j=1}^{p-1} C_{n+1}^{j}(-1)^{j+1} + (-1)^{p+1} C_n^{p-1}$$

$$= \sum_{j=1}^{p-2} C_{n+1}^{j}(-1)^{j+1} + C_{n+1}^{p-1}(-1)^p + (-1)^{p+1} C_n^{p-1}$$

$$= \sum_{j=1}^{p-2} C_{n+1}^{j}(-1)^{j+1} + (-1)^{p+2}(C_{n+1}^{p-1} - C_n^{p-1})$$

$$= \sum_{j=1}^{p-2} C_{n+1}^{j}(-1)^{j+1} + (-1)^{p+2} C_n^{p-2} = \sum_{j=1}^{p-(p-1)} C_{n+1}^{j}(-1)^{j+1} + (-1)^{2p-1} C_n^1$$

$$= C_{n+1}^1 + (-1)^{2p-1} C_n^1 = 1.$$

定理 7.8.5　$f_n^{n-i(1)} = \dfrac{n-i}{(n+1)!}.$

证明　当 $i = 0, 1$ 时, 由定理 7.8.3 得

$$f_n^{n(1)} = \frac{1}{(n-1)!(n+1)} = \frac{n}{(n+1)!}.$$

$$f_n^{n-1(1)} = f_{n-1}^{n-1(1)} - f_{n-1}^{n-1(2)} = \frac{n-1}{n!} - \frac{1}{(n-2)!(n+1)} = \frac{n-1}{(n+1)!}$$

成立.

假设当 $i < p$ 时定理成立, 则当 $i = p$ 时有

$$f_n^{n-p(1)} = \sum_{j=1}^{p} f_{n-j}^{n-p(1)} \frac{(-1)^{j+1}}{j!} + \frac{(-1)^p}{p!} f_{n-p}^{n-p(p+1)}.$$

$$= \sum_{j=1}^{p} \frac{n-p}{(n-j+1)!} \frac{(-1)^{j+1}}{j!} + \frac{(-1)^p}{p!} f_{n-p}^{n-p(p+1)}$$

$$= \sum_{j=1}^{p} \frac{n-p}{(n-j+1)!} \frac{(-1)^{j+1}}{j!} + \frac{(-1)^p}{p!} \frac{1}{(n-p-1)!(n+1)}$$

$$= \frac{n-p}{(n+1)!} \sum_{j=1}^{p} \mathrm{C}_{n+1}^{j}(-1)^{j+1} + \frac{(-1)^p}{p!} \frac{n!}{(n-p-1)!(n+1)!}$$

$$= \frac{n-p}{(n+1)!} \left(\sum_{j=1}^{p} \mathrm{C}_{n+1}^{j}(-1)^{j+1} + (-1)^p \mathrm{C}_n^p \right),$$

又因 $\sum\limits_{j=1}^{p} \mathrm{C}_{n+1}^{j}(-1)^{j+1} + (-1)^p \mathrm{C}_n^p = 1$, 所以

$$f_n^{n-p(1)} = \frac{n-p}{(n+1)!}, \quad f_n^{i(1)} = \frac{i}{(n+1)!},$$

其中 $p = 0, 1, 2, \cdots, n-1.$ $i = 1, 2, \cdots, n.$

定理 7.8.6 $g_n^{n-i(1)} = \dfrac{n-i}{2^{n+i-1}(n+1)!}.$

证明 当 $i = 0, 1$ 时, 由定理 7.8.4 得

$$g_n^{n(1)} = \frac{1}{2^{n+1}(n-1)!(n+1)} = \frac{n}{2^{n+1}(n+1)!},$$

$$g_n^{n-1(1)} = \frac{1}{2} g_{n-1}^{n-1(1)} - g_{n-1}^{n-1(2)} = \frac{n-1}{2^{n+1}n!} - \frac{1}{2^{n+1}(n-2)!(n+1)} = \frac{n-1}{2^{n+1}(n+1)!}$$

成立.

假设当 $i < p$ 时定理成立, 则当 $i = p$ 时有

$$g_n^{n-p(1)} = \sum_{j=1}^{p} g_{n-j}^{n-p(1)} \frac{(-1)^{j+1}}{j!} + \frac{(-1)^p}{p!} \frac{1}{2^{n+p-1}} g_{n-p}^{n-p(p+1)}$$

$$= \sum_{j=1}^{p} \frac{n-p}{2^{n+p-1}(n-j+1)!} \frac{(-1)^{j+1}}{j!} + \frac{(-1)^p}{p!} \frac{1}{2^{n+p-1}} g_{n-p}^{n-p(p+1)}$$

$$= \sum_{j=1}^{p} \frac{n-p}{2^{n+p-1}(n-j+1)!} \frac{(-1)^{j+1}}{j!} + \frac{(-1)^p}{2^{n+p-1}p!} \frac{1}{(n-p-1)!(n+1)}$$

$$= \frac{n-p}{2^{n+p-1}(n+1)!} \sum_{j=1}^{p} \mathrm{C}_{n+1}^{j}(-1)^{j+1} + \frac{(-1)^p}{2^{n+p-1}p!} \frac{n!}{(n-p-1)!(n+1)!}$$

$$= \frac{n-p}{2^{n+p-1}(n+1)!} \left(\sum_{j=1}^{p} \mathrm{C}_{n+1}^{j}(-1)^{j+1} + (-1)^p \mathrm{C}_n^p \right).$$

又因 $\sum\limits_{j=1}^{p} \mathrm{C}_{n+1}^{j}(-1)^{j+1} + (-1)^p \mathrm{C}_n^p = 1$, 所以

$$g_n^{n-i(1)} = \frac{n-i}{2^{n+i-1}(n+1)!}, \quad i = 1, 2, \cdots, n.$$

7.8.2   Gödel 逻辑系统中公式真度的特征

定理 7.8.7 n 元 Gödel 逻辑公式的真度集为 $\left\{\dfrac{i}{(n+1)!}\,\bigg|\,i\in\mathbf{N},0\leqslant i\leqslant(n+1)!\right\}$.

证明   假设任一 n 元 Gödel 逻辑公式 φ 的真值函数为

$$
f_\phi=\begin{cases}
x_{i_1}, & (x_1,\cdots,x_n)\in C_1,\\
x_{i_2}, & (x_1,\cdots,x_n)\in C_2,\\
\quad\cdots\cdots\\
x_{i_{|\Delta|}}, & (x_1,\cdots,x_n)\in C_{|\Delta|},
\end{cases}
$$

其中 $C_1,C_2,\cdots,C_{|\Delta|}\in\Delta$, $x_{i_1},x_{i_2},\cdots,x_{i_{|\Delta|}}\in\{0,x_1,x_2,\cdots,x_n,1\}$, $i=1,2,\cdots,n$. 则其真度为

$$
\begin{aligned}
\tau(\varphi)&=\int_{[0,1]^n}f_\phi=\sum_{j=1}^{|\Delta|}\int_{C_j}x_{i_j}=\sum_{j=1}^{n!}\int_{C_j}x_{i_j}\\
&=\sum_{j=1}^{n!}f_n^{i_j(1)}=\sum_{j=1}^{n!}\frac{i_j}{(n+1)!}=\frac{1}{(n+1)!}\sum_{j=1}^{n!}i_j,
\end{aligned}
$$

故 $\tau(\varphi)\in\left\{\dfrac{i}{(n+1)!}\,\bigg|\,i\in\mathbf{N},0\leqslant i\leqslant(n+1)!\right\}$.

此外, 对任意的 $i\in\mathbf{N},0\leqslant i\leqslant(n+1)!$, 存在 $i_j\in\{0,1,2,\cdots,n\},j=1,2,\cdots,n!$ 使得 $\sum\limits_{j=1}^{n!}i_j=i$, 故

$$
\frac{i}{(n+1)!}=\frac{1}{(n+1)!}\sum_{j=1}^{n!}i_j=\sum_{j=1}^{n!}\frac{i_j}{(n+1)!}=\sum_{j=1}^{n!}f_n^{i_j(1)}=\sum_{j=1}^{n!}\int_{C_j}x_{i_j}.
$$

根据定理 7.7.9 和定理 7.7.10 得存在 n 元 Gödel 逻辑公式 φ 的真度为 $\dfrac{i}{(n+1)}$. 证毕.

定理 7.8.8   Gödel 逻辑公式的真度集为 $[0,1]\cap\mathbf{Q}$. 其中 $\mathbf{Q}$ 表示有理数集.

证明   根据定理 7.8.7 得逻辑公式的真度集为

$$
\bigcup_{n=1}^{\infty}\left\{\frac{i}{(n+1)!}\,\bigg|\,i\in\mathbf{N},0\leqslant i\leqslant(n+1)!\right\}=[0,1]\cap\mathbf{Q}.
$$

7.8.3   L* 逻辑系统中公式真度的特征

定理 7.8.9   L* 逻辑系统中 n 元公式的真度集为

$$
\left\{\frac{i}{2^n(n+1)!}\,\bigg|\,i\in\mathbf{N},0\leqslant i\leqslant 2^n(n+1)!\right\}.
$$

证明 假设 L* 逻辑系统中任一 n 元公式 φ 的真值函数为

$$
g_\varphi = \begin{cases}
y_{i_1}, & (x_1,\cdots,x_n) \in D_1, \\
y_{i_2}, & (x_1,\cdots,x_n) \in D_2, \\
\quad\cdots\cdots \\
y_{i_{|\Delta|}}, & (x_1,\cdots,x_n) \in D_{|\Delta|},
\end{cases}
$$

其中 $D_1, D_2, \cdots, D_{|\Delta|} \in \Delta$, $y_{i_1}, y_{i_2}, \cdots, y_{i_{|\Delta|}} \in \{0, y_1, y_2, \cdots, y_n, 1\}$, $i = 1, 2, \cdots, n$, 则其真度为

$$
\tau(\varphi) = \int_{[0,1]^n} f_\phi = \sum_{j=1}^{|\Delta|} \int_{C_j} y_{i_j} = \sum_{j=1}^{2^n n!} \int_{C_j} y_{i_j} = \sum_{j=1}^{2^n n!} g_n^{i_j(1)}
$$

$$
= \sum_{j=1}^{2^n n!} \frac{i_j}{2^{n+i_j-1}(n+1)!} = \frac{1}{2^{n-1}(n+1)!} \sum_{j=1}^{2^n n!} \frac{i_j}{2^{i_j}},
$$

故 $\tau(\varphi) \in \left\{ \dfrac{i}{2^n(n+1)!} \,\middle|\, i \in \mathbf{N}, 0 \leqslant i \leqslant 2^n(n+1)! \right\}$.

此外, 对任意的 $i \in \mathbf{N}, 0 \leqslant i \leqslant 2^n(n+1)!$, 存在 $i_j \in \{0, 1, 2, \cdots, n\}, j = 1, 2, \cdots, 2^n n!$ 使得 $\displaystyle\sum_{j=1}^{2^n n!} \frac{i_j}{2^{i_j}} = 2i$. 故

$$
\frac{i}{2^n(n+1)!} = \frac{1}{2^{n-1}(n+1)!} \sum_{j=1}^{2^n n!} \frac{i_j}{2^{i_j}} = \sum_{j=1}^{2^n n!} \frac{i_j}{2^{n+i_j-1}(n+1)!}
$$

$$
= \sum_{j=1}^{2^n n!} g_n^{i_j(1)} \frac{1}{(n+1)!} = \sum_{j=1}^{2^n n!} \int_{C_j} y_{i_j}.
$$

根据定理 7.8.8 和 7.7.15 得存在 n 元逻辑公式 φ 的真度为 $\dfrac{i}{2^n(n+1)!}$. 证毕.

定理 7.8.10 L* 逻辑系统中公式的真度集为 $[0,1] \cap \mathbf{Q}$, 其中 $\mathbf{Q}$ 为有理数集.

证明 根据定理 7.8.9 得逻辑公式的真度集为

$$
\bigcup_{n=1}^{\infty} \left\{ \frac{i}{2^n(n+1)!} \,\middle|\, i \in \mathbf{N}, 0 \leqslant i \leqslant (n+1)! \right\} = [0,1] \cap \mathbf{Q}.
$$

7.9 模糊逻辑系统中公式真度计算

本节参考文献 [77], [78].

7.9.1　Gödel 逻辑系统中公式的真度计算

设 $i_1, i_2, \cdots, i_n$ 是 $1, \cdots, n$ 的一个全排列, $x_{i_1}, x_{i_2}, \cdots, x_{i_n}$ 是 $x_1, x_2, \cdots, x_n$ 的一个全排列, 则

$$C_i = \{(x_1, x_2, \cdots, x_n) | 0 < x_{i_1} < x_{i_2} \cdots < x_{i_{n-1}} < x_{i_n} \leqslant 1\}, \quad i = 1, 2, \cdots, n!$$

表示 n 维方体 $[0,1]^n$ 中的一块区域. 令 $C = \bigcup\limits_{i=1}^{n!} C_i$.

例 7.9.1　若 $n = 1$, 则 $C_1 = \{x_1 | 0 < x_1 \leqslant 1\}$, $C = C_1$.

例 7.9.2　若 $n = 2$, 则

$$C_1 = \{(x, y) | 0 < x < y \leqslant 1\};$$
$$C_2 = \{(x, y) | 0 < y < x \leqslant 1\};$$
$$C = C_1 \cup C_2.$$

定义 7.9.1　设任意 n 元逻辑公式 φ 的真值函数为 f_φ, 则称 $\overline{f}_\varphi = f_\varphi | C$ 为 φ 的拟真值函数, 其中 $f_\varphi | C$ 是 f_φ 在 C 上的限制.

根据定理 7.7.2 和定理 7.7.4 可得任意逻辑公式 φ 的拟真值函数 $\overline{f}_\varphi : [0,1]^n \to [0,1]$ 具有如下形式:

$$\overline{f}_\varphi = \begin{cases} x_{i_1}, & (x_1, \cdots, x_n) \in C_1, \\ x_{i_2}, & (x_1, \cdots, x_n) \in C_2, \\ \quad\quad \cdots\cdots \\ x_{i_{n!}}, & (x_1, \cdots, x_n) \in C_{n!}. \end{cases}$$

定理 7.9.1　若 n 元逻辑公式 φ 的拟真值函数为

$$\overline{f}_\varphi = \begin{cases} x_{i_1}, & (x_1, \cdots, x_n) \in C_1, \\ x_{i_2}, & (x_1, \cdots, x_n) \in C_2, \\ \quad\quad \cdots\cdots \\ x_{i_{n!}}, & (x_1, \cdots, x_n) \in C_{n!}, \end{cases}$$

则其真度为

$$\tau(\varphi) = \sum_{i=1}^{n!} \int_{C_j} x_{i_j}.$$

证明　根据真度的定义显然成立.

对于区域 $C_i = \{(x_1, x_2, \cdots, x_n) | 0 < x_{i_1} < x_{i_2} < \cdots < x_{i_{n-1}} < x_{i_n} \leqslant 1\}$, 称 $x_{i_1}, x_{i_2}, \cdots, x_{i_{n-1}}, x_{i_n}$ 为其对应的变元全排列.

定理 7.9.2 若 n 元逻辑公式 φ 的拟真值函数为

$$
\overline{f}_\varphi = \begin{cases}
x_{i_1}, & (x_1, \cdots x_n) \in C_1, \\
x_{i_2}, & (x_1, \cdots x_n) \in C_2, \\
\quad \cdots\cdots \\
x_{i_{n!}}, & (x_1, \cdots, x_n) \in C_{n!},
\end{cases}
$$

且 x_{i_j} 在 C_j 对应的变元全排列中的位次为第 a_j 个, 则其真度为

$$
\tau(\varphi) = \frac{1}{(n+1)!} \sum_{i=1}^{n!} a_j.
$$

证明 根据定义 7.9.1 和定理 7.9.1 结论显然成立.

7.9.2 L* 逻辑系统中公式的真度计算

令 $y_i \in \{x_i, 1-x_i\}$, $i_1, i_2, \cdots, i_n$ 是 $1, \cdots, n$ 的一个全排列, $y_{i_1}, y_{i_2}, \cdots, y_{i_n}$ 是 $y_1, y_2, \cdots, y_n$ 的一个全排列. 则

$$
D_i = \left\{ (x_1, x_2, \cdots, x_n) \Big| 0 \leqslant y_{i_1} < y_{i_2} \cdots < y_{i_{n-1}} < y_{i_n} < \frac{1}{2} \right\}, \quad i = 1, 2, \cdots, 2^n n!
$$

表示 n 维方体 $[0,1]^n$ 中的一块区域. 令 $D = \bigcup_{i=1}^{2^n n!} D_i$.

例 7.9.3 若 $n = 1$, 则

$$
D_1 = \left\{ x_1 \Big| 0 \leqslant x_1 < \frac{1}{2} \right\}, \quad D_2 = \left\{ x_1 \Big| 0 \leqslant 1-x_1 < \frac{1}{2} \right\}, \quad D = D_1 \cup D_2.
$$

例 7.9.4 若 $n = 2$, 则

$$
D_1 = \left\{ (x,y) \Big| 0 \leqslant x < y < \frac{1}{2} \right\}; \quad D_2 = \left\{ (x,y) \Big| 0 \leqslant x = 1-y < \frac{1}{2} \right\};
$$

$$
D_3 = \left\{ (x,y) \Big| 0 \leqslant x < 1-y < \frac{1}{2} \right\}; \quad D_4 = \left\{ (x,y) \Big| 0 \leqslant 1-y < x < \frac{1}{2} \right\};
$$

$$
D_5 = \left\{ (x,y) \Big| 0 \leqslant 1-x < y < \frac{1}{2} \right\}; \quad D_6 = \left\{ (x,y) \Big| 0 \leqslant y < 1-x < \frac{1}{2} \right\};
$$

$$
D_7 = \left\{ (x,y) \Big| 0 \leqslant 1-x < 1-y < \frac{1}{2} \right\}; \quad D_8 = \left\{ (x,y) \Big| 0 \leqslant 1-y < 1-x < \frac{1}{2} \right\};
$$

$$
D = \bigcup_{i=1}^{8} D_i.
$$

定义 7.9.2　设任意 n 元逻辑公式 φ 的真值函数为 g_φ, 则称 $\overline{g}_\varphi = g_\varphi | D$ 为 φ 的拟真值函数, 其中 $g_\varphi | D$ 是 f_φ 在 D 上的限制.

根据 7.8 节定理 7.8.8 和定理 7.7.15 可得任意逻辑公式 φ 的拟真值函数 $\overline{g}_\varphi$: $[0,1]^n \to [0,1]$ 具有如下形式:

$$\overline{g}_\varphi = \begin{cases} y_{i_1}, & (x_1, \cdots, x_n) \in D_1, \\ y_{i_2}, & (x_1, \cdots, x_n) \in D_2, \\ \qquad \cdots\cdots \\ x_{i_{2^n n!}}, & (x_1, \cdots, x_n) \in D_{2^n n!}. \end{cases}$$

定理 7.9.3　若 n 元逻辑公式 φ 的拟真值函数为

$$\overline{g}_\varphi = \begin{cases} y_{i_1}, & (x_1, \cdots, x_n) \in D_1, \\ y_{i_2}, & (x_1, \cdots, x_n) \in D_2, \\ \qquad \cdots\cdots \\ x_{i_{2^n n!}}, & (x_1, \cdots, x_n) \in D_{2^n n!}, \end{cases}$$

则其真度为

$$\tau(\varphi) = \sum_{i=1}^{2^n n!} \int_{D_j} x_{i_j}.$$

证明　根据真度的定义显然成立.

对于区域 $D_i = \left\{ (x_1, x_2, \cdots, x_n) \,\middle|\, 0 \leqslant y_{i_1} < y_{i_2} \cdots < y_{i_{n-1}} < y_{i_n} < \dfrac{1}{2} \right\}$, 称 y_{i_1}, $y_{i_2}, \cdots, y_{i_{n-1}}, y_{i_n}$ 为其对应的变元全排列.

定理 7.9.4　若 n 元逻辑公式 φ 的拟真值函数为

$$\overline{g}_\varphi = \begin{cases} y_{i_1}, & (x_1, \cdots, x_n) \in D_1, \\ y_{i_2}, & (x_1, \cdots, x_n) \in D_2, \\ \qquad \cdots\cdots \\ x_{i_{2^n n!}}, & (x_1, \cdots, x_n) \in D_{2^n n!}, \end{cases}$$

且 y_{i_j} 在 D_j 对应的变元全排列中的位次为第 b_j 个, 则其真度为

$$\tau(\varphi) = \frac{1}{2^{n-1}(n+1)!} \sum_{i=1}^{2^n n!} \frac{b_j}{2^{b_j}}.$$

证明　根据定理 7.9.1 和定理 7.8.8 结论显然成立.

7.10 MTL 概率逻辑与推理

前几节在一些模糊逻辑系统中引入了公式的真度的概念. 基于此, 通过引入公式的相似度、公式的理论可证度、理论的下真度、理论相容度的概念, 丰富了模糊逻辑系统的内容. 读者注意, 虽然在命题的真度的定义时, 没有提到概率二字, 但是究其实质, 一个命题的真度就是命题真的均匀概率. 例如, 对于原子命题 p_1, 在任何模糊逻辑系统中, 通过积分 $\int_0^1 x \mathrm{d}x = \frac{1}{2}$ 得到它的真度 $\frac{1}{2}$. 对于真度 $\frac{1}{2}$, 从应用的角度, 可以用概率的观点解释它. 如果视 p_1 为一个给定的实际的模糊命题或模糊随机命题, 那么它在 [0,1] 中取值是随机的. 如果视它对应一个随机变量 ξ, 且在 [0,1] 服从均匀分布, 则 $\frac{1}{2}$ 可以理解为真的概率. 基于此, 可以将此思想推广到 MTI 逻辑公式和一般的概率分布, 建立 MTL 逻辑系统下的概率真度理论, 简称 MTL 概率逻辑.

本节的内容包括以下部分: 7.10.1 节引入不确定变量、不确定 $(L, *_{\mathrm{MTL}})$ 逻辑公式、不确定 $(L, *_{\mathrm{MTL}})$ 逻辑公式的真函数、不确定变量的赋值分布 (或密度) 函数、不确定 $(L, *_{\mathrm{MTL}})$ 逻辑公式的概率真度概念. 7.10.2 节研究概率真度的规律. 此外, 提出公式的 α-模型和模型 (即公式集) 的概念, 并研究其性质. 7.10.3 节通过引入条件真度、相容度、可证度、相似度、伪距离的概念, 定义 Modus Ponens 规则、Modus Tollens 规则、Hypothetical Syllogism 规则和 Disjunction Reasoning 规则, 提供一些近似推理的方法.

7.10.1 不确定 MTL 逻辑公式的概率真度

首先约定: 使用 $*_{\mathrm{MTL}}$ 表示一个左连续 t-模, $*_{BL}$ 表示一个连续 t-模. 为了使得在 MTL 逻辑系统中定义的概率真度和谐于概率论, 引入下述定义.

定义 7.10.1 设 ξ 是一个命题, 如果它真值可能属于 $L_n = \left\{ 0, \dfrac{1}{n-1}, \cdots, \dfrac{n-1}{n-2}, 1 \right\}$ ([0,1]), 则称它是一个不确定 n-值 (模糊值或连续值) 变量.

定义 7.10.2 设 $S = \{\xi_1, \xi_2, \cdots, \xi_i, \cdots, \}$ 是由可数个不确定 n-值 (模糊值或连续值) 变量组成的集合. 对于任何左连续 t-模 $*_{\mathrm{MTL}}$ 和它的伴随蕴涵 $\Rightarrow_{*_{\mathrm{MTL}}}$, 定义概率 $(L_n, *_{\mathrm{MTL}})(([0,1], *_{\mathrm{MTL}}))$ 逻辑 (简称概率 MTL 逻辑) 如下.

设 $F(S)$ 是一个由 $S \cup \{\overline{0}\}$ 产生的 $(\& , \cap, \rightarrow)$-型自由代数, 则称 $\varphi \in F(S)$ 为一个不确定 $(L_n, *_{\mathrm{MTL}})([0,1], *_{\mathrm{MTL}})$ 逻辑公式, 简称不确定 MTL 逻辑公式, 这里 $\& , \rightarrow, \cap$ 表示连接词, $\overline{0}$ 表示零常元. 进一步地, 定义一个真常元和新的连接词如

下.

$$\bar{0} \to \bar{0} = \bar{1}, \quad \neg\varphi \text{ 表示} \quad \varphi \to \bar{0}.$$

$$\varphi \cup \psi \quad \text{表示} \quad ((\varphi \to \psi) \to \psi) \cap ((\psi \to \varphi) \to \varphi).$$

$$\varphi \equiv \psi \quad \text{表示} \quad (\varphi \to \psi) \& (\psi \to \varphi).$$

$$\varphi^n \text{表示} \& \text{ 连接} n \text{次, 即} \varphi \& \varphi \& \cdots \& \varphi.$$

连接词的运算次序是非 $\neg$、弱合取 $\&$、强合取 $\cap$、析取 $\cup$、蕴涵 $\to$ 和等价 $\equiv$. 有时, 在公式中可以省略括号.

设 $\varphi \in F(S)$. 如果它仅包含不确定变量 $\xi_{i_1}, \xi_{i_2}, \cdots, \xi_{i_m}$, 记

$$\mathrm{Var}(\varphi) = \{\xi_{i_1}, \xi_{i_2}, \cdots, \xi_{i_m}\} \text{和} \varphi = \varphi(\xi_{i_1}, \xi_{i_2}, \cdots, \xi_{i_m}).$$

定义 7.10.3 (1) 称映射 $v : S \to L$ 为概率 $(L, *_{\mathrm{MTL}})$ 逻辑在 S 上的一个赋值, 这里 $L = \left\{0, \dfrac{1}{n}, \cdots, \dfrac{n-1}{n}, 1\right\}$ 或 $L = [0,1]$. 概率 $(L, *_{\mathrm{MTL}})$ 逻辑在 S 上的所有赋值之集记作 Ω.

(2) 设 $W = \{\xi_{i_1}, \xi_{i_2}, \cdots, \xi_{i_m}\} \subseteq S, v \in \Omega$, 如果 $v_W : W \to L$ 满足

$$v_W(\xi_{i_j}) = v(\xi_{i_j}), \quad j = 1, 2, \cdots, m,$$

则称它是概率 $(L, *_{\mathrm{MTL}})$ 逻辑在 W 上的赋值. 也称 v_W 是 v 在 W 上的约束, 或称 v 是 v_W 在 S 上的扩张. 概率 $(L, *_{\mathrm{MTL}})$ 逻辑在 W 上的所有赋值组成的集合记作 $\Omega(W)$.

(3) 设 $W_1 \subseteq W_2 \subseteq S$. 给定 v_{W_1} 和 v_{W_2}, 如果对于任意 $\xi_i \in W_1$, $v_{W_1}(\xi_i) = v_{W_2}(\xi_i)$, 则称 v_{W_1} 是 v_{W_2} 的收缩, v_{W_2} 是 v_{W_1} 的扩张.

定义 7.10.4 给定一个左连续 t-模 $*_{\mathrm{MTL}}$, 对于任意 $\varphi(\xi_{i_1}, \xi_{i_2}, \cdots, \xi_{i_n}) \in F(S)$, 递推地定义 φ 在 $v_{\mathrm{Var}(\varphi)}$ 上的真值 v 如下.

(1) 如果 $\varphi = \phi \& \psi$, 则 $v(\varphi) = v_{\mathrm{Var}(\phi)}(\phi) *_{\mathrm{MTL}} v_{\mathrm{Var}(\psi)}(\psi)$;

(2) 如果 $\varphi = \phi \cap \psi$, 则 $v(\varphi) = \min\{v_{\mathrm{Var}(\phi)}(\phi), v_{\mathrm{Var}(\psi)}(\psi)\} = v_{\mathrm{Var}(\phi)}(\phi) \wedge v_{\mathrm{Var}(\psi)}(\psi)$;

(3) 如果 $\varphi = \phi \to \psi$, 则 $v(\varphi) = v_{\mathrm{Var}(\phi)}(\phi) \Rightarrow_{*_{\mathrm{MTL}}} v_{\mathrm{Var}(\psi)}(\psi)$.

对于任意 $v \in \Omega$, 有以下结论.

(1) 如果 $\varphi = \neg\phi$, 则 $v(\varphi) = v_{\mathrm{Var}(\phi)}(\phi) \Rightarrow_{*_{\mathrm{MTL}}} 0$;

(2) 如果 $\varphi = \phi \cup \psi$, 则 $v(\varphi) = \max\{v_{\mathrm{Var}(\phi)}(\phi), v_{\mathrm{Var}(\psi)}(\psi)\} = v_{\mathrm{Var}(\phi)}(\phi) \vee v_{\mathrm{Var}(\psi)}(\psi)$.

定义 7.10.5 给定一个左连续 t-模 $*_{\mathrm{MTL}}$, 对于任何不确定 $(L, *_{\mathrm{MTL}})$ 逻辑公式 $\varphi(\xi_{i_1}, \xi_{i_2}, \cdots, \xi_{i_m}) \in F(S)$, 称 $v_{\mathrm{Var}(\varphi)}(\varphi), v_{\mathrm{Var}(\varphi)} \in \Omega(\mathrm{Var}(\varphi))$ 为 φ 的真值函数, 记作

$$g_\varphi(x_{i_1}, x_{i_2}, \cdots, x_{i_m}), \quad (x_{i_1}, x_{i_2}, \cdots, x_{i_m}) \in L^m,$$

简记作 $g_\varphi(x_{i_1}, x_{i_2}, \cdots, x_{i_m})$. 对于任何正整数 k, 称

$$\begin{aligned} &g_{\varphi^{(k)}}(x_{i_1}, x_{i_2}, \cdots, x_{i_m}, x_{i_{m+1}}, \cdots, x_{i_{m+k}}) \\ &= g_\varphi(x_{i_1}, x_{i_2}, \cdots, x_{i_m}), \quad (x_{i_1}, x_{i_2}, \cdots, x_{i_m}, x_{i_{n+1}}, \cdots, x_{i_{m+k}}) \in L^{m+k} \end{aligned}$$

为不确定 $(L, *_{\mathrm{MTL}})$ 逻辑公式

$$\varphi^{(k)}(\xi_1, \xi_2, \cdots, \xi_m, \xi_{m+1}, \xi_{m+2}, \cdots, \xi_{m+k}) = \varphi(\xi_1, \xi_2, \cdots, \xi_m)$$

的真值函数, 且称 $\varphi^{(k)}$ 为 φ 关于变量集 $\{\xi_1, \xi_2, \cdots, \xi_m, \xi_{m+1}, \xi_{m+2}, \cdots, \xi_{m+k}\}$ 的 k-扩张.

例 7.10.1 (1) 对于任何左连续 t-模 $*_{\mathrm{MTL}}$, ξ_2 的真函数分别是 $x_2, x_2 \in L$. 如果 $L = \left\{0, \dfrac{1}{2}, 1\right\}$, 则 x_2 是一个三值函数; 如果 $L = [0, 1]$, x_2 是一个 $[0, 1]$ 上的连续线性函数.

(2) 设 $\varphi = \xi_1 \to \xi_2$. 不确定 $(\{0, 1\}, *_{\mathrm{MTL}})$ 逻辑公式 φ 的真函数是

$$g_{\xi_1 \to_{*_{\mathrm{MTL}}} \xi_2} = x_1 \Rightarrow_* x_2, (x_1, x_2) \in \{0, 1\}^2,$$

这里 $\Rightarrow_*$ 是一个左连续 t-模 $*_{\mathrm{MTL}}$ 的伴随蕴涵. 它满足 $g_{\xi_1 \to_* \xi_2} = x_1 \Rightarrow_* x_2 = 0$ 当且仅当 $x_1 = 1$, 且对于 $(x_1, x_2) \in \{0, 1\}^2$ 有 $x_2 = 0$.

不确定 $(L, *_{\mathrm{Lu}})$ 逻辑公式 φ 的真函数是

$$g_{\xi_1 \to \xi_2} = (1 - x_1 + x_2) \wedge 1, \quad (x_1, x_2) \in L^2.$$

不确定 $(L, *_0)$ 逻辑公式 φ 的真函数是 $g_{\xi_1 \to \xi_2}$. 如果 $x_1 > x_2$, 则它满足 $g_{\xi_1 \to \xi_2}(x_1, x_2) = (1 - x_1) \vee x_2$; 如果 $x_1 \leqslant x_2$, 则 $g_{\xi_1 \to \xi_2}(x_1, x_2) = 1$.

(3) 对于任何左连续 t-模 $*_{\mathrm{MTL}}$, 不确定 $(L, *_{\mathrm{MTL}})$ 逻辑公式 $\psi = \xi_1 \cup \xi_2$ 的真函数是

$$g_\psi = x_1 \vee x_2, \quad (x_1, x_2) \in L^2.$$

$(\xi_1 \cup \xi_2)^{(2)}$ 的真函数是

$$g_\psi^{(2)}(x_1, x_2, x_3, x_4) = x_1 \vee x_2, (x_1, x_2, x_3, x_4) \in L^4.$$

定义 7.10.6　设 $\varphi \in F(S)$. 在 $(L, *_{\mathrm{MTL}})$ 逻辑中, 如果 $g_\varphi \equiv 1$, 则称 φ 是一个重言式, 记作 $\vDash \varphi$; 如果 $g_\varphi \equiv 0$, 则称 φ 是一个矛盾式, 记作 $\vDash \neg\varphi$.

定义 7.10.7　(1) 如果满足 $\displaystyle\sum_{x_i \in L_n} f_{\xi_i}(x_i) = 1$, 则称 $f_{\xi_i}(x_i), x_i \in L_n$ 是 n-值不确定变量 $\xi_i \in S$ 的一个独立赋值分布函数.

(2) 如果满足

$$\sum_{(x_{i_1}, x_{i_2}, \cdots, x_{i_m}) \in L_n^m} f(x_{i_1}, x_{i_2}, \cdots, x_{i_m}) = 1,$$

则称 $f(x_{i_1}, x_{i_2}, \cdots, x_{i_m}), (x_{i_1}, x_{i_2}, \cdots, x_{i_m}) \in \left\{0, \dfrac{1}{n-1}, \cdots, 1\right\}^m$ 是 n-值不确定变量 $\xi_{i_1}, \xi_{i_2}, \cdots, \xi_{i_m} \in S$ 的一个联合赋值分布函数.

(3) 如果满足积分 $\displaystyle\int_{[0,1]} f(x_i)\mathrm{d}x_i = 1$, 则称 $f_{\xi_i}(x_i), x_i \in [0,1]$ 是不确定模糊变量 $\xi_i \in S$ 的一个独立赋值密度函数.

(4) 如果满足积分

$$\int_0^1 \int_0^1 \cdots \int_0^1 f_W(x_{i_1}, \cdots, x_{i_m})\mathrm{d}x_{i_1} \cdots \mathrm{d}x_{i_m} = 1,$$

则称 $f(x_{i_1}, x_{i_2}, \cdots, x_{i_m}) ((x_{i_1}, x_{i_2}, \cdots, x_{i_m}) \in [0,1]^m)$ 是不确定模糊变量 $\xi_{i_j}, j = 1, 2, \cdots, m$ 的一个联合赋值密度函数.

定义 7.10.8　设不确定 n-值模糊变量 $\xi_1, \xi_2, \cdots, \xi_m \in S$ 和 f 是 $\xi_i, i = 1, 2, \cdots, m$ 是不确定 n-值 (模糊) 变量的一个联合赋值分布 (密度) 函数, 且 $f_1(x_1)$, $f_2(x_2), \cdots, f_m(x_m)$ 分别是 $\xi_1, \xi_2, \cdots, \xi_m$ 的独立赋值分布 (密度) 函数. 如果 $f(x_1, x_2, \cdots, x_m) = f_1(x_1) \times f_2(x_2) \times \cdots \times f_m(x_m), (x_1, x_2, \cdots, x_m) \in L^m$, 则称 $\xi_1, \xi_2, \cdots, \xi_m$ 是独立不确定变量.

定理 7.10.1　设 $f(x_1, x_2, \cdots, x_m) ((x_1, x_2, \cdots, x_m) \in L^m)$ 是不确定 n-值 (模糊) 变量 $\xi_i, i = 1, 2, \cdots, n$ 的一个联合赋值分布 (密度) 函数.

(1) 如果 $\xi_1, \xi_2, \cdots, \xi_m$ 是不确定 n-值变量, 则对于任何正整数 $k \leqslant m$, 称

$$f(x_{i_1}, x_{i_2}, \cdots, x_{i_k}) = \sum_{(x_{l_1}, x_{l_2}, \cdots, x_{l_{m-k}}) \in L_n^{m-k}} f_W(x_1, x_2, \cdots, x_m)$$

是 $\xi_{i_1}, \xi_{i_2}, \cdots, \xi_{i_k}$ 的一个联合赋值分布函数, 这里

$$W_k = \{\xi_{i_1}, \xi_{i_2}, \cdots, \xi_{i_k}\} \subseteq W = \{\xi_1, \xi_2, \cdots, \xi_n\},$$

且 $\xi_{l_1}, \xi_{l_2}, \cdots, \xi_{l_{m-k}} \in W - W_k$ 都是不确定 n-值变量.

(2) 如果 $\xi_1, \xi_2, \cdots, \xi_m$ 是不确定模糊变量, 则对于任何正整数 $k \leqslant m$, 称

$$f(x_{i_1}, x_{i_2}, \cdots, x_{i_k}) = \int_0^1 \int_0^1 \cdots \int_0^1 f(x_1, x_2, \cdots, x_x) \mathrm{d}x_{l_1} \mathrm{d}x_{l_2} \cdots \mathrm{d}x_{l_{m-k}}$$

是一个不确定模糊变量 $\xi_{i_1}, \xi_{i_2}, \cdots, \xi_{i_k}$ 的一个联合赋值密度函数, 这里,

$$W_k = \{\xi_{i_1}, \xi_{i_2}, \cdots, \xi_{i_k}\} \subseteq W = \{\xi_1, \xi_2, \cdots, \xi_m\}, \xi_{l_1}, \xi_{l_2}, \cdots, \xi_{l_{m-k}} \in W - W_k.$$

设 $W = \{\xi_1, \xi_2, \cdots, \xi_n\} \subseteq S$. 下面使用 f_W 表示 $\xi_1, \xi_2, \cdots, \xi_n$ 的联合赋值分布 (密度) 函数, 且记

$$\int_0^1 \int_0^1 \cdots \int_0^1 g_\varphi(x_{i_1}, \cdots, x_{i_m}) f_{\mathrm{Var}(\varphi)}(x_{i_1}, \cdots, x_{i_m}) \mathrm{d}x_{i_1}, \cdots, \mathrm{d}x_{i_m}$$

为

$$\int_{[0,1]^m} g_\varphi(x_{i_1}, \cdots, x_{i_m}) f_{\mathrm{Var}(\varphi)}(x_{i_1}, \cdots, x_{i_n}) \mathrm{d}w_m.$$

定义 7.10.9 设 $\varphi(\xi_{i_1}, \xi_{i_2}, \cdots, \xi_{i_m}) \in F(S)$, $f_{\mathrm{Var}(\varphi)}$ 是不确定 n-值 (模糊) 变量 $\xi_{i_j} \in L, j = 1, 2, \cdots, m$ 的一个联合赋值分布 (密度) 函数, 且 $*$ 是一个左连续 t-模. 则称不确定 $(L, *_{\mathrm{MTL}})$ 逻辑公式 φ 的真函数 g_φ 的期望 $E(g_\varphi)$ 为 φ 的概率真度, 记作 $T(\varphi)$.

(1) 如果 $L = L_n$, 则

$$T(\varphi) = E(g_\varphi) = \sum_{(x_1, x_2, \cdots, x_m) \in L_n^m} g_\varphi \times f_{\mathrm{Var}(\varphi)}(x_1, x_2, \cdots, x_m);$$

(2) 如果 $L = [0, 1]$, 则

$$T(\varphi) = E(g_\varphi) = \int_{[0,1]^m} g_\varphi(x_{i_1}, \cdots, x_{i_m}) f_{\mathrm{Var}(\varphi)}(x_{i_1}, \cdots, x_{i_m}) \mathrm{d}w_m.$$

注 7.10.1 当联合赋值分布 (密度) 函数 f 是一个常数时, 上述定义的概率真度恰是王国俊定义的真度[105], 从实际应用的观点, 他所定义的真度是这里的一种特殊情况, 即每个不确定变量在 L 中取每个值是等可能的.

定理 7.10.2 (概率真度不变性定理) 设 $\varphi(\xi_{i_1}, \xi_{i_2}, \cdots, \xi_{i_m}) \in F(S)$, $f_{\mathrm{Var}(\varphi^{(k)})}$ 是不确定 n-值 (模糊) 变量 $\xi_{i_j} \in \mathrm{Var}(\varphi^{(k)}), j = 1, 2, \cdots, m + k$ 的联合赋值分布 (密度) 函数. 对于任何正整数 k, 有

(1) 如果 $\xi_{i_j} \in \mathrm{Var}(\varphi^{(k)}), j = 1, 2, \cdots, m + k$ 是不确定 n-值变量, 则

$$T(\varphi) = \sum_{(x_{i_1}, x_{i_2}, \cdots, x_{i_m}, x_{i_{m+1}}, \cdots, x_{i_{m+k}}) \in L_n^{m+k}} g_{\varphi^{(k)}}$$

$$\times f_{\mathrm{Var}(\varphi^{(k)})}(x_{i_1}, x_{i_2}, \cdots, x_{i_m}, x_{i_{m+1}}, \cdots, x_{i_{m+k}}).$$

(2) 如果 $\xi_{i_j} \in \mathrm{Var}(\varphi^{(k)}), j = 1, 2, \cdots, m + k$ 不确定模糊值变量, 则

$$T(\varphi) = \int_{[0,1]^{m+k}} g_{\varphi^{(k)}}(x_{i_1}, x_{i_2}, \cdots, x_{i_m}, x_{i_{m+1}}, \cdots, x_{i_{m+k}})$$
$$\times f_{\mathrm{Var}(\varphi^{(k)})}(x_{i_1}, x_{i_2}, \cdots, x_{i_m}, x_{i_{m+1}}, \cdots, x_{i_{m+k}}) \mathrm{d}w_{m+k}.$$

证明 设 k 是一个正整数.

(1) 如果 $\xi_{i_j} \in \mathrm{Var}(\varphi^{(k)}), j = 1, 2, \cdots, m + k$ 是不确定 n-值变量, 则由定理 7.10.1 知

$$\sum_{(x_{i_1}, x_{i_2}, \cdots, x_{i_m}, x_{i_{m+1}}, \cdots, x_{i_{m+k}}) \in L_n^{m+k}} g_{\varphi^{(k)}}$$
$$\times f_{\mathrm{Var}(\varphi^{(k)})}(x_{i_1}, x_{i_2}, \cdots, x_{i_m}, x_{i_{m+1}}, \cdots, x_{i_{m+k}})$$
$$= \sum_{(x_{i_1}, x_{i_2}, \cdots, x_{i_m}, x_{i_{m+1}}, \cdots, x_{i_{m+k}}) \in L_n^{m+k}} g_{\varphi}$$
$$\times \sum_{(x_{i_{m+1}}, \cdots, x_{i_{m+k}}) \in L_n^{(k)}} f_{\mathrm{Var}(\varphi^{(k)})}(x_{i_1}, x_{i_2}, \cdots, x_{i_n}, x_{i_{m+1}}, \cdots, x_{i_{m+k}})$$
$$= \sum_{(x_{i_1}, x_{i_2}, \cdots, x_{i_m}) \in L_n^m} g_{\varphi} \times f_{\mathrm{Var}(\varphi)}(x_{i_1}, x_{i_2}, \cdots, x_{i_m}) = T(\varphi).$$

(2) 如果 $\xi_{i_j} \in \mathrm{Var}(\varphi^{(k)}), j = 1, 2, \cdots, m + k$ 是不确定模糊值变量, 则由定理 7.10.1 知

$$\int_{[0,1]^{m+k}} g_{\varphi^{(k)}}(x_{i_1}, x_{i_2}, \cdots, x_{i_m}, x_{i_{m+1}}, \cdots, x_{i_{m+k}})$$
$$\times f_{\mathrm{Var}(\varphi^{(k)})}(x_{i_1}, x_{i_2}, \cdots, x_{i_m}, x_{i_{m+1}}, \cdots, x_{i_{m+k}}) \mathrm{d}w_{m+k}$$
$$= \int_{[0,1]^m} g_{\varphi}(x_{i_1}, x_{i_2}, \cdots, x_{i_m})$$
$$\times \left[\int_{[0,1]^k} f_{\mathrm{Var}(\varphi^{(m+k)})}(x_{i_1}, x_{i_2}, \cdots, x_{i_m}, x_{i_{m+1}}, \cdots, x_{i_{m+k}}) \mathrm{d}w_k \right] \mathrm{d}w_m$$
$$= \int_{[0,1]^{(m)}} g_{\varphi}(x_{i_1}, x_{i_2}, \cdots, x_{i_m})$$
$$\times f_{\mathrm{Var}(\varphi^{(m)})}(x_{i_1}, x_{i_2}, \cdots, x_{i_m}) \mathrm{d}w_m = T(\varphi).$$

定理 7.10.3 设 $\varphi(\varphi_{11}, \varphi_{12}, \cdots, \varphi_{1k_1}, \varphi_{21}, \varphi_{22}, \cdots, \varphi_{2k_2}, \cdots, \varphi_{ll}, \cdots \xi_{lk_l}) \in F(S)$.

如果任何 $\xi_{1j_i}, \xi_{2j_2}, \cdots, \xi_{lj_l}, j_1 \in \{1, 2, \cdots, k_1\}, j_2 \in \{1, 2, \cdots, k_2\}, \cdots, j_l \in \{1, 2, \cdots, k_l\}$ 是独立的, 且

$$f_1(x_{11}, x_{12}, \cdots, x_{1k_1}), f_2(x_{21}, x_{22}, \cdots, x_{2k_2}), \cdots, f_l(x_{l1}, x_{l2}, \cdots, x_{lk_l})$$

是不确定变量 $\xi_{11}, \xi_{12}, \cdots, \xi_{1k_1}, \xi_{21}, \cdots, \xi_{2k_2}, \cdots, \xi_{ll}, \cdots, \xi_{lk_l}$ 的联合赋值分布 (密度) 函数.

(1) 如果 $L = L_{n-1}$, 则

$$T(\varphi) = \sum_{(x_{11}, x_{12}, \cdots, x_{1k_1}, x_{21}, x_{22}, \cdots, x_{2k_2}, \cdots, x_{l1}, x_{l2}, \cdots, x_{lk_l}) \in L_n^{k_1+k_2+\cdots+k_l}} g_{\varphi}(x) \times f_1 \times f_2 \times \cdots \times f_l.$$

(2) 如果 $L = [0,1]$, 则

$$T(\varphi) = \int_{[0,1]^{k_1+k_2+\cdots+k_l}} g_{\mathrm{Var}(\varphi)}(x) \times f_1 \times f_2 \times \cdots \times f_l \mathrm{d} w_{k_1+k_2+\cdots+k_l}.$$

例 7.10.2 设 $\varphi_1 \to \varphi_2 \in F(S)$. 可以证明

$$\int_{[0,1]^2} 4x_1 x_2 \mathrm{d} w_2 = 1.$$

故 $4x_1 x_2$ 是不确定模糊变量 ξ_1, ξ_2 联合赋值密度函数.

(1) 取蕴涵 $\Rightarrow_{Lu}$, 则

$$T(\xi_1 \to_{Lu} \xi_2) = \int_{[0,1]^2} [(1 - x_1 + x_2) \wedge 1] 4x_1 x_2 \mathrm{d} x_1 \mathrm{d} x$$

$$= \int_{x_1 \leqslant x_2} 4x_1 x_2 \mathrm{d} x_1 \mathrm{d} x_2 + \int_{x_1 > x_2} (1 - x_1 + x_2) 4x_1 x_2 \mathrm{d} x_1 \mathrm{d} x_2 = \frac{1}{8} + \frac{1}{8} = \frac{1}{4}.$$

(2) 因为 $f_{\xi_1}(x_1) = \int_{[0,1]} 4x_1 x_2 \mathrm{d} x_2 = 2x_1, x_1 \in [0, 1]$ 是不确定模糊变量 ξ_1 联合赋值密度函数, 所以

$$T(\xi_1) = T(\xi_2) = \int_{[0,1]} 2x_1 \times x_1 \mathrm{d} x_1 = \frac{2}{3}.$$

7.10.2 概率真度的规律

定理 7.10.4 设 $\varphi, \psi \in F(S)$, $\mathrm{Var}(\varphi) \cup \mathrm{Var}(\psi) = \{\xi_1, \cdots, \xi_m\}$, 则对于任何左连续 t-模 $*_{\mathrm{MTL}}$, $\xi_1, \cdots, \xi_m$, 的任何赋值分布 (密度) 函数, 有下面的规律:

(i) 如果 $\vDash \neg\varphi.$, 则 $T(\varphi) = 1$.

(ii) $T(\varphi \cup \psi) \geqslant T(\varphi) \vee T(\psi), T(\varphi \cap \psi) \leqslant T(\varphi) \wedge T(\psi)$.

(iii) $T(\varphi \cup \psi) + T(\varphi \cap \psi) = T(\varphi) + T(\psi)$.

(iv) $T(\varphi) \leqslant T(\psi)$, 若 $\vDash \varphi \rightarrow \psi$.

证明　由概率真度的定义, 容易证明 (1) 和 (2). 下面证明 (iii) 和 (ii).

(iii) 当 $L = L_n$., 由概率真度不变性定理, 有

$$
\begin{aligned}
&T(\varphi \cup \psi) + T(\varphi \cap \psi) \\
&= \sum g_{\varphi \cup \psi} f_{\mathrm{Var}(\varphi) \cup \mathrm{Var}(\psi)} + \sum g_{\varphi \cap \psi} f_{\mathrm{Var}(\varphi) \cup \mathrm{Var}(\psi)} \\
&= \sum_{g_\varphi \leqslant g_\psi} g_\psi f_{\mathrm{Var}(\varphi) \cup \mathrm{Var}(\psi)} + \sum_{g_\varphi > g_\psi} g_\varphi f_{\mathrm{Var}(\varphi) \cup \mathrm{Var}(\psi)} \\
&\quad + \sum_{g_\varphi \leqslant g_\psi} g_\varphi f_{\mathrm{Var}(\varphi) \cup \mathrm{Var}(\psi)} + \sum_{g_\varphi > g_\psi} g_\psi f_{\mathrm{Var}(\varphi) \cup \mathrm{Var}(\psi)} \\
&= \sum g_\varphi f_{\mathrm{Var}(\varphi) \cup \mathrm{Var}(\psi)} + \sum g_\psi f_{\mathrm{Var}(\varphi) \cup \mathrm{Var}(\psi)} \\
&= T(\varphi) + T(\psi).
\end{aligned}
$$

类似地, 可以证明 $L = [0, 1]$ 的情况.

(iv) 当 $L = L_n$, 因为 $\vDash \varphi \rightarrow \psi$ 当且仅当 $g_\varphi \leqslant g_\psi$, 所以由概率真度不变性定理知

$$
T(\varphi) = \sum g_\varphi f_{\mathrm{Var}(\varphi) \cup \mathrm{Var}(\psi)} \leqslant \sum g_\psi f_{\mathrm{Var}(\varphi) \cup \mathrm{Var}(\psi)} = T(\psi).
$$

定理 7.10.5　设 $\varphi, \psi \in F(S)$, $\mathrm{Var}(\varphi) \cup \mathrm{Var}(\psi) = \{\xi_1, \cdots, \xi_m\}$, 则对于任何 $* \in \{*|x * (1 - x) > 0, x \in L\}$, $\xi_1, \cdots, \xi_m$ 的任何赋值分布 (密度) 函数, 有

$$
T(\varphi) + T(\neg\varphi) < 1.
$$

证明　设 $L = L_n$. 对于任何 $x \in L_n$,

$$
\neg x = x \Rightarrow 0 = \sup\{z | z * x \leqslant 0\} < 1 - x,
$$

有

$$
\begin{aligned}
T(\neg\varphi) &= \sum g_{\neg\varphi} f_{\mathrm{Var}(\varphi)} \\
&< \sum (1 - g_\varphi) f_{\mathrm{Var}(\varphi)} = \sum f_{\mathrm{Var}(\varphi)} - \sum g_\varphi f_{\mathrm{Var}(\varphi)} = 1 - T(\varphi).
\end{aligned}
$$

类似地, 可以证明 $L = [0, 1]$ 的情况.

定理 7.10.6　设 $\varphi \in F(S)$, $\mathrm{Var}(\varphi) \cup \mathrm{Var}(\psi) = \{\xi_1, \cdots, \xi_m\}$. $*_{\mathrm{MTL}} \in \{*_{\mathrm{MTL}}| x *_{\mathrm{MTL}} (1 - x) = 0, x \in L\}$. 对于 $\xi_1, \cdots, \xi_m$ 的任何赋值分布 (密度) 函数, 有

$$
T(\varphi) + T(\neg\varphi) \geqslant 1.
$$

证明 设 $L = L_n$. 因为对于任何 $x \in L_n$,

$$x *_{\text{MTL}} (1-x) = 0, x \in L_n, \neg x = x \Rightarrow_{\text{MTL}} 0 = \sup\{z | z *_{\text{MTL}} x \leqslant 0\} \geqslant 1-x,$$

所以

$$T(\neg\varphi) = \sum g_{\neg\varphi} f_{\text{Var}(\varphi)}$$
$$\geqslant \sum (1-g_\varphi) f_{\text{Var}(\varphi)} = \sum f_{\text{Var}(\varphi)} - \sum g_\varphi f_{\text{Var}(\varphi)} = 1 - T(\varphi).$$

类似地, 可以证明 $L = [0,1]$ 的情况. 容易证明下面的定理.

定理 7.10.7 设 $\varphi \in F(S), \text{Var}(\varphi) \cup \text{Var}(\psi) = \{\xi_1, \cdots, \xi_m\}$, 则对于任何

$$*_{\text{MTL}} \in \{*_{\text{MTL}} | x *_{\text{MTL}} (1-x) = 0, x *_{\text{MTL}} y > 0, y > 1-x, x \in [0,1]\}$$

和 $\xi_1, \cdots, \xi_m$ 的任何赋值分布 (密度) 函数, 有

$$T(\varphi) + T(\neg\varphi) = 1.$$

定理 7.10.8 设 $\varphi \in F(S), \text{Var}(\varphi) \cup \text{Var}(\psi) = \{\xi_1, \cdots, \xi_m\}$, 则对于任何满足 $x *_{\text{MTL}} y \geqslant x *_{\text{Lu}} y, x, y \in L$ 的左连续 t-模 $*_{\text{MTL}}$ 和 $\xi_1, \cdots, \xi_m$ 的任何赋值分布 (密度) 函数有

$$T(\varphi \& \psi) \geqslant T(\varphi) + T(\psi) - 1,$$
$$T(\varphi \to \psi) \leqslant 1 - T(\varphi) + T(\psi).$$

证明 设 $*_{\text{MTL}}$ 是一个左连续 t-模. 如果

$$x *_{\text{MTL}} y \geqslant x *_{\text{Lu}} y, \quad x, y \in [0,1],$$

显然有

$$T(\varphi \& \psi) \geqslant T(\varphi) + T(\psi) - 1.$$

因为

$$x *_{\text{MTL}} y \geqslant x *_{\text{Lu}} y, \quad x, y \in L,$$

所以

$$\{z | z *_{\text{MTL}} x \leqslant y\} \subseteq \{z | z *_{\text{Lu}} x \leqslant y\}.$$

$$x \Rightarrow_{*\text{MTL}} y = \sup\{z | z *_{\text{MTL}} x \leqslant y\} \leqslant \sup\{z | z *_{\text{Lu}} x \leqslant y\} = x \Rightarrow_{\text{Lu}} y, x, y \in L.$$

于是, $\varphi \to \psi$ 在 $(L, *_{\text{MTL}})$ 逻辑下的真函数小于等于 $\varphi \to \psi$ 在 $(L, *_{\text{Lu}})$ 下的真函数. 不确定 $(L, *_{\text{MTL}})$ 逻辑公式 $\varphi \to \psi$ 的真度小于等于 $(L, *_{\text{Lu}})$ 逻辑公式 $\varphi \to \psi$ 的真度. 又 $(L, *_{\text{Lu}})$ 逻辑公式 $\varphi \to \psi$ 的真度小于等于 $1 - T(\varphi) + T(\psi)$, 于是

$$T(\varphi \to \psi) \leqslant 1 - T(\varphi) + T(\psi).$$

定理 7.10.9　设 $\varphi \in F(S)$, $\mathrm{Var}(\varphi) \cup \mathrm{Var}(\psi) = \{\xi_1, \cdots, \xi_m\}$. 则 $\xi_1, \cdots, \xi_m$ 的任何赋值分布 (密度) 函数有

$$T(\varphi\,\&\,\psi) + T(\varphi \oplus \psi) = T(\varphi) + T(\psi),$$

这里 $\varphi \oplus \psi = \neg\varphi \to \psi$.

证明　设 $L = [0,1]$. 则

$$
\begin{aligned}
T(\varphi\,\&\,\psi) + T(\varphi \oplus \psi) &= \int_{g_\varphi + g_\psi > 1} (g_\varphi + g_\psi - 1) f_{\mathrm{Var}(\varphi)\cup\mathrm{Var}(\psi)} \mathrm{d}w \\
&\quad + \int_{g_\varphi + g_\psi \leqslant 1} (g_\varphi + g_\psi) f_{\mathrm{Var}(\varphi)\cup\mathrm{Var}(\psi)} \mathrm{d}w \\
&\quad + \int_{g_\varphi + g_\psi > 1} f_{\mathrm{Var}(\varphi)\cup\mathrm{Var}(\psi)} \mathrm{d}w \\
&= \int_{g_\varphi + g_\psi > 1} (g_\varphi + g_\psi) f_{\mathrm{Var}(\varphi)\cup\mathrm{Var}(\psi)} \mathrm{d}w \\
&\quad + \int_{g_\varphi + g_\psi \leqslant 1} (g_\varphi + g_\psi) f_{\mathrm{Var}(\varphi)\cup\mathrm{Var}(\psi)} \mathrm{d}w \\
&= \int g_\varphi f_{\mathrm{Var}(\varphi)\cup\mathrm{Var}(\psi)} \mathrm{d}w + \int g_\psi f_{\mathrm{Var}(\varphi)\cup\mathrm{Var}(\psi)} \mathrm{d}w \\
&= T(\varphi) + T(\psi).
\end{aligned}
$$

类似地可以证明 L_n 的情况.

可以看出, 对于给定 n-值 (模糊) 变量 $\xi_1, \xi_2, \cdots, \xi_n$ 的一个联合赋值分布 (密度) 函数, $\varphi(\xi_1, \xi_2, \cdots, \xi_n)$ 的概率真度是唯一确定的. 因此, 引入下面的概念.

定义 7.10.10　设 $W \subseteq S$, $f_{\mathrm{var}(\varphi)}$ 是 $\mathrm{Var}(\varphi)$ 上的一个联合赋值分布 (密度) 函数. 如果 $T(\varphi) = \alpha > 0$, 则称 $f_{\mathrm{Var}(\varphi)}$ 是公式 φ. 的一个 α-模型. 特别地, 如果 $T(\varphi) = 1$, 则说它是 φ 的一个模型.

定义 7.10.11　设 $W \subseteq F(S)$, $S^* = \bigcup_{\varphi \in W} \mathrm{Var}(\varphi)$, 且 f_{S^*} 是 S^* 上一个联合赋值分布 (密度) 函数. 如果 $\min_{\varphi \in W} T(\varphi) = \alpha > 0$, 则称 $f_{\mathrm{Var}(\varphi)}$ 是 W 的一个 α-模型. 特别地, 如果对于每个 $\varphi \in W$, 有 $T(\varphi) = 1$, 则称它是 W 的一个模型.

例 7.10.3　由例 7.10.2 知 $4x_1x_2$ 是不确定模糊变量 ξ_1, ξ_2 一个联合赋值密度函数. 如果取 t-模 $*_{\mathrm{Lu}}$, 则

$$T(\xi_1 \to_{\mathrm{Lu}} \xi_2) = \frac{1}{4}, \quad T(\xi_1) = T(\xi_2) = \frac{2}{3}.$$

于是, $4x_1x_2$ 分别是 $\xi_1 \to \xi_2, \xi_1, \xi_2$ 一个 $\dfrac{1}{4}$-模型, $\dfrac{2}{3}$-模型和 $\dfrac{2}{3}$-模型. $4x_1x_2$ 是公式集 $\{\xi_1 \to \xi_2, \xi_1, \xi_2\}$ 的一个 $\dfrac{1}{4}$-模型.

性质 7.10.1　设 $\varphi \in F(S)$.

(i) 如果在 $(L, *_{\mathrm{MTL}})$ 逻辑中, φ 是一个重言式, 则任何 $\mathrm{Var}(\varphi)$ 上的联合赋值密度函数 $f_{\mathrm{Var}(\varphi)}$ 是 φ 的一个模型.

(ii) 如果在 $(L, *_{\mathrm{MTL}})$ 逻辑中, φ 是一个矛盾式, 则对于任何 $\alpha > 0$, $\mathrm{Var}(\varphi)$ 上的任何联合赋值密度函数 $f_{\mathrm{Var}(\varphi)}$ 不是 φ 的一个 α-模型.

(iii) 如果 $f_{\mathrm{Var}(\varphi \wedge \psi)}$ 分别是 $\varphi \cap \psi, \varphi, \psi$ 的一个 α-模型, β-模型和 γ-模型, 则 $\alpha \leqslant \beta \wedge \gamma$.

(iv) 如果 $f_{\mathrm{Var}(\varphi \cup \psi)}$ 分别是 $\varphi \cap \psi, \varphi, \psi$ 的一个 α-模型, β-模型和 γ-模型, 则 $\alpha \geqslant \beta \vee \gamma$.

(v) 设 $\vDash \varphi \to \psi$. 如果 $f_{\mathrm{Var}(\varphi \cup \psi)}$ 分别是 $\varphi \cap \psi, \varphi$ 的一个 α-模型和 β-模型, 则 $\alpha \leqslant \beta$.

容易证明上述性质 (略).

定理 7.10.10　设 $\varphi \in F(S)$, $\mathrm{Var}(\varphi)$ 的基数是 n. 如果 g_φ 的真函数在 $x^0 = (x_1^0, x_2^0, \cdots, x_n^0)$ 连续, 且 $g_\varphi(x^0) > 0$, 则 φ 至少有一个 α-模型.

证明　设 $L = [0,1]$. 因为 g_φ 在 $x^0 = (x_1^0, x_2^0, \cdots, x_n^0)$ 连续且 $g_\varphi(x^0) > 0$, 则存在一个区域体积为 $\delta(>0)$ 的 Δ, 使得 $g_\varphi(x) > \dfrac{1}{2} g_\varphi(x^0), x \in \Delta$. 取 $\mathrm{Var}(\varphi)$ 上的一个密度函数 $f_{\mathrm{Var}(\varphi)}$, 如果 $f_\varphi(x) = 1, x \in \Delta$, 则

$$\int_\Delta^{g_\varphi} f_\varphi \mathrm{d}w_n + \int_{[0,1]^n} g_\varphi f_\varphi \mathrm{d}w_n \geqslant \int_{[0,1]^n - \Delta}^{g_\varphi f_\varphi} \mathrm{d}w_n > 0.$$

这说明 φ 至少有一个 α-模型.

其他情况, 可以类似地证明.

7.10.3　概率真度推理

1. 条件概率真度、相容度、可证度

定义 7.10.12　设 $\varphi, \psi \in F(S)$, $T(\psi) \neq 0$. 则称 $T(\varphi|\psi) = \dfrac{T(\varphi \cap \psi)}{T(\psi)}$ 为 φ 在给定的 ψ 下的条件概率真度, 记作 $T(\varphi|\psi)$.

定理 7.10.11　设 $\varphi, \psi \in F(S)$. 如果 $T(\psi) = 1$, 则 $T(\varphi|\psi) = T(\varphi)$.

该定理的结论是显然的.

例 7.10.4　计算 $T(\xi_1|\xi_2)$ 和 $T(\xi_1 \cup \xi_2)|\xi_2$.

解　在例 7.10.3 中, 已经知道 $4x_1x_2$ 是 ξ_1, ξ_2 的一个联合赋值密度函数, 且

$T(\xi_1) = T(\xi_2) = \dfrac{2}{3}$. 所以由定义 7.10.12 知

$$T(\xi_1 \cap \xi_2) = \int_{[0,1]^2} (x_1 \wedge x_2) 4 x_1 x_2 \mathrm{d}x_1 \mathrm{d}x_2 = \frac{8}{15},$$

$$T(\xi_1 \cup \xi_2) = \int_{[0,1]^2} (x_1 \vee x_2) 4 x_1 x_2 \mathrm{d}x_1 \mathrm{d}x_2 = \frac{4}{5},$$

$$T(\xi_1|\xi_2) = \frac{T(\xi_1 \cap \xi_2)}{T(\xi_2)} = \frac{8}{15} \times \frac{3}{2} = \frac{4}{5},$$

$$T(\xi_1 \cup \xi_2|\xi_2) = \frac{T(\xi_1 \cup \xi_2)}{T(\xi_2)} = \frac{T((\xi_1 \cup \xi_2) \cap \xi_2)}{T(\xi_2)} = \frac{T(\xi_2)}{T(\xi_2)} = 1.$$

定理 7.10.12　设 $\varphi, \psi, \phi \in F(S), T(\phi) > 0$. 如果 $\models \varphi \to \psi$, 则

$$T(\varphi|\phi) \leqslant T(\psi|\phi).$$

证明　因为 $\models \varphi \to \psi$, 所以 $\models \varphi \cap \phi \to \psi \cap \phi$. 由定理 7.10.4 知 $T(\varphi \cap \phi) \leqslant T(\psi \cap \phi)$. 于是

$$T(\varphi|\phi) = \frac{T(\varphi \cap \phi)}{T(\phi)} \leqslant \frac{T(\psi \cap \phi)}{T(\phi)} = T(\psi|\phi).$$

定理 7.10.13　设 $\varphi, \psi \in F(S), *_{\mathrm{MTL}}$ 是一个左连续 t-模. 如果

$$x * (1 - x) = 0, \quad x \in L,$$

则 $T(\neg\varphi|\phi) + T(\varphi|\phi) \geqslant 1$.

证明　对于任何赋值 $v_{\mathrm{Var}(\varphi) \cup \mathrm{Var}(\psi)}$, 简记作 v, 有

$$v(\varphi \cap \psi) + v(\neg\varphi \cap \psi) = v(\varphi) \wedge v(\psi) + v(\neg\varphi) \wedge v(\psi).$$

可以看出 $v(\varphi \cap \psi) + v(\neg\varphi \cap \psi)$ 是 $v(\varphi) + v(\neg\varphi)$ 或 $v(\varphi) + v(\psi)$ 或 $v(\psi) + v(\neg\varphi)$ 或 $2v(\psi)$.

又 $*_{\mathrm{MTL}}$ 是一个满足 $x *_{\mathrm{MTL}} (1 - x) = 0, x \in L$ 的左连续 t-模, 则

$$v(\varphi) + v(\neg\varphi) \geqslant 1.$$

于是

$$v(\varphi \cap \phi) + v(\neg\varphi \cap \phi) \geqslant v(\psi).$$

那么

$$T(\neg\varphi|\phi) + T(\varphi|\phi) = \frac{T(\neg\varphi \cap \psi)}{T(\psi)} + \frac{T(\varphi \cap \psi)}{T(\psi)} \geqslant 1.$$

容易证明 $\dfrac{T(\varphi\& \psi)}{T(\psi)} \leqslant \dfrac{T(\varphi\cap\psi)}{T(\psi)} = T(\varphi|\psi)$.

文献 [68]—[70] 告诉我们: 在二值逻辑, $(L, *_{\mathrm{Lu}})$ 逻辑, $(L, *_{\mathrm{G}})$ 逻辑, $(L, *_{\Pi})$ 逻辑和 $(L, *_0)$ 逻辑中, 如果 $\varphi_1, \varphi_2, \cdots, \varphi_n, \psi \in F(S)$, 则存在 $m_i, i = 1, 2, \cdots, n \in \mathbf{N}^+$ 使得

$$\vDash \varphi_1^{m_1}\& \varphi_2^{m_2}\& \cdots \& \varphi_n^{m_n} \to \psi.$$

那么, 对于任何 $(L, *_{\mathrm{MTL}})$ 逻辑, 上述事实显然都是真的. 于是引入下述定义.

定义 7.10.13 (i) $F(S)$ 的任何子集称为概率 $(L, *_{\mathrm{MTL}})$ 逻辑的一个理论.

(ii) 设 $W = \{\varphi_1, \varphi_2, \cdots, \varphi_n\}$ 是概率 $(L, *_{\mathrm{MTL}})$ 逻辑的一个理论. 如果

$$\sup\{T(\varphi_1^{m_1}\& \varphi_2^{m_2}\& \cdots \& \varphi_n^{m_n} \to \overline{0})|m_i \in \mathbf{N}^+, i = 1, 2, \cdots, n\} = \alpha,$$

则称它为理论 W 的相容度, 记作 $\mathrm{Consis}\{\varphi_1, \varphi_2, \cdots, \varphi_n\} = \alpha$.

(iii) 设 $W = \{\varphi_1, \varphi_2, \cdots, \varphi_n\}$ 是一个理论, 且 φ 是一个不确定 $(L, *_{\mathrm{MTL}})$ 逻辑公式, 则称

$$\sup\{T(\varphi_1^{m_1}\& \varphi_2^{m_2}\& \cdots \& \varphi_n^{m_n} \to \varphi)|m_i \in \mathbf{N}^+, i = 1, 2, \cdots, n\} = \beta$$

是 φ 关于理论 W 的可证度, 记作

$$\mathrm{Prov}_{\{\varphi_1, \varphi_2, \cdots, \varphi_n\}}\varphi = \beta.$$

2. 相似度和伪距离

在这段里, 基于不确定 $(L, *_{\mathrm{MTL}})$ 逻辑公式的概率真度引入相似度和伪距离的概念, 这里 $*_{\mathrm{MTL}}$ 是一个满足 $x *_{\mathrm{MTL}} y \geqslant x *_{\mathrm{Lu}} y, (x, y) \in L^2$ 左连续 t-模.

定义 7.10.14 设 $\varphi, \psi \in F(S)$. 称 $S(\varphi, \psi) = T((\varphi \to \psi)\&(\psi \to \varphi))$ 为 φ 与 ψ 的相似度.

例 7.10.5 已知 $2x_1(x_1^2 + x_2)$ 是模糊变量 ξ_1, ξ_2 的联合赋值密度函数, 计算 ξ_1 与 ξ_2 在概率 $([0, 1], *_{\mathrm{Lu}})$ 逻辑中的相似度.

解 由题意知

$$
\begin{aligned}
S(\xi_1, \xi_2) &= T((\varphi_1 \to \varphi_2)(\varphi_2 \to \varphi_1)) \\
&= \int_{[0,1]^2} (x_1 \to x_2) *_{\mathrm{Lu}} (x_2 \to x_1)2x_1(x_1^2 + x_2)\mathrm{d}x_1\mathrm{d}x_2 \\
&= \int_0^1 \left(\int_0^{x_2} (1 - x_2 + x_1)2x_1(x_1^2 + x_2)\mathrm{d}x_1 \right) \mathrm{d}x_2 \\
&\quad + \int_0^1 \left(\int_{x_2}^1 (1 - x_1 + x_2)2x_1(x_1^2 + x_2)\mathrm{d}x_1 \right) \mathrm{d}x_2 \\
&= \frac{41}{60}.
\end{aligned}
$$

定理 7.10.14　设 $\varphi, \psi, \phi \in F(S)$. 则有下述性质:

(i) $S(\varphi, \psi) \geqslant 0$;

(ii) $S(\varphi, \psi) = S(\psi, \varphi)$;

(iii) $S(\varphi, \phi) \geqslant S(\varphi, \psi) + S(\psi, \phi) - 1$.

证明　(i) 和 (ii) 显然成立, 仅证明 (iii).

文献 [57], [58] 已经证明了

$$\vDash (\varphi \to \psi) \& (\psi \to \phi) \to (\varphi \to \phi),$$

$$\vDash (\phi \to \psi) \& (\psi \to \varphi) \to (\phi \to \varphi),$$

$$\vDash (\varphi \to \psi) \& (\psi \to \phi) \& (\phi \to \psi) \& (\psi \to \varphi) \to (\varphi \to \phi) \& (\phi \to \varphi).$$

又

$$(\varphi \to \psi) \& (\psi \to \phi) \& (\phi \to \psi) \& (\psi \to \varphi) \equiv (\varphi \to \psi) \& (\psi \to \varphi) \& (\psi \to \phi) \& (\phi \to \psi),$$

所以

$$\vDash (\varphi \to \psi) \& (\psi \to \varphi) \& (\psi \to \phi) \& (\phi \to \psi) \to (\varphi \to \phi) \& (\phi \to \varphi).$$

因此, 由定理 7.10.8 知

$$T((\varphi \to \phi) \& (\phi \to \varphi))$$
$$\geqslant T((\varphi \to \psi) \& (\psi \to \varphi)) + T((\psi \to \phi) \& (\phi \to \psi)) - 1,$$

即

$$S(\varphi, \phi) \geqslant S(\varphi, \psi) + S(\psi, \phi) - 1.$$

定义 7.10.15　设 $\varphi, \psi \in F(S)$, 称

$$\rho(\varphi, \psi) = 1 - S(\varphi, \psi)$$

是 φ 与 ψ 在概率 $([0,1], *_{\mathrm{Lu}})$ 逻辑中的伪距离.

容易证明

$$\rho(\varphi, \psi) = \int_{[0,1]^m} |g_\varphi - g_\psi| f_{\mathrm{Var}(\varphi) \cup \mathrm{Var}(\psi)} \mathrm{d}w_m,$$

并且在概率 $([0,1], *_{\mathrm{Lu}})$ 逻辑中,

$$\rho(\varphi, \psi) = \sum |g_\varphi - g_\psi| f_{\mathrm{Var}(\phi) \cup \mathrm{Var}(\psi)},$$

这里, m 是集合 $\mathrm{Var}(\varphi) \cup \mathrm{Var}(\psi)$ 的基数. 这说明上述定义是合理的.

定理 7.10.15 映射 $\rho : F(S) \times F(S) \to [0,1]$ 是 $F(S)$ 上的一种伪距离.

证明 需要证明

(i) $\rho(\varphi, \psi) \geqslant 0$;

(ii) $\rho(\varphi, \psi) = \rho(\psi, \varphi)$;

(iii) $\rho(\varphi, \phi) \leqslant \rho(\varphi, \psi) + \rho(\psi, \phi)$.

仅证明 (iii), 其他是显然的.

由定理 7.10.14 和定义 7.10.15 知

$$S(\varphi, \phi) \geqslant S(\varphi, \psi) + S(\psi, \phi) - 1,$$

即

$$1 - \rho(\varphi, \phi) \geqslant 1 - \rho(\varphi, \psi) + 1 - \rho(\psi, \phi) - 1,$$

于是

$$\rho(\varphi, \phi) \leqslant \rho(\varphi, \psi) + \rho(\psi, \phi).$$

3. 推理规则

设 $*_{\text{MTL}}$ 是一个满足 $x *_{\text{MTL}} y \geqslant x *_{\text{Lu}} y, (x, y) \in L^2$ 的左连续 t-模, 则不确定概率 $(L, *_{\text{MTL}})$ 逻辑公式满足下面的推理规则.

定理 7.10.16 设 $\varphi, \psi \in F(S)$, 则

(i) (Modus Ponens 规则) $T(\psi) \geqslant \alpha + \beta - 1, T(\varphi \to \psi) \geqslant \alpha T(\varphi) \geqslant \beta$;

(ii) (Hypothetical Syllogism 规则) $T(\varphi \to \phi) \geqslant \alpha + \beta - 1, T(\varphi \to \psi) \geqslant \alpha T(\psi \to \phi) \geqslant \beta$;

(iii) (Modus Tollens 规则) $T(\varphi \to \psi) \geqslant \alpha$ 和 $T(\varphi) \leqslant \beta$, 则

$$T(\varphi) \leqslant \beta - \alpha + 1;$$

(iv) (Disjunction Reasoning 规则) 如果 $T(\varphi \to \psi) \geqslant \alpha$ 和 $T(\varphi \to \phi) \geqslant \beta$, 则

$$T(\varphi \to \psi \wedge \phi) \geqslant \alpha + \beta - 1,$$

这里 $\alpha, \beta \in [0, 1]$.

证明 仅证明 (ii), 其余的证明是类似的.

在文献 [57], [58] 指出

$$\vDash (\varphi \to \psi) \& (\psi \to \phi) \to (\varphi \to \phi).$$

由定理 7.10.4(iv) 知

$$T(\varphi \to \psi) \& (\psi \to \phi) \leqslant T(\varphi \to \phi).$$

又

$$\alpha + \beta - 1 \leqslant T(\varphi \to \psi) + T(\psi \to \phi) - 1 \leqslant T((\varphi \to \psi) \& (\psi \to \phi)).$$

于是

$$\alpha + \beta - 1 \leqslant T(\varphi \to \phi).$$

例 7.10.6   已知 $2x_1(x_1^2 + x_2)$ 是不确定模糊变量 ξ_1, ξ_2 的联合赋值密度函数, 计算 $\varphi_1, \varphi_2, \varphi_1 \to \varphi_2$ 的真度, 这里取 $*_{\mathrm{MTL}}$ 为 $*_{\mathrm{Lu}}$.

解

$$T(\varphi_1) = \int_{[0,1]^2} x_1 \times 2x_1(x_1^2 + x_2) \mathrm{d}x_1 \mathrm{d}x_2 = \frac{11}{15},$$

$$\begin{aligned}
T(\varphi_1 \to \varphi_2) &= \int_{[0,1]^2} (x_1 \to x_2) \times 2x_1(x_1^2 + x_2) \mathrm{d}x_1 \mathrm{d}x_2 \\
&= \int_0^1 \left(\int_0^{x_2} 2x_1(x_1^2 + x_2) \mathrm{d}x_1 \right) \mathrm{d}x_2 \\
&\quad + \int_0^1 \left(\int_{x_2}^1 (1 - x_1 + x_2) 2x_1(x_1^2 + x_2) \mathrm{d}x_1 \right) \mathrm{d}x_2 \\
&= \frac{23}{30},
\end{aligned}$$

$$T(\varphi_2) = \int_{[0,1]^2} x_2 \times 2x_1(x_1^2 + x_2) \mathrm{d}x_1 \mathrm{d}x_2 = \frac{7}{12}.$$

当 $T(\varphi_1 \to \varphi_2) = \dfrac{23}{30}, T(\varphi_1) = \dfrac{11}{15}$ 时, 不能确定 ξ_1, ξ_2 的联合赋值密度函数. 但能推得

$$T(\varphi_2) \geqslant T(\varphi_1 \to \varphi_2) + T(\varphi_1) - 1 = \frac{23}{30} + \frac{11}{15} - 1 = \frac{1}{2}.$$

第8章 一阶随机模糊谓词的
三角模–蕴涵概率逻辑

关于区分命题逻辑公式的可靠程度的思想, 早在 1952 年就由 Rosser 与 Turquette[125] 从不同的角度提出了公式的程度化真确度的方法. 文献 [126] 就格值逻辑的情形基于公式的多种不同的被知值概念展开了知识逻辑的研究. 以上所提到的方法是在赋值域含多个值的情形下展开的. 文献 [105] 在 2000 年提出了赋值域为 [0,1] 的模糊命题逻辑公式的真度理论,之后文献 [17] 又提出了二值命题逻辑真度的理论. 基此, 许多学者围绕这方面进行了研究, 涌现了大批的成果 [88–95,113,115,116,121–123,77–79]. 但是, 模糊谓词逻辑公式中量词的使用, 导致了问题认识的难度, 致使模糊谓词逻辑公式的真度的成果在一个长时间内没有出现. 至今, 仅有三位学者进行研究. 作者在 2003 年访问王国俊教授期间, 他和他的一个学生开始提出这个问题, 作者参与了讨论. 不久, 作者首先建立了一阶随机模糊谓词 (以下简称一阶模糊谓词) 逻辑公式的有限解释真度和可数解释真度的理论 (于 2005 年发表在《计算机科学》杂志 [64] 上). 后来, 作者又陆续提出了一阶模糊谓词逻辑公式的区间解释真度和解释模型真度理论, 模糊谓词逻辑中基于有限解释的公式的条件 α-真度理论和一阶模糊谓词逻辑公式的可测集解释真度理论 [65,67,71,72,128]. 王国俊和他的一个学生也分别发表了这方面的成果. 王国俊在这方面的有代表性的成果是文献 [18] 和文献 [127]. 虽然现今模糊谓词逻辑公式的真度理论 (本书称一阶随机模糊谓词的三角模–蕴涵概率逻辑) 的成果已经不少, 但是它们都没有建立在所有的解释之上. 因此其理论至今还是不完善的. 究其原因, 正如前言所说, 概率论提供的乘积算法, 不可能将模糊谓词逻辑公式的真度理论建立在非可数的无限解释之上. 然而, 从实际应用考虑, 有限解释、可数解释和区间解释是最常见的, 所以模糊谓词逻辑公式的有限解释真度、可数解释真度、区间解释真度等理论还是非常有意义的. 因此, 本章将介绍这方面的成果 (限于篇幅不介绍他人的成果).

8.1 一阶模糊谓词逻辑公式的有限解释真度
和可数解释真度的理论及其应用

本节通过引进公式变元集赋值的新概念给出了一阶模糊谓词逻辑 (或一阶模

糊语言) 公式的有限解释真度及可数解释真度的定义, 并讨论了它们的一系列性质及其在近似推理中的应用. 从而为一阶谓词逻辑的近似推理理论提供了一种带度量的框架 [64].

8.1.1　预备知识

定义 8.1.1　一阶模糊语言 ϕ 含有以下符号.

(i) 变元符号: $x_1, x_2, \cdots$;

(ii) 某些个体常元符号: $a_1, a_2, \cdots$;

(iii) 某些函数符号 f_i^n;

(iv) 某些谓词符号 A_i^n;

(v) 连接词: $\neg$, $\vee$, $\rightarrow$;

(vi) 标点符号: $(,)$;

(vii) 全称量词符号: $\forall$.

注 8.1.1　(i) 一阶模糊语言 φ 中项、原子公式、公式、公式的约束变元及自由变元的概念与经典一阶语言 [1] 中对应的概念相同.

(ii) 记 ϕ 的全体变元之集为 $\mathrm{Var}(\phi)$, 全体个体常元之集为 $\mathrm{Const}(\phi)$, 全体项之集为 $\mathrm{Term}(\phi)$, 全体公式之集为 $F(\phi)$.

(iii) 设 $A, B \in F(\phi)$, 用 $(\exists x_i)A$ 表示 $\neg(\forall x_i)\neg A$, $A \wedge B$ 表示 $\neg(\neg A \vee \neg B)$.

定义 8.1.2　设 M 是 $(\neg, \vee, \rightarrow)$ 型 MV-代数 [58,105](或 R_0-代数), 一阶模糊语言 ϕ 的 M-解释 I 组成如下.

(i) 一个非空集 D_I 称为解释 I 的论域.

(ii) D_I 中一组与 ϕ 中的个体常元 $a_1, a_2, \cdots$, 相对应的特定元 $\bar{a}_1, \bar{a}_2, \cdots$.

(iii) D_I 上的一组与 ϕ 中的谓词符号 $\{A_i^n\}$ 相对应的 n 元模糊关系 $\{\bar{A}_i^n\}$, 其中隶属函数 $u_{\bar{A}_i^n} : D_I^n \to M$.

(iv) D_I 上的一组与 ϕ 中的函数符号 $\{f_i^n\}$ 相对应的函数 $\{\bar{f}_i^n\}$, 这里 $\bar{f}_i^n$; $D_I^n \to D_I$.

注 8.1.2　在 $F(\phi)$ 的每个公式中, 管辖范围不同的约束变元要用不同的字符表示, 约束变元也不允许与自由变元有相同的名字. 例如,

$$A = (\forall x_1)A_1^1(x_1) \rightarrow (\exists x_1)B_1^2(x_1, x_2),$$

由于 $\forall$ 与 $\exists$ 两个量词后面的变元的名字相同, 所以 A 可改为 $A = (\forall x_1)A_1^1(x_1) \rightarrow (\exists x_3)B_1^2(x_3, x_2)$. 在此约定下, 若在 A 中出现的所有变元是 $x_1, x_2, \cdots, x_n$, 则 A 可记作 $A(x_1, x_2, \cdots, x_n)$, 记 $\mathrm{Var}(A) = \{x_1, x_2, \cdots, x_n\}$.

定义 8.1.3　设 I 是一阶模糊语言 ϕ 的一个 M-解释, $A(x_1, x_2, \cdots, x_n) \in F(\phi)$.

(i) ① 称每个映射 v: $\mathrm{Var}(A) \to D_I (D_I$ 为解释 I 的论域) 为公式 A 的变元集的一个 I-赋值, 记为

$$v_A = v((x_1, x_2, \cdots, x_n)) = (v(x_1), \cdots, v(x_n)) = (c_1, c_2, \cdots, c_n)$$

或简记为 v.

A 的变元集的全体 I-赋值之集记作 $\Omega_A(I)$.

② 称每个映射 v: $\mathrm{Term}(\phi) \to D_I (D_I$ 为解释 I 的论域) 为 ϕ 的项集 $\mathrm{Term}(\phi)$ 上的一个 I-赋值, 或简称为 ϕ 的一个 I-赋值, 如果 $v(a_i) = \overline{a_i}$(这里 $\overline{a_i}$ 是 ϕ 中的个体常元) 且 $v(f_i^n(t_1, \cdots, t_n)) = \overline{f_i^n}(v(t_1), \cdots, v(t_n))$(这里 f_i^n 是 ϕ 中的函数符号). 其 ϕ 的全体 I-赋值之集记作 $\Omega(I)$.

(ii) ① 两个 A 的变元 (或 ϕ) 的 I-赋值 v, v' 称为是 i-等价的, 记为 $v \equiv_{x_i} v'$, 若对于任何 $x_j \in \mathrm{Var}(A)\backslash\{x_i\}$(或 $x_j \in \mathrm{Var}(\phi)\backslash\{x_i\}$), 总有 $v(x_j) = v'(x_j)$, $j \neq i$.

② 两个 A 的变元 (或 ϕ) 的 I-赋值 v, v' 称为是 1-2-$\cdots$-k-等价的, 记为 $v \equiv_{x_1} \equiv_{x_2} \equiv \cdots \equiv_{x_k} v'$, 若对于任何 $x_j \in \mathrm{Var}(A)\backslash\{x_1, \cdots, x_k\}$(或 $x_j \in \mathrm{Var}(\phi)\backslash\{x_1, \cdots, x_k\}$), 总有 $v(x_j) = v'(x_j)$, $j \neq 1, 2, \cdots, k$

(iii) 项 t 在赋值 $v \in \Omega_A(I)$(或 $v \in \Omega(I)$) 下的赋值 $v(t)$ 定义如下:

$$t \in \mathrm{const}(\phi), v(t) = \overline{t}; t \in \mathrm{Var}(\phi), v(t) = v(t);$$

$$t = f_i^n(x_{i_1}, \cdots, x_{i_n}), v(t) = \overline{f_i^n}(v(x_{i_1}), \cdots, v(x_{i_n}))$$

(iv) 若 $v \in \Omega(I)$, 则公式 A 关于 v 的真值 $v(A) = \|A\|_{I,v}^M$ 可递归地定义如下:
① 当 A 为原子公式 $P(t_1, t_2, \cdots, t_n)$ 时, $\|P\|_{I,v}^M = P(v(t_1), v(t_2), \cdots, v(t_n))$;
② 当 $A = \neg B$, $B \vee C$, $B \to C$ 时, $\|A\|_{I,v}^M$ 分别地定义为

$$1 - \|B\|_{I,v}^M, \quad \|B\|_{I,v}^M \vee \|C\|_{I,v}^M, \quad \|B\|_{I,v}^M \to \|C\|_{I,v}^M, \quad v \in \Omega(I);$$

③ 当 $A = (\forall x_i)B(x_i)$ 时, 定义

$$v(A) = \inf\{v'(B(x_i)|v' \equiv_{x_i} v, v' \in \Omega_A(I)\}, \quad v \in \Omega_A(I);$$

当 $A = (\exists x_i)B(x_i)$ 时, 定义

$$v(A) = \sup\{v'(B)|v' \equiv_x v, v' \in \Omega_A(I)\}, \quad v \in \Omega_A(I).$$

称满足这些要求的 M-解释 I 为安全的 M-解释 [2,3].

注 8.1.3 在经典一阶谓词逻辑理论中, 只有一阶语言 L 的 I-赋值的概念. 这里增添了公式集变元赋值的新概念, 作者认为此概念的产生至关重要. 它不但是建

立模糊谓词逻辑公式真度理论的关键, 而且在命题逻辑理论中, 若增添公式的命题变量的赋值的新概念, 将会有助于某些理论的简化.

定义 8.1.4　设 $A \in F(\phi)$, I 为安全的 M-解释.

(i) 称 $\|A\|_I^M = \{\|A\|_{I,v}^M | v \in \Omega(I)\}$ 为 A 在 I 中的值域, $\|A\|_{I,-}^M = \inf\{\|A\|_{I,v}^M | v \in \Omega(I)\}$ 为 A 在 I 中的下值, $\|A\|_{I,+}^M = \sup\{\|A\|_{I,v}^M | v \in \Omega(I)\}$ 为 A 在 I 中的上值.

(ii) 称 A 在 I 中是真的, 记作 $I| = A$, 如果 $\|A\|_{I,-}^M = 1$; 称 A 在 I 中是假的, 如果 $\|A\|_{I,+}^M = 0$. 称 A 为 $\alpha[I]$- 真公式, 如果 $\|A\|_{I,-}^M = \alpha(0 < \alpha < 1)$.

(iii) 称 A 是 M-逻辑有效的, 或称 A 在 I 中赋值有效的, 如果 A 在任何安全的 M-解释中是真的. 特别地, 当 $M = [0,1]$ 时, 简称 A 为逻辑有效的.

本节仅讨论 $M = [0,1]$ 时, $\|A\|_{I,v}^M$ 简记为 $\|A\|_{I,v}$ 或 $\|A\|_v$ 或 $v(A)$.

例 8.1.1　设公式 $A(x_1,x_2) = A_1^2(x_1,x_2)$, $B(x_1,x_2) = (\forall x_1)A_1^2(x_1,x_2)$, $C(x_1) = (\forall x_1)(A_1^2(x_1,a_1)$.

解释 I: $D_I = \{$ 张芳, 张红, 张伟$\}$, 记 $D_I = \{b_1,b_2,b_3\}$, $\overline{a_1} = b_1$, 那么

$$\Omega_A(I) = \Omega_B(I) = \{v_{11},v_{12},v_{13},v_{21},v_{22},v_{23},v_{31},v_{32},v_{33}\}$$
$$= \{(b_1,b_1),(b_1,b_2),(b_1,b_3),(b_2,b_1),(b_2,b_2),(b_2,b_3),(b_3,b_1),(b_3,b_2),(b_3,b_3)\},$$
$$\Omega_C(I) = \{v_1,v_2,v_3\} = \{b_1,b_2,b_3\}.$$

假设 $\bar{A}_1^2(x_1,x_2)$ 由表 8.1 给出.

表 8.1　例 8.1.1 相关数据

$\bar{A}_1^2(x_1,x_2)$	b_1	b_2	b_3
b_1	1	0.7	0.8
b_2	0.7	1	0.9
b_3	0.8	0.9	1

则

$$\|A\|_{I,v_{11}} = 1, \|A\|_{I,v_{21}} = 0.7, \|A\|_{I,v_{31}} = 0.8,$$

$$\|A\|_{I,v_{21}} = 0.7, \|A\|_{I,v_{22}} = 1, \|A\|_{I,v_{23}} = 0.9,$$

$$\|A\|_{I,v_{31}} = 0.8, \|A\|_{I,v_{32}} = 0.9, \|A\|_{I,v_{33}} = 1,$$

$$\|B\|_{I,v_{11}} = \|B\|_{I,v_{21}} = \|B\|_{I,v_{31}} = \inf\{\|A_1^2(x_1,x_2)\|_{I,v_{j1}} | j=1,2,3\} = 0.7,$$

$$\|B\|_{I,v_{12}} = \|B\|_{I,v_{22}} = \|B\|_{I,v_{32}} = \inf\{\|A_1^2(x_1,x_2)\|_{I,v_{j2}} | j=1,2,3\} = 0.7,$$

$$\|B\|_{I,v_{13}} = \|B\|_{I,v_{23}} = \|B\|_{I,v_{33}} = \inf\{\|A_1^2(x_1,x_2)\|_{I,v_{j3}} | j=1,2,3\} = 0.8,$$

$$\|C\|_{I,v_1} = \|C\|_{I,v_2} = \|C\|_{I,v_3} = \inf\{\|A_1^2(x_1,c)\|_{I,v_i} | v_i \in \Omega(I), i=1,2,3\} = 0.7.$$

例 8.1.2 公式 $C(x_1, x_2) = A_1^2(x_1, a_1) \rightarrow (\exists x_2) B_1^1(x_2)$.

解释 I: 论域 $D_I = \{b_1, b_2, b_3\}$, $\overline{a_1} = b_1$.

赋值集

$$\Omega_A(I) = \Omega_B(I) = \{v_{11}, v_{12}, v_{13}, v_{21}, v_{22}, v_{23}, v_{31}, v_{32}, v_{33}\}$$
$$= \{(b_1, b_1), (b_1, b_2), (b_1, b_3), (b_2, b_1), (b_2, b_2), (b_2, b_3), (b_3, b_1), (b_3, b_2), (b_3, b_3)\}.$$

设 $\bar{A}(x_1, c)$ 和 $\bar{B}_1^1(x_2)$ 由表 8.2 给出.

表 8.2 例 8.1.2 相关数据

	b_1	b_2	b_3
$\bar{A}(x_1, c)$	0.9	0.8	1
$\bar{B}_1^1(x_2)$	0.8	0.77	0.9

取蕴涵算子 R^0, 则

$$\|(\exists x_2) B_1^1(x_2)\|_{I,v} = \sup\{\|B_1^1(x_2)\|_{I,v} | v \in \Omega(I)\} = 0.9, \quad \forall v \in \Omega(I).$$
$$\|C\|_{I,v_{1j}} = 0.9 \rightarrow 0.9 = 1, \quad \|C\|_{I,v_{2j}} = 0.8 \rightarrow 0.9 = 1,$$
$$\|B\|_{I,v_{3j}} = 1 \rightarrow 0.9 = 0.9, \quad j = 1, 2, 3.$$

8.1.2 公式的有限解释真度

1. 平均值不变性定理

设 $A(x_1, x_2, \cdots, x_n) \in F(L)$. 它可看成包含 $n+m$ 个变元的公式 $B(x_1, x_2, \cdots, x_n, x_{n+1}, \cdots, x_{n+m}) = A(x_1, x_2, \cdots, x_n)$, 称公式 B 为公式 A 的 m 元扩张, 记作 $A^{(m)}$.

定理 8.1.1 (平均值不变性定理) 设 $A(x_1, x_2, \cdots, x_n) \in F(L)$, $A^{(m)}(x_1, x_2, \cdots, x_n)$ 是公式 A 的 m 元扩张, I 是一阶模糊语言 ϕ 的有限解释, 则

$$\frac{\sum\limits_{v \in \Omega_{A^{(m)}}(I)} v(A^{(m)})}{|\Omega_{A^{(m)}}(I)|} = \frac{\sum\limits_{v \in \Omega_A(I)} v(A)}{|\Omega_A(I)|},$$

其中 $|\Omega_{A^{(m)}}(I)|$ 与 $|\Omega_A(I)|$ 分别表示集合 $\Omega_{A^{(m)}}(I)$ 与 $\Omega_A(I)$ 的势.

证明 设解释 I 的论域为 k 个元素, 记 $B = A^{(m)}$. 因为任取 $v_A \in \Omega_A(I)$ 及 $v_B \in \Omega_B(I)$, 若 $v_A(x_1) = v_B(x_1), \cdots, v_A(x_n) = v_B(x_n)$, 有 $v_A(A) = v_B(B)$, 所以

$$\frac{\sum\limits_{v \in \Omega_B(I)} v(B)}{|\Omega_B(I)|} = \frac{\sum\limits_{v \in \Omega_A(I)} k^m v(A)}{k^{n+m}} = \frac{k^m \sum\limits_{v \in \Omega_A(I)} v(A)}{k^m \times k^n} = \frac{\sum\limits_{v \in \Omega_A(I)} v(A)}{|\Omega_A(I)|}.$$

2. 公式的有限解释真度

定义 8.1.5　设 $A \in F(\phi)$, I 为一阶模糊语言 ϕ 的解释. 若 I 的论域 D_I 是有限集 (或可数集), 则称 I 为 A 的有限 (或可数) 解释.

定义 8.1.6　设 I 是一阶模糊语言 ϕ 的有限解释, $A \in F(\phi)$, 则称

$$\frac{\sum\limits_{v \in \Omega(I)} \|A\|_{I,v}}{|\Omega_A(I)|}$$

为公式 A 的有限解释 I 真度, 记作 $\tau_I(A)$, 其中 $\|\Omega_A(I)\|$ 表示集合 $\Omega_A(I)$ 的势.

例 8.1.3　例 8.1.1 中的公式 A, B, C 的有限解释 I 真度分别为

$$\tau_I(A) = \frac{1}{9}(1 + 0.7 + 0.8 + 0.7 + 1 + 0.9 + 0.8 + 0.9 + 1) = 0.7\dot{8}\dot{8}.$$

$$\tau_I((B) = \frac{1}{9}(3 \times 0.7 + 3 \times 0.7 + 3 \times 0.8) = 0.7\dot{3}\dot{3},$$

$$\tau_I(C) = 0.7.$$

由定义 8.1.4 容易得到以下定理.

定理 8.1.2　设 $A \in F(L)$, x_i 为 A 的约束变元, 则对任何 $v, v' \in \Omega_A(I)$, $v \equiv_{x_i} v'$, 有

$$\|A\|_{I,v} = \|A\|_{I,v'}.$$

再来考察一下上面的例 8.1.3. 因为 $v_1 \equiv_{x_1} v_2$, $v_1 \equiv_{x_1} v_3$, 由定义 8.1.4 和定理 8.1.1, 得

$$\|C\|_{I,v_1} = \|C\|_{I,v_2} = \|C\|_{I,v_3} = \inf\{\|A_1^2(x_1, c)\|_{I,v_i} | v_i \in \Omega_C(I), i = 1, 2, 3\} = 0.7,$$

易知赋值的等价具有传递性, 于是得到以下推论.

推论 8.1.1　给定一个有限解释 I 及公式 $A(x_1, x_2, \cdots, x_k, x_{k+1}, \cdots, x_n) \in F(\phi)$, $x_1, x_2, \cdots, x_k$ 是 A 的全部约束变元 [6-8]. 任取 $v, v' \in \Omega_A(I)$, 若 v' 与 $v1$-2-$\cdots$-K 等价, 即

$$v(x_{k+1}) = v'(x_{k+1}), v(x_{k+2}) = v'(x_{k+2}), \cdots, v(x_n) = v'(x_n),$$

则

$$\|A(x)\|_{I,v} = \|A(x)\|_{I,v'}.$$

注 8.1.4　由推论 8.1.1 知 (在推论的假设条件下), 任取 $v \in \Omega_A(I)$, 可以把满足 $v \equiv_{x_1} \equiv_{x_2} \cdots \equiv_{x_k} v'$ (即 $v(x_{k+1}) = v'(x_{k+1})$, $v(x_{k+2}) = v'(x_{k+2}), \cdots, v(x_n) = v'(x_n)$) 的赋值 v' 归为一类, 记作 $[v]$, 就得到一个 $\Omega_A(I)$ 的等价类, 称为解释 I 的赋值类, 记作 $[\Omega_A(I)]$. 由概率的有关知识得到如下定理.

定理 8.1.3　设 $A(x_1, x_2, \cdots, x_n) \in F(\phi)$, A 包含 $m(0 \leqslant m \leqslant n)$ 个自由变元, 一阶模糊语言 ϕ 的有限解释 I 的论域的势为 u, $\Omega_A(I)$ 及 $[\Omega_A(I)]$ 分别为 A 的解释 I 的赋值集及赋值类. 则

(i) 对任何 $v \in \Omega_A(I), [v] \in [\Omega_A(I)]$, 有 $[v]$ 的势都相等且 $|[v]| = u^{n-m}$(其中 $n - m$ 是公式 A 的全部约束变元的个数).

(ii) $\Omega_A(I)$ 及 $[\Omega_A(I)]$ 的势分别为

$$|\Omega_A(I)| = u^n \text{及} |[\Omega_A(I)]| = u^m.$$

定理 8.1.4　设 $A(x_1, x_2, \cdots, x_n) \in F(\phi)$, $m(0 \leqslant m \leqslant n)$ 是 A 的自由变元的个数, 一阶模糊语言 ϕ 的解释的论域的势为 u, 则公式 A 的有限解释 I 真度为

$$\tau_I(A) = \frac{\sum\limits_{v \in \Omega_A(I)} \|A\|_{I,v}}{u^n} = \frac{\sum\limits_{[v] \in [\Omega_A(I)]} \|A\|_{I,v}}{u^m}.$$

证明　由于 A 包含 n 个变元, 其中 m 个自由变元, 则 A 包含 $n-m$ 个约束变元. 因为 ϕ 中的解释论域势为 u, 所以赋值类的势 $|[\Omega_A(I)]| = u^m$. 那么将 $\Omega_A(I)$ 分成 u^m 个赋值类, 分别记作 $[v_1], [v_2], \cdots, [v_{u^m}]$. 任取 $[v] \in [\Omega(L)]$, 有 $|[v]| = u^{n-m}$, 且 $\|A\|_{I,v''} = \|A\|_{I,v'}, \forall v'', v' \in [v]$. 从而

$$u^n = |\Omega_A(I)| = |[\Omega_A[I]| \times u^{n-m} = u^m \times u^{n-m},$$

$$
\begin{aligned}
\tau_I(A) &= \frac{\sum\limits_{v \in \Omega_A(I)} \|A\|_{I,v}}{\|\Omega_A(I)\|} = \frac{\sum\limits_{v \in \Omega_A(I)} \|A\|_{I,v}}{u^n} \\
&= \frac{1}{u^n} \left(\sum\limits_{v \in [v_1]} \|A\|_{I,v} + \cdots + \sum\limits_{v \in [v_{u^m}]} \|A\|_{I,v} \right) \\
&= \frac{1}{u^m u^{n-m}} \left(u^{n-m} \times \sum\limits_{[v] \in [\Omega_A(I)]} \|A\|_{I,v} \right) \\
&= \frac{\sum\limits_{[v] \in [\Omega_A(I)]} \|A\|_{I,v}}{u^m}.
\end{aligned}
$$

注 8.1.5　根据定理 8.1.1, 例 8.1.1 中公式 B 的有限解释 I 真度为

$$\tau_I(B) = \frac{1}{3}(0.7 + 0.7 + 0.8) \approx 0.73\dot{3},$$

这与定义 8.1.1 由有限解释 I 真度的定义计算的结果是一致的.

定理 8.1.5　设 $A \in F(\phi)$, I 为 A 的一阶模糊语言 ϕ 的有限解释, 则 $\exists v \in \Omega_A(I)$, $\|A\|_{I,v} < 1 (> 0)$ 当且仅当 $\tau_I(A) < 1 (> 0)$.

证明　必要性是显然的. 下证充分性.

若 $\exists v^* \in \Omega_A(I)$, 使 $\|A\|_{I,v^*} = \alpha < 1$, 则由公式的有限解释真度定义知

$$\tau_I(A) = \frac{\displaystyle\sum_{v \in \Omega_A(I)} \|A\|_{I,v}}{|\Omega_A I|} + \frac{\displaystyle\sum_{v \in \Omega_A(I) - \{v^*\}} \|A\|_{I,v} + \|A\|_{I,v^*}}{|\Omega_A I|}$$

$$= \frac{(|\Omega_A(I)| - 1) + \alpha}{|\Omega_A(I)|} = \frac{(|\Omega_A(I)| - (1 - \alpha)}{|\Omega_A(I)|} < 1.$$

可以证明下述定理.

定理 8.1.6　A 是有限解释 I 的真公式 (或假公式) 当且仅当 $\tau_I(A) = 1$(或 $\tau_I(A) = 0$).

定义 8.1.7　给定 $F(\phi)$ 中的一个公式集 $\Gamma = \{A_1, A_2, \cdots, A_n\}$, I 为一阶模糊语言 ϕ 的某一个给定的解释. 若对公式集中的每个公式出现的个体常元、函数及原子公式进行同一的解释 I, 则称这样的解释 I 为公式集 Γ 的解释.

定义 8.1.8　设 $A \in F(\phi)$, I 为一阶模糊语言 ϕ 的解释, $D_I \subseteq D_I$, P 为 A 中的原子公式. 若 $\forall v \in \Omega(I^*)$, 有 $\|p\|_{I,v} = \|P\|_{I^*,v}$, 则称解释 I^* 为 A 关于 I 的子解释.

注 8.1.6　因为模糊谓词逻辑形式系统 K^* 是谓词逻辑形式系统 K 的扩张, 所以由经典谓词逻辑理论[9] 知, 任何一个公式 A 可证等价一个前束范式.

引理 8.1.1　设 $B, (\forall x_i) B(x_i), (\exists x_i) B(x_i) \in F(\phi)$, $v \in \Omega(I)$, $\alpha \in (0, 1]$. 则

(i) $\|(\forall x_i) B(x_i)\|_{I,v} < \alpha$ 当且仅当 $\exists v' \in \Omega(I)$, $v' \equiv_{x_i} v$, 使 $\|B(x)\|_{I,v'} < \alpha$;

(ii) 若 $\|(\exists x_i) B(x_i)\|_{I,v} < \alpha$, 则 $\forall v' \in \Omega(I)$, $v' \equiv_{x_i} v$, 有 $\|B(x_i)\|_{I,v'} < \alpha$; 反之, 若 $v \in \Omega(I)$, 使 $\|B(x_i)\|_{I^*,v} < \alpha$ 且 $\|(\exists x_i) B(x_i)\|_{I,v'} < \alpha$, $v \equiv_{x_i} v'$, I^* 为 I 子解释, 则

$$\|(\exists x_i) B(x_i)\|_{I^*,v} < \alpha.$$

证明　(i) 设 $\|(\forall x_i) B(x_i)\|_{I,v} < \alpha$. 因为

$$\|(\forall x_i) B(x_i)\|_{I,v} = \inf\{\|B(x_i)\|_{I,v'} | v' \equiv_{x_i} v, v' \in \Omega(I)\},$$

所以 $\exists v' \in \Omega(I)$, $v' \equiv_{x_i} v$, 使 $\|B(x_i)\|_{I,v'} < \alpha$. 反之, 若 $\exists v' \in \Omega(I)$, $v' \equiv_{x_i} v$, 使 $\|B(x_i)\|_{I,v'} < \alpha$, 则

$$\|(\forall x_i) B(x_i)\|_{I,v} = \inf\{\|B(x_i)\|_{I,v'} | v' \equiv_{x_i} v, v' \in \Omega(I)\}\} < \alpha,$$

(ii) 设 $\|(\exists x_i)B(x_i)\|_{I,v} < \alpha$. 因为

$$\|(\exists x_i)B(x_i)\|_{I,v} = \sup\{\|B(x_i)\|_{I,v'}|v' \equiv_{x_i} v, v' \in \Omega(I)\},$$

所以 $\forall v' \in \Omega(I)$, $v' \equiv_{x_i} v$, 使 $\|B(x_i)\|_{I,v'} < \alpha$.

若 $v' \in \Omega(I)$, 使 $\|B(x_i)\|_{I,v'} < \alpha$ 且

$$\|(\exists x_i)B(x_i)\|_{I,v'} = \sup_{v(x_i)\in D_I} \{\|B(x_i)\|_{I,v}|v \equiv_{x_i} v', v \in \Omega(I)\} < \alpha,$$

I^* 为 I 的子解释, 则

$$\|(\exists x_i)B(x_i)\|_{I^*,v'} = \sup_{v(x_i)\in D_{T^*}} \{\|B(x_i)\|_{I^*,v}|v \equiv_{x_i} v', v \in \Omega(I^*)\}$$
$$\leqslant \sup_{v(x_i)\in D_I} \{\|B(x_i)\|_{I,v}|v \equiv_{x_i} v', v \in \Omega(I)\} < \alpha.$$

定理 8.1.7 A 是逻辑有效公式当且仅当对一阶模糊语言 ϕ 的任何有限解释 I 真度 $\tau_I(A) = 1$.

证明 根据定理 8.1.6, 必要性显然成立. 下证充分性.

反证. 设 $a_1, \cdots, a_l$ 为 $A(x_1, x_2, \cdots, x_n)$ 的个体常元, $t_1, \cdots, t_m$ 为 A 的非变元项 (l, m 都可以为零). 若 A 为非逻辑有效公式, 则存在解释 I 及 $v \in \Omega(I)$, 使 $\|A\|_{I,v} < 1$. 设 A 的可证等价前束范式为

$$(Q_1x_1)(Q_2x_2)\cdots(Q_kx_k)B(x_1, \cdots, x_k, x_{k+1}, \cdots, x_n).$$

当 $k = 0$ 时, $\|B\|_{I,v} = \alpha < 1$.

当 $k \geqslant 1$ 时, 无论 Q_1 是 $\forall$ 量词还是存在量词, 由引理的 (i) 及 (ii) 的必要性知, 总存在 $v' \in \Omega(I)$, $v' \equiv_{x_1} v$, 使

$$\|(Q_2x_2)\cdots(Q_kx_k)B(x_1, \cdots, x_k, x_{k+1}, \cdots, x_n)\|_{I,v'} < 1$$

同理 $\exists v^2 \in \Omega(I), v^2 \equiv_{x_2} v'$, 使 $\|(Q_2x_2)\cdots(Q_kx_k)B(x_1, \cdots, x_k, x_{k+1}, \cdots, x_n)\|_{I,v^2} < 1$ 依次递推下去, 总存在 $v^k \in \Omega(L), v^k \equiv_{x_k} v^{k-1}$, 使

$$\|B(x_1, \cdots, x_k, x_{k+1}, \cdots, x_n)\|_{I,v^k} < 1.$$

构造 I 的子解释 I^*: 记

$$E_1 = \{v^k(x_1), \cdots, v^k(x_n)\},$$
$$E_2 = \{\overline{a_1}, \cdots, \overline{a_l}\}, E_3 = \{v^k(t_1), \cdots, v^k(t_m)\},$$

令 $D_{I^*} = E_1 \cup E_2 \cup E_3 \backslash \{E_i \cap E_j|i \neq j, i, j = 1, 2, 3\}$, $\forall v \in \Omega(I^*), v(t_i) = v^k(t_i), i = 1, \cdots, m$.

注意, 这时由 I 的子解释 I^* 的构造知

$$\|B\|_{I^*,v^k} = \|B\|_{I,v^k} < 1,$$

从而由引理的 (i) 及 (ii) 的充分性知, 总存在

$$v^k, v_{k-1}, \cdots, v_1 \in \Omega(I^*), \quad v^k \equiv_{x_k} v_{k-1}, v_{k-1} \equiv_{x_{k-1}} v_{k-2}, \cdots, v_2 \equiv_{x_1} v_1,$$

分别使

$$\|Q_k x_k)B(x_1, \cdots, x_k, x_{k+1}, \cdots, x_n)\|_{I^*,v_{k-1}} < 1,$$

$$\|A\|_{I^*,v_1} = \|(Q_1 x_1) \cdots (Q_k x_k)B(x_1, \cdots, x_k, x_{k+1}, \cdots, x_n)\|_{I^*,v_1} < 1.$$

因为 I^* 是有限解释, 所以由 $\|A\|_{I^*,v_1} < 1$ 及定理 8.1.3 知 $\tau_{I^*}(A) < 1$, 这与已知矛盾. 因此 A 是逻辑有效公式.

容易证明以下结论.

定理 8.1.8　设 $A, B, A \to B, (\forall x_i)B, (\exists x_j)B, \in F(L)$, I 是公式集

$$\Gamma = \{A, B, A \to B, (\forall_i x)B, (\exists x_j)B\}$$

的一阶模糊语言 ϕ 的有限解释, 则

(i) $\tau_I((\forall x_i)B(x_i)) \leqslant \tau_I(B(x_j)) \leqslant \tau_I((\exists x_j)B(x_j))$.

(ii) 如果 $|- A \to B$, 那么 $\tau_I(A) \leqslant \tau_I(B)$.

(iii) (1) $\tau_I((\forall x_i)B(x_i)) = 1$ 当且仅当 $\tau_I(B(x_i)) = 1$.

(2) 若 $\tau_I(B(x_i)) = 1$, 则 $\tau_I((\exists x_j)B(x_j)) = 1$. 为简便, 下将 τ_I 记为 τ.

定理 8.1.9　设 $A, B, \neg A, A \to B, A \vee B, A \wedge B \in F(L)$, I 是公式集 $\Gamma = \{A, B, \neg A, A \to B, A \wedge B, A \vee B\}$ 的一阶模糊语言 ϕ 的有限解释. 则

(i) $\tau(\neg A) = 1 - \tau(A)$;

(ii) $\tau(A \to B) \leqslant 1 - \tau(A) + \tau(B) = \tau(\neg A) + \tau(B)$;

(iii) $\tau(A \vee B) = \tau(A) + \tau(B) - \tau(A \wedge B)$, $\tau(A \wedge B) = \tau(A) + \tau(B) - \tau(A \vee B)$.

证明　(i) 由于 $\forall v \in \Omega_A(I)$, $\|\neg A\|_{I,v} = 1 - \|A\|_{I,v}$, 所以

$$\tau(\neg A) = \frac{\displaystyle\sum_{v \in \Omega_{\neg A}(I)} \|\neg A\|_{I,v}}{|\Omega_A(I)|} = \frac{\displaystyle\sum_{v \in \Omega_A(I)} (1 - \|A\|_{I,v})}{|\Omega_A(I)|}$$

$$= \frac{|\Omega_A(I)| - \displaystyle\sum_{v \in \Omega(I)} \|A\|_{I,v}}{|\Omega_A(I)|} = 1 - \tau(A).$$

(ii) 设 $|\text{Var}(A) \cup \text{Var}(B)| = m$, 记 $\Omega_{(A \to B)^{(m)}}(I) = \Omega(I)$, 由于 $\forall v \in \Omega(I)$, 有 $v(A \to B) \leqslant 1 - v(A) + v(B)$, 则根据平均值不变性定理, 有

$$\tau(A \to B) = \frac{\displaystyle\sum_{v \in \Omega(I)} \|A \to B\|_{I,v}}{|\Omega(I)|} \leqslant \frac{\displaystyle\sum_{v \in \Omega(I)} (1 - v(A) + v(B))}{|\Omega(I)|}$$

$$= \frac{|\Omega(I)| - \sum\limits_{v \in \Omega(I)} \|A\|_{I,v} + \sum\limits_{v \in \Omega(I)} \|B\|_{I,v}}{|\Omega(I)|}$$

$$= 1 - \frac{\sum\limits_{v \in \Omega_A(I)} \|A\|_{I,v}}{|\Omega_A(I)|} + \frac{\sum\limits_{v \in \Omega_B(I)} \|B\|_{I,v}}{|\Omega_B(I)|}$$

$$= 1 - \tau(A) + \tau(B) = \tau(\neg A) + \tau(B).$$

(iii) 记 $\Omega_{A \vee B}(I) = \Omega_{A \wedge B}(I) = \Omega(I)$. 因为 $\forall v \in \Omega(I)$,

$$\|A \vee B\|_{I,v} = \max\{\|A\|_{I,v}, \|B\|_{I,v}\}$$
$$= \|A\|_{I,v} + \|B\|_{I,v}\} - \min\{\|A\|_{I,v}, \|B\|_{I,v}\};$$

$$\|A \wedge B\|_{I,v} = \min\{\|A\|_{I,v}, \|B\|_{I,v}\}$$
$$= \|A\|_{I,v} + \|B\|_{I,v}\} - \max\{\|A\|_{I,v}, \|B\|_{I,v}\}.$$

所以根据平均值不变性定理, 有

$$\tau(A \vee B) = \frac{\sum\limits_{v \in \Omega(I)} \|A\|_{I,v} + \sum\limits_{v \in \Omega(I)} \|B\|_{I,v} - \sum\limits_{v \in \Omega(I)} \min\{\|A\|_{I,v}, \|B\|_{I,v}\}}{|\Omega(I)|}$$

$$= \tau(A) + \tau(B) - \tau(A \wedge B).$$

类似地可以证明 $\tau(A \wedge B) = \tau(A) + \tau(B) - \tau(A \vee B)$.

定理 8.1.10 设 $A, B, C, A \to B, B \to C, A \to C \in F(L)$, I 是公式集

$$T = \{A, B, C, A \to B, B \to C, A \to C\}$$

的一阶模糊语言 ϕ 的有限解释, $\alpha, \beta \in [0, 1]$.

(i) 若 $\tau(A) \geqslant \alpha$, $\tau(A \to B) \geqslant \beta$, 则

$$\tau(B) \geqslant \alpha + \beta - 1.$$

(ii) 若 $\tau(A \to B) \geqslant \alpha$, $\tau(B \to C) \geqslant \beta$, 则 $\tau(A \to B) \geqslant \alpha + \beta - 1$.

证明 (i) 因为 $\tau(A) \geqslant \alpha$, $\beta \leqslant \tau(A \to B) \leqslant (1 - \tau(A) + \tau(B))$, 所以

$$\tau(B) \geqslant \beta + \tau(A) - 1 = \alpha + \beta - 1.$$

(ii) 先证 $\forall v \in \Omega(I)$, 有 $v(A \to C) \geqslant v(A \to B) + v(B \to C) - 1$.

① 当 $v(A) \leqslant v(C)$ 时,

$$v(A \to C) = 1 = 1 + 1 - 1 \geqslant v(A \to B) + v(B \to C) - 1;$$

② 当 $v(A) \geqslant v(B) \geqslant v(C)$ 时, 因为

$$v(A \to B) = 1 - v(A) + v(B), \quad v(B \to C) = 1 - v(B) + v(C),$$

所以

$$\begin{aligned} v(A \to C) &= 1 - v(A) + v(c) = 1 - v(A) + v(B) - v(B) + v(C) + 1 - 1 \\ &= v(A \to B) + v(B \to C) - 1; \end{aligned}$$

③ 当 $v(B) \geqslant v(A) \geqslant v(C)$ 时, 因为

$$v(A \to B) = 1, v(B) - v(A) > 0, v(B \to C) = 1 - v(B) + v(C),$$

所以

$$\begin{aligned} v(A \to C) &= 1 - v(A) + v(c) = 1 - v(A) + v(B) - v(B) + v(C) + 1 - 1; \\ &\geqslant v(A \to B) + v(B \to C) - 1; \end{aligned}$$

④ 当 $v(A) \geqslant v(C) \geqslant v(B)$ 时, 因为

$$v(A \to B) = 1 - v(A) + v(B), \quad v(B \to C) = 1, \quad v(C) - v(B) > 0,$$

所以

$$\begin{aligned} v(A \to C) &= 1 - v(A) + v(c) = 1 - v(A) + v(B) - v(B) + v(C) + 1 - 1 \\ &\geqslant v(A \to B) + v(B \to C) - 1. \end{aligned}$$

记 A, B 及 C 共包含的变元集 $\mathrm{Var}(A) \cup \mathrm{Var}(B) \cup \mathrm{Var}(C)$ 的赋值集为 $\Omega(I)$. 因此, 由平均值不变性定理及 $\tau(A \to B) \geqslant \alpha$, $\tau(B \to C) \geqslant \beta$ 知

$$\begin{aligned} \tau(A \to C) &= \frac{\displaystyle\sum_{v \in \Omega(I)} v(A \to C)}{|\Omega(I)|} \geqslant \frac{\displaystyle\sum_{v \in \Omega(I)} (v(A \to B) + v(B \to C) - 1)}{|\Omega(I)|} \\ &= \tau(A \to B) + \tau(B \to C) - 1 \geqslant \alpha + \beta - 1. \end{aligned}$$

定理 8.1.11　设 $\Gamma \subset F(L)$, I 是 Γ 的一阶模糊语言 ϕ 的有限解释. $\forall A \in \Gamma$, $\tau(A) \geqslant \alpha$, B 是 Γ-推论, 且存在从 Γ 到 B 的长度为 n 的推演, 则

$$\tau(B) \geqslant \mu_n(\alpha - 1) + 1,$$

这里 μ_n 是 Fibonacci 数列的第 n 项.

证明　略.

8.1.3 公式的可数解释真度

定义 8.1.9 设 $A \in F(\phi)$, I 为一阶模糊语言 ϕ 的可数解释, 其论域为 $D_I = \{a_1, a_2, \cdots, a_m, \cdots\}$, A 关于 I 的子解释为 I_m, $D_{I_m} = \{a_1, a_2, \cdots, a_m\}$, $m = 1, 2, \cdots$, 则

(i) 称 I_m 及 $\tau_{Im}(A)$(简记为 $\tau_m(A)$) 分别为 I 的第 m 项子解释及 A 的第 m 项子真度, 并称 $\{\tau_{Im}(A)\}$ 为 A 的解释真度列.

(ii) 称上极限 $\overline{\lim}_{m \to \infty} \tau_{Im}(A)$(或下极限 $\underset{m \to \infty}{\underline{\lim}} \tau_{Im}(A)$)为 A 的解释 I 的上 (或下) 真度. 记作 $\overline{\tau_I}(A)$(或 $\underline{\tau_I}(A)$). 称 $\dfrac{\overline{\tau}(A) + \underline{\tau}(A)}{2}$ 为 A 的可数解释 I 真度, 记作 $\tau_I(A)$, 在不至于混淆时简记为 $\tau(A)$.

注 8.1.7 在定义 8.1.12 中, 为了讨论问题的方便, 假设 A 的个体常元全在 D_I 的子解释内.

定理 8.1.12 设 $A \in F(L)$, $\underline{\tau}(A)$, $\overline{\tau}(A)$ 及 $\tau(A)$ 分别为 A 的一阶模糊语言 ϕ 的上、下解释真度及可数解释真度. 则

(i) 若 $\underline{\tau}(A) \geqslant \alpha$, $\overline{\tau}(A) \leqslant \beta$, 则 $\alpha \leqslant \tau(A) \leqslant \beta$.

(ii) ① 若 $\tau(A) \geqslant \dfrac{1}{2}$ 则 $\underline{\tau}(A) \geqslant \tau(A) - \dfrac{1}{2}$,

② 若 $\tau(A) \leqslant \dfrac{1}{2}$ 则 $\overline{\tau}(A) \leqslant \tau(A) + \dfrac{1}{2}$.

(iii) 若 $\overline{\tau}(A) = \underline{\tau}(A)$, 则 $\tau(A) = \underset{m \to \infty}{\lim} \tau_{I_m}(A) = \overline{\tau}(A) = \underline{\tau}(A)$.

(iv) 若 $\underline{\tau}(A) = \alpha \in [0, 1]$(或 $\overline{\tau}(A) = \alpha \in [0, 1]$) 则存在 $\{I_m\}_{m=1}^{\infty}$ 的子列 $\{I_{m_k}\}_{k=1}^{\infty}$, 使 $\underset{k \to \infty}{\lim} \tau_{I_{m_k}}(A) = \alpha$.

(v) ① $\tau(A) = 1$ 当且仅当对于 I 的任意子解释 I_m, 有 $\underset{m \to \infty}{\lim} \tau_{I_m}(A) = 1$,

② $\tau(A) = 0$ 当且仅当对于 I 的任意子解释 I_m, 有 $\underset{m \to \infty}{\lim} \tau_{I_m}(A) = 0$.

证明 (i),(iii),(iv) 及 (v) 易证, 下证 (ii).

① 因为 $\tau(A) = \dfrac{1}{2}(\underline{\tau}(A) + \overline{\tau}(A))$, $\tau(A) \geqslant \dfrac{1}{2}$, 所以

$$\tau(A) - \underline{\tau}(A) = \overline{\tau}(A) - \tau(A) \leqslant \frac{1}{2},$$

于是

$$\underline{\tau}(A) \geqslant \tau(A) - \frac{1}{2}.$$

类似证②.

例 8.1.4 设公式 $A = A_1^2(x_1, a_1)$, 可数解释 I:

$$D_I = \{1, 2, 2^2, \cdots, 2^n, \cdots\}, \quad \overline{a_1} = 1,$$

$$\overline{A_1^2}(x_1, a_1) = U_{\overline{A_1^2}} : 1 - \frac{v(x_1) - \overline{a_1}}{v(x_1)}, \quad v(x_1) \in D_I, \quad v \in \Omega(I).$$

于是, A 的关于解释 I 的第 m 项子真度为

$$\tau_{I_m}(A) = \frac{1}{m} \sum_{i=0}^{m} \left(1 - \frac{2^i - 1}{2^i} \right) = \frac{1}{m} \left(1 + \frac{1}{2^2} + \frac{1}{2^3} + \cdots + \frac{1}{2^{m-1}} \right)$$

$$= \frac{1 - \left(\frac{1}{2} \right)^m}{m \left(1 - \frac{1}{2} \right)}.$$

由命题定理 8.1.12 知

$$\tau(A) = \lim_{m \to \infty} \tau_{I_m}(A) = 0.$$

定理 8.1.13　若 A 是可数解释 I 的真公式 (或假公式), 则 $\tau_I(A) = 1$(或 $\tau_I(A) = 0$).

例 8.1.4 说明本定理的逆不成立.

由可数解释真度的定义及极限的保不等式性知, 有限解释真度的性质对 I 为可数解释的情况也成立.

容易建立公式间基于解释的相似度、距离及 $(F(L), \rho)$ 中的推理理论 (它类似于命题公式相似度、距离及 $(F(L), \rho)$ 中的推理理论, 略).

作者认为模糊谓词逻辑公式的解释真度的实际意义就是模糊谓词命题的真实程度. 如例 8.1.1, 若张芳、张红及张伟是兄弟姐妹, 则可认为解释 $\overline{A_1^2}(x_1, x_2)$ 是他们的相似关系矩阵, $\tau_I(A)$ 是他们的相似程度, 而 $\tau_I(C)$ 则可认为是张芳与其兄妹的相似程度. 如此看来, 公式的解释真度理论将会有广阔的应用前景.

8.2　一阶模糊谓词逻辑公式的解释模型真度理论及其应用

8.1 节中通过引进一阶模糊语言变元集赋值的新概念, 建立了一阶模糊谓词逻辑公式的有限和可数解释真度理论. 本节在此基础上将提出一阶模糊谓词逻辑公式的解释模型及解释模型真度的新概念, 并讨论它们的一系列性质及其在近似推理中的应用. 从而为引进一阶模糊谓词逻辑公式间的相似度概念, 导出全体公式集上的一种伪距离提供依据, 进一步为关于模谓词逻辑的近似推理提供一种带度量的理论框架[71].

定义 8.2.1　设 $A \in F(L)$. 若 $I_m, m = 1, 2, \cdots, n(n$ 为自然数或为 $\infty)$ 都为 A 的有限或可数解释, 则称解释列 $\{I_m\}_{m=1}^n$ 或 $\{I_m\}_{m=1}^\infty$ 为 A 的有限 (或可数) 解

释模型. 在不致混淆的情况下, 解释模型 $\{I_m\}_{m=1}^n$ 或 $\{I_m\}_{m=1}^\infty$ 可简记为 $\{I_m\}$. 以后凡提到解释模型都是指有限或可数解释模型.

例 8.2.1　设公式 $A = A_1^2(x_1, a_1)$, 可数解释模型 (I_m):

$$D_{I_{2k}} = \{1, 2, \cdots, k\}, \overline{a_1} = 1, \overline{A_1^2}(x_1, a_1) = 0.2, v(x_1) \in D_{I_{2k}}, v \in \Omega(I),$$

$$D_{I_{2k-1}} = \{1, 2, \cdots, 2k-1, \}, \overline{a_1} = 1, \overline{A_1^2}(x_1, a_1) = 0.8, v(x_1) \in D_{I_{2k-1}}, v \in \Omega(I),$$

$$k = 1, 2, \cdots.$$

在实际中, 往往公式的解释模型已经给定, 要求判定在基于在给定模型下公式的真度.

定义 8.2.2　设 $A \in F(L)$, $\{I_m\}_{m=1}^n$ 为一阶语言 L 的有限解释模型, $\tau_{I_m}(A)$ 为 I_m 的真度, $m = 1, 2, \cdots, n$. 则

(i) 称 $\{\tau_{I_m}(A) | m = 1, 2, \cdots, n\}$ 为 A 的解释模型真度列, 简记作 $\{\tau_{I_m}(A)\}$.

(ii) 称最大值 $\max\{\tau_{I_m}(A)\}$(最小值 $\min\{\tau_{I_m}(A)\}$) 为 A 的解释模型 $\{I_m\}_{m=1}^n$ 的上 (下) 真度, 记作 $\{I_m\}| = \overline{\tau}(A)$ 或 $\overline{\tau}(A)(\{I_m\}| = \underline{\tau}(A)$ 或 $\underline{\tau}(A))$.

(iii) 称 $\dfrac{\tau_{I_1}(A) + \cdots + \tau_{I_n}(A)}{n}$ 为 A 的解释模型 $\{I_m\}_{m=1}^n$真度, 记作 $\{I_m\}| = \tau(A)$ 或 $\tau(A)$.

定义 8.2.3　设 $A \in F(L)$, $\{I_m\}_{m=1}^\infty$ 为一阶语言 L 的可数解释模型, $\tau_m(A)$ 为 I_m 的解释真度, $m = 1, 2, \cdots$,

(i) 称 $\{\tau_{I_m}(A) | m = 1, 2, \cdots\}$ 为 A 的解释模型真度列, 简记作 $\{\tau_{I_m}(A)\}$.

(ii) 称 $\sup\{\tau_{I_m}(A)\}(\inf\{\tau_{I_m}(A)\})$ 为 A 的模型 $\{\tau_{I_m}(A)\}$ 上 (下) 真度记作 $\{I_m\}| = \overline{\tau}(A)$ 或 $\overline{\tau}(A)(\{I_m\}| = \underline{\tau}(A)$ 或 $\underline{\tau}(A))$

(iii) 记上极限$= \varlimsup\limits_{m \to \infty} \dfrac{\tau_{I_1}(A) + \cdots + \tau_{I_m}(A)}{m} \left(\text{下极限} \varliminf\limits_{m \to \infty} \dfrac{\tau_{I_1}(A) + \cdots + \tau_{I_m}(A)}{m}\right)$

为 $\{I_m\}| = \tau^+(A)$ 或 $\tau^+(A)(\{I_m\}| = \tau_-(A)$ 或 $\tau_-(A))$.

称 $[\tau_-(A), \tau^+(A)]$ 为解释模型 $\{I_m\}_{m=1}^\infty$ 的优化真度区间. 称 $\dfrac{\tau_-(A) + \tau^+(A)}{2}$ 为 A 的解释模型 $\{I_m\}_{m=1}^\infty$ 真度, 记作 $\{I_m\} = \tau(A)$ 或简记为 $\tau(A)$.

例 8.2.2　显然例 8.2.1 中, 公式 A 的解释 I_{2k-1} 真度为 0.8, 解释 I_{2k} 真度为 0.2, $k = 1, 2, \cdots$. 由于 $\tau_{I_{3k-1}}(A) + \tau_{I_{2k}}(A) = 0.2 + 0.8 = 1$, 于是 A 的解释模型 $\{I_{2k-1}\}$ 真度为

$$\{I_{2k-1}\}| = \tau(A) = \frac{\tau_{I_1}(A) + \cdots + \tau_{I_{2k-1}}(A)}{2k-1} = \frac{k - 1 + 0.8}{2k-1},$$

A 的解释模型 $\{I_{2k}\}$ 真度为

$$\{I_{2k}\}| = \tau(A) = \frac{\tau_{I_1}(A) + \cdots + \tau_{I_{2k}}(A)}{2k} = \frac{k}{2k} = \frac{1}{2},$$

因为

$$\lim_{k \to \infty} \{I_{2k-1}\}| = \tau(A) = \overline{\lim_{k \to \infty}} \{I_{2k}\}| = \tau(A) = \frac{1}{2},$$

则

$$\tau(A) = \frac{1}{2}.$$

定理 8.2.1　设 $A \in F(L)$, $\underline{\tau}(A)$, $\overline{\tau}(A)$, $[\tau_-(A), \tau^+(A)]$ 及 $\tau(A)$ 分别为 A 的一阶语言 L 的解释模型 $\{I_m\}$ 的上、下真度, 优化真度区间及真度. 则

(i) $\underline{\tau}(A) \leqslant \tau_-(A) \leqslant \tau(A) \leqslant \tau_+(A) \leqslant \overline{\tau}(A)$.

(ii) 若 $\tau(A) \geqslant \frac{1}{2}$ 则 $\tau_-(A) \geqslant \tau(A) - \frac{1}{2}$; 若 $\tau(A) \leqslant \frac{1}{2}$ 则 $\tau_+(A) \leqslant \tau(A) + \frac{1}{2}$.

(iii) 设可数解释模型 $\{I_m\}_{m=1}^{\infty}$, 则若 $\tau(A) > \frac{1}{2} \left(< \frac{1}{2} \right)$, 则存在 $\{I_m\}_{m=1}^{\infty}$ 的子

列 $\{I_{m_k}\}_{k=1}^{\infty}$, 使 $\tau_{I_{m_k}}(A) \geqslant \frac{1}{2} \left(\leqslant \frac{1}{2} \right)$, $k = 1, 2, \cdots$.

(iv) $\tau(A) = 1$ 当且仅当 $\lim_{m \to \infty} \tau_{I_m}(A) = 1$; $\tau(A) = 0$ 当且仅当 $\lim_{m \to \infty} \tau_{I_m}(A) = 0$.

证明　(i) 是显然的.

(ii) 因为 $\tau(A) = \frac{1}{2}(\underline{\tau}(A) + \overline{\tau}(A))$, $\tau(A) \geqslant \frac{1}{2}$, 所以

$$\tau(A) - \underline{\tau}(A) = \overline{\tau}(A) - \tau(A) \leqslant \frac{1}{2},$$

于是

$$\underline{\tau}(A) \geqslant \tau(A) - \frac{1}{2}.$$

(iii) 首先将 τ_{I_m} 简记为 τ_m. 若不存在 $\{I_m\}_{m=1}^{\infty}$ 的子列 $\{I_{m_k}\}_{k=1}^{\infty}$, 使 $\tau_{m_k}(A) \geqslant \frac{1}{2} \left(\tau_{m_k}(A) \leqslant \frac{1}{2} \right)$, 则存在自然数 N_0, 当 $n > N_0$ 时, $\tau_n(A) < \frac{1}{2} \left(\tau_n(A) > \frac{1}{2} \right)$, 于是

$$\frac{\tau_{N_0}(A) + \cdots + \tau_n(A)}{n} < \frac{1}{2} \left(\frac{\tau_{N_0}(A) + \cdots + \tau_n(A)}{n} > \frac{1}{2} \right),$$

从而

$$\tau^+(A) = \overline{\lim_{n \to \infty}} \left(-\frac{\tau_1(A) + \cdots + \tau_{N_0(A)}}{n} + \frac{\tau_{N_0}(A) + \cdots + \tau_n(A)}{n} \right)$$

$$\leqslant \frac{1}{2} \left(\tau_-(A) \geqslant \frac{1}{2} \right),$$

那么

$$\tau(A) \leqslant \frac{1}{2} \left(\tau(A) \geqslant \frac{1}{2} \right),$$

这与已知矛盾. 因此结论成立.

(iv) 若 $\tau(A) = 1$, 则 $\tau_-(A) = \tau^+(A) = 1$, 从而 $\lim\limits_{m\to\infty} \dfrac{\tau_1(A) + \cdots + \tau_m(A)}{m} = 1$, 所以 $\lim\limits_{m\to\infty} \tau_m(A) = 1$.

反之, 证明是容易的.

类似证明 $\tau(A) = 0$ 当且仅当 $\lim\limits_{m\to\infty} \tau_m(A) = 0$.

定义 8.2.4 给定一个公式集 $\Gamma = \{A_1, A_2, \cdots, A_n\}$ 及一个解释模型 $\{I_m\}$. 若任何 I_m 是 Γ 的解释, 则称解释模型 $\{I_m\}$ 为公式集 Γ 的解释模型.

类似定理 8.2.1 可证以下定理.

定理 8.2.2 设 $A, B, A \to B, (\forall x_i)B, (\exists x_j)B, \in F(L), \{I_m\}$ 是公式集

$$\Gamma = \{A, B, A \to B, (\forall_i x)B, (\exists x_j)B\}$$

的一阶语言 L 的解释模型. 那么

(i) $(I_m| = \tau(B(x_i)) \geqslant \{I_m\}| \approx \tau((\forall x_i)B(x_i), \{I_m\}| \approx \tau(B(x_j)) \leqslant \{I_m\}| = \tau((\exists x_j)B(x_j))$.

(ii) 若 $|-A \to B$, 即 $A \to B$ 是定理, 则 $\{I_m\}| \approx \tau(A) \leqslant \{I_m\}| = \tau(B)$.

(iii) ① 若 $\{I_m\}| = \tau((\forall x_i)B(x_i)) = 1$, 则 $I| = \tau(B(x_i)) = 1$.

② 若 $\{I_m\}| = \tau(B(x_j)) = 1$, 则 $\{I_m\}| = \tau((\exists x_j)B(x_j)) = 1$.

注 8.2.1 当 $\{I_m\}$ 是有限解释模型时定理 8.2.2(iii) ① 充分性也成立.

约定 8.2.1 下述定理提到的公式的真度都是指相关的解释模型的真度.

由文献 [1] 的解释真度的定义及数列的上、下极限, 极限的性质, 可以证明下述定理.

定理 8.2.3 设 $A, B, \neg A, A \to B, A \vee B, A \wedge B \in F(L), \{I_m\}$ 是公式集 $\Gamma = \{A, B, \neg A, A \to B, A \wedge B, A \vee B\}$ 的一阶语言 L 的解释模型.

取算子 $\neg, \vee, \wedge, \to$ 分别如下:

$$\neg a = 1 - a, \quad a \wedge b = \min\{a, b\}, \quad a \vee b = \max\{a, b\},$$

$$a \to b = (1 - a + b) \wedge 1, \quad \forall a, b \in [0, 1],$$

则

(i) $\tau(\neg A) = 1 - \tau(A)$;

(ii) $\tau(A \to B) \leqslant 1 - \tau(A) + \tau(B) = \tau(\neg A) + \tau(B)$;

(iii) $\tau(A \vee B) = \tau(A) + \tau(B) - \tau(A \wedge B)$, $\tau(A \wedge B) = \tau(A) + \tau(B) - \tau(A \vee B)$.

定理 8.2.4 设 $A, B, C, A \to B, B \to C, A \to C \in F(L), \{I_m\}$ 是公式集

$$T = \{A, B, C, A \to B, B \to C, A \to C\}$$

的一阶语言 L 的解释模型. 则

(i) 若 $\tau(A) \geqslant \alpha$, $\tau(A \to B) \geqslant \beta$, 则 $\tau(B) \geqslant \alpha + \beta - 1$.

(ii) 若 $\tau(A \to B) \geqslant \alpha$, $\tau(B \to C) \geqslant \beta$, 则 $\tau(A \to C) \geqslant \alpha + \beta - 1$.

定理 8.2.5　设 $\Gamma \subset F(L)$, $\{I_m\}$ 是 Γ 的一阶语言 L 的解释模型. 若 $\forall A \in \Gamma$, $\tau(A) \geqslant \alpha$, B 是 Γ-推论, 且存在从 Γ 到 B 的长度为 n 的推演, 则

$$\tau(B) \geqslant \mu_n(\alpha - 1) + 1,$$

这里 μ_n 是 Fibonacci 数列的第 n 项.

8.3　一阶模糊谓词逻辑公式的区间解释真度理论

本节通过引进一阶模糊语言变元集赋值的新概念, 给出了一阶模糊谓词逻辑 (或一阶模糊语言) 公式的区间解释真度的定义, 并讨论了它们的一系列性质 [65].

8.3.1　公式的区间解释真度

1. 平均值不变性定理

定义 8.3.1　设 I 为一阶模糊语言 ϕ 的解释, 若 I 的论域为实区间 K, 则称 I 为区间解释. 若 K 为闭 (或开或无限) 区间, 则称 I 为闭 (或开或无限) 区间解释.

以下总假设函数是连续的.

设 $f(x_1, x_2, \cdots, x_n)$ 是从 n 维方体 $[a,b]^n$ 到 $[0,1]$ 的 n 元函数. 以 $\mathrm{d}w$ 记 $\mathrm{d}x_1 \mathrm{d}x_2 \cdots \mathrm{d}x_n$, 则 $f(x_1, x_2, \cdots, x_n)$ 在 n 维方体 $[a,b]^n$ 上的 n 重积分可记作

$$\int_{[a,b]^n} f(x_1, x_2, \cdots, x_n) \mathrm{d}w,$$

或简记作 $\displaystyle\int_{[a,b]^n} f \mathrm{d}w$. $f(x_1, x_2, \cdots, x_n)$ 也可看成定义在 $n+m$ 维方体 $[a,b]^{n+m}$ 上的 $n+m$ 元函数

$$g(x_1, x_2, \cdots, x_n, x_{n+1}, \cdots, x_{n+m}) = f(x_1, x_2, \cdots, x_n),$$
$$(x_1, x_2, \cdots, x_n, x_{n+1}, \cdots, x_{n+m}) \in [a,b]^{n+m}.$$

定义 8.3.2　设 $f(x_1, x_2, \cdots, x_n)$ 是从 n 维方体 $[a,b]^n$ 到 $[0,1]$ 的 n 元函数. 称

$$g(x_1, x_2, \cdots, x_n, x_{n+1}, \cdots, x_{n+m}) = f(x_1, x_2, \cdots, x_n),$$
$$(x_1, x_2, \cdots, x_n, x_{n+1}, \cdots, x_{n+m}) \in [a,b]^{n+m}$$

为 $f(x_1, x_2, \cdots, x_n)$ 的 m 次扩张函数, 记作 $f^{(m)}$.

定理 8.3.1 (平均值不变性定理) 任一 n 元函数 $f(x_1, x_2, \cdots, x_n)$ 在 n 维方体 $[a, b]^n$ 上的平均值 $\dfrac{\int_{[a,b]^n} f \mathrm{d}w}{(b-a)^n}$ 与它的任一 m 次扩张函数 $f^{(m)}$ (m 为正整数) 在 $n+m$ 维方体 $[a, b]^{n+m}$ 上的平均值 $\dfrac{\int_{[a,b]^{n+m}} f^{(m)} \mathrm{d}w}{(b-a)^{n+m}}$ 相等.

2. 公式的闭区间的解释真度

定义 8.3.3 设 $A(x_1, x_2, \cdots, x_n) \in F(\phi)$, I 为一阶模糊语言 ϕ 的闭区间 $[a, b]$ 解释.

则称函数 $\|A(x_1, x_2, \cdots, x_n)\|_{I,v}, v \in \Omega_A(I)$ 在 n 方体 $[a, b]^n$ 上的平均值

$$\frac{\int \cdots \int_{[a,b]^n} \|A(x_1, \cdots, x_n)\|_{I,v} \mathrm{d}x_1 \cdots \mathrm{d}x_n}{(b-a)^n}$$

为 A 的闭区间解释 I 真度, 记作 $\tau_I(A) = \dfrac{\int_{[a,b]^n} v(A) \mathrm{d}w}{(b-a)^n}$ 或简记作 $\tau(A)$.

例 8.3.1 已知公式 $A(x_1, x_2) = A_1^1(x_1) \to A_1^1(f_1^1(x_2))$, 给定解释 I: $D_I = [1, m]$, $\overline{A_1^1}(x_1) = \dfrac{1}{x_1}$, $x_1 \in D_I$, $\overline{f_1^1}(x_2) = (x_2)^2$, $x_2 \in D_I$, 取蕴涵算子 Lu. 则

$$\tau_I(A) = \frac{\int_1^m \mathrm{d}x_1 \int_1^m \left(1 - \frac{1}{x_1} + \frac{1}{(x_2)^2}\right) \mathrm{d}x_2}{(m-1)^2} = 1 - \frac{1}{m} + \frac{1}{m(m-1)^2} - \frac{\ln m}{m-1}.$$

定理 8.3.2 设 $A, B, (\forall x_i)B, (\exists x_j)B \in F(\phi)$, I 是一阶模糊语言 ϕ 的闭区间解释. 则

(i) $\tau_I((\forall x_i)B(x_i)) \leqslant \tau_I(B(x_j)) \leqslant \tau_I((\exists x_j)B(x_j))$

(ii) ① $\tau_I((\forall x_i)B(x_i)) = 1$ 当且仅当 $\tau_I(B(x_i)) = 1$.

② 若 $\tau_I(B(x_i)) = 1$, 则 $\tau_I((\exists x_j)B(x_j)) = 1$.

为了简便, 记 τ_I 为 τ. 以下取算子:

$$\neg a = 1 - a, a \wedge b = \min\{a, b\}, a \vee b = \max\{a, b\},$$

$$a \to b = (1 - a + b) \wedge 1, \forall a, b \in [0, 1].$$

定理 8.3.3 设 $A, B, \neg A, A \to B, A \vee B, A \wedge B \in F(\phi)$, I 是一阶模糊语言 ϕ 的闭区间解释. 则

(i) $\tau(\neg A) = 1 - \tau(A);$

(ii) $\tau(A \to B) \leqslant 1 - \tau(A) + \tau(B) = \tau(\neg A) + \tau(B);$

(iii) $\tau(A \vee B) = \tau(A) + \tau(B) - \tau(A \wedge B), \tau(A \wedge B) = \tau(A) + \tau(B) - \tau(A \vee B).$

定理 8.3.4　设 $A, B, C, A \to B, B \to C, A \to C \in F(\phi)$, I 是一阶模糊语言 ϕ 的闭区间解释, $\alpha, \beta \in [0, 1]$,

(i) 若 $\tau(A) \geqslant \alpha, \tau(A \to B) \geqslant \beta$, 则 $\tau(B) \geqslant \alpha + \beta - 1$;

(ii) 若 $\tau(A \to B) \geqslant \alpha, \tau(B \to C) \geqslant \beta$, 则 $\tau(A \to B) \geqslant \alpha + \beta - 1$.

定理 8.3.5　设 $\Gamma \subset F(\phi)$, I 是 Γ 的一阶语言 ϕ 的闭区间解释. $\forall A \in \Gamma$, $\tau(A) \geqslant \alpha$, B 是 Γ-推论, 且存在从 Γ 到 B 的长度为 n 的推演, 则 $\tau(B) \geqslant \mu_n(\alpha - 1) + 1$. 这里 μ_n 是 Fibonacci 数列的第 n 项.

8.3.2　公式的开区间或无限区间解释真度

定义 8.3.4　设 $A \in F(\phi)$, I 为一阶模糊语言 ϕ 的开区间解释. 如果 I 的论域为开区间 (a, b):

(i) 记 $D_{I_\varepsilon} = [a + \varepsilon, b - \varepsilon], \varepsilon > 0$(解释 I_ε 与 I 的区别只是论域不同). 若函数 $\|A\|_{I_\varepsilon, v}$, $v \in \Omega(I_\varepsilon)$ 在任意的 $(D_{I_\varepsilon})^n$ 上的黎曼积分都存在, 则称 I_ε 及 $\tau_{I_\varepsilon}(A)$ 分别为 I 的子解释及 A 的 I 的子真度.

(ii) 称上极限 $\overline{\lim\limits_{m \to \infty}} \tau_{I_m}(A)$(或下极限 $\underline{\lim\limits_{m \to \infty}} \tau_{I_m}(A)$) 为 A 的上 (或下) 开区间解释 I 的真度. 记作 $\overline{\tau_I}(A)$(或 $\underline{\tau_I}(A)$). 称 $\dfrac{\overline{\tau_I}(A) + \underline{\tau_I}(A)}{2}$ 为 A 的开区间解释 I 真度, 记作 $\tau_I(A)$, 在不至于混淆时简记为 $\tau(A)$.

定义 8.3.5　设 $A \in F(\phi)$, I 为一阶模糊语言 ϕ 的无限区间解释. 如果 I 的论域为无限实数区间 $D_I = [a, +\infty)$(或$(-\infty, a]$).

(i) 记 $D_{I_m} = [a, m]$(或$(-m, a]$), (解释 I_m 与 I 的区别只是论域不同). 若函数 $\|A\|_{I_m, v}$, $v \in \Omega(I_m)$ 在任意的 $(D_{I_y})^n$ 上的黎曼积分都存在, 则称 I_m 及 $\tau_{I_m}(A)$ 分别为 I 的子解释及 A 的 I 子真度.

(ii) 称上极限 $\overline{\lim\limits_{m \to \infty}} \tau_{I_m}(A)$(或下极限 $\underline{\lim\limits_{m \to \infty}} \tau_{I_m}(A)$) 为 A 的上 (或下) 无限区间解释 I 真度. 记作 $\overline{\tau}_I(A)$(或 $\underline{\tau}_I(A)$). 称 $\dfrac{\overline{\tau}(A) + \underline{\tau}(A)}{2}$ 为 A 的无限区间解释 I 真度, 记作 $\tau_I(A)$, 在不至于混淆时简记为 $\tau(A)$.

注 8.3.1　上面总假设 A 有有限个个体常元, 且 $\exists c > 0(M > 0)$, 当 $\varepsilon < c(|m| > M)$ 时, 使其全部个体常元都在 D_I 子解释 D_{I_ε}(或 D_{I_m}) 内.

定理 8.3.6　设 $A \in F(L)$, $\underline{\tau}(A)$、$\overline{\tau}(A)$ 及 $\tau(A)$ 分别为 A 的上、下开 (或无限) 区间解释 I 真度及开 (或无限) 区间解释 I 真度. 则

(i) 若 $\underline{\tau}(A) \geqslant \alpha, \overline{\tau}(A) \leqslant \beta$, 则 $\alpha \leqslant \tau(A) \leqslant \beta$.

(ii) ① 若 $\tau(A) \geqslant \frac{1}{2}$ 则 $\underline{\tau}(A) \geqslant \tau(A) - \frac{1}{2}$,

② 若 $\tau(A) \leqslant \frac{1}{2}$ 则 $\overline{\tau}(A) \leqslant \tau(A) + \frac{1}{2}$.

(iii) 若 $\overline{\tau}(A) = \underline{\tau}(A)$, 则 $\tau(A) = \dfrac{\lim}{m \to \infty} \tau_{I_m}(A) = \overline{\tau}(A) = \underline{\tau}(A)$.

由函数极限的保不等式性, 容易将上述 8.3.2 定理 8.3.6 推广到开区间解释或无限区间解释的情形, 限于篇幅, 这里不再赘述.

基于解释的公式的相似度、距离及 $(F(\phi), \rho)$ 中的近似推理理论略.

8.4 一阶模糊谓词逻辑公式的可测集解释真度理论

本节基于一阶模糊语言的变元集赋值的新概念下, 提出一阶模糊谓词逻辑 (或一阶模糊语言) 公式的可测集解释真度的概念; 然后, 讨论它的一系列性质以及在近似推理中的应用 [128].

定义 8.4.1 设 I 为一阶模糊语言 ϕ 的解释, 若 I 的论域为可测集 E, 则称 I 为可测集解释.

定理 8.4.1 (平均值不变性定理) 以下总假设函数是 Lebesgue 可积的.

设 $f(x_1, x_2, \cdots, x_n)$ 是从 n 维方体 E^n 到 $[0,1]$ 的 n 元函数. 以 $\mathrm{d}w$ 记 $\mathrm{d}x_1 \mathrm{d}x_2 \cdots \mathrm{d}x_n$, 则 $f(x_1, x_2, \cdots, x_n)$ 在 n 维方体 E^n 上的 n 重积分可记作 $\displaystyle\int_{E^n} f(x_1, x_2, \cdots, x_n)\mathrm{d}w$, 或简记作 $\displaystyle\int_{E^n} f \mathrm{d}w$. $f(x_1, x_2, \cdots, x_n)$ 也可看成定义在 $n+m$ 维方体 E^{n+m} 上的 $n+m$ 元函数.

$$g(x_1, x_2, \cdots, x_n, x_{n+1}, \cdots, x_{n+m}) = f(x_1, x_2, \cdots, x_n),$$
$$(x_1, x_2, \cdots, x_n, x_{n+1}, \cdots, x_{n+m}) \in E^{n+m}.$$

定义 8.4.2 设 $f(x_1, x_2, \cdots, x_n)$ 是从 n 维方体 E^n 到 $[0,1]$ 的 n 元函数, 称

$$g(x_1, x_2, \cdots, x_n, x_{n+1}, \cdots, x_{n+m}) = f(x_1, x_2, \cdots, x_n),$$
$$(x_1, x_2, \cdots, x_n, x_{n+1}, \cdots, x_{n+m}) \in E^{n+m}$$

为 $f(x_1, x_2, \cdots, x_n)$ 的 m 次扩张函数, 记作 $f^{(m)}$.

本节的 mE 表示集合 E 的 Lebesgue 测度.

定理 8.4.2 (平均值不变性定理) 任一 n 元函数 $f(x_1, x_2, \cdots, x_n)$ 在 n 方体 E^n 上的平均值 $\dfrac{\displaystyle\int_{E^n} f \mathrm{d}w}{(mE)^n}$ 与它的任一 m 次扩张函数 $f^{(m)}$ (m 为正整数) 在 $n+m$ 方

体 E^{n+m} 上的平均值 $\dfrac{\displaystyle\int_{E^{n+m}} f^{(m)}\mathrm{d}w}{(mE)^{n+m}}$ 相等.

证明　因为

$$
\frac{\displaystyle\int_{E^{n+m}} f^{(m)}\mathrm{d}w}{(mE)^{n+m}} = \frac{\displaystyle\int_E \mathrm{d}x_1 \int_E \mathrm{d}x_2 \cdots \int_E \mathrm{d}x_n \int_E \mathrm{d}x_{n+1} \cdots \int_E f^{(m)}\mathrm{d}x_{n+m}}{(mE)^{n+m}}.
$$

$$
= \frac{\displaystyle\int_E \mathrm{d}x_1 \int_E \mathrm{d}x_2 \cdots \int_E \mathrm{d}x_n \int_E \mathrm{d}x_{n+1} \cdots \int_E f(x_1, x_2, \cdots, x_n)\mathrm{d}x_{n+m}}{(mE)^{n+m}}
$$

$$
= \frac{(mE)^m \displaystyle\int_{E^n} f\,\mathrm{d}w}{(mE)^{n+m}} = \frac{\displaystyle\int_{E^n} f\,\mathrm{d}w}{(mE)^n}.
$$

所以, 本定理的结论成立.

定义 8.4.3　设 $A(x_1, x_2, \cdots, x_n) \in F(\phi)$, I 为一阶模糊语言 ϕ 的可测集解释. 则称函数 $\|A(x_1, x_2, \cdots, x_n)\|_{I,v}$, $v \in \Omega_A(I)$ 在 n 维方体 E^n 上的平均值

$$
\frac{\displaystyle\int \cdots \int_{E^n} \|A(x_1, \cdots, x_n)\|_{I,v}\mathrm{d}x_1 \cdots \mathrm{d}x_n}{(mE)^n}
$$

为 A 的可测集解释 I 真度, 记作 $\tau_I(A) = \dfrac{\displaystyle\int_{E^n} v(A)\mathrm{d}w}{(mE)^n}$ 或简记作 $\tau(A)$.

例 8.4.1　已知公式 $A(x_1, x_2) = A_1^1(x_1) \to A_1^1(f_1^1(x_2))$, 给定解释 I: $E_I = E_1 \cup E_2 = [0,1]$, 其中 E_1 为 $[0,1]$ 中的有理数点集, E_2 为 $[0,1]$ 中的无理数点集. $\overline{A_1^1}(x_1) = x_1$, $x_1 \in D_I$, $\overline{f_1^1}(x_2) = \begin{cases} 0, & x_2 \in E_2, \\ x_2, & x_2 \in E_1, \end{cases}$ 取 Lu 蕴涵算子. 则

$$
\tau_I(A) = \frac{\displaystyle\int_{E_1} \mathrm{d}x_1 \int_{E_1} [(1 - x_1 + x_2) \wedge 1]\mathrm{d}x_2 + \int_{E_2} \mathrm{d}x_1 \int_{E_2} (1 - x_1)\mathrm{d}x_2}{(mE_I)^2}
$$

$$
= \int_{E_2} (1 - x_1)\mathrm{d}x_1 = \frac{1}{2}.
$$

易证下述定理成立.

定理 8.4.3　设 $A, B, (\forall x_i)B, (\exists x_j)B \in F(\phi)$, I 是一阶模糊语言 ϕ 的可测集解释. 则

(i) $\tau_I((\forall x_i)B(x_i)) \leqslant \tau_I(B(x_j)) \leqslant \tau_I((\exists x_j)B(x_j))$;

(ii) ① $\tau_I((\forall x_i)B(x_i)) = 1$ 当且仅当 $\tau_I(B(x_i)) = 1$.

② 若 $\tau_I(B(x_i)) = 1$, 则 $\tau_I((\exists x_j)B(x_j)) = 1$.

定理 8.4.4 设 $A, B, \neg A, A \rightarrow B, A \vee B, A \wedge B \in F(\phi)$, I 是一阶模糊语言 ϕ 的可测集解释. 则

(i) $\tau(\neg A) = 1 - \tau(A)$;

(ii) $\tau(A \rightarrow B) \leqslant 1 - \tau(A) + \tau(B) = \tau(\neg A) + \tau(B)$;

(iii) $\tau(A \vee B) = \tau(A) + \tau(B) - \tau(A \wedge B), \tau(A \wedge B) = \tau(A) + \tau(B) - \tau(A \vee B)$.

证明 略

定理 8.4.5 设 $A, B, C, A \rightarrow B, B \rightarrow C, A \rightarrow C \in F(\phi)$, I 是一阶模糊语言 ϕ 的可测集解释, $\alpha, \beta \in [0, 1]$,

(i) 若 $\tau(A) \geqslant \alpha, \tau(A \rightarrow B) \geqslant \beta$, 则 $\tau(B) \geqslant \alpha + \beta - 1$;

(ii) 若 $\tau(A \rightarrow B) \geqslant \alpha, \tau(B \rightarrow C) \geqslant \beta$, 则 $\tau(A \rightarrow B) \geqslant \alpha + \beta - 1$.

证明 (i) 因为

$$\tau(A) \geqslant \alpha, \beta \leqslant \tau(A \rightarrow B) \leqslant (1 - \tau(A) + \tau(B)),$$

所以

$$\tau(B) \geqslant \beta + \tau(A) - 1 = \alpha + \beta - 1.$$

(ii) 当 $v(A) \geqslant v(B) \geqslant v(C)$ 时, 因为

$$v(A \rightarrow B) = 1 - v(A) + v(B), \quad v(B \rightarrow C) = 1 - v(B) + v(C),$$

所以

$$\begin{aligned} v(A \rightarrow C) &= 1 - v(A) + v(c) = 1 - v(A) + v(B) - v(B) + v(C) + 1 - 1 \\ &= v(A \rightarrow B) + v(B \rightarrow C) - 1. \end{aligned}$$

当 $v(B) \geqslant v(A) \geqslant v(C)$ 时, 因为

$$v(A \rightarrow B) = 1, v(B) - v(A) > 0, v(B \rightarrow C) = 1 - v(B) + v(C),$$

所以

$$\begin{aligned} v(A \rightarrow C) &= 1 - v(A) + v(c) = 1 - v(A) + v(B) - v(B) + v(C) + 1 - 1, \\ &\geqslant v(A \rightarrow B) + v(B \rightarrow C) - 1. \end{aligned}$$

当 $v(A) \geqslant v(C) \geqslant v(B)$ 时, 因为

$$v(A \rightarrow B) = 1 - v(A) + v(B), v(B \rightarrow C) = 1, v(C) - v(B) > 0,$$

所以

$$v(A \to C) = 1 - v(A) + v(c) = 1 - v(A) + v(B) - v(B) + v(C) + 1 - 1$$
$$\geqslant v(A \to B) + v(B \to C) - 1.$$

总之 $\forall v \in \Omega(I)$ 有 $v(A \to C) \geqslant v(A \to B) + v(B \to C) - 1$.

下证 $\tau(A \to C) \geqslant \tau(A \to B) + \tau(B \to C) - 1 = \alpha + \beta - 1$.

设 $\mathrm{Var}(A \to C) = \{x_{i_1}, x_{i_2}, \cdots, x_{i_m}\}$,

$$\mathrm{Var}(A \to B) = \{x_{j_1}, x_{j_2}, \cdots, x_{j_n}\},$$

$$\mathrm{Var}(B \to C) = \{x_{k_1}, x_{k_2}, \cdots, x_{k_l}\},$$

$$\mathrm{Var}(A) \cup \mathrm{Var}(B) \cup \mathrm{Var}(C) = \{x_{p_1}, x_{p_2}, \cdots, x_{p_t}\} \ (\text{这里} t \geqslant m, n, l),$$

则

$$\int_{[a,b]^t} v(A \to C)\mathrm{d}w \geqslant \int_{[a,b]^t} v(A \to B)\mathrm{d}w + \int_{[a,b]^t} v(B \to C)\mathrm{d}w - \int_{[a,b]^t} 1\mathrm{d}w.$$

从而

$$\frac{\displaystyle\int_{[a,b]^t} v(A \to C)\mathrm{d}w}{(b-a)^t} \geqslant \frac{\displaystyle\int_{[a,b]^t} v(A \to B)}{(b-a)^t} + \frac{\displaystyle\int_{[a,b]^t} v(B \to C)\mathrm{d}w}{(b-a)^t} - 1.$$

由平均值不变性定理知

$$\frac{\displaystyle\int_{[a,b]^t} v(A \to C)\mathrm{d}w}{(b-a)^t} = \frac{\displaystyle\int_{[a,b]^m} v_{A \to C}(A \to C)\mathrm{d}w}{(b-a)^m} = \tau(A \to C),$$

$$\frac{\displaystyle\int_{[a,b]^t} v(A \to B)\mathrm{d}w}{(b-a)^t} = \frac{\displaystyle\int_{[a,b]^n} v_{A \to B}(A \to B)\mathrm{d}w}{(b-a)^n} = \tau(A \to B),$$

$$\frac{\displaystyle\int_{[a,b]^t} v(B \to C)\mathrm{d}w}{(b-a)^t} = \frac{\displaystyle\int_{[a,b]^l} v_{B \to C}(B \to C)\mathrm{d}w}{(b-a)^l} = \tau(B \to C).$$

因此 $\tau(A \to C) \geqslant \tau(A \to B) + \tau(B \to C) - 1 = \alpha + \beta - 1$.

定理 8.4.6　设 $\Gamma \subset F(\phi)$, I 是 Γ 的一阶语言 ϕ 的可测集解释.

$\forall A \in \Gamma, \tau(A) \geqslant \alpha$, B 是 Γ-推论, 且存在从 Γ 到 B 的长度为 n 的推演, 则

$$\tau(B) \geqslant \mu_n(\alpha - 1) + 1,$$

这里 μ_n 是 Fibonacci 数列的第 n 项.

定理 8.4.7 设 A_1, A_2, B_1, B_2, $C \in F(\phi)$, I 是一阶语言 ϕ 的可测集解释, $v \in \Omega(I)$,

(1) 若 $v(A_1) \leqslant v(A_2)$, 则 $\tau(A_1 \to C) \geqslant \tau(A_2 \to C)$;

(2) 若 $v(B_1) \leqslant v(B_2)$, 则 $\tau(C \to B_1) \leqslant \tau(C \to B_2)$.

证明 (1) 因为 $v(A_1) \leqslant v(A_2)$, 所以 $v(A_1 \to C) \geqslant v(A_2 \to C)$, 而

$$\tau(A_1 \to C) = \int_E v(A_1 \to C)\mathrm{d}\omega, \quad \tau(A_2 \to C) = \int_E v(A_2 \to C)\mathrm{d}\omega,$$

因此, $\tau(A_1 \to C) \geqslant \tau(A_2 \to C)$.

例 8.4.2 已知公式 $A_1(x_1) = B_1(x_1) = A_1^1(x_1)$, $A_2(x_1) = B_2(x_1) = A_2^1(x_1)$, $C(x_2) = C_1^1(x_2)$. 给定解释 I:

$$E_I = [0,1].A_1^1(x_1) = \frac{1}{2}x_1, \quad A_2^1(x_1) = x_1, \quad C_1^1(x_2) = x_2,$$

取 Lu 蕴涵算子.

(1) 显然 $v(A_1) \leqslant v(A_2)$, 且

$$\tau(A_1 \to C) = \int_{E_I} \left(\left(1 - \frac{x_1}{2} + x_2\right) \wedge 1 \right) \mathrm{d}w$$

$$= \int_0^{\frac{1}{2}} \mathrm{d}x_2 \int_{2x_2}^1 \left(1 - \frac{x_1}{2} + x_2\right) \mathrm{d}x_1 + \int_0^1 \mathrm{d}x_1 \int_{\frac{x_1}{2}}^1 \mathrm{d}x_2 = \frac{7}{8},$$

$$\tau(A_2 \to C) = \int_{E_I} ((1 - x_1 + x_2) \wedge 1) \mathrm{d}\omega$$

$$= \int_0^1 \mathrm{d}x_2 \int_{x_2}^1 (1 - x_1 + x_2)\mathrm{d}x_1 + \int_0^1 \mathrm{d}x_1 \int_{x_1}^1 \mathrm{d}x_2 = \frac{5}{6}.$$

从而

$$\tau(A_1 \to C) \geqslant \tau(A_2 \to C).$$

(2) 显然 $v(B_1) \leqslant v(B_2)$, 且

$$\tau(C \to B_1) = \int_{E_I} \left(\left(1 - x_2 + \frac{x_1}{2}\right) \wedge 1 \right) \mathrm{d}w$$

$$= \int_0^1 \mathrm{d}x_1 \int_{\frac{x_1}{2}}^1 \left(1 - x_2 + \frac{x_1}{2}\right) \mathrm{d}x_2 + \int_0^1 \mathrm{d}x_1 \int_0^{\frac{x_1}{2}} \mathrm{d}x_2 = \frac{17}{24},$$

$$\tau(C \to B_2) = \int_{E_I} ((1 - x_2 + x_1) \wedge 1)\mathrm{d}w$$

$$= \int_0^1 \mathrm{d}x_1 \int_{x_1}^1 (1 - x_2 + x_1)\mathrm{d}x_2 + \int_0^1 \mathrm{d}x_1 \int_0^{x_1} \mathrm{d}x_2 = \frac{5}{6}.$$

从而

$$\tau(C \to B_1) \leqslant \tau(C \to B_2).$$

定理 8.4.8　设 $A_1, A_2, A \in F(\phi)$, I 是一阶语言 ϕ 的可测集解释, $v \in \Omega(I)$. 若 $v(A_1) \leqslant v(A) \leqslant v(A_2)$, 则 $\tau(A_1) \leqslant \tau(A) \leqslant \tau(A_2)$.

特别地, 若 $\tau(A_1) = \tau(A_2)$, 则 $\tau(A) = \tau(A_1) = \tau(A_2)$.

证明　因为

$$\tau(A_1) = \int_E v(A_1)\mathrm{d}w, \quad \tau(A) = \int_E v(A)\mathrm{d}w, \quad \tau(A_2) = \int_E v(A_2)\mathrm{d}w,$$

又

$$v(A_1) \leqslant v(A) \leqslant v(A_2),$$

所以

$$\tau(A_1) \leqslant \tau(A) \leqslant \tau(A_2).$$

当 $\tau(A_1) = \tau(A_2)$ 时, 有 $\tau(A) = \tau(A_1) = \tau(A_2)$.

8.5　逻辑有效公式理论及其应用

8.5.1　引言

文献 [124] 进一步充实了模糊命题逻辑的语义理论, 提出了公式的 α-重言式, 可达 α-重言式及 α^+-重言式理论, 并指出每个命题逻辑系统中重言式很少, 而在 Keelen 系统中却没有重言式, 因此转而考虑公式的部分赋值 Σ, 建立了公式的 Σ-(α-重言式), 可达 $\Sigma(\alpha$-重言式) 及 $\Sigma(\alpha^+$-重言式) 理论. 模糊命题逻辑已经根深叶茂, 但模糊谓词逻辑还不成熟, 只是 Hajek、裴道武及其学者做了一些基础的工作. 本节将王国俊建立的模糊命题逻辑的公式的重言式理论 [105,67] 推广到一阶模糊谓词逻辑理论中, 分别提出一阶模糊语言 ϕ 的公式 A 的赋值集 $\Omega_A(I)$ 及可数解释模型 $\{I_m\}$ 的概念, 建立了 $\alpha[I]$-真公式、可达 $\alpha[I]$-真公式、$\alpha^+[I]$-真公式、可数解释模型 $\{I_m\}(\alpha$-逻辑有效公式), 可达 $\{I_m\}(\alpha$-逻辑有效公式) 及 $\{I_m\}(\alpha^+$-逻辑有效公式) 理论. 最后还讨论它们的性质及其在近似推理中的应用.

8.5.2　解释模型 $\{I_m\}$(α-逻辑有效公式)

定义 8.5.1　设 $A \in F(\phi)$, I 为一阶模糊语言 ϕ 的解释. 称 A 为 $\alpha[I]$-真公式, 如果 A 在 I 中的下值 $\|A\|_{I,-}^M = \inf\{\|A\|_{I,v}^M | v \in \Omega_A(I)\} = \alpha, 0 < \alpha \leqslant 1$.

特别地, 称 A 在 I 中是真的, 如果 $\alpha = 1$, 记作 $I| = A$; 称 A 在 I 中是假的, 如果任意 $v \in \Omega_A(I)$, 有 $v(A) = 0$.

以下定理证明略.

定理 8.5.1 设 I 为一阶模糊语言 ϕ 的一个解释.

$$A(x_1, x_2, \cdots, x_n), B(y_1, y_2, \cdots, y_m), A \to B \in F(\phi).\alpha > \frac{1}{2}.$$

若 A 及 $A \to B$ 皆为 $\alpha[I]$-真公式 (取模糊蕴涵算子 R_0 或 Lukasiewicz 算子), 则 B 为 $\alpha[I]$-真公式.

定理 8.5.2 设 I 为一阶模糊语言 ϕ 的解释, $A \to B$, $B \to C$, $A \to C \in F\{\phi\}$(取模糊蕴涵算子 R_0 或 Lukasiewicz 算子), $\alpha > \frac{1}{2}$.

如果满足下列两条:

(i) $\forall v \in \Omega_{A \to B}(I), v(A \to B) \geqslant \alpha$;

(ii) $\forall v \in \Omega_{B \to C}(I), v(B \to C) \geqslant \alpha$.

则

$$\forall v \in \Omega_{A \to C}(I), 有 v(A \to C) \geqslant \alpha.$$

推论 8.5.1 设 I 为一阶模糊语言 ϕ 的一个解释, $A \to B$, $B \to C$, $A \to C \in F\{\phi\}$, $\alpha > \frac{1}{2}$. 若 $A \to B$ 及 $B \to C$ 皆为 $\alpha[I]$-真公式, 则 $A \to C$ 为 $\beta[I]$-真公式, 这里 $\beta \geqslant \alpha$.

定义 8.5.2 设 A 为 $\alpha[I]$-真公式. 称 A 为可达 $\alpha[I]$-真公式, 若存在 $v \in \Omega(I)$, 使 $v(A) = \alpha$. 否则, 称 A 为 $\alpha^+[I]$-真公式或不可达 $\alpha[I]$-真公式.

定义 8.5.3 设 $A \in F(\phi)$. 称 A 为 α-逻辑有效公式, 如果 $\alpha = \inf\{\alpha'|A$ 为 $\alpha'[I]$-真公式, I 是一阶模糊语言 ϕ 的任意解释 $\}$, $0 < \alpha \leqslant 1$.

设 A 为 α-逻辑有效公式. 称 A 为可达 α-逻辑有效公式, 若存在一阶模糊语言 ϕ 的某一个解释 I, 使 A 为可达 $\alpha[I]$-真公式; 否则称 A 为 α^+-逻辑有效公式或不可达 α-逻辑有效公式.

特别地, 称 A 为逻辑有效公式, 若 $\alpha = 1$; 称 A 为矛盾式, 如果对于一阶模糊语言 ϕ 的任意解释 I, A 在 I 中是假的.

定义 8.5.4 设 $A \in F(\phi)$, 且 A 不含量词, $p_1, p_2, \cdots, p_n$ 是 A 包含的所有原子公式, 记作 $A_{K^*}(p_1, p_2, \cdots, p_n)$. 若将 $p_1, p_2, \cdots, p_n$ 看成命题逻辑系统 $L^{*[3]}$ 中的原子公式, 记作 $A_{L^*}(p_1, p_2, \cdots, p_n)$, 则称 $A_{L^*}(p_1, p_2, \cdots, p_n)$ 为 A 或 $A_{k^*}(p_1, p_2, \cdots, p_n)$ 在模糊命题逻辑系统 L* 中的伴随公式.

定理 8.5.3 不含量词的公式 $A \in F(\phi)$ 为一阶模糊谓词逻辑系统 K^*(基于 R^0 蕴涵算子) 中的 α-逻辑有效公式 (或矛盾式) 当且仅当它在模糊命题逻辑系统 L*(基于 R^0 蕴涵算子) 中的伴随公式为 α-重言式 (或矛盾式).

由文献 [105] 知定义 8.5.4 中的 $A_{k^*}(p_1, p_2, \cdots, p_n)$ 在模糊命题逻辑系统 L* 中只有矛盾式, $\frac{1}{2}$-重言式, $\frac{1}{2}^+$-重言式及 1-重言式 (即重言式), 于是在系统 K* 中, 不含量词的公式只有矛盾式, $\frac{1}{2}$-逻辑有效公式, $\frac{1}{2}^+$-逻辑有效公式及逻辑有效公式, 显然这对于需要区分具有各种不同层次的真度的公式而言是不合用的, 因此转而考虑有限或可数个解释.

定义 8.5.5　若 $I_m, m = 1, 2, \cdots, n$(或 $m = 1, 2, \cdots$) 皆为一阶模糊语言 ϕ 的解释, 则称解释列 $\{I_m\}_{m=1}^n$ 或 $\{I_m\}_{m=1}^\infty$ 为 ϕ 的有限 (或可数) 解释模型. 在不致混淆的情况下, 解释模型 $\{I_m\}_{m=1}^n$ 或 $\{I_m\}_{m=1}^\infty$ 可简记为 $\{I_m\}$. 以后凡提到解释模型都是指有限或可数解释模型.

定义 8.5.6　设 $A \in F(\phi)$, $\{I_m\}$ 为一阶模糊语言 ϕ 的解释模型. 若 $\alpha = \inf\{\alpha'|A$ 为 $\alpha'[I]$-真公式, $I \in \{I_m\}\}$, 则称 A 为 $\{I_m\}(\alpha$-逻辑有效公式).

定理 8.5.4　设 $A(x_i)$, $(\forall x_i)A(x_i)$, $(\exists x_i)A(x_i) \in F(\phi)(A(x_i)$ 不含量词), $\{I_m\}$ 为一阶模糊语言的解释模型, 则

(i) $A(x_i)$ 是 $\{I_m\}(\alpha$-逻辑有效公式) 当且仅当 $(\forall x_i)A(x_i)$ 是 $\{I_m\}(\alpha$-逻辑有效公式).

(ii) 若 $A(x_i)$ 是 $\{I_m\}(\alpha$-逻辑有效公式), 则 $(\exists x_i)A(x_i)$ 是 $\{I_m\}(\beta$-逻辑有效公式), 这里 $\beta \geqslant \alpha$.

8.5.3　$\{I_m\}\alpha$-MP 规则及 $\{I_m\}\alpha$-HS 规则

定理 8.5.5　设 $A, B, A \to B \in F(\phi)$, $\{I_m\}$ 是公式集$T = \{A, B, A \to B\}$ 的一阶模糊语言 ϕ 的解释模型, $\alpha \in \left(\frac{1}{2}, 1\right]$.

如果满足下列条件:

(i) $\forall I_m \in \{I_m\}, \forall v \in \Omega_A(I_m)$, 有 $v(A) \geqslant \alpha$;

(ii) $\forall I_m \in \{I_m\}, \forall v \in \Omega_{A \to B}(I_m)$, 有 $v(A \to B) \geqslant \alpha$.

则 $\forall I_m \in \{I_m\}, \forall v \in \Omega_B(I_m)$, 有 $v(B) \geqslant \alpha$.

定理 8.5.6　设 $A, B, C, A \to B, B \to C, A \to C \in F(\phi)$, $\{I_m\}$ 是的一阶语言 ϕ 的解释模型, $\alpha \in (0, 1]$.

如果满足下列条件:

(i) $\forall I_m \in \{I_m\}, \forall v \in \Omega_{A \to B}(I_m)$, 有 $v(A \to B) \geqslant \alpha$;

(ii) $\forall I_m \in \{I_m\}, \forall v \in \Omega_{B \to C}(I_m)$, 有 $v(B \to C) \geqslant \alpha$.

则 $\forall I_m \in \{I_m\}, \forall v \in \Omega_{A \to C}(I_m)$, 有 $v(A \to C) \geqslant \alpha$.

定理 8.5.7　设 $A, B, C, A \to B, B \to C, A \to C \in F(\phi)$, $\{I_m\}$ 是公式集

$$T = \{A, B, C, A \to B, B \to C, A \to C\}$$

一阶模糊语言 ϕ 的解释模型, $\alpha \in \left(\dfrac{1}{2}, 1 \right]$.

(i) $\{I_m\}\alpha$-MP 规则: 若 A 与 $A \to B$ 都是 $\{I_m\}(\alpha$-逻辑有效公式), 则 B 是 $\{I_m\}(\alpha$-逻辑有效公式).

(ii) $\{I_m\}\alpha$-HS 规则: 若 $A \to B$ 及 $B \to C$ 都是 $\{I_m\}(\alpha$-逻辑有效公式), 则 $A \to C$ 是 $\{I_m\}(\beta$-逻辑有效公式), 这里 $\beta \geqslant \alpha$.

定义 8.5.7　设 $A \in F(\phi)$, $\{I_m\}$ 是一阶语言 ϕ 的解释模型, 若 A 为 $\{I_m\}(\alpha$-逻辑有效公式), 且存在 $I_l \in \{I_m\}$, 使 A 为 $\alpha[I_l]$-真公式, 则称 A 为可达 $\{I_m\}(\alpha$-逻辑有效公式); 否则, 称 A 为不可达 $\{I_m\}(\alpha$-逻辑有效公式) 或 $\{I_m\}(\alpha^+$-逻辑有效公式).

参 考 文 献

[1] 王国俊. 数理逻辑引论与归结原理. 2 版. 北京: 科学出版社, 2006

[2] Wang G J, Zhou H J. Introduction to Mathematical Logic and Resolution Principle. 2nd ed. Beijing: Science Press, Oxford: Alpha Science International Limited, 2009

[3] 王宪钧. 数理逻辑引论. 北京: 北京大学出版社, 1982

[4] 王元元. 计算机科学中的逻辑学. 北京: 科学出版社, 1989

[5] Hamilton A G. Logic for Mathematicians. London: Cambridge University Press, 1978

[6] Lukasiewicz J, Tarski A. Untersuchungen über den Aussagenkalkül. Comptes rendus des séances de la Sociélé des scierices et des lettres des Varsovie Classe III, 1930, 23: 30–50

[7] Gödel K. Zum intuitionistischen Aussagenkalkül, Anz. Akad. Wiss. Wien, 1932, 69: 65–66

[8] 王寿仁. 概率论基础和随机过程. 北京: 科学出版社, 1997

[9] 王仁官. 概率论引论. 北京: 北京大学出版社, 1994

[10] Pavelka J. On fuzzy logic I. Z Math Logik Grundlagen Math, 1979, 25: 45–52

[11] Pavelka J. On fuzzy logic II. Z Math Logik Grundlagen Math, 1979, 25: 119–134

[12] Pavelka J, On fuzzy logic III. Z Math Logik Grundlagen Math, 1979, 25: 447–464

[13] Chang C, Keisler H. Model Theory. North-Holland, 1973

[14] Nilsson N. Probability logic. Artificial Intelligence, 1986, 28: 71–78

[15] Adams E. A Primer of Probability Logic. Stanford: CSLI Pulications, 1998

[16] Coletti G, Scozzafava R, Probability Logic in a Coherent Setting. London: Kluwer Academic Publishers, 2002

[17] 王国俊, 傅丽, 宋建社. 二值命题逻辑中命题的真度理论. 中国科学, A 辑, 2001, 31: 998–1007

[18] Wang G J. An intrinsic fuzzy set on the universe of discourse of predicate formulas. Fuzzy Sets and Systems, 2006, 157: 3145–3158

[19] Lawry J. A framework for linguistic modelling. Artificial Intelligence, 2004, 155: 1–39

[20] Lawry J. Modelling and Reasoning with Vague Concepts. New York: Springer, 2006

[21] Lawry J, Appropriateness measures: An uncertainty model for Vague concepts. Synthese, 2008, 161: 255–269

[22] Lawry J. An overview of computing with words using label semantics// Bustince H, et al, Eds. Fuzzy Sets and Their Extensions: Representation. Aggregation and Models. New York: Springer, 2008: 65–87

[23] Lawry J, Tang Y. Uncertainty modelling for vague concepts: A prototype theory approach Artificial Intelligence, 2009, 173: 1539–1558

[24] Tang Y, Zheng J. Linguistic modelling based on semantic similarity relation amongst linguistic labels. Fuzzy Sets and Systems, 2006, 157: 1662–1673

[25] Liu B. Uncertainty Theory. 2nd ed. Berlin: Springer-Verlag, 2007

[26] Liu B. Uncertainty Theory: A Branch of Mathematics for Modeling Human Uncertainty. Berlin: Springer-Verlag, 2010

[27] Liu B. Uncertainty Theory. 4th ed. http://orsc.edu.cn/liu/ut.pdf, 2013

[28] Li X, Liu B. Hybrid logic and uncertain logic. Journal of Uncertain Systems, 2009, 3: 83–94

[29] Chen X, Ralescu A D. A note on truth value in uncertain logic. Expert Systems With Applications, 2011, 38: 15582–15586

[30] Chen X, Kar S, Ralescu A D. Cross-entropy measure of uncertain variables. Information Sciences, 2012, 201: 53–60

[31] Dai W, Chen X. Entropy of function of uncertain variables. Mathematical and Computer Modelling, 2012, 55: 754–760

[32] Yao K, Li X. Uncertain alternating renewal process and its application. IEEE Transactions on Fuzzy Systems, 2012, 20(6): 1154–1160

[33] Wang X S, Gao Z C, Guo H Y. Uncertain hypothesis testing for two experts' empirical data. Mathematical and Computer Modelling, 2012, 55: 1478–1482

[34] Gao Y. Uncertain models for single facility location problems on networks. Applied Mathematical Modelling, 2012, 36(6): 2592–2599

[35] Zhang X F. Knowledge-based systems-duality and pseudo duality of dual disjunctive normal forms. Knowledge-Based Systems, 2011, 24: 1033–1036

[36] Zhang X F, Ning Y F, Meng G W. Delayed renewal process with uncertain interarrival times. Fuzzy Optim Decis Making, 2013, 12(1): 79–87

[37] Zhang X F, Chen X W. A new uncertain programming model for project problem. INFORMATION: An International Interdisciplinary Journal, 2012, 15(10): 3901–3911

[38] Zhang X F, Li L Q, Meng G W. A modified uncertain entailment model. Journal of Intelligent & Fuzzy Systems, 2014, 27(1): 549–553

[39] Zhang X F, Li X. A semantic study of the first-order predicate logic with uncertainty involved. Fuzzy Optim Decis Making, 2014, 13: 357–367

[40] Jin Q, Han H Y, Zhang X F, et al. Optimization models and hybrid intelligent algorithm for flow shop scheduling with uncertain processing times. Journal of Information & Computational Sciences, 2012, 9(12): 3623–3646

[41] Zhang X F, Meng G W. Expected-variance-entropy model for uncertain parallel machine scheduling. Journal, INFORMATION: An International Interdisciplinary Journal, 2013, 16(2): 903–908

[42] Zhang X F, Meng G W. Maximal united utility degree model about capital distributing for higher school. Industrial Engineering & Management Systems, 2013, 12(1): 36–40

[43] Meng G W, Zhang X F. Optimization uncertain measure model for uncertain vehicle routing problem. INFORMATION: An International Interdisciplinary Journal, 2013, 16: 1201–1206

[44] Flaminio T, Montagna F. A logical and algebraic treatment of conditional probability. Arch. Math. Logic, 2005, 44: 245–262

[45] Kroupa T, Dvurečenskij A, Pulmannová S. Conditional probability on 6-MV-algebras. Fuzzy Sets and Systems, 2005, 155(1): 102–118

[46] Kroupa T. Conditional probability on MV-algebras. Fuzzy Sets and Systems, 2005, 149(2): 369–381

[47] Kroupa T. Representation and extension of states on MV-algebras. Arch. Math. Logic, 2006, 45: 381–392

[48] Zadeh L. Fuzzy sets. Information and Control, 1965, 8: 338-353

[49] 张小红, 何华灿, 徐扬. 基于 Schweizer-sklar T- 范数的模糊逻辑系统. 中国科学, E 辑: 信息科学, 2005, 35: 1314–1216

[50] Lukasiewicz J, Tarski A. Untersuchungen uber den Aussagenkalkul. Comptes rendus des seances de la Sociele des lettres des Varsovie Classe III, 1930, 23: 30–50

[51] Godel K. Zum intuitionistischen aussagenkalkul. Anz. Akad. Wiss. Wien 1932, 69: 65–66

[52] Dubois D. Prade H, Schockaert S. Rules and meta-rules in the framework of possibility theory and possibilistic logic. Scientia Iranica, 2011, 18(3): 566–573

[53] 王国俊. 一个 Fuzzy 命题形式演算系统. 中国科学, 1997, 42: 1041–1044

[54] Pei D W. On equivalent forms of fuzzy logic systems NM and IMTL. Fuzzy Sets and Systems, 2003, 138: 187–195

[55] Wang S M, Wang B S, Wang G J. A triangular norm-based propositional fuzzy logic. Fuzzy Sets and Systems, 2003, 136: 55–70

[56] Wang M, Wang M Y. Disjunctive elimination rule and its application in MTL. Fuzzy Sets and Systems, 2006, 157: 3169–3176

[57] Hajek P. Metamathematics of Fuzzy Logic. London: Kluwer Academic Publisher, 1998

[58] Esteva F, Godo L. Monoidal t-norm based logic: Towards logic for left-continuous t-norms. Fuzzy Sets and Systems, 2001, 124: 271–288

[59] Hájek P, Cintula P. On theories and modelsin fuzzy predicate logics. J.Symbolic Logic, 2006, 71: 863–880

[60] Hájek P, Tulipani S. Complexity of fuzzy probability logics. Fund. Inform 2000, 45: 207–221

[61] Tommaso F, Lluís G. A logic for reasoning about the probability of fuzzy events. Fuzzy Sets and Systems, 2007, 158: 625–638

[62] Elkan C. The paradoxical success of fuzzy logic. IEE. Expert, 1994, 9: 47–49

[63] Elkan C. The paradoxical controversy over fuzzy logic. IEE. Expert, 1995, 10: 4–5

[64] 张兴芳, 孟广武. 一阶模糊谓词逻辑公式的有限解释真度和可数解释真度的理论及其应用. 计算机科学, 2005, 32(10): 1–5

[65] 张兴芳, 孟广武. 一阶模糊谓词逻辑公式的区间解释真度理论. 模糊系统与数学, 2006, 20(2): 8–13

[66] 张兴芳, 孟广武, 张安英. 蕴涵算子族及其应用. 计算机学报, 2007, 30(3): 498–503

[67] 张兴芳, 孟广武, 赵峰, 等. 一阶模糊语言的解释模型逻辑有效公式理论. 工程数学学报, 2007, 24(1): 179–182

[68] 张兴芳. 逻辑系统中理论的下真度与相容度 (I). 模糊系统与数学, 2007, 21: 1–4

[69] 张兴芳, 王庆平. 命题模糊逻辑系统 II 和 Göd 中理论的相容度与下真度的计算公式 (II). 模糊系统与数学, 2008, 22(2): 1–6

[70] 张兴芳. 模糊逻辑系统 Luk 和 L* 中理论相容度的计算公式 (III). 模糊系统与数学, 2008, 22(3): 8–16

[71] 张兴芳, 孟广武. 一阶模糊谓词逻辑公式的解释模型真度理论及其应用. 系统科学与数学, 2008, 28: 1–6

[72] 张兴芳, 张安英, 郑红霞. 模糊谓词逻辑中基于有限解释的公式的条件 α-真度理论. 模糊系统与数学, 2008, 22: 18–24

[73] 李成允, 张兴芳. 一类新的左连续三角模族及其伴随蕴涵算子族. 模糊系统与数学, 2009, 23(2): 7–12

[74] 于西昌, 胡凯, 张兴芳. 命题逻辑中概率真度的相似度及伪距离. 系统科学与数学, 2009, 12: 1559–1570

[75] 张兴芳. 逻辑系统 MTL(BL) 的新的模式扩张系统 GNMTL(GNBL). 模糊系统与数学, 2009, 23: 6–12

[76] 张兴芳. 三角模族 $T(q,p)$-LGN 与逻辑系统 LGN. 模糊系统与数学, 2009, 4: 27–33

[77] 李成允, 张兴芳. Godel 逻辑和 L^* 逻辑中公式的真度分布. 系统科学与数学, 2010, 10: 1471–1728

[78] 李成允, 张兴芳. Gödel 逻辑系统中的函数决定公式问题. 系统科学与数学, 2010, 30(2): 283–288

[79] 丁春晓, 张兴芳. 模糊逻辑系统公理真度分析. 模糊系统与数学, 2011, 25: 1–7

[80] Song Y, Zhang X F. Pseudo duality and the pseudo law of excluded middle in some t-norm based logics. INFORMATION: An International Interdisciplinary Journal, 2013, 16: 1031–1036

[81] Hu K, Zhang X F. Some families of implication operators and corresponding triple I methods. INFORMATION: An International Interdisciplinary Journal, 2013, 16: 1139–1144

[82] Hu K, Meng G W. Triple I method and its application based on generalized residual implication. INFORMATION: An International Interdisciplinary Journal, 2013, 16:

961–966

[83] 张兴芳, 胡凯, 李令强, 等. 同主语同标签 Vague 命题的 Lawry 逻辑. 系统科学与数学, 2013, 33(7): 869–878

[84] 张兴芳, 孟广武. 模糊命题的多维三层逻辑的语义. 计算机学报, 2013, 36(11): 1–7

[85] 张兴芳, 胡凯. 同标签 Vague 命题的 Lawry 乘-加逻辑与 Lawry 下-上确界逻辑. 电子学报, 2014, 5: 1016–2010

[86] Zhang X F. A kind of systend grey linear equations and the solution of it matrix. The journal of grey system, 1990, 2(2): 119–129

[87] 李友雨, 张兴芳. Luk 命题演算系统的析取范式逻辑不等式组的解法. 系统科学与数学, 2014, 34(2): 245–256

[88] 汪德刚, 谷云东, 李洪兴. 模糊模态命题逻辑及其广义重言式. 电子学报, 2007, 35(2): 261–264

[89] 吴洪博, 周建仁. 计量逻辑中真度的均值表示形式及应用. 电子学报, 2012, 40(9): 1823–1828

[90] 王国俊, 宋建社. 命题逻辑中的程度化方法. 电子学报, 2006, 34(2), 252–257

[91] 李璧镜, 王国俊. 正则蕴涵算子所对应的逻辑伪度量空间. 电子学报, 2010, 38(3): 497–502

[92] 张东晓, 李立峰. 二值命题逻辑公式的语构程度化方法. 电子学报, 2008, 36(2): 325–320

[93] 胡明娣, 王国俊. 对称逻辑公式在经典逻辑度量空间中的分布. 电子学报, 2011, 39(2): 419–423

[94] 胡明娣, 王国俊. 模糊模态逻辑中的永真式与准永真式. 电子学报, 2009, 37(11): 2484–2488

[95] 吴洪博, 周建仁, 张琼. $(3n+1)$ 值逻辑系统 R_0L 中公式的真度性质. 电子学报, 2011, 39(10): 2230–2234, 2229

[96] Zadeh L. Fuzzy logic and approximate reasoning. Synthese, 1975, 30: 407–428

[97] Pei D W. Unified full implication. algorithms of fuzzy resoning. Information Sciences, 2008, 178: 520–530

[98] Liu H W, Fully implicational methods for approximate reasoning based on interval-valued fuzzy sets. Journal of Systems Engineering and Electronics, 2010, 21(2): 224–232

[99] Liu H W, Wang G J. Triple I method based on pointwise sustaining degrees. Computers and Mathematics with Applications, 2008, 55: 2680–2688

[100] Liu H W, Li C. Fully implicational methods for interval-valued fuzzy reasoning with multi-antecedent rules. International Journal of Computational Intelligence Systems, 2011,4(15): 929–945

[101] Gottwald S, V Nova'k. On the consistency of fuzzy theories. Proc.7 th IFSA Word Congr.. Academia, Prague, 1997: 168–171

[102] Wang G J, Zhang W X. Consistency degrees of finite theories in Lukasiewicz propositional.fuzzy logic. Fuzzy Sets and Systems, 2005, 149: 275–294

[103] Zhou X N, Wang G J. Consistency degrees of theories in some systems of propositional fuzzy logic. Fuzzy Sets and Systems, 2005, 152: 321–331

[104] Zhou H J, Wang G J. A new theory consistency index based on deduction theorems in several logic systems. Fuzzy Sets and Systems, 2005, 157: 427–443

[105] 王国俊. 非经典数理逻辑与近似推理. 2 版. 北京: 科学出版社, 2008

[106] Cintula P, Klement E P, Mesiar R, et al. Fuzzy logics with an additional involutive negation. Fuzzy Sets and Systems, 2010, 161(3): 390–411

[107] Cignoli R, F Esteva L Godo, Torrea A. Basic fuzzy logic is the logic of continuous t-norms and their residua. Soft Comput, 2000, 4: 106–112

[108] Francesc Esteva, Gispert Joan, Lluís Godo, et al. Adding truth-constants to logics of continuous t-norms: Axiomatization and completeness results. Fuzzy sets and systems, 2007, 158: 597–618

[109] Ben Jamín Rene, CalleJas Bedregal, Adriana Takahashi. The best interval representations of t-norms and automorphisms. Fuzzy sets and systems, 2006, 157: 3220–3230

[110] Ulrich Bodenhofer, Bernard De Baets, János Fodo. A compendium of fuzzy weak orders-Representations and constructions. Fuzzy sets and systems, 2007, 158: 811–829

[111] Rostislav Horčĺk. On the failure of standard completeness in Π MTL for infinite theories. Fuzzy sets and systems, 2007, 158: 619–624

[112] Zhou H J, Wang G J. Generalized consistency degrees of theories w.r.t. formulas in several standard complete logic systems. Fuzzy Sets and Systems, 2006, 157: 2058–2073

[113] 王国俊, 任燕. Lukasiewicz 命题集的发散性与相容性. 工程数学学报, 2003, 20(3): 13–18

[114] Stefano Aguzzoli. The Complexity of Mcnaughton function of one variable. Aolvances in Applied mathematics, 1998, 21: 58–77

[115] 任芳. L* 系统中由单个原子生成的公式的真值函数的特征. 工程数学学报, 2005, 22(3): 563–566

[116] 裴道武. 在形式演绎系统 L* 中的算子 ⊗ 和演绎定理. 模糊系统与数学, 2005, 15(1)

[117] 张兴芳. 命题模糊逻辑系统中公式的理论可证度. 河北师范大学学报, 2007, 31(4): 421–426

[118] 李绍勇, 李成允. n 值逻辑系统子代数个数之讨论. 计算机工程与应用, 2009, 45(27): 62–65

[119] 袁彦莉, 李成允, 张兴芳. L* 系统中的函数决定公式问题. 计算机工程与应用, 2010, 46(15): 31–33

[120] 张森, 李成允, 张兴芳. 正则蕴涵算子族 G-λ-R_0 及其三 I 支持算法. 计算机工程与应用, 2009, 45(22): 29–32

[121] 陈宗升, 于西昌, 李成允. Gödel, Luk, NM 逻辑系统中公式真度的分布. 计算机工程与应用, 2009, 45(13): 42–44

[122] 李友雨, 张兴芳, 李成允. Gödel 系统中单个或两个原子生成的公式的真度分布. 计算机工程与应用, 2009, 45(14): 56–57

[123] 李友雨, 张兴芳, 李成允. II 系统中公式的真值函数及真度分布. 计算机工程与应用, 2009, 45(15): 39–40

[124] 王国俊. 修正的 Kleene 系统中的 $\Sigma(\alpha$-重言式) 理论. 中国科学, E 辑, 1998, 28(2): 146–152

[125] J. Rosser J B, Turquette A R. Many-Valued Logics. Amsterdam: North-Holland, 1952

[126] de Glas M. Knowlge representaion in a fuzzy setting. Tech Rep 89/48, Universite Paris M, laforia, 19

[127] 王国俊. 一类一阶逻辑公式中的公理化真度理论及其应用. 中国科学: 信息科学, 2012, 42(5): 648–662

[128] 王庆平, 张兴芳. 一阶模糊谓词逻辑公式的可测集解释真度理论. 聊城大学学报, 2007, 20: 1–4

[129] 孟广武, 张兴芳. 命题模糊逻辑系统中有限理论的弱相容度. 计算机工程与应用, 2009, 45(18): 50–53

[130] 张小红. 模糊逻辑及其代数分析. 2 版. 北京: 科学出版社, 2006

[131] 裴道武. 基于三角模的模糊逻辑理论及其应用. 北京: 科学出版社, 2013

关键词中英文对照索引